普通高等教育"十五"国家级规划教材

面 向 21 世 纪 课 程 教 材

高校土木工程专业指导委员会规划推荐教材

混 凝 土 结 构

下册 混凝土桥梁设计

（第二版）

东南大学 程文瀼
同济大学 颜德姮 主编
天津大学 康谷贻
清华大学 江见鲸 主审

中国建筑工业出版社

图书在版编目（CIP）数据

混凝土结构．下册，混凝土桥梁设计/程文瀼等主编．
—2 版．—北京：中国建筑工业出版社，2003
面向 21 世纪课程教材．高校土木工程专业指导委员会
规划推荐教材
ISBN 978-7-112-05653-8

Ⅰ．混…　Ⅱ．程…　Ⅲ．①混凝土结构—结构设计—
高等学校—教材②钢筋混凝土桥—设计—高等学校—教
材　Ⅳ．TU370.4

中国版本图书馆 CIP 数据核字（2003）第 005921 号

普通高等教育"十五"国家级规划教材
面向 21 世纪课程教材
高校土木工程专业指导委员会规划推荐教材
混 凝 土 结 构
下册　混凝土桥梁设计
（第二版）

东南大学　程文瀼
同济大学　颜德姮　主编
天津大学　康谷贻
清华大学　江见鲸　主审

*

中国建筑工业出版社出版、发行（北京西郊百万庄）
各地新华书店、建筑书店经销
北京市密东印刷有限公司印刷

*

开本：787×960 毫米　1/16　印张：19½　字数：388 千字
2003 年 1 月第二版　2008 年 6 月第十次印刷
印数：36001—37500 册　定价：27.00 元
ISBN 978-7-112-05653-8
（11292）

版权所有　翻印必究
如有印装质量问题，可寄本社退换
（邮政编码　100037）

本社网址：http://www.cabp.com.cn
网上书店：http://www.china-building.com.cn

本教材分上、中、下册。上册混凝土结构设计原理,主要讲述基本理论和基本构件。中册混凝土结构设计,主要讲述楼盖、单层厂房、多层框架、高层建筑;下册公路桥梁等的设计方法。

下册共 1 章,主要结合《公路钢筋混凝土及预应力混凝土桥涵设计规范》编写。内容有:公路桥梁设计的一般原则、梁式桥、拱桥等。

本教材可作为大学本科土木工程专业的专业课教材,也可供从事混凝土结构设计、制作、施工技术人员参考。

前　　言

本教材是教育部、建设部共同确定的"十五"国家级重点教材，也是我国土木工程专业指导委员会推荐的面向 21 世纪的教材。

本教材是根据全国高校土木工程专业指导委员会审定通过的教学大纲编写的，分上、中、下册，上册为《混凝土结构设计原理》，属专业基础课教材，主要讲述基本理论和基本构件；中册为《混凝土建筑结构设计》，属专业课教材，主要讲述楼盖、单层厂房、多层框架、高层建筑；下册为《混凝土桥梁设计》，也属专业课教材，主要讲述公路桥梁的设计。

编写本教材时，注意了以教学为主，少而精；突出重点、讲清难点，在讲述基本原理和概念的基础上，结合规范和工程实际；注意与其他课程和教材的衔接与综合应用；体现国内外先进的科学技术成果；有一定数量的例题，每章都有思考题，除第 1 章外，每章都有习题。

本教材的编写人员都具有丰富的教学经验，上册主编：程文瀼、康谷贻、颜德姮；中、下册主编：程文瀼、颜德姮、康谷贻。参加编写的有：王铁成（第 1、2、3 章）、陈云霞（第 1、2 章）、杨建江（第 4、8 章）、顾蕙若（第 5 章）、李砚波（第 6、7 章）、康谷贻（第 6、7、8 章）、蒋永生（第 9 章）、高莲娣（第 10 章）、颜德姮（第 10 章）、叶见曙（第 11、16 章）、程文瀼（第 11、13 章）、邱洪兴（第 12 章）、曹双寅（第 13 章）、张建荣（第 14、15 章）、陆莲娣（第 16 章）、朱征平（第 16 章）。全书主审：江见鲸。

原三校合编，清华大学主审，中国建筑工业出版社出版的高等学校推荐教材《混凝土结构》（建筑工程专业用），1995 年荣获建设部教材一等奖。本教材是在此基础上全面改编而成的，其中，第 11 章是按东南大学叶见曙教授主编的高等学校教材《结构设计原理》中的部分内容改编的。

本教材已有近 30 年的历史，在历届专业指导委员会的指导下，四校的领导和教师紧密合作，投入很多精力进行了三次编写。在此，特向陈肇元、沈祖炎、江见鲸、蒋永生等教授及资深前辈：吉金标、蒋大骅、丁大钧、滕智明、车宏亚、屠成松、范家骥、袁必果、童啟明、黄兴棣、赖国麟、储彭年、曹祖同、于庆荣、姚崇德、张仁爱、戴自强等教授，向中国建筑科学研究院白生翔教授、清华大学叶列平教授，向给予帮助和支持的兄弟院校，向中国建筑工业出版社的领导及有关编辑等表示深深的敬意和感谢。

限于水平，本教材中有不妥之处，请批评指正。

编者

2000 年 10 月

目 录

第 16 章　混凝土公路桥结构设计 ………………………………………… 1
　§16.1　桥梁结构设计的一般原则 ………………………………………… 1
　§16.2　梁式桥 ……………………………………………………………… 19
　§16.3　简支梁桥的计算 …………………………………………………… 48
　§16.4　梁式桥的支座 ……………………………………………………… 106
　§16.5　拱桥 ………………………………………………………………… 113
　附录13　铰接板荷载横向分布影响线竖标表 …………………………… 187
　附录14　G-M 法 K_0、K_1、μ_0、μ_1 值的计算用表 …………………… 199
　附录15　三角形影响线等代荷载表（$\mu=1$）…………………………… 206
　附录16　等截面悬链线无铰拱计算用表 ………………………………… 213
参考文献 ……………………………………………………………………… 304

第16章 混凝土公路桥结构设计

钢筋混凝土和预应力混凝土是桥梁工程中广泛使用的结构材料。中小跨径的永久性桥梁，无论是公路、铁路还是城市桥梁，绝大部分为钢筋混凝土或预应力混凝土桥。同时，在大跨径或特大跨径桥梁中，预应力混凝土桥梁也占有重要的地位。

在本章中，将根据我国现行的公路桥梁标准和设计规范，重点介绍我国常用中、小跨径桥梁的设计计算方法和构造原理。

§16.1 桥梁结构设计的一般原则

16.1.1 桥梁的结构组成和分类

1. 混凝土公路桥的结构组成

混凝土公路桥由上部结构、下部结构、附属结构三部分组成

(1) 上部结构（桥跨结构）

包括桥跨结构和桥面系，是桥梁承受行人、车辆等各种作用并跨越障碍（例如河流、山谷和道路等天然或人工障碍）空间的直接承载部分。图16-1中所示主梁和桥面、图16-2所示拱圈、拱上结构和桥面分别为梁式桥和拱式桥的上部结构。

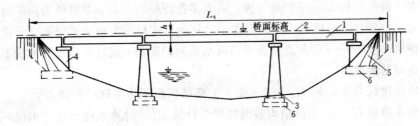

图 16-1 梁桥的基本组成部分
1—主梁；2—桥面；3—桥墩；4—桥台；5—锥形护坡；6—基础

(2) 下部结构

为桥台、桥墩和基础的总称。下部结构是用以支承上部结构，把结构重力、车辆等各种作用传递给地基的构筑物。桥台位于桥的两端与路基衔接，还起到承受台后路堤土压力的作用。桥墩位于两端桥台之间，单孔桥只有桥台没有桥墩。基础位于桥台或桥墩与地基之间。

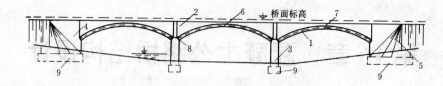

图 16-2 拱桥的基本组成部分

1—拱圈；2—拱上结构；3—桥墩；4—桥台；5—锥形护坡；
6—拱轴线；7—拱顶；8—拱脚；9—基础

(3) 附属结构

包括桥头路堤锥形护坡、护岸等，其作用是防止桥头填土向河中坍塌，并抵御水流的冲刷。

参照图 16-1、图 16-2 介绍一些与桥梁布置和结构有关的主要尺寸和术语名称。

计算跨径 L——对于梁桥为桥跨结构两支承点之间距离；对于拱桥为两拱脚截面重心点之间的水平距离。

净跨径 L_0——一般为计算水位上相邻两个桥墩或桥墩之间的距离。通常把梁桥两支承处内边缘间的净距离、拱桥两拱脚截面最低点间的水平距离也称为净跨径。

标准跨径 L_b——对梁桥为桥墩中线间或桥墩中线与台背前缘间距离；对拱桥为净跨径。

桥梁全长 L_q——对有桥台的桥梁为两岸桥台侧墙或八字尾端间的距离；对无桥台桥梁为桥面系行车道长度。

多孔跨径总长 L_d——对梁（板）桥为多孔跨径的总长；对拱桥为两岸桥台内拱脚截面最低点（起拱线）间的距离；对其他形式桥梁为桥面系行车道长度。

桥梁高度 H——行车道顶面至最低水面间的距离，或行车道顶面至桥下路线的路面间的距离。

桥梁建筑高度 h——行车道顶面至上部结构最下边缘间的距离。

桥下净空 H_0——上部结构最低边缘至计算水位(计算水位＝设计水位＋壅水＋浪高) 或通航水位间的距离，对于跨越其他线路的桥梁是指上部结构最低边缘至所跨越路线的路面间的距离。

拱桥矢高和矢跨比——从拱顶截面下缘至起拱线的水平线间的垂直距离，称为净矢高 (f_0)；拱顶截面重心至过拱脚截面重心的水平线间的垂直距离，成为计算矢高 (f)。计算矢高与计算跨径之比 (f/L)，称为拱圈的矢跨比。

2. 混凝土公路桥的分类

(1) 按桥梁结构基本受力体系分类

按桥梁承重结构的受力体系，可分为：

1) 梁式桥　主要承重构件是梁（板）。在竖向荷载作用下承受弯矩与剪力，此时桥墩、台只承受竖向压力，见图 16-3。

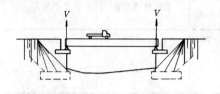

图 16-3　梁式桥

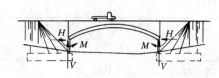

图 16-4　拱式桥

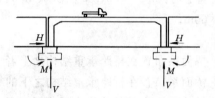

图 16-5　刚架桥

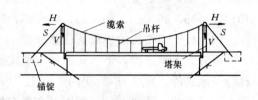

图 16-6　悬索桥

2) 拱式桥　主要承重构件是拱圈或拱肋。在竖向荷载作用下，主要承受压力，截面也承受弯矩和剪力。桥墩、台承受竖向反力和弯矩外，还承受水平推力，见图 16-4。

3) 刚架桥　上部结构和墩、台（支柱）彼此连接成一个整体，在竖向荷载作用下，柱脚产生竖向反力、水平反力和弯矩。这种桥的受力情况介于梁和拱之间，见图 16-5。

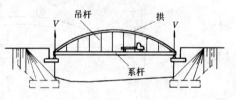

图 16-7　梁拱组合的系杆拱桥

4) 悬索桥　以缆索为主要承重构件。在竖向荷载作用下，缆索只承受拉力。墩台除受竖向反力外，还承受水平推力见图 16-6。

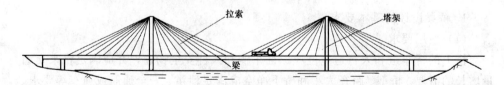

图 16-8　拉索和梁组合的斜拉桥

5) 组合体系桥　它是由不同受力体系的结构所组成，互相联系，共同受力。图 16-7 为梁拱组合的系杆拱桥；图 16-8 为拉索和梁组合的斜拉桥。

(2) 按桥梁的总长和跨径分类

可分为特殊大桥、大桥、中桥和小桥。表 16-1 为我国《公路工程技术标准

(JTJ 01—88)》(1995年版)❶ 规定的大、中、小桥和涵洞划分标准。

桥梁涵洞按跨径分类表　　　　　表 16-1

桥涵分类	多孔跨径总长 L_d (m)	单孔跨径 L_0 (m)	桥涵分类	多孔跨径总长 L_d (m)	单孔跨径 L_0 (m)
特大桥	$L_d \geqslant 500$	$L_0 \geqslant 100$	小桥	$8 \leqslant L_d \leqslant 30$	$5 \leqslant L_0 < 20$
大桥	$100 \leqslant L_d < 500$	$40 \leqslant L_0 < 100$	涵洞	$L_d < 8$	$L_0 < 5$
中桥	$30 \leqslant L_d < 100$	$20 \leqslant L_0 < 40$			

在表 16-1 中，单孔跨径系指标准跨径。同时，在"标准"中建议，当跨径在 60m 以下时，应尽量采用标准跨径。标准跨径规定为：3.0、4.0、5.0、6.0、8.0、10、13、16、20、25、30、35、40、45、50、60m。

(3) 按上部结构的桥面系位置分类

可分为上承式桥，下承式桥和中承式桥。桥面系布置在桥跨承重结构之上者称为上承式桥，见图 16-3、图 16-4、图 16-5。桥面系布置在桥跨承重结构之下的称为下承式桥，见图 16-7。桥面系布置在桥跨结构高度中部的称为中承式桥，图 16-9 为中承式拱桥的简图。

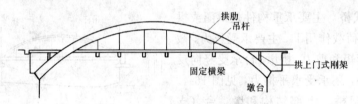

图 16-9　中承式拱桥的简图

除以上三种划分方法外，按用途划分，有公路桥、铁路桥、农桥、人行桥等；按跨越障碍的性质，可分为跨河桥、跨线桥（立体交叉）、高架桥等，在此不详述。

16.1.2　桥梁的总体规划和设计要点

1. 桥梁设计的基本要求

(1) 使用要求

桥上的行车道和人行道宽度应保证车辆和人群安全畅通，并应满足将来交通量增长的需要。桥型、跨径大小和桥下净空应满足泄洪、安全通航或通车等要求。建成的桥梁要保证使用年限，并便于检查与维修。

(2) 安全、适用、耐久性要求

整个桥梁结构及其各部分构件在制造、运输、安装和使用过程中应具有足够的承载能力、刚度、稳定性和耐久性。

---

❶ 在本章内容中简称"标准"。

(3) 施工要求

桥梁的结构应便于制造和安装，因地制宜地采用新技术，加快施工进度，保证工程质量和施工安全。

(4) 经济要求

桥梁设计方案必须进行技术经济比较，一般地说，应使桥梁的造价最低，材料消耗最少。然而，也不能只按建筑造价作为全面衡量桥梁经济性的指标，还要考虑到桥梁的使用年限、养护和维修费用等因素。

(5) 美观要求

在满足上述要求的前提下，尽可能使桥梁具有优美的建筑外形，并与周围的景物相协调。合理的轮廓是美观的重要因素，决不应把美观片面地理解为豪华的细部装饰。

2. 桥梁设计程序

我国桥梁的设计程序，对于大、中桥尽量采用两阶段设计；对于小桥采用一阶段设计。

桥梁设计的第一阶段是编制设计文件。在这一阶段设计中，主要是选择桥位，拟定桥梁结构型式和初步尺寸，进行方案比较，编制最佳方案的材料用量和造价，然后报上级单位审批。

在初步设计的技术文件中，应提供必要的文字说明，图表资料，设计方案，工程数量，主要建筑材料指标，以及设计概算。这些资料作为控制建设项目投资和以后编制施工预算的依据。

桥梁设计的第二阶段是编制施工图。它主要是根据批准的初步设计中所规定的修建原则、技术方案、总投资额等进一步进行具体的技术设计。在施工图中应提出必要的说明和适应施工需要的图表，并编制施工组织设计文件和施工预算。在施工图的设计中，必须对桥梁各部分构件进行强度、刚度和稳定性等方面的必要计算，并绘出详细的结构施工图。

3. 桥型选择

桥梁结构型式的选择，必须满足实用经济，并适当照顾美观的原则。结合到每一具体的结构型式，它又与地质、水文、地形等因素有关。所以在选择桥型时，必须妥善地处理各方面的矛盾，得出合理的方案。

影响桥型选择的因素很多，可将其分为独立因素、主要因素和限制因素等。

桥梁的长度、宽度和通航孔大小等都是桥型选择的独立因素，在提出设计任务时，对这些因素有的已经提出一定的要求。这些因素不是设计人员在进行桥梁设计时能随意更改的，因此，把这些因素称为独立因素。

经济是进行桥型选择时必须考虑的主要因素，无论在什么条件下修建桥梁都必须满足经济要求。

地质、地形、水文及气候条件是桥型选择的限制因素。地质条件在很大程度上影响到桥位、桥型（包括基础类型）和工程造价。地形条件及水文条件将影响到桥型、基础埋置深度、水中桥墩数量等。例如，在水下基础施工困难的地方，适当地将跨径放大一些，避开困难多的水下工程，常可取得较好的经济效果；在高山峡谷、水深流急的河道，建造单孔桥往往比较合理。

4. 桥梁的纵断面和横断面设计

(1) 桥梁纵断面设计

桥梁纵断面设计，主要是确定桥梁的总长度、桥梁的分孔与跨径、桥梁的高度、基础埋置深度、桥面及桥头引道的纵坡等。

桥梁的跨径和桥梁的高度应能保证桥下洪水的安全宣泄。桥梁宣跨径如果定得过小，将使洪水不能全部从桥下通过，从而提高了桥前的壅水高度，加大了桥下的水流速度，使河床和河岸发生冲刷，甚至引起路堤决口等重大事故。

桥梁的分孔与许多因素有关。分孔过多，虽然桥跨结构因跨径小而便宜一些，但桥墩的数目增多，结果造价增大。反之，分孔过少，墩台的造价可能低些，但桥跨结构因跨径增大，造价也要提高。最经济的跨径就是使上部结构和下部结构的总造价最低。因此，当桥墩较高或地质不良，基础工程较复杂时，桥梁跨径就得选大些；反之，当桥墩较矮或地质较好时，跨径就可选小些。在实际设计中，应对不同的跨径布置进行比较，来选择最经济的跨径和孔数。

在通航的河流上，首先应以考虑桥下通航的要求来确定孔径，当通航跨径大于经济跨径时，通航孔按通航要求确定孔径，其余的桥孔应根据上下结构总造价最低的经济原则来决定跨径。当通航的跨径小于经济跨径时，按经济跨径布置桥孔。

从施工方面考虑，一座桥不宜选用跨径大小不同的多种类型，宜采用等跨的或分组等跨的分孔布置。

桥梁高度的确定，应结合桥型、跨径大小等综合考虑。在确定桥高时还应考虑以下几个问题。

1) 桥梁的最小高度应保证桥下有足够的流水净空高度。通常永久性梁桥的桥跨结构底面应高于计算水位（不小于）0.5m；对于有流冰的河流，应高出最高流冰面（不小于）0.75m，见图16-10。为了防止桥梁的支座结构遭受水淹，设计时还应使支座高于计算水位（不小于）0.25m，高于最高流冰面（不小于）0.5m。

对于拱桥（无铰拱），拱脚容许淹没在计算水位之下，但通常淹没深度不超过拱圈矢高的2/3。为了保证漂浮物的通过，在任何情况下拱顶底面应高出计算水位（不小于）1.0m，即 $\Delta f_0 \geqslant 1.0m$，见图16-11。为了防止冰害，拱脚的起拱线尚应高出最高流冰面（不小于）0.25m。

2) 在通航的河流上，必须设置1孔或数孔能保证桥下有足够通航净空的通航孔。通航净空，就是在桥孔中垂直于流水方向所规定的空间界限，如图16-10和图16-11中虚线所示的图形。通航河流的桥下净空，根据《内河通航标准（GBJ 139—

§16.1 桥梁结构设计的一般原则

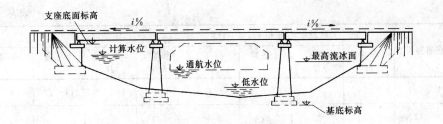

图 16-10 梁桥流水净空高度示意图

图 16-11 拱桥流水净空高度示意图

90)》的有关规定，汇总于表 16-2。表中的通航净空尺度符号示意，详见图 16-12。

水上过河建筑物通航净空尺度　　　　　　表 16-2

航道等级	天然及渠化河流（m）				限制性航道（m）			
	净高 H	净宽 B	上底宽 b	侧高 h	净高 H	净宽 B	上底宽 b	侧高 h
I-(1)	24	160	120	7.0				
I-(2)		125	95	7.0				
I-(3)	18	95	70	7.0				
I-(4)		85	65	8.0	18	130	100	7.0
II-(1)		105	80	6.0				
II-(2)	18	90	70	8.0				
II-(3)	10	50	40	6.0	10	65	50	6.0
III-(1)								
III-(2)		70	55	6.0				
III-(3)	10	60	45	6.0	10	85	65	6.0
III-(4)		40	30	6.0		50	40	6.0
IV-(1)		60	50	4.0				
IV-(2)	8	50	41	4.0	8	80	66	3.5
IV-(3)		35	29	5.0		45	37	4.0
V-(1)	8	46	38	4.0				
V-(2)	8	38	31	4.5	8	75～70	62	3.5
V-(3)	8.5	28～30	25	5.5、3.5	8、5	38	32	5.0、3.5

续表

航道等级	天然及渠化河流（m）				限制性航道（m）			
	净高 H	净宽 B	上底宽 b	侧高 h	净高 H	净宽 B	上底宽 b	侧高 h
Ⅵ-(1)					4.5	18~22	14~17	3.4
Ⅵ-(2)	4.5	22	17	3.4				
Ⅵ-(3)	6	18	14	4.0	6	25~20	19	3.6
Ⅵ-(4)						28~30	21	3.4
Ⅶ-(1)					3.5	18	14	2.8
Ⅶ-(2)	3.5	14	11	2.8		18	14	2.8
Ⅶ-(3)	4.5	18	14	2.8	4.5	25~30	19	2.8

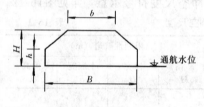

图16-12 通航净空尺度符合示意图

3）在设计跨越线路（公路或铁路）的跨越桥或立体交叉时，桥跨结构底缘的标高应比被跨越线路的路面或轨面标高大出规定的通行车辆的净空高度，对于公路所需的净空尺寸，见以下桥梁横断面设计部分内容，铁路的净空尺寸可查阅铁路桥涵设计规范。

桥面中心标高确定后，可根据两端桥头的地形和线路要求来设计桥梁纵断面及桥面线型，一般小桥，通常做成平坡桥，对于大、中桥，常常把桥面做成从桥的中央向桥头两端纵坡为1%～2%的双坡面，特别是当桥面标高由于通航要求而修得比较高时，为了缩短引桥和降低桥头引道路堤的高度，更需要采用双向倾斜的纵向坡度，对大、中桥桥上的纵坡不宜大于4%，桥头引道不宜大于5%，位于市镇混合交通繁忙处，桥上纵坡和桥头引道纵坡均不得大于3%。

桥墩和桥台的基础埋置深度也是桥梁纵断面设计中的重要问题。

（2）桥梁横断面设计

桥梁横断面设计，主要是确定桥面净空与和此相适应的桥跨结构横断面的布置，为了保证车辆和行人的安全通过，应在桥面以上垂直于行车方向保留一定限界的空间，这个空间称为桥面净空。

桥面净空主要指净宽和净高。"标准"根据桥梁与公路路基应尽可能同宽的指导思想，规定的桥面净空与相应公路等级的建筑界限相同。图16-13为"标准"对高速公路和一级公路的建筑界限示意图。

图16-13中的W为行车道宽度，其值的规定见表16-3；H为净高，$H=5$m（高速公路、一级公路和一般二级公路），其余符号意义详见"标准"。

各级公路桥面行车道净宽标准　　　　　　　　表 16-3

公路等级	桥面行车道净宽（m）	车道数	公路等级	桥面行车道净宽（m）	车道数
高速公路	2×净-7.5 或 2×净-7.0	4	三	净-7	2
一	2×净-7.5 或 2×净-7.0	4	四	净-7 或净-4.5	2 或 1
二	净-9 或净-7	2			

净宽包括行车道和人行道及自行车道宽度。

桥上人行道和自行车道的设置，应根据需要而定，并与线路前后布置配合，必要时自行车和行车道宜设置适当的分隔设施。一个自行车道的宽度为 1.0m，自行车道数应根据自行车的交通量而定，当单独设置自行车道时，一般不应少于双车道的宽度，人行道的宽度为 0.75m 或 1.0m，大于 1.0m 时按 0.5m 的倍数增加，不设置自行车道和人行道时，可根据具体情况，设置栏杆和安全带，安全带的宽度通常每侧设 0.25m。人行道和安全带应高出行车道面至少 0.25~0.35m，以保证行人和行车本身的安全。与路基同宽的小桥和涵洞可仅设缘石和栏杆，漫水桥不设人行道，但应设护柱。

为了桥面上排水的需要，桥面应根据不同类型的桥面铺装，设置从桥面中央倾向两侧的 1.5%~3.0% 的横坡，人行道宜设置向行车道倾斜 1% 的横坡。

5. 设计前应收集的技术资料

一座桥梁的总体设计涉及的因素很多，必须充分地进行调查研究，从实际出发，分析该桥的具体情况，才能得出合理的设计方案，因此，桥梁总体设计必须进行一系列的野外勘测和资料的收集工作，对于跨越河流的桥梁在勘测时应收集如下资料。

(1) 桥梁的使用要求

调查道路的交通种类，车辆的载重等级，往来车辆密度和行人情况，以此确定荷载设计标准、车道数目、行车道宽度，以及人行道宽度等。

(2) 桥位附近的地形

包括测量桥位处的地形、地物，并绘成平面地形图，供设计时布置桥位中线位置、桥墩位置，布置桥头接线，供施工时布置场地。

(3) 地质资料

通过钻探调查桥位处的地质情况，并将钻探资料绘成地质剖面图，作为基础设计的一个重要依据，为使地质资料更接近实际，可以根据初步拟定的桥梁分孔方案将钻孔位置布置在墩台附近。

(4) 河流的水文情况

测量桥位附近河道纵断面，桥位处河床断面，调查历年最高洪水位、低水位、流冰水位和通航水位，流量和流速，以及河床的冲刷、淤积和变迁的情况等，为确定桥梁跨径、基础埋置深度和桥面标高提供可靠的依据，为桥梁施工提供一定

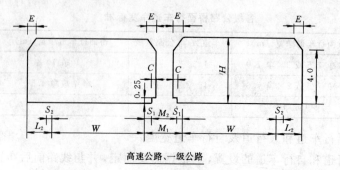

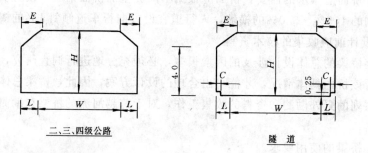

图 16-13　高速公路的建筑限界（尺寸单位：mm）

图中：W—行车道宽度；

c—当计算行车速度等于或大于 100km/h 时为 0.5m，小于 100km/h 时为 0.25m；

S_1—行车道左侧路缘带宽度；

S_2—行车道右侧路缘带宽度；

M_1、M_2—中间带及中央分隔带宽度；

E—建筑限界顶角宽度，当 $L \leqslant 1m$ 时，$E=L$；当 $L>1m$ 时，$E=1m$；

H—净高，汽车专用公路和一般二级公路为 5.0m，三、四级公路为 4.5m。

的资料。

（5）其他资料

调查当地可采用的建筑材料种类、数量、规格和质量；水泥、木料和钢材的供应；当地的气温变化、降雨量、风力、冰冻季节和冰冻深度；施工单位的机械设备；建桥附近的交通状况；电力、劳动力的来源；以及有无地震等情况，为设计和施工提供必要的资料。

16.1.3 公路桥梁的荷载

作用在桥梁上的荷载可分为下列三大类：

(1) 永久荷载（恒荷载） 在设计使用期内，其值不随时间变化，或其变化与平均值相比可以忽略不计的荷载。它包括结构重力、预应力、土的重力及土侧压力、混凝土收缩及徐变影响力、基础变位影响力和水的浮力。

(2) 可变荷载 在设计使用期内，其值随时间变化，且其变化与平均值相比不可忽略的荷载。按其对桥涵结构的影响程度，又分为基本可变荷载和其他可变荷载。基本可变荷载包括汽车荷载及其引起的冲击力、离心力、平板挂车（或履带车）及其引起的土侧压力和人群。其他可变荷载包括汽车制动力、风力、流水压力、冰压力、温度影响力和支座摩阻力。

(3) 偶然荷载 在设计使用期内，不一定出现，但一旦出现其值很大但持续时间较短的荷载。它包括船只或漂浮物撞击力、地震力。

车辆荷载和人群荷载通常被称为活荷载。

1. 永久荷载

桥梁结构重力等于本身的体积乘以材料的重力密度。常用材料重力密度见表16-4，土的侧压力可分为静止土压力、土抗力、主动土压力和被动土压力，其计算方法将在有关章节内叙述。

常用材料重力密度表　　　　　　　　　　表 16-4

材料种类		重力密度 (kN/m³)	附　　注
钢、铸钢		78.5	含筋量(以体积计)小于2%的钢筋混凝土，其重力密度采用25.0kN/m³；大于2%的，采用26.0kN/m³
铸铁		72.5	
锌		70.0	
铅		114.0	
钢筋混凝土		25.0～26.0	
混凝土或片石混凝土		24.0	
砖石砌体	浆砌块石或料石	24.0～25.0	
	浆砌片石	23.0	
	干砌块石或片石	21.0	
	砖砌体	18.0	
桥面	沥青混凝土	23.0	包括水结碎石，级配碎（砾）石
	沥青碎石	22.0	
	泥结碎（砾）石	21.0	
	填土	17.0～18.0	
	填石	19.0～20.0	
	石灰三合土	17.5	石灰、砂、砾石
	石灰土	17.5	石灰30%，土70%

混凝土收缩、徐变和桥梁墩台基础的变位将使超静定结构桥梁产生附加内力，

可根据《公路钢筋混凝土及预应力混凝土桥涵设计规范(JTJ 023—85)》[1]建议的方法计算。

水的浮力对桥梁墩台的影响,当墩台位于透水性地基上时,验算墩台稳定性应考虑水的浮力,验算基底应力仅考虑低水位的浮力或不考虑水的浮力;当墩台位于不透水性地基上时,可不考虑水的浮力;当不能肯定地基是否透水时,应以透水和不透水两种情况分别计算,与其他荷载组合,取其最不利者。

2. 可变荷载

基本可变荷载中的汽车、平板挂车和履带车有不同的型号和载重等级,而且车辆的轮轴数量、各部分尺寸也不相同。因此,只按某一具体车型及其荷载来设计桥梁是不合理的,必须拟定一个既能概括目前国内车辆状况,又能适当地照顾将来发展的全国统一车辆荷载标准,作为设计公路桥梁的依据。

以下介绍"标准"对桥梁设计中对车辆荷载及其影响力和人群荷载的规定。

(1) 汽车荷载

汽车荷载以汽车车队表示,可分为汽车-10 级、汽车-15 级、汽车-20 级和汽车-超 20 级四个等级。各级车队的纵向排列,各级汽车的平面尺寸和横向布置如图 16-14 和图 16-15 所示。其主要技术指标见表 16-5。

各级汽车荷载主要技术指标　　　　表 16-5

主要技术指标	单位	汽车-10	汽车-15	汽车-20	汽车-超20	
一辆汽车总重力	kN	100	150	200	300	550
一行汽车车队中重车辆数	辆	—	1	1	1	1
前轴重力	kN	30	50	70	60	30
中轴重力	kN	—	—	—	—	2×120
后轴重力	kN	79	100	130	2×120	2×140
轴距	m	4	4	4	4+1.4	3+1.4+7+1.4
轮距	m	1.8	1.8	1.8	1.8	1.8
前轮着地宽度和长度	m	0.25×0.20	0.25×0.2	0.3×0.2	0.3×0.2	0.3×0.2
中后轮着地宽度和长度	m	0.5×0.20	0.5×0.2	0.6×0.2	0.6×0.2	0.6×0.2
车辆外形尺寸(长×宽)	m	7×2.5	7×2.5	7×2.5	8×2.5	15×2.5

注：一行汽车车队中主车辆数不限。

荷载级别中的数字表示车队中主车的等级。考虑到车队行驶时可能出现超过规定的主车重力的车辆,因此,在每级汽车车队中均规定有一辆重车(或称加重

---

[1] 以下简称"公桥规"。

§16.1 桥梁结构设计的一般原则

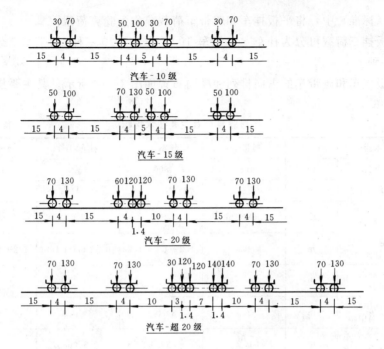

图 16-14 各级汽车车队的纵向排列

（轴重力单位：kN；尺寸单位：m）

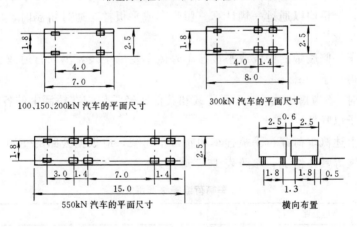

图 16-15 各级汽车的平面尺寸和横向布置

（尺寸单位：m）

车）。每级车队中主车的数目可以根据需要按规定间距任意延伸排列。

汽车车队在桥上的纵横位置均按最不利情况布置，以使计算部位产生最大的内力。但是，车辆轴重力的顺序应按车队的规定排列，不得任意改动。

汽车外侧车轮的中线，离人行道或安全带边缘的距离不得小于 0.5m。

（2）平板挂车和履带车荷载

在《标准》中,将平板挂车和履带车荷载统称为验算荷载。

平板挂车荷载可分为挂车-80、挂车-100 和挂车-120 三种。履带车荷载只有履带-50 一种。

平板挂车和履带车的纵向排列和横向布置如图 16-16 所示。其主要技术指标见表 16-6。

各级验算荷载主要技术指标　　　　　表 16-6

主要技术指标	单位	履带-50	挂车-80	挂车-100	挂车-120
车辆重力	kN	500	800	1000	1200
履带车或车轴数	个	2	4	4	4
各条履带压力或每个车轴重力	kN	56kN/m	200	250	300
履带着地长度或纵向轴距	m	4.5	1.2+4.0+1.2	1.2+4.0+1.2	1.2+4.0+1.2
每个车轴的车轮组数目	组	—	4	4	4
履带横向中距或车轮横向中距	m	2.5	3×0.9	3×0.9	3×0.9
履带宽度或每对车轮着地宽度和长度	m	0.7	0.5×0.2	0.5×0.2	0.5×0.2

对于履带车,顺桥方向可考虑多辆行驶,但两车间净距不得小于 50m;对于平板挂车,全桥均以通过一辆计算。履带车或平板挂车通过桥涵时,应靠桥中线以慢速行驶。

履带车外侧履带的中线或平板挂车外侧车轮的中线,离人行道或安全带边缘的距离不得小于 1m。

验算时,不考虑冲击力、人群荷载和其他非经常作用在桥涵上的各种外力。荷载系数应予以降低。

对于上述汽车荷载、平板挂车和履带车荷载,应根据公路的使用任务、性质和将来发展等具体情况,参照表 16-7 确定。

车辆荷载等级选用表　　　　　表 16-7

公路等级	高速公路	一	二	三	四
计算荷载	汽车-超20级	汽车-超20级 汽车-20级	汽车-20级	汽车-20级 汽车-15级	汽车-10级
验算荷载	挂车-120	挂车-120 挂车-100	挂车-100	挂车-100 挂车-80	履带车-50

对于汽车荷载,考虑到按设计计算上在桥面上布置车队数和实际能使车辆正常行驶并且保持一定行车速度所必需的行车道宽度,《标准》规定了横向布置车队数如表 16-8。

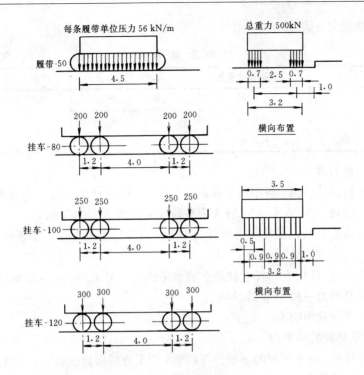

图 16-16 各级验算荷载图式和横向布置

(轴重力单位：kN；尺寸单位：m)

桥梁横向布置车队数　　　　　表 16-8

桥面净宽 W (m)		横向布置车队数	桥面净宽 W (m)		横向布置车队数
车辆单向行驶时	车辆双向行驶时		车辆单向行驶时	车辆双向行驶时	
$W<7.0$		1	$17.5 \leqslant W<21.0$		5
$7.0 \leqslant W<10.5$	$7.0 \leqslant W<14.0$	2	$21.0 \leqslant W<24.5$	$21.0 \leqslant W<28.0$	6
$10.5 \leqslant W<14.0$		3	$24.5 \leqslant W<28.0$		7
$14.0 \leqslant W<17.5$	$14.0 \leqslant W<21.0$	4	$28.0 \leqslant W<31.5$	$28.0 \leqslant W<35.0$	8

当桥梁横向布置车队数大于 2 时，应考虑计算荷载效应的横向折减，但折减后的效应不得小于用两行车队布载的结果。一个整体结构上的计算荷载横向折减系数规定见表 16-9。

横 向 折 减 系 数　　　　　表 16-9

横向布置车队数	3	4	5	6	7	8
横向折减系数	0.78	0.67	0.60	0.55	0.52	0.50

当桥梁计算跨径大于等于 150m 时，应考虑计算荷载效应的纵向折减。当为多跨连续结构时，整个结构均应按最大的计算跨径考虑计算荷载效应的纵向折减。纵

向折减系数规定见表16-10。

纵向折减系数　　　　　　　　　　　　　表16-10

计算跨径 L (m)	纵向折减系数	计算跨径 L (m)	纵向折减系数
$150 \leqslant L < 400$	0.97	$800 \leqslant L < 1000$	0.94
$400 \leqslant L < 600$	0.96	$L \geqslant 1000$	0.93
$600 \leqslant L < 800$	0.95		

(3) 人群荷载

设有人行道的桥梁,当用汽车荷载计算时,要同时计入人行道上的人群荷载。人群荷载一般规定为 $3kN/m^2$;行人密集地区一般为 $3.5kN/m^2$。

当人行道板采用钢筋混凝土板时,应以 1.2kN 的集中力作用于一块板上进行验算。

计算栏杆时,作用在栏杆立柱顶上的水平推力一般采用 0.75kN/m;作用在栏杆扶手上的竖向力一般采用 1kN/m。

(4) 车辆荷载影响力

1) 汽车荷载的冲击力

汽车过桥时,由于桥面的不平整等因素,汽车对桥梁撞击而使其发生振动,这种动力效应通常称为冲击作用,它将随行车速度的增大而增大。因此,以一定速度通过桥梁的汽车荷载(动荷载)对桥梁结构所产生的内力要比同样大小的静荷载大。这种内力的增大部分称为冲击力。冲击力的大小可用汽车荷载乘以冲击系数 μ 来确定。冲击系数随 μ 跨径的增大而减小,并与桥梁的结构形式有关。其值大小是根据在已建桥梁上所做的振动试验结果整理出来的。因此,在设计中可按不同结构种类选用不同的冲击系数。钢筋混凝土(及混凝土和砖石砌)桥涵的冲击系数按表16-11采用。

钢筋混凝土(及混凝土和砖石砌)桥涵的冲击系数　　　　表16-11

结　构　种　类	跨径或荷载长度 (m)	冲击系数 μ
梁、刚构、拱上构造、桩式和柱式墩台、涵洞盖板	$L \geqslant 5$ $L \geqslant 45$	0.30 0
拱桥的主拱圈或拱肋	$L \leqslant 20$ $L \geqslant 70$	0.20 0

注:对于简支的主梁、主桁、拱桥的拱圈等主要构件,L 为计算跨径;对于悬臂梁、连续梁、刚构、桥面系构件和仅受局部荷载的构件及墩台等,L 为其相应内力影响线的荷载长度,即为各荷载区段长度之和;L 值在表列数值之间时,冲击系数可用直线内插法求得。

对于钢筋混凝土桥(及混凝土桥和砖石拱桥)等的上部构件、钢或钢筋混凝土支座、钢筋混凝土桩式或柱式墩台等应计入汽车荷载的冲击力。其他各式墩台不计冲击力、填料厚度(包括路面厚度)等于或大于500mm的拱桥和涵洞(明涵除外)也均不计冲击力。

2) 离心力

位于曲线上的桥梁，当曲线半径等于或小于 250m 时，应计算离心力。设曲线半径为 R，车辆荷载的重力为 P，在桥上行驶的车速为 v，则车辆的离心力为

$$H = \frac{Pv^2}{gR} \tag{16-1}$$

式中　　g——重力加速度，$g=9.8\text{m/s}^2$。

如果车速以 km/h 计，曲线半径以 m 计，则式（16-1）变为

$$H = \frac{Pv^2}{127R} = CP \tag{16-2}$$

因此，离心力等于车辆荷载（不计冲击力）乘以离心力系数 C。为了计算方便，车辆荷载 P 通常采用均匀分布的等代荷载。离心力的着力点作用在桥面以上 1.2m 处，为计算方便也可移至桥面上，不计由此引起的力矩。

3) 车辆荷载引起的土侧压力

车辆荷载在桥台的破坏棱体上引起的土侧压力，按换算成等代的均布土层厚度计算。

3. 其他可变荷载

(1) 制动力

当汽车在桥上刹车时，车轮和桥面之间将产生一种水平的滑动摩擦力，这种摩擦力叫车辆制动力。

桥上的车队不可能全部同时刹车，所以制动力的大小并不等于摩擦系数乘以荷载长度内的车辆总重力，而是按荷载长度内车辆总重力的一部分计算。当桥面为 1～2 车道时，制动力按布置在荷载长度内的一行汽车车队总重力的 10% 计算，但不得小于一辆重车的 30%；当桥面为 4 车道时，制动力按上述数值增加一倍。

制动力方向就是行车方向，着力点在桥面以上 1.2m 处，为了计算方便，刚架桥、拱桥的制动力着力点移可至桥面上；计算墩台时，着力点可移至支座中心（铰中心或滚轴中心）或滑动支座的接触面上或摆动支座的底板面上。刚性墩台各种支座传递的制动力见表 16-12。

刚性墩台各种支座传递的制动力　　　　　　　　表 16-12

桥梁墩台及支座类型		应计的制动力	符 号 说 明
简支梁桥台	固定支座	H_1	H_1——当荷载长度为计算跨径时的制动力
	滑动支座	$0.5H_1$	
	滚动（或摆动）支座	$0.25H_1$	
简支梁桥墩	两个固定支座	H_2	H_2——当荷载长度为相邻两跨计算跨径之和时的制动力
	一个固定支座 一个活动支座	见注 2	
	两个活动支座	$0.5H_2$	
	两个滚动（或摆动）支座	$0.25H_2$	

续表

桥梁墩台及支座类型		应计的制动力	符号说明
连续梁桥墩	固定支座	H_3	H_3——当荷载长度为一联长度(连续梁)或主孔加两悬臂长度(悬臂梁)时的制动力
	滚动(或摆动)支座	$0.25H_3$	
悬臂梁岸墩或中墩	固定支座	H_3	
	滚动(或摆动)支座	$0.25H_3$	

注：1. 每个活动支座传递的制动力不得大于其摩阻力。

2. 当简支梁桥墩上设有两种支座（固定支座和活动支座）时，制动力应按相邻两跨传来的制动力之和计算，但不得大于其中较大跨径的固定支座或两等跨中一个跨径的固定支座传来的制动力。

3. 对于板式橡胶支座，当其厚度相等时，制动力可平均分配。

对于简支梁桥，当墩台为柔性桩墩时，设有油毛毡支座和钢板支座的墩台，制动力可按其刚度分配；设有板式橡胶支座的墩台，可考虑联合抗推作用。

(2) 支座摩阻力

桥梁上部构造因温度变化会沿活动支座伸缩，由于活动支座不是理想光滑，因此在活动支座的接触面上会产生水平方向的摩阻力，其值按下式计算：

$$F = \mu V \tag{16-3}$$

式中 V——活动支座处结构竖向反力；

μ——支座的摩擦系数，见表 16-13。

支座摩擦系数 μ 值 表 16-13

支座种类	滚动支座或摆动支座	弧形滑动支座	平面滑动支座	油毛毡垫层
μ 值	0.05	0.20	0.30	0.60

(3) 其他外力

在计算超静定结构桥梁时，应考虑由温度变化引起构件变形而产生的内力。

在计算墩台、基础时，应根据桥梁所在地区的具体情况，分别计入冰压力、流水压力，这些力要视实际可能作用的情况加以组合。例如考虑流水压力即不考虑冰压力的作用。

结构物在制造、运输和安装等施工阶段，应考虑可能出现的施工荷载，如结构重力、脚手架、材料机具、人群荷载等。构件在吊装时，其构件重力应乘以动力系数 1.20 或 0.85（可视具体情况增减）。

4. 偶然荷载

(1) 船只或漂浮物的撞击力

在通航河道和有漂浮物出现的河流上建造桥梁时，墩台、基础计算中应考虑船只或漂浮物的撞击力，但船只撞击力和漂浮物的撞击力不能同时考虑。

(2) 地震力

在地震设计烈度为8度及8度以上的地震区修建桥梁时，应采取抗震措施，以提高桥梁的抗震能力。其中连续梁、T型刚构等桥型的抗震设防烈度应降低1度。

5. 荷载组合

进行桥涵设计时，应根据结构物特性及建桥地区情况，按所列荷载的可能出现，进行下列组合。

组合Ⅰ 基本可变荷载（平板挂车或履带车除外）的一种或几种与永久荷载一种或几种相组合。

组合Ⅱ 基本可变荷载（平板挂车或履带车除外）的一种或几种与永久荷载的一种或几种与其他可变荷载的一种或几种相组合；设计弯桥时，当离心力与制动力组合时，制动力仅按70%计算。

组合Ⅲ 平板挂车或履带车与结构重力、预应力、土的重力及土侧压力的一种或几种相组合。

组合Ⅳ 基本可变荷载（平板挂车或履带车除外）的一种或几种与永久荷载的一种或几种与偶然荷载中的船只或漂浮物的撞击力相组合。

组合Ⅴ 根据施工时的具体情况进行施工荷载组合。

组合Ⅵ 结构重力、预应力、土的重力及土侧压力的一种或几种与地震力相组合。

在进行荷载组合时，还应注意一些不可能参与组合的荷载。如汽车制动力不与流水压力、冰压力和支座摩阻力组合；流水压力不与冰压力组合。

§16.2 梁 式 桥

以钢筋混凝土或预应力混凝土板、桥等受弯构件作为桥跨结构中主要承重构件的桥统称为混凝土梁式桥，简称混凝土梁桥。

混凝土梁桥是在公路和城市道路中广泛应用的一种桥梁，其设计理论和施工技术都发展的比较成熟。本节主要介绍混凝土梁桥的构造、设计计算方法。

16.2.1 梁式桥的主要类型及适用范围

混凝土梁桥具有多种不同的构造类型，下面从几个主要方面简述混凝土梁桥上部结构的分类。

1. 按承重结构的受力图式的分类

主要有简支梁桥、连续梁桥、悬臂梁桥三类，分别见图16-18(a)、(b)、(c)。

（1）简支梁桥 简支梁属静定结构，且相邻桥孔各自单独受力，故结构内力不受墩台基础不均匀沉降影响，从而适用于地基土较差的桥位上建桥。

简支梁主要受其跨中正弯矩的控制，当跨径增大时，梁的跨中截面恒载弯矩和活载弯矩急剧增加。当恒载弯矩所占比例较大时（混凝土梁跨径增大），梁能承受的活载能力就减小。因此钢筋混凝土简支梁（板）的常用跨径在 20m 以下。当采用预应力混凝土简支板时，常用跨径在 13～16m；而预应力混凝土简支梁可用跨径在 25～50m。

对于混凝土简支梁桥，我国交通部已编制了相应的设计标准图。

(2) 悬臂梁桥　将简支梁梁体加长，并越过支点就成为悬臂梁。仅梁的一端悬出者称为单悬臂梁，两端均悬出者称为双悬臂梁。对于较长的桥，可以借助简支挂梁与悬臂梁一起组成多孔桥。在受力方面，悬臂部分使支点上产生负弯矩，减少跨中的正弯矩，所以，对相同的跨径，悬臂梁跨中高度可比简支梁小。悬臂梁属静定结构，墩台的不均匀沉降不会在梁内引起附加内力。带挂梁的悬臂梁，挂梁与悬臂梁连接处的构造比较复杂，挠度曲线在这个连接处有折点，会加大荷载的冲击作用，因而易于损坏。

(3) 连续梁桥　采用连续梁作为桥跨结构承重构件的梁式桥。连续梁在竖向力作用下支点截面产生负弯矩，从而显著减小了梁跨中截面的正弯矩，这样，不但可减小梁跨中的建筑高度，而且能节省混凝土数量，跨径增大时，这种节省就愈显著。连续梁是超静定结构，当一个支点有沉降时，都会使各跨的梁体截面上产生附加内力，所以对桥梁墩台的地基要求严格。

钢筋混凝土连续梁的主孔常用跨径范围为 30m 以下，而预应力混凝土连续梁的主孔常用范围为 40～160m。

以上三种受力图式的混凝土梁桥，在墩台上必须设置专门传力和支承的部件，即支座。在工程中，混凝土梁式桥还有 T 型刚构桥和连续—刚构桥。T 型刚构桥是一种具有悬臂受力特点的梁式桥，是从桥墩上伸出悬臂段，形同"T"字，在桥跨中部与简支挂梁组成的受力结构，见图 16-18(a)。带挂梁的 T 型刚构桥是静定结构。预应力混凝土 T 型刚构的主孔常用跨径在 60～200m。连续—刚构桥综合了连续梁和 T 型刚构的特点，将主梁做成连续梁与薄壁桥墩固结如图图 16-18(b) 所示。由于薄壁桥墩是一种柔性桥墩，在竖向荷载作用下，连续—刚构桥基本上是无推力的受力体系，而梁具有连续梁的受力特点。预应力混凝土连续—刚构桥的主孔跨径已达到 270m。

T 型刚构和连续—刚构桥的主梁与桥墩均为固结，是不在墩上设支座的梁式桥。

2. 按承重结构的横截面型式的分类

(1) 板桥　板桥的承重结构就是矩形截面的钢筋混凝土板或预应力混凝土板。当桥跨宽度方向仅用一块混凝土板的称为整体式板桥，见图 16-19(a)；若用数块预制混凝土板横向连接形成整体的称为装配式板桥，见图 16-19(b)。

简支板桥可采用整体式结构，或装配式结构，前者跨径一般为 4～8m，后者跨径一般为 6～13m。装配式的预应力混凝土简支空心板跨径可达 16～20m。

连续板桥多采用整体式结构，目前已建成的钢筋混凝土连续板桥，最大跨径

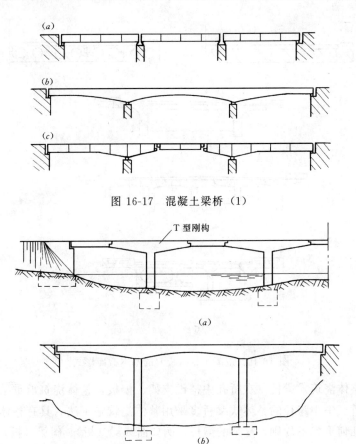

图 16-17 混凝土梁桥（1）

图 16-18 混凝土梁桥（2）

达 25m，预应力混凝土连续板桥的跨径已达 33.5m。

(2) 肋梁桥　桥跨横截面形成明显肋形开口截面的梁桥。梁肋（或称腹板）与顶部的钢筋混凝土桥面板结合在一起作为承重结构。

肋梁桥最适宜于采用简支受力体系，这是因为在正弯矩作用下，肋与肋之间处于受拉区的混凝土得到很大程度挖空，显著减轻了结构自重，同时又充分利用了扩展的混凝土桥面板的抗压能力，故中等跨径 13～15m 以上的梁桥，通常用简支肋梁桥（又称简支 T 形梁桥）。

图 16-19 (c) 和 (d) 分别示出了整体式和装配式肋梁桥横截面形式。

(3) 箱梁桥　承重结构是封闭形的薄壁箱形梁，见图 16-19 (e)、(f)。箱形梁因底板能承受较大的压力，因此，它不仅能承受正弯矩，而且也能承受负弯矩，同时箱形梁整体受力性能好，箱壁可做得很薄，能有效地减轻重力。一般大跨径的悬臂梁桥或连续梁桥往往采用箱形梁。

3. 按施工安装方法分类

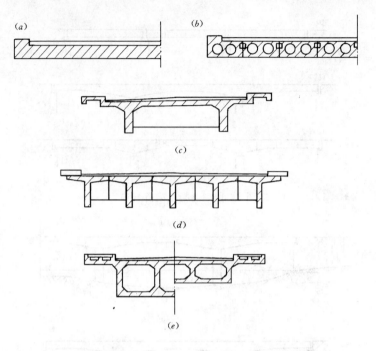

图 16-19 混凝土梁（板）的基本截面形式

（1）整体浇筑式梁桥　在桥孔中搭设支架、模板，整体浇筑承重结构混凝土建成的梁桥。中小跨径的整体式梁桥多采用整体浇筑施工法，具有整体性好，并易于做成几何形状不规则、复杂的梁桥，例如曲线梁（板）、斜梁（板）桥。但其施工速度慢，要耗费大量支架模板及中断航运。

（2）预制装配式梁桥　将在预制厂或桥梁施工现场预制的梁运至桥跨，使用起重设备安装和完成各梁横向联接组成承重结构的梁桥。中小跨径装配式梁桥主要采用预制装配施工法修建。预制装配施工法生产速度快，质量易于保证，而且还能与下部结构同时施工，因此是简支混凝土梁（板）桥的主要施工方法。

（3）预制-现浇式梁桥　承重结构的梁（板）截面一部分采用预制，安装至桥跨上后，截面其余部分采用现浇并与预制部分形成整体的梁桥，又称为组合式梁桥。横截面形式见图 16-20。组合式梁桥与装配式梁桥相比，预制构件的重力可以显著减少，且便于运输安装，整体性又好；与整体式梁桥相比，可节省支架和模板材料，施工进度也较快。但是，组合式梁桥施工工序较多，桥上现浇混凝土的工作量较大，而且预制部分的结构在施工过程中要单独承受桥面现浇混凝土的重力，所以总的材料用量要比整体式桥和装配式桥多一些。

随着对预应力技术认识的深入，不仅在桥梁上应用预应力混凝土材料，而且还发展成为结构最有效的接合和拼装手段，形成了预应力节段施工方法。这种方法是将桥跨承重结构沿跨径方向进行合适的分段，应用悬臂浇筑、悬臂拼装、顶

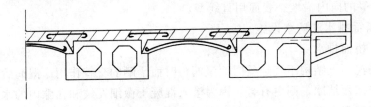

图 16-20　混凝桥的组合式截面

推、逐孔现浇等方法，采用预应力钢束将各节段装配成整体，用这种现代化手段建成的梁桥被称为是预应力混凝土节段式梁桥，广泛用于大跨径和特大跨径梁桥中。

16.2.2　桥　面　构　造

梁式桥的桥面部分通常包括桥面铺装、防水和排水设施、伸缩缝、人行道（或安全带）、路缘石、栏杆和灯柱等构造，见图 16-21。

1. 桥面铺装

桥面铺装的作用是防止车轮轮胎或履带车直接磨耗行车道板；保护主梁免受雨水侵蚀；分散车轮的集中荷载。因此，桥面铺装要有一定强度，防止开裂，并保证耐磨。桥面铺装的种类有：

(1) 水泥混凝土或沥青混凝土铺装

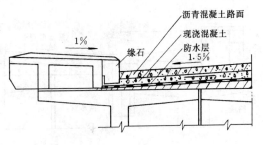

图 16-21　梁式桥的桥面

梁式桥采用水泥混凝土铺装，其最小厚度为 100mm，混凝土强度等级不低于梁（板）混凝土等级。水泥混凝土桥面铺装中应设置钢筋网，所用钢筋直径宜为 8～12mm，网格尺寸为 150mm×150mm。

当采用沥青混凝土铺装时，一般厚度为 90mm，并且在铺装层下必须设防水层。

(2) 防水混凝土铺装

在需要防水的梁桥上，可在桥面板上铺设 80～100mm 的防水混凝土，并且铺设钢筋网，然后在防水混凝土铺装上再铺筑 40mm 厚的沥青混凝土作为可修补的磨耗层。

为了迅速排除桥面雨水，桥面铺装层的表面做成横向有 1.5%～2% 的横坡，通常是在桥面板顶面铺设混凝土三角垫层来构成；对于板桥或就地浇筑的肋梁桥，为了节省铺装材料并减轻重力，也可将横坡直接设在墩台顶部而做成倾斜的桥面板，此时可不需设置混凝土三角垫层。桥面铺装的表面曲线通常采用抛物线型。人行道设 1% 的向内横坡。表面用直线型。

2. 桥面排水和防水设施

（1）桥面排水

钢筋混凝土结构不宜经受时而湿润、时而干晒的交替作用。湿润后的水分如接着因严寒而结冰，则更有害。因为渗入混凝土微细发纹和孔隙内的水分，在结冰时会使混凝土发生破坏，而且，水分的侵蚀也会使钢筋锈蚀。因此，防止雨水积滞于桥面并渗入梁体而影响桥梁的耐久性，除在桥面铺装层内设置防水层外，应使桥上的雨水迅速排出桥外。

桥面排水是借助于桥面纵坡和横坡的作用，把雨水迅速汇向集水口，并从泄水管排出。

当桥面纵坡大于 2% 而桥长小于 50m 时，一般能保证雨水从桥头引道上排出，桥上可以不设泄水管，此时可在引道两侧设置流水槽，以免雨水冲刷引道路基；当桥面纵坡大于 2% 而桥长大于 50m 时，为防止雨水积滞桥面，就需要设置泄水管，顺桥长每隔 12～15m 设置一个。

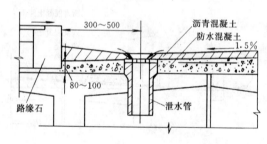

图 16-22 泄水管布置（尺寸单位：mm）

当桥面纵坡小于 2% 时，泄水管就需设置更密一些，一般顺桥长每隔 6～8m 设置一个。

排水用的泄水管设置在行车道两侧，可对称排列，也可交错排列。泄水管离路缘石的距离为 0.3～0.5m，见图 16-22。泄水管的过水面积通常按每 m^2 桥面至少应设 $100mm^2$ 的泄水管截面面积。目前公路桥常用的泄水管有钢筋混凝土管和铸铁管两种，其构造如图 16-23 所示。

（2）防水层

桥面防水层设置在桥面铺装层下面，它把透过铺装层渗下来的雨水接住并汇集到泄水管排出。

防水层一般由两层无纺布和三层改性沥青组合而成，厚约 2mm。防水层顺桥面纵向应铺过桥台背；桥面两侧伸过路缘石底面从人行道与路缘石的砌缝里向上叠 100mm，见图 16-24。防水层需用厚 30mm 以上的水泥混凝土作保护层，然后再在上面铺沥青混凝土或浇筑水泥混凝土。由于上述防水层的造价高，施工又麻烦，它虽有防水作用，但却把行车道板与铺装层隔开，处理不好，将使铺装层起壳开裂。因此，除在严寒地区，为防止渗水冰冻引起桥面破坏或在行车道板内钢筋因裂缝而锈蚀，才予以设置。在气候温暖地区，可在三角垫层上涂一层沥青马蹄脂，或在铺装层上加铺一层沥青混凝土，或用防水混凝土作铺装层，以增强防水能力。

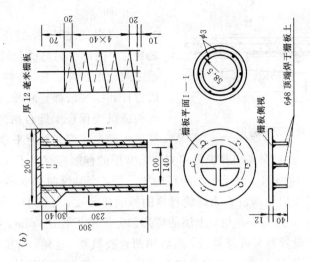

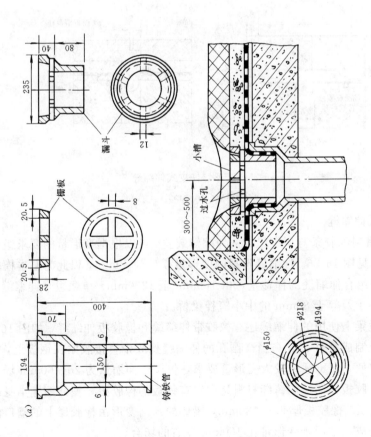

图 16-23 公路桥常用泄水管（尺寸单位：mm）
(a) 铸铁泄水管；(b) 钢筋混凝土泄水管

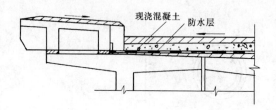

图 16-24　防水层示意图

3. 伸缩缝

当气温变化时,梁的长度也随之变化,因此在梁与桥台间,梁与梁之间应设置伸缩缝。在伸缩缝处的栏杆和铺装层都要断开。伸缩缝的构造既要保证梁能自由地变形,又要车辆在伸缩缝处能平顺地、无噪音地通过,还要不漏水,安装和养护简单方便。常用的伸缩缝有以下几种:

(1) U 形锌铁皮式伸缩缝　对于中小跨径的梁式桥,当其纵向总变形量在 20～40mm 以内时,常采用以锌铁皮式为跨缝材料的伸缩缝装置,见图 16-25。弯成 U 形断面的长条锌铁皮,分上下两层,上层的弯形部分开凿了孔径 6mm、孔距为 30mm 的梅花眼,其上设置石棉纤维垫绳,然后用沥青胶填塞。这样,当桥面伸缩时锌铁皮可随之变形。下层 U 形锌铁皮可将渗下的雨水沿横向排除桥外。

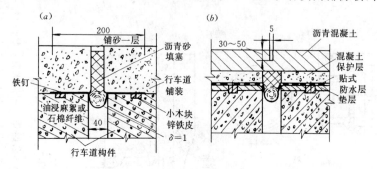

图 16-25　U 形锌铁皮式伸缩缝

(尺寸单位:mm)

(2) 组合伸缩缝

由 V 形密封橡胶条与型钢组成的伸缩缝装置,可以根据变形量的要求组合成单联和多联,见图 16-26。伸缩缝选择的变形量模数为 80mm,以此为基本模数进行分级,多联组合伸缩缝的伸移量可由 160mm 至 1200mm。单联组合伸缩缝,适用于位移量小于及等于 80mm 的中小跨径梁桥。

在公路桥梁上使用的伸缩缝还有橡胶带伸缩缝和橡胶板伸缩缝,如图 16-27。使用氯丁橡胶制成具有 2 个(3 个)圆孔的伸缩缝橡胶带直接胶贴在钢板上,构造简单,使用方便,但不适应较大变形量要求,仅用于伸缩量为 20～60mm 场合且耐久性差。橡胶板伸缩缝的跨缝材料是内置有钢板的橡胶板,使伸缩缝本身既能受拉,又能受压。橡胶板厚 55～130mm,梁体的纵向变形由橡胶层上的槽口的压缩和张开来完成,常用于变形量在 100mm 左右的场合。

4. 人行道和安全带

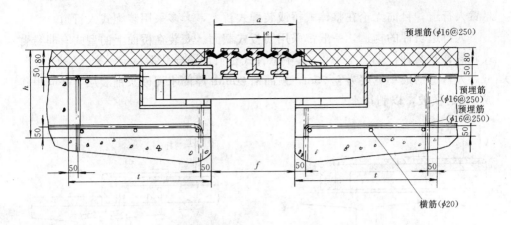

图 16-26 组合伸缩缝
(尺寸单位：mm)

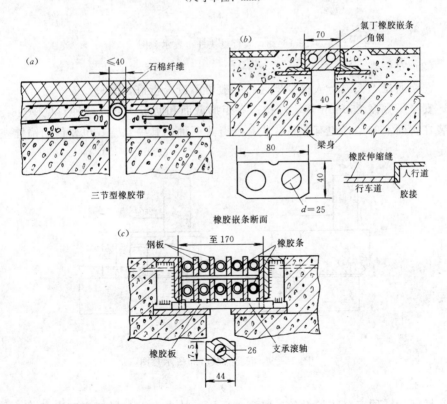

图 16-27 橡胶板（带）伸缩缝
(尺寸单位：mm)

(1) 人行道

大、中桥梁和城镇桥梁均应设置人行道。对于整体式桥，过去多做成整体式悬臂人行道，目前无论在整体式桥或装配式桥上，大多采用装配式人行道。

人行道块件的构造，一般都采用肋板式截面。安装在桥面上的型式有非悬臂式和悬臂式两种，见图 16-28，其中悬臂式是借助锚栓获得稳定。

人行道的最小宽度为 0.75m，顶面铺 20mm 厚的水泥砂浆铺装层，并向里作成 1‰ 的横坡，以利排水。

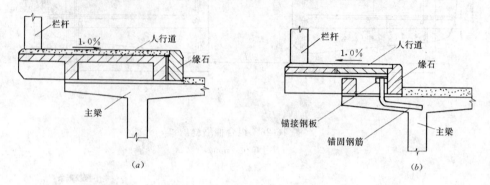

图 16-28 人行道块件布置示意图

(2) 安全带

在交通量不大或行人稀少地区，一般可不设人行道，而只设安全带。

安全带宽度 250mm 其块件构造有矩形截面和肋板式截面两种，见图 16-29。安装在桥面上的型式也有非悬臂式和悬臂式两种，其中悬臂式也要借助锚栓获得稳定。

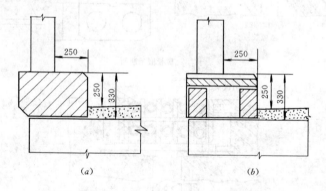

图 16-29 安全带块件布置示意图

5. 栏杆

栏杆是一种安全防护设备，应简单适用，朴素大方。栏杆高度通常为 800～1200mm，有时对于跨径较小且宽度不大的桥可将栏杆做得矮些（600mm）。

对公路桥梁，可采用结构简单的扶手栏杆，见图 16-30 (a)。这种栏杆是在人行道上每隔 1.6～2.7m 设置栏杆柱，柱与柱之间用扶手连接。栏杆柱的截面可内配钢筋；扶手也内配钢筋。扶手用水泥砂浆固定在柱的预留孔内。但在桥面伸缩缝处，扶手和柱之间应能自由变形。

对于城郊桥梁，可采用造型美观的双棱形花板栏杆，见图 16-30（b）。

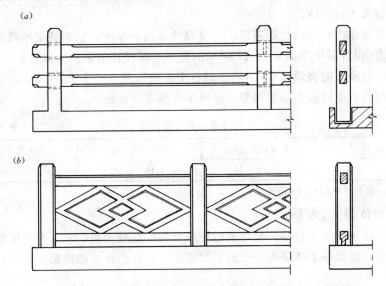

图 16-30　混凝土栏杆外观图

在高速公路桥梁上，为了防止高速行车的事故损失及设施的损坏，采用专门的桥梁护栏设施。图 16-31（a）为金属梁柱式护栏，立柱和横梁均为钢制或铝合金制；图 16-31（b）为钢筋混凝土墙式护栏，是一种刚性护栏，即它是基本不变形的护栏结构，利用失控车辆碰撞后爬高并转向来吸收碰撞能量；图 16-31（c）是组合式护栏，它是由钢筋混凝土墙式护栏和金属梁柱式护栏组合成的。

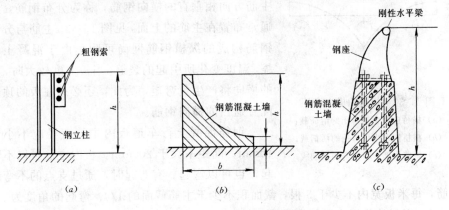

图 16-31　高速公路的防撞护栏

16.2.3　板　　桥

公路混凝土简支板桥的跨径在 8m 以下时，实心板的材料用量与空心板相比增加不多,而且构造简单,施工方便,因此,跨径8m以下的板桥采用实心板比较合适。当跨径大于8m时,实心板的材料用量与空心板相比增加很多,因此,这时采用空心板比较合适。

简支板作为板桥的行车道板,主要尺寸是板的厚度,它应满足承载能力和刚度的要求。设计时可参照表16-14所示的板厚与跨径比值来初步拟定板的厚度。但为了保证混凝土的浇筑质量,对实心的行车道板厚度应不小于100mm;对空心板,中间挖空后截面内最小厚度和最小宽度不宜小于70mm。

板厚度与跨径之比值　　　　　　　　　表 16-14

截面型式	整体式实心板	装配式实心板	装配式空心板
厚跨比（h/l）	1/12～1/16	1/16～1/22	1/14～1/20

注:l—板的标准跨径,h—板的厚度。

1. 整体式正交板桥

整体浇筑的简支板桥一般均采用等厚度钢筋混凝土板,它具有整体性好、横向刚度大,而且易于浇筑所需要的形状等优点,在小跨径的桥梁上得到广泛的应用。

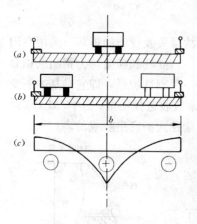

图 16-32　板桥的横向弯矩
(a) 横桥向产生正弯矩的活荷载;
(b) 横桥向产生负弯矩的活荷载;
(c) 板跨中部分横向弯矩影响线

整体式板桥的板宽大,在荷载作用下,板的横向发生弯曲。由图 16-32,从跨中部分垂直于桥轴线的桥中线的横向弯矩影响线可知,当荷载位于桥中线时,板内将产生正的横向弯矩;当荷载位于板的两边时,板内将产生负的横向弯矩。由此可知,板中除了布置纵向主筋之外,尚需布置与主筋方向相垂直的横向钢筋,称为分布钢筋,它通常布置在主筋的上面,见图 16-33。主筋与分布钢筋构成的纵横钢筋网尚可防止由于混凝土收缩、温度变化所引起的裂缝。当板宽度较大时,板的横向将产生负弯矩,为此,还必须在板的顶部配置适当的横向钢筋。

钢筋混凝土行车道板内主筋直径应不小于10mm,间距不大于200mm。板内主筋可以不弯起,也可以弯起。有弯起时,通过支点的不弯起钢筋,每米板宽内不少于3根,截面积不少于主筋截面的1/4。弯起的角度为30°或45°,弯起的位置为沿板高中线计算的1/4～1/6跨径处。对于分布钢筋,应采用直径不小于6mm,间距不大于250mm,同时在单位长度板宽内的截面积应不少于主筋截面积的15%。板的主钢筋与板边缘间的净距应不小于15mm。

图 16-33 为标准跨径 6m,行车道宽度 7m,两边设 25mm 的安全带,按汽车-10

级;履带-50设计的整体式简支板桥的构造。计算跨径为5.69m,净跨径为5.40m,板厚为360mm。纵向主钢筋用直径18mm的Ⅱ级钢筋,分布钢筋用直径10mm的Ⅰ级钢筋。由于板内的主拉应力一般不大,按计算可不设斜筋,但是从构造上考虑有时仍将多余的一部分主钢筋弯起。桥跨结构的混凝土设计强度为20MPa。

2. 整体式斜交板桥

桥梁轴线与水流方向的交角不是按90°布置的桥梁,称为斜交桥。相交的角度(锐角),称为斜交角;桥梁轴线与支承线垂线的夹角,称为斜度。斜度位于桥梁轴线(以路线前进方向)左边时,为左斜交;位于右边时,为右斜交,在荷载作用下,斜交板桥的受力比正交板桥复杂,它具有如下的受力特点,见图16-34。

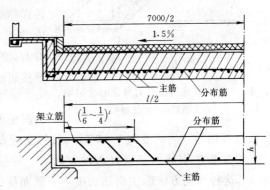

图16-33 整体式板的钢筋布置图

(1) 最大主弯矩方向,在板的中央部分,接近于垂直支承边;在板的自由边处,接近于自由边与支承边垂线之间的中间方向。最大主弯矩的位置随斜度的增大而变化,从跨中向钝角部位移动。

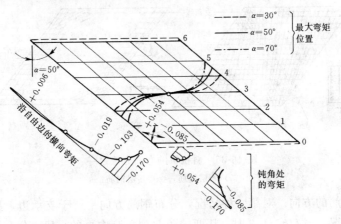

图16-34 斜交板桥的受力特性

(2) 在钝角处有垂直于钝角平分线的负弯矩,它随斜度的增大而增加,但其分布范围不宽,并且迅速消减。

(3) 支承反力从钝角处向锐角处逐渐减少,因此,锐角有可能向上翘起的倾向。同时存在着相当大的扭矩。

为了形象地解释上述现象,可以把斜板化成以 A、B、C 和 D 为支承的三跨连续梁,见图16-35。斜板在均布荷载和中央集中荷载作用下,支点 A 和 D 产生负

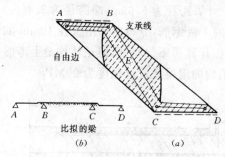

图 16-35 描述斜板受力概念的比拟梁
(a) 斜板;(b) 比拟梁

反力。为阻止锐角处上翘,就在 AB 和 CD 间产生负弯矩,且 B 点和 C 点处负弯矩最大,说明了钝角部位产生较大负弯矩的原因。此外,当从 AB 和 CD 部分向 BC 部分传递弯矩时,尚对 BC 部分引起扭矩。斜板内的 E 点弯矩大致在 BC 方向为最大,随着 l/b 的比值逐渐减小,E 点的弯矩方向逐渐接近于垂直支承边。

熟悉了斜板的工作性能后,就不难配置斜板的钢筋。当斜度小于 15°时,可按正交板布置钢筋;当斜度大于 15°时,按斜交板布置钢筋。

斜交板主钢筋的布置有两种方法。一种按主弯矩方向变化布置钢筋,见图 16-36。这种布筋方法因主钢筋长度不一致而使钢筋种类增多。另一种按斜板的受力特性布置钢筋。主钢筋的方向:当 $l/b \geqslant 1.3$ 时,主钢筋平行于自由边布置,见图 16-37 (a);当 $l/b < 1.3$ 时,从钝角开始主钢筋垂直于支承边布置,靠近自由边的局部范围内沿斜跨径方向布置,见图 16-37 (b),一直到与中间部分的主钢筋相衔接时为止。

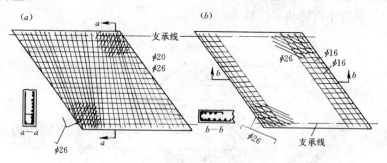

图 16-36 斜拉桥的布筋方法之一
(a) 底层钢筋;(b) 顶层钢筋

分布钢筋的方向。对第一种情况,分布钢筋方向平行于支承边,见图 16-36。对第二种情况,当 $l/b \geqslant 1.3$ 时,从两钝角起到板跨中央的一段,分布钢筋方向与主钢筋垂直,在支承边附近范围内的分布钢筋平行于支承边,一直到与中间部分的分布钢筋相衔接为止,见图 16-37 (a);当 $l/b < 1.3$ 时,分布钢筋方向平行于支承边图 16-37 (b)。

为了承受较大的支点压力,在钝角底层增设方向平行于钝角平分线的附加钢筋 (为了克服钝角布筋层数过多的缺点,可改用平行于主钢筋和分布钢筋方向的钢筋网);为了承受较大的钝角顶面负弯矩,在钝角上层处设垂直于钝角平分线的附加钢筋。这两种钢筋每米宽度的面积为跨中主钢筋的 K 倍(当 15°< α < 30°时,

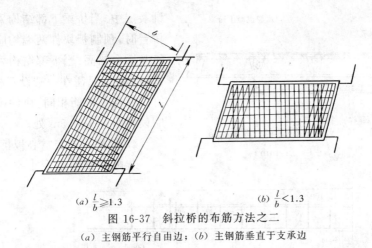

图 16-37 斜拉桥的布筋方法之二
(a) 主钢筋平行自由边；(b) 主钢筋垂直于支承边

$K=0.8$；当 $30°<\alpha<45°$ 时，$K=1.0$），布置范围约为斜跨径的 1/5。为了抵抗扭矩，在板的自由边上层加设一些钢筋网，见图 16-36。当斜度较大时，在支承附近上层布置平行于支承边的钢筋网，并与边缘弯起且横向转弯的钢筋焊在一起，布置的范围约为斜跨径的 1/5。

斜板桥在使用过程中，桥板有向锐角方向转动的趋势，见图 16-38，如果板的支座没有锚固，则应加强锐角处桥台顶部的耳墙，以免遭受挤裂（最好在锐角处设置防爬设备）。

3. 装配式正交实心板桥

装配式板桥的桥面板，为便于构件的运输、安装，沿桥宽划成数块。通常板宽采用 1m，实际宽度为 0.99m，这是考虑到现场安装时，有 1cm 的调整余地。

装配式实心板多采用钢筋混凝土简支板。图 16-39 为标准跨径 6m，行车道宽度 7m，两边设 0.75m 的人行道，按汽车-15 级，挂车-80，人群荷载 3kN/m² 设计的装配式简支板桥的构造。计算跨径为 5.68m，净跨径为 5.4m，预制板厚为 0.28m，桥面铺装为 80mm（其中 60mm 参与受力）。

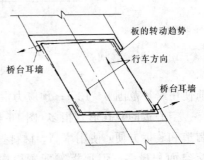

图 16-38 斜桥转动趋势

图 16-40 为行车道块件构造。纵向主钢筋用直径 18mm 的 Ⅱ 级钢筋，箍筋用直径 6mm 的 Ⅰ 级钢筋，架立钢筋用直径 8mm 的 Ⅰ 级钢筋。预制板安装就位后，在企口缝内填筑标号比预制板高的小石子混凝土（一般采用 30 号混凝土），并浇筑厚 60mm 的 25 号混凝土铺装层使之连成整体。为了加强预制板与铺装层的结合，以及相邻预制板的连接，将板中的箍筋伸出预制板顶面，待板安装就位后将这段钢筋弯平，并与相邻预制板中的箍筋相互搭接，以铁丝绑扎，然后浇筑于混凝土

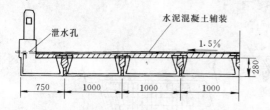

铺装层中。当桥梁下部结构采用轻型桥台时,预制板块件两端均应设置栓钉与墩台锚固;当下部结构采用重力式墩台时,只需在一端设置栓钉,栓钉直径与主钢筋相同。块件吊点位置应设置距端头 0.5m 处。

4. 装配式正交空心板桥

装配式钢筋混凝土空心板桥目

图 16-39 装配式简支实心板桥构造

（尺寸单位：mm）

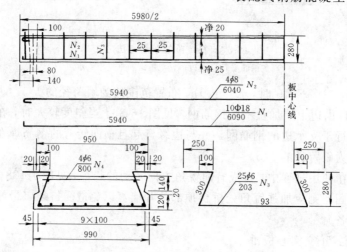

图 16-40 实心板行车道块件构造

（尺寸单位：mm）

前使用跨径范围 6～13m；预应力混凝土空心板桥常用跨径为 8～16m。

空心板的开孔形式很多,图 16-41 为几种常用的开孔形式。开孔形式要求模板制造和装拆方便,使用率高,材料省,造价低,图 16-41（a）和（b）所示的单孔,挖空面积最多,但顶板需配置横向受力钢筋以承担车轮荷载。其中,图 16-41（a）所示空心板顶板呈拱形,可以节省一些钢筋,但模板较复杂。图 16-41（c）挖成两个圆孔截面,当用无缝钢管作心模时施工方便,但其挖空面积较小。图 16-41（d）型的心模由两个半圆和两块侧模板组成,当板的厚度改变时,只需更换两块侧模板。空心板模断面最薄处不得小于 70mm。为了保证抗剪强度,空心板应在截面内按计算需要配置弯起钢筋和箍筋。

图 16-42 为标准跨径 13m,行车道宽度 7m,两边设 0.25m 的安全带,按汽车-20 级,挂车-100 设计的

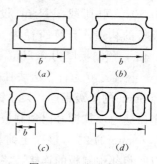

图 16-41 空心板的
截面形式

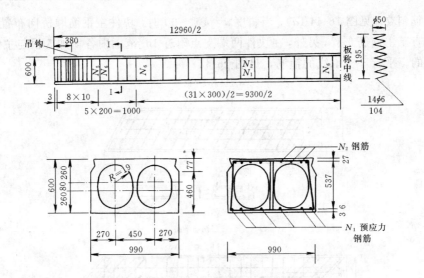

图 16-42 预应力空心板行车到块件构造

装配式预应力混凝土空心板桥的行车道块件构造示意图。计算跨径为 12.6m，预制板厚为 0.6m。每块空心板的横截面开两个宽 0.38m，高 0.46m 的腰圆孔截面，混凝土最薄处为 0.7m。采用 40 号混凝土预制空心板和填塞铰缝。每块板在下缘配置 7 根直径为 20mm 的冷拉级预应力钢筋（抗拉设计强度为 $700N/mm^2$），采用先张法张拉，每根预应力钢筋的张拉力为 198kN，拉伸值 35mm。顶面配置 3 根直径为 12mm 的非预应力钢筋。支点附近板的顶面配置 6 根直径为 8mm 的非预应力钢筋，以承受由施加预应力时产生的拉应力。在预应力钢筋的端头配置直径为 6mm 的螺旋筋，以加强预应力钢筋的自锚作用。空心板设置箍筋以承担剪力。

5. 装配式斜交板桥

装配式斜交板桥用整体式一样，具有斜交板的力学特性。不过，由于每块装配式板的跨宽比很大，所以斜板内的受力情况要比整体式板好，板的配筋也有所不同。

图 16-43 为装配式简支斜板桥的平面布置，板的钢筋布置与斜度大小有关。当斜度 $a=25°\sim35°$ 时，块件主钢筋顺桥向布置，箍筋平行于支承线布置，

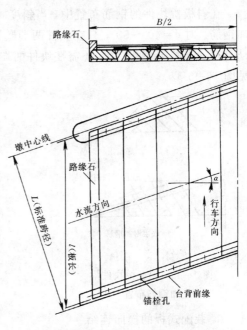

图 16-43 装配式简支斜板桥的平面布置

与主筋斜交，见图 16-44（a）；当斜度 $a=40°\sim60°$ 时，块件主钢筋顺桥向布置，箍筋垂直于主钢筋布置，另外，在块件两端支点附近 1m 范围内各增加 5 根与主钢筋斜交的、平行于支承线的箍筋，见图 16-44（b）。

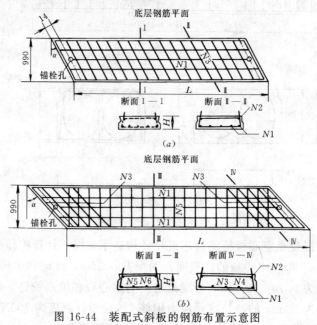

图 16-44　装配式斜板的钢筋布置示意图
(a) $a=25°,30°,35°$；(b) $a=40°,60°$

在斜板桥块件的钢筋布置中，当斜度 $\alpha=40°\sim60°$ 时，在块件的两端要设置附加钢筋。对 $\alpha=40°\sim50°$，只在块件两端底层布置垂直于支承线的附加钢筋，见图 16-45（a）；对 $\alpha=50°\sim60°$，还需在块件两端顶层布置垂直钝角平分线的附加钢筋，见图 16-45（b）。

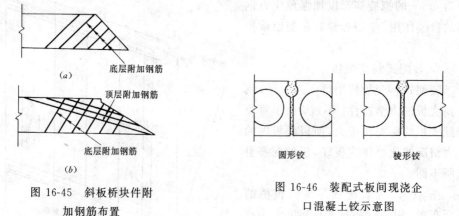

图 16-45　斜板桥块件附加钢筋布置

图 16-46　装配式板间现浇企口混凝土铰示意图

6. 装配式板的横向连结

为了增加块件间的整体性和在外荷载作用下相邻的几个块件能共同工作，在块件之间必须设置横向连接,这种横向连接的构造有企口圆形混凝土铰和企口棱形混凝土铰,见图16-46两种。它是在块件安装就位后,在企口缝内用C30~C40小石子混凝土填筑密实而成的。

为了加强块件间和板与桥面铺装间的连接,还可将块件中钢筋伸出与相邻块件伸出的钢筋互相搭接绑扎,并浇筑在混凝土铺装层内。

16.2.4 装配式T形截面简支梁桥的设计与构造

装配式T形梁桥是由几根T形截面的主梁(它包括主梁肋和设在主梁肋顶部的翼板(也称为行车道板))和与主梁肋相垂直的横向肋板(也称为横隔梁)组成。通过设在横隔梁下方和横隔梁顶部翼缘板处的焊接钢板连接成整体,见图16-47,或用现场浇筑混凝土连接而成的桥跨结构。在行车荷载作用下,将行车道板上的局部荷载分布给各根主梁。

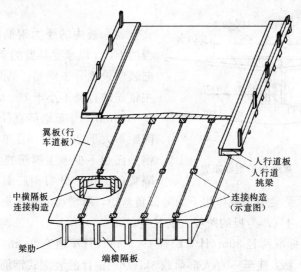

图16-47 用焊接钢板连接的装配式T形桥梁

1. 装配式钢筋混凝土简支T形梁桥

(1) 主梁的布置与尺寸

主梁间距不但与材料用量、构件的安装重力有关,而且与翼板的刚度有关。一般说来,对于跨径大一些的桥,适当地加大主梁间距,可减少钢筋和混凝土的用量。但由于桥面板的跨径增大,悬臂板端部较大的挠度将引起接缝处桥面纵向裂缝的可能性也要大些。同时,构件重力的增大也使吊运和安装工作增加困难。主梁间距一般在1.5~2.2m之间。对于用钢板连接的T形梁桥,考虑到翼板刚度和现有施工条件,主梁间距一般采用1.6m。

主梁的高度随跨径大小、主梁间距、设计荷载等级而定,约为跨径的1/11~1/16。主梁梁肋的宽度在满足抗剪要求的情况下,尽量减薄,以减轻构件的重力,但应满足主钢筋布置的要求，一般为 150～200mm。

(2) 横隔梁的布置与尺寸

横隔梁在装配式梁桥中起着连接主梁的作用，它的刚度愈大，桥梁的整体性越好，在荷载作用下各主梁就能更好地共同受力。因此，T形梁桥须在跨内设 3～5 道的横隔梁。然而设置横隔梁将使模板复杂化，同时，横隔梁的接头焊接也必须在专门的脚手架上进行。

横隔梁的高度可取主梁高度的 3/4。考虑到梁体在运输和安装过程中的稳定性，端横隔梁最好做成与主梁同高。横隔梁梁肋的宽度为 13～20mm，宜做成上宽下窄和内宽外窄的梯形，以便于施工时脱模。

(3) 主梁翼板尺寸与构造

翼缘板的宽度应比主梁间距小 20mm，以便在安装过程中调整 T 梁的位置和制作上的误差。翼板的厚度，在端部较薄，一般不小于 60mm，在肋板相交处，不小于梁高的 1/12。

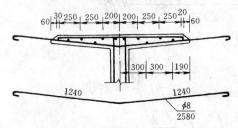

图 16-48　翼缘板的钢筋布置

翼缘板内的受力钢筋沿横向布置在板的上缘，以承受悬臂的负弯矩，在顺桥向还应设置分布钢筋，见图 16-48。板内主钢筋的直径不小于 10mm，间距不宜大于 200mm。分布钢筋直径不小于 6mm，间距不大于 250mm，且单位板宽内分布钢筋面积不少于主钢筋的 15%。在有横隔梁的部位，分布钢筋面积应增至主钢筋的 30%，以承受集中轮载作用下的局部负弯矩，所增加的分布钢筋每侧应从横隔梁轴线伸长 $L/4$（L 为板的跨径）的长度。

图 16-49 为标准跨径 20m（计算跨径 19.40m），行车道宽度 7m，两边设 0.75m 人行道，按汽-15 级、挂车-80、人群荷载 $3kN/m^2$ 设计的装配式钢筋混凝土简支 T 形梁桥主梁钢筋构造图。主梁钢筋包括主钢筋、弯起钢筋、箍筋、架立钢筋和水平纵向钢筋。由于主钢筋数量多，故采用多层焊接钢筋骨架。

图 16-50 示出了横隔梁的钢筋构造。在每根横隔梁的上缘配置 2 根受力钢筋，下缘配置 4 根受力钢筋，各用钢板连接成骨架。同时，在上、下钢筋骨架中均加焊锚固钢板的短钢筋（N_2、N_4）。横隔梁的箍筋作用是抵抗剪力。

(4) 装配式 T 梁的横向连接

装配式 T 形梁的横向连接是保证桥梁整体性的关键，因此连结处应有足够的强度和刚度，在使用过程中不致因受荷载的反复作用而发生松动，连接的方法有以下几种：

当 T 梁无中横隔梁时，采用各预制主梁的翼板做成横向刚性连接的作法。一种做法是用桥面混凝土铺装做成的刚性连接，如图 16-51 所示。它是在 T 形的翼

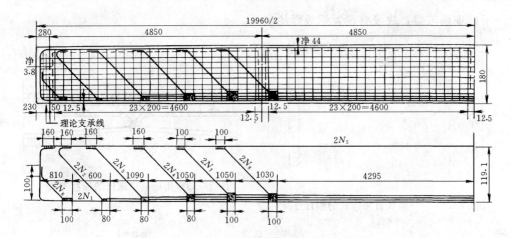

图 16-49 装配式 T 形梁块件梁肋钢筋构造

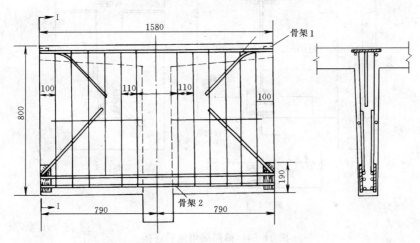

图 16-50 装配式 T 形梁的中横隔梁钢筋构造

板上现场浇筑 80~150mm 厚的铺装混凝土，铺装内设置（按计算的）钢筋网。同时，在翼缘内增设向上弯起的钢筋，在梁肋上设置倒 U 形钢筋，伸出梁顶面并将它们浇筑在桥面铺装混凝土层内，翼缘板在接缝处的空隙用砂浆填实。这种连接既承受剪力又承受弯矩。另一种做法是用桥面板直接连成的刚性连接，如图 16-52 所示。它是在预制 T 形梁时，翼板伸出钢筋，待 T 形梁安装后，焊接钢筋，现浇接头混凝土。

当 T 形梁设置中横隔梁时，一种做法是用钢板进行连接，如图 16-54 所示。它是在横隔梁上下进行焊接，在端横隔梁靠台一侧，因

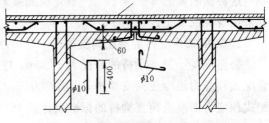

图 16-51 用铺装层做成的刚性连接

不好现场施焊，故没有设置钢板焊接接头。

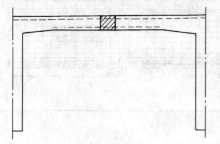

图 16-52 用桥面板直接连成的刚性连接

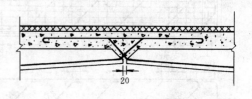

图 16-53 用铺装层做成的铰接连接
（尺寸单位：mm）

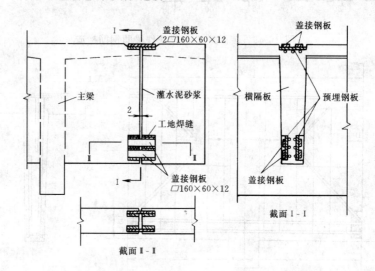

图 16-54 横隔梁用钢板连接
（尺寸单位：mm）

这种横隔梁的 T 形梁桥，过去的做法是翼缘板之间没有任何连接。为改善挑出翼缘板的受力状态，目前亦做成企口铰接式的简易连接，如图 16-53 所示。

另一种做法是用混凝土进行连接，见图 16-55，它是在横隔梁上下伸出连接钢筋，并进行主钢筋焊接，现浇接头混凝土。

这种横隔梁的 T 形梁桥，一般是横隔梁采用现浇混凝土连接的同时，翼缘板也采用现浇混凝土连接。

2. 装配式预应力混凝土简支梁桥

公路混凝土简支梁桥的跨径大于 20m，特别是 30m 以上的跨径，就往往采用装配式预应力混凝土简支梁桥。我国已为 25、30、35 和 40m 跨径编制了后张法装配式预应力混凝土简支梁桥的标准设计。

图 16-56 是跨径为 30m、桥面净空为净-7 附 2×0.75m 人行道的预应力混凝

土简支T形梁桥横断面布置图。

(1) 主梁构造

主梁间距大部采用1.6m。对于跨径较大的预应力混凝土简支梁桥，主梁间距也可以适当加大，但横向应采用现浇混凝土连接。主梁的高度为跨径的1/15～1/25。主梁梁肋的宽度，由于预应力混凝土梁内有效压应力和弯起力筋的作用，肋中的主拉应力较小，一般都由构造要求决定，即满足预

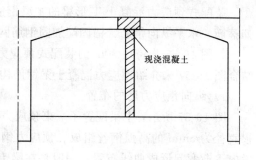

图16-55 横隔梁用混凝土连接

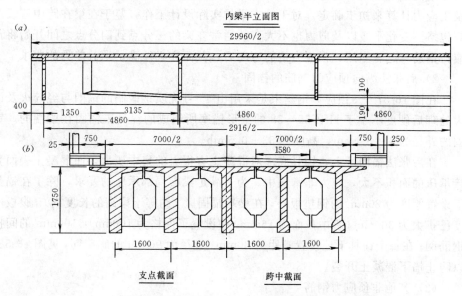

图16-56 预应力混凝土简支T形梁桥横断面布置图（mm）

应力筋的保护层要求和便于混凝土浇筑，可取0.14～0.16m。在梁高较大的情况下，过薄的肋对剪力和稳定性是不利的，此时肋宽不宜小于肋高的1/15。为了承受端部每个锚具的局部压力，在梁端约2m范围内，梁肋宽度逐渐加宽到下翼缘宽度。T形梁的下缘布置预应力筋，应做成马蹄形，其面积不宜过小，一般应占总面积的10%～20%。马蹄形宽度约为肋宽2～4倍。

T形梁翼缘板厚度和钢筋混凝土梁一样，主要取决桥面板承受车辆局部荷载的要求。

横隔梁采用开洞的形式，除减轻重力外，还为梁就位后，便于在翼缘板下施工穿行。

(2) 主梁梁肋钢筋的构造

装配式预应力混凝土 T 形梁的主梁钢筋包括预应力筋和其他非预应力钢筋，如箍筋、水平纵向钢筋、锚固端加固钢筋网、受力筋的定位钢筋和架立钢筋等。

如图 16-57 为跨径 30m 的装配式预应力混凝土简支 T 形梁的钢筋布置图。现结合图 16-57 来介绍预应力混凝土梁钢筋构造的主要特点。

1) 纵向预应力筋的布置

图 16-57 所示，主梁配置了 7 束预应力钢筋束（编号为 N1～N7），每束由 24 根直径为 5mm 的高强钢丝组成。预应力钢筋束由跨中截面到梁端部在一定的区段内逐渐弯起形成曲线布置。一般是在梁跨中区段保持一端水平直线后按圆弧弯起，预应力钢筋弯起的曲率半径，当采用钢丝束或钢绞线配筋时，一般不小于 4m。

纵向预应力钢筋的弯起位置，要根据梁在使用阶段的弯矩包络图，索界图以及主应力计算来初步确定。对于简支梁的实际设计工作，鉴于在梁在跨中区段弯矩包络图变化平缓以及剪力也不大，故通常在梁的三分点到四分点之间开始将预应力钢筋弯起。当然，预应力钢筋弯起后，截面亦必须满足承载能力的要求。

2) 后张法纵向预应力钢筋的锚固

在图 16-57 中，预应力钢丝束是采用由 45 号优质钢锻制的锚圈与经淬火及回火处理后硬度不小于 HRC55～58 的锥形锚塞所组成的锚具来锚固在梁端的。锚圈的外径为 110±1mm，高度为 53±0.5mm。

在后张法锚固区上，锚具底部对混凝土有很大的集中压力，而混凝土表面直接承压的面积不大，应力非常集中。为了满足梁端局部承压的要求，除了在锚具下设置厚度为 20mm 的钢垫板外，在梁端锚固区（约等于梁高的长度内）。腹板厚度已扩大为 360mm（跨中截面为 16mm）并设置了网格为 100mm×100mm 的间接钢筋网；在每个锚具下还设置螺距为 30mm、直径为 90mm 的螺旋筋，见图 16-58，以防止锚下混凝土开裂。

(3) 其他非预应力钢筋

预应力混凝土梁与钢筋混凝土梁一样，要按照规定的要求布置箍筋、架立筋和水平纵向钢筋等。在预应力混凝土梁中，一般可不设斜筋。

图 16-57 中所示预应力混凝土简支梁截面具有下翼缘（下马蹄），主要是适应预应力钢筋布置的要求。在下马蹄内必须设置闭合式的加强箍筋，其间距不大于 150mm，见图 16-59。图中的符号 d 表示制孔管的直径，应比预应力钢筋束直径大 10mm，采用铁皮套管应大于 20mm。管道间的最小净距主要由灌筑混凝土的条件所确定，在有良好振捣工艺时（例如同时采用底振和侧振），最小净距不小于 40mm。

16.2.5 装配式组合梁桥

组合梁桥也是一种装配式的桥跨结构，不过它是进一步用纵向水平缝将桥梁的梁肋部分与桥面板（翼板）分割开来，桥面板再借纵横向的竖缝划分成平面内

§16.2 梁式桥 43

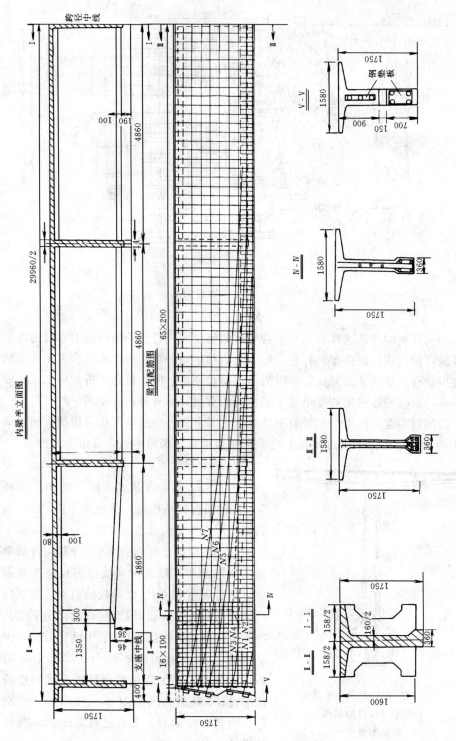

图 16-57 后张法预应力混凝土简支 T 形梁钢筋布置图(mm)

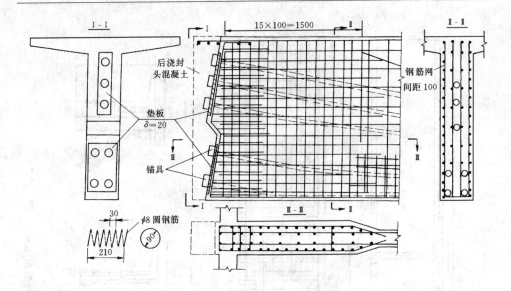

图 16-58 锚下的螺旋钢筋
(尺寸单位：mm)

呈矩形的预制构件，这样就使单梁的整体截面变成板与肋的组合截面。目的在于显著减轻预制构件的重量，并便于集中制造和运输吊装。构件的组合采用在工地现浇少量桥面混凝土来完成，不需另设支架和模板。但，组合梁桥的施工工序要多一些，而且较矮的梁肋要单独承受桥面的重量，本身材料会多用一些。

我国目前常用的组合梁桥有钢筋混凝土工形梁、少筋微弯板与现浇桥面组成的T形组合梁桥、预应力混凝土的T形组合梁桥以及箱形组合梁桥等几种。

1. 钢筋混凝土组合梁桥

图 16-60 表示组合式梁桥上部构造的概貌。这种组合式结构是由顶面为平面、底面为圆弧筒形的少筋变厚度板（或称微弯板）和工字形的钢筋混凝土梁组合而成。预制构件借助伸出钢筋的相互联系和在接缝内现浇少量混凝土结合成整体。由于微弯板的两侧边在纵向接缝处形成整体嵌固，因而在荷载作用下就具有一定程度的拱作用。这样板中就只需布置少量钢筋。目前，我国已对 8、10、13 和 16m 的跨径编制了少筋微弯板组合梁桥上部构造的标准设计，荷载为汽车-15 级、挂车-80。个别已修建到 20m 跨径，并且已有设计 25m 跨径的尝试。

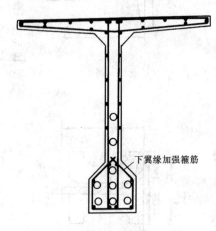

图 16-59 预应力混凝土简支
T 形梁下翼缘的加强
箍筋布置图

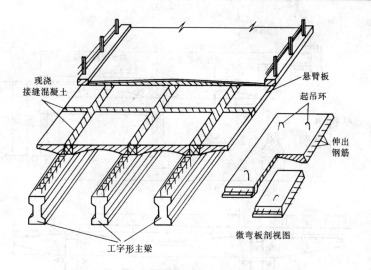

图 16-60 组合式梁桥的概貌

图 16-61 示出了标准跨径 $l_b=16m$ 的构造实例。桥梁的总长为 15.96m。主梁的间距与一般装配式 T 形梁一样,取用 1.6m。微弯板的纵向长度为 2.50m(对于 8、10、13m 跨径者相应为 1.84、2.34、2.02m),净跨 1.30m,板中部厚 100mm,端部厚 200mm,具有微拱度为 1/13。悬臂板的尺寸为长 2.48m(对于 8、13m 跨径也有 2.72m 的)、宽 0.70m,这样的尺寸可组成净-7 附 2m×0.25m 安全带和净-7 附 2m×0.75m 人行道的两种桥面净空。微弯板和悬臂板的钢筋布置见图 16-61 (b)。

工字形主梁的高度约为跨径的 $\frac{1}{16} \sim \frac{1}{20}$,对于不同跨径的工字形主梁,其主要尺寸和吊装重量如表 16-15 所示。

不同跨径工字形梁的尺寸及吊装重量参考表　　表 16-15

标准跨径 (m)	总 长 (m)	工字形梁全高 (mm)	上、下翼缘全宽 (mm)	腹板宽度 (mm)	腹板高度 (mm)	吊装重量 (kN)
8.0	7.96	500	300	160	160	23
10.0	9.96	600	300	160	260	33
13.0	12.96	700	300	160	300	51
16.0	15.96	800	300	160	400	69

工字形主梁的配筋方式基本上与装配式 T 形梁相似,也采用焊接钢筋骨架,主筋直径均为 22mm。为了接缝集整的需要,间距为 200mm 的箍筋和骨架的架立钢筋都伸出梁顶。图 16-61 (b) 中示出了纵向接缝的连接构造,从微弯板和悬臂板内伸出的横向钢筋均扣于主梁的架立筋上,然后再现浇 C25 混凝土填缝。

必须指出,纵向接缝的施工质量是保证微弯板两端嵌固,提高其承载能力的重要关键。

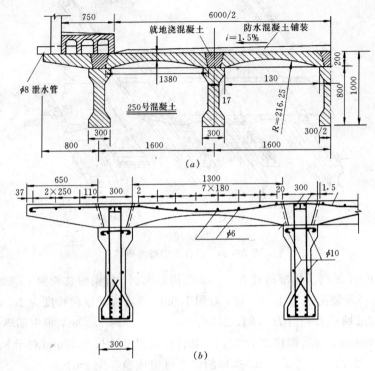

图 16-61 少筋微弯板 T 形组合梁桥构造（$l_b=16m$）
(a) 横截面构造；(b) 钢筋布置（跨中截面）；

最早设计的少筋微弯板组合梁桥为了简化施工而不设置横隔梁，但使用经验表明，当无横隔梁时桥面易于出现纵向裂缝。因此，目前标准设计除增设现浇的端横隔梁外，对于 8、10m 跨径尚在跨中增设一道，对于 13m、16m 者在跨度内增设两道现浇的中横隔梁，宽度均为 140mm，以加强桥梁横向的整体性，提高运营质量。

除了上述顶面做平的微弯板结构以外，也可采用厚度仅 30～60mm 的弧形薄板作为现浇桥面底模的组合结构，如图 16-62 所示。薄板内只配少量钢筋网。桥面板的主要受力钢筋均放置在现浇的混凝土土层内。

2. 预应力混凝土组合梁桥

如前所述，钢筋混凝土 T 形组合梁桥如跨径再增大，工字形梁的受力会更趋不利，材料用量显然是不经济的。为了克服这一缺点，扩大组合梁桥的使用范围，我国还研制了先张法预应力混凝土的 T 形和箱形组合梁桥。

通过几十座不同跨径的实桥试验，我国并已编制了一组标准跨径为 16、20、25 和 30m、适用于净-7 和净-9 的预应力混凝土组合箱梁桥标准设计图。荷载分汽车

-15级、挂车-80和汽车-20级、挂车-100两种。预制主梁采用开口的槽形构件,用冷拉Ⅳ级钢筋和40号混凝土先张法预制施工。待槽形梁架设完毕后,搁上用冷拔低碳钢丝和35号混凝土先张法预制的空心板块,最后再现浇混凝土铺装(厚50mm)连成整体。

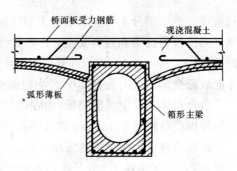

使用表明,这种结构具有抗扭刚度大、横向分布好、承载能力高、结构自重轻,能节省较多钢材等优点,而且槽形截

图16-62 具有弧形薄板组合梁桥

面对运输及吊装的稳定性也好。另外,在组合梁上采用预应力空心板块,使行车道板具有较高的抗裂安全度,能保证较好的连续作用。

图16-63示出标准设计中跨径为20m的组合箱梁构造。桥面净空为净-7附20.75m人行道,由中心距为2.78m的三个箱梁组成。箱梁全长19.96m,预制槽形梁高1.0m,箱梁全高为1.25m,高跨比1/15.7。槽形梁的底板厚90mm,斜腹板厚100mm(水平距离),并从离端部3.0m处逐渐加厚至200mm,以满足抗剪要求。

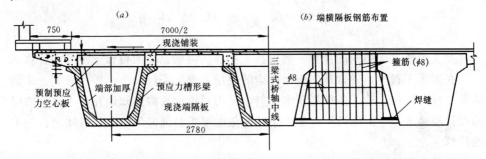

图16-63 预应力混凝土组合箱梁桥($l_b=20$m)构造
示意(尺寸单位:mm)

槽形梁主筋的配置分两种情况,对于汽车-20级的设计为12Φ′25,对于汽车-15级为9Φ′25,其抗拉强度标准值由冷拉控制应力值确定,"双控"时为750N/mm²,"单控"时为700N/mm²。

为克服先张法直线配筋因支点附近截面负弯矩过大而导致上缘开裂下缘超压的缺点,需在靠近支点区段内将部分预应力筋用套管套住,使其不与混凝土粘着,以此来减小梁端区段的预应力。混凝土初凝后,转动套管,以便取出套管周转使用。对于较长的无预应力段,为了节约钢材,还可在预应力筋全部放松后,在底板预留孔处,即套管尽端处,将两端多余的预应力筋切断并取出之。

必须注意,由于槽形梁的截面尺寸小、自重不大,故在全部预加力作用的张拉阶段，跨中部分上缘会出现较大的拉应力，下缘的压应力一般也较大。为保证预加力阶段的抗裂和强度安全，必须在梁体混凝土强度达到 $R' \geqslant 0.8R$（蒸汽养护时），或 $R' \geqslant 0.7R$（不用蒸汽养护时）并且混凝土出应力满足 $\sigma_a \leqslant 0.5R'$ 的条件时才能放松全部预应力筋，其中 R 为混凝土抗压强度。

组合箱梁不设中间横隔板，而在端部底板内预埋 $\phi 22$ 的伸出钢筋，以便与相应的钢筋焊接后现浇厚 160mm 的端隔板。

腹板内箍筋为配合抗剪需用，在梁中部用 $\phi 8$，间距 200mm，在梁端 1/5 范围内用 $\phi 10$，并在梁端 2.0m 长度内加密至间距为 100mm。

桥面空心板分宽度为 1.00m 和 0.65m 的甲、乙两式，可以配合使用。为了加强空心板和槽形梁连结面上的抗剪强度，槽形梁腹板顶部有伸出箍筋，并且空心板两端也有预留钢筋（长 200mm）与之联结。桥面上配置 $\phi 10$ 与 $\phi 6$、间距为 200mm 的钢筋网。这样，现浇桥面混凝土集整后就具有良好的整体性，实践表明，它的抗裂性与刚度均满足要求。

空心板厚 200mm 中挖直径为 140mm 的圆孔，用 $\phi 5$ 冷拔低碳钢丝作为主筋，间距为 80mm。从材料用量来看，空心板桥面较微弯板桥面的用钢量可节省 20%，混凝土用量稍增加 4%，是一种经济合理的构造。

§16.3 简支梁桥的计算

简支梁桥上部结构的计算一般包括主梁、横隔梁、桥面板和支座等的计算。

在实际工程中，通常是先根据桥梁的使用要求、跨径大小、桥面净宽、车辆荷载等级、材料、施工条件等基本资料，运用对桥梁的构造知识并参考已有桥梁的设计经验来拟定上部结构各基本条件的截面型式和细部尺寸，然后才进行相关的计算。

桥梁上部结构各基本构件的计算又分为构件控制截面的内力（作用效应）计算与构件截面设计计算两部分，本节讲述前者。

16.3.1 恒荷载产生的主梁内力

主梁本身的恒荷载可采用均布荷载集度为 $g_1 = \gamma A$。其中，A 为梁截面尺寸，γ 为钢筋混凝土的重力密度，按表 16-1 取用。

对于沿主梁分点作用的横隔梁自重、沿桥横向不等分布的桥面铺装自重以及在桥两侧的人行道和栏杆等自重对主梁的作用，一般采用简化计算的方法，即平均分摊给各主梁，并且沿主梁为相应集度分布的均布荷载来计算。

对于组合式梁桥的主梁，应按照主梁施工的顺序，分阶段计算其恒荷载内力。通常要考虑主梁预制高度受力阶段和主梁组合后高度受力阶段分别计算相应的恒荷载内力。

在确定了恒荷载集度 g 之后,就可按结构力学公式计算出主梁各控制截面上的恒荷载作用的效应,例如弯矩 M 和剪力 V。

【例题 16-1】 装配式钢筋混凝土简支梁桥上部结构主梁布置及横隔梁布置如图 16-64。主梁计算跨径 $l=19.50$m。每侧栏杆及人行道作用为集度 2.0kN/m 的均布荷载。试求主梁的恒荷载内力。

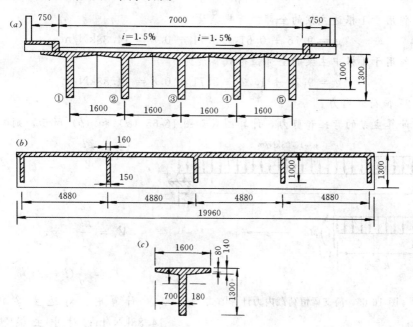

图 16-64 例 16-1 图
(尺寸单位:mm)

【解】 1. 恒荷载集度

主梁:取钢筋混凝土重力密度 $\gamma=26$kN/m,则

$$g = \left[0.18 \times 1.30 + \left(\frac{0.08+0.14}{2}\right)(1.6-0.18)\right] \times 26 = 9.76 \text{kN/m}$$

横隔梁:边主梁一侧有 5 道横隔梁,则

$$g_2 = \left\{\left[1.0 - \left(\frac{0.08+0.14}{2}\right)\right] \times \left(\frac{1.6-0.18}{2}\right) \times 0.15 \times 25 \times 5\right\}/19.5$$
$$= 0.61 \text{kN/m}$$

中主梁两侧各有 5 道横隔梁,则

$$g_2 = 2 \times 0.61 = 1.22 \text{kN/m}$$

桥面铺装:由图 16-64 中可见,桥面由混凝土垫层(重力密度 $\gamma=24$kN/m)和沥青混凝土面层(重力密度 $\gamma=23$kN/m)组成。其恒荷载作用由 5 根主梁共同承受,则 1 根主梁上的作用集度为

$$g_3 = \frac{\left[\frac{1}{2}(0.06 + 0.1225) \times 7.0 \times 24 + 0.02 \times 7.0 \times 23\right]}{5} = 3.71\text{kN/m}$$

栏杆和人行道：全桥两侧均设，则

$$g_4 = 2.0 \times \frac{2}{5} = 0.8\text{kN/m}$$

作用于1根边主梁的全部恒荷载集度为

$$g = 9.76 + 0.61 + 3.71 + 0.8 = 14.88\text{kN/m}$$

作用于1根中主梁的全部恒荷载集度为

$$g = 9.76 + 1.22 + 3.71 + 0.8 = 14.88\text{kN/m}$$

2. 恒荷载内力

计算主梁的弯矩和剪力，计算图式如图16-65（a）和（b）所示，则

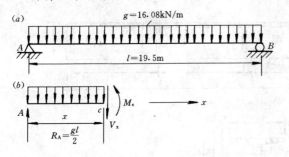

图16-65 简支梁恒荷载内力计算图式

$$M_x = \frac{gl}{2} \cdot x - gx \cdot \frac{x}{2}$$

$$= \frac{gx}{2}(l - x)$$

$$V_x = \frac{gl}{2} - gx$$

$$= \frac{g}{2}(l - 2x)$$

计算时，对边主梁取 $g = 14.88\text{kN/m}$；对中主梁取 $g = 15.49\text{kN/m}$ 代入。

边主梁各控制截面的弯矩和剪力的计算值如表16-16所列。

由恒荷载产生的边主梁恒载内力计算值　　表16-16

内力 截面位置	弯矩 M (kN·m)	剪力 V (kN)	内力 截面位置	弯矩 M (kN·m)	剪力 V (kN)
$x=0$	0	145.08	$x=L/2$	707.27	0
$x=L/4$	530.45	72.54			

16.3.2 荷载横向分布计算

作用在桥上的车辆荷载是沿桥面纵、横向都能移动的多个局部荷载，要求解车辆荷载作用下各主梁的内力是个空间计算问题。

对一座由多根主梁通过桥面板和横隔梁组成的梁桥或装配式板梁桥，当桥上作用集中荷载 F 时，见图16-66（b），由于桥跨结构的横向刚性必然会使荷载的作用在 x 和 y 方向内同时传布，并使所有主梁都以不同受力程度参与工作，故求解

§16.3 简支梁桥的计算

这种结构的内力属于空间计算理论问题。作为空间计算的主要点是利用影响面来直接求解结构上任一点的内力或挠度。如果结构某点处截面的内力影响面用双值函数 $\eta(x, y)$ 来表示，则该截面的内力值表示为 $S = F\eta(x, y)$。

但是，尽管国内外都对空间计算理论进行了许多研究和试验，取得了有益的成果，但由于桥梁结构的复杂性，用影响面来求解移动荷载作用下主梁截面的最不利内力值仍然是非常繁重的工作，难以在实际工程设计中推广使用。

目前广泛使用的方法是将复杂的空间问题化为图16-66(a)所示的单梁来计算。其实质是将前述的影响面 $\eta(x,y)$ 分离

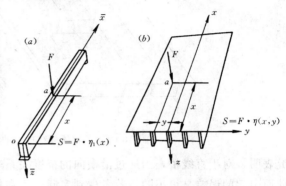

图 16-66 荷载作用下的内力计算
(a) 在单梁上；(b) 在梁式桥上

成两个单值函数的乘积，即 $\eta_1(x) \cdot \eta_2(y)$，因此，对于某根主梁的截面内力值就可以表示为

$$S = F \cdot \eta(x,y) \approx F \cdot \eta_2(y) \cdot \eta_1(x) \tag{16-4}$$

式中的 $\eta_1(x)$ 即为单根主梁某一截面的内力影响线。将 $\eta_2(y)$ 看做是单位荷载沿横向作用在不同位置时对某梁所分配的荷载比值变化曲线，也称作对于某梁的荷载横向分布影响线，则 $F \cdot \eta_2(y)$ 就是当 F 作用于 $a(x, y)$ 点时沿桥横向传给某梁的荷载，暂以 $\overline{F}$ 表示，即 $\overline{F} = F \cdot \eta_2(y)$。这样就可对单根主梁，利用结构力学方法来求解主梁截面内力了。这就是利用荷载横向分布来计算公路桥主梁内力的基本概念。

下面再进一步说明当桥上作用着车辆荷载时荷载横向分布系数的概念。图16-67(a)为桥上作用着一辆前后轴各重 F_1 和 F_2 的汽车荷载，相应的轮重分别为 $F_1/2$ 和 $F_2/2$。若欲求3号梁 K 截面内力，则可先用3号梁的荷载横向分布影响线求出桥横向各排轮重对3号梁分给的总荷载，然后再利用这些荷载通过3号梁 K 截面的内力影响线来计算最大的内力值。显然，若桥梁结构及布置确定，车辆轮重在桥上作用位置确定，则分配到3号梁的荷载值也是定值。在桥梁设计中，通常用一个表征荷载分布程度的系数，即荷载横向分布系数 m。来表示某根主梁所承担的最大荷载是桥上作用车辆荷载各个轴重的倍数（通常小于1）。因此，对于图16-67(a)情况，则为 mF_1 和 mF_2，见图16-67(b)。

上述将桥梁的空间计算化为平面问题的做法只是一种近似的处理方法，因为实际上荷载沿横向通过桥面板和多根横梁向相邻主梁传递时的情况比较复杂，原来的集中荷载传至相邻梁的就不再是同一纵向位置的集中荷载了。但是，试验研

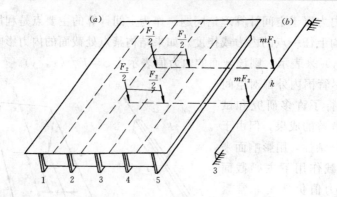

图 16-67　车轮荷载在桥上的横向分布

究表明，对于直线桥，当通过沿横向的挠度关系来确定荷载横向分布规律时，由此而引起的误差是很小的。若考虑到实际作用在桥上的车辆荷载并非只是一个集中荷载，而是分别处于桥跨不同位置的多个车辆荷载，那么，此种误差就会更小。

由上述关于桥梁荷载横向分布系数的概念，可以理解到，一座桥的各主梁横向分布系数 m 是不相同的；车辆荷载在桥上纵向位置对主梁的 m 值也会有影响，下面进一步阐述这种影响。

图 16-68 示出了五根主梁所组成的桥梁在跨度内承受荷载 F 的跨中横截面。图 16-68(a) 表示主梁与主梁间没有任何联系，此时如中梁的跨中作用 F 集中力，则全桥只有直接承载的中梁受力，也就是说，该梁的横向分布系数 $m=1$，显然这种结构形式整体性差，而且是很不经济的。

再看图 16-68(c) 的情况，如果将各主梁相互间借横隔梁和桥面刚性连结起来，并且设横隔梁的刚度接近无穷大（$EI_H \approx \infty$），则在同样的荷载 F 作用下，由于横隔梁无弯曲形，所有五根主梁将共同参与受力。此时五根主梁的挠度均相等，荷载 F 由五根梁均匀分担，每梁只承受 $F/5$，也就是说，各梁的横向分布系数 $m=0.2$。

然而，一般钢筋混凝土或预应力混凝土梁桥实际构造情况是：各根主梁虽通过横向连结成整体，但是横向结构的刚度并非无穷大。因此，在相同的荷载 F 作用下，各根主梁按照某种复杂的规律变形，见图 16-68(b)，此时中梁挠度 b 必然小于 w_a 而大于 w_c，设中梁所受的荷载为 mF，则其横向分布系数 m 也必然小于 1 而大于 0.2。

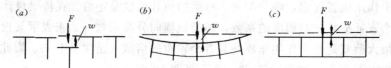

图 16-68　不同横向刚度时主梁的变形和受力
(a) 横向无联系；(b) $\infty > EI_H > 0$；(c) $EI_H \to \infty$

由此可见，桥上荷载横向分布的规律与结构的横向连结刚度有着密切关系，横向连结刚度愈大，荷载横向分布作用愈显著，各主梁的负担也愈趋均匀。

钢筋混凝土和预应力混凝土梁式桥上可能采用不同类型的横向结构。因此，为使荷载横向分布的计算能更好地适应各种类型的结构特性，就需要按不同的横向结构简化计算模型拟定出相应的计算方法。目前常用以下几种荷载横向分布计算方法：

杠杆原理法——把横隔梁和桥面板视为在主梁位置上断开且简支于主梁之上的计算图式，进而求解主梁荷载横向分布系数的方法。

偏心受压法——把横隔梁视为抗弯刚度接近无穷大的梁计算主梁荷载横向分布系数的方法；当计及主梁抗扭刚度的影响时，称为修正偏心受压法。

横向铰接板（梁）法——将相邻板（梁）之间的横向连接视为只传递剪力的铰来计算荷载横向分布系数的方法。

横向刚度接梁法——将相邻板（梁）之间的横向连接视为可传递剪力和弯矩的刚性连接来计算荷载横向分布系数的方法。

比拟正交异性板法——将主梁和横隔梁的刚度换算成两个方向刚度不同比拟正交异性板，用弹性薄板理论求解荷载横向分布系数的方法。

在上述的各种计算方法的选用上，应特别注意所计算的桥梁是宽桥还是窄桥，一般可用桥宽 B 和桥跨长 l 之比粗略判断，$B/l \leqslant 0.5$ 可认为是窄桥，另外应注意主梁之间横向联系的实际构造。

下面介绍常用计算荷载横向分布系数方法的基本原理及使用方法。

1. 杠杆原理法

按杠杆原理法进行荷载横向分布的计算，其基本假定是忽略主梁之间横向结构的联系作用，即假设桥面板在主梁上断开，而当作沿横向支承在主梁上的简支梁或悬臂梁来考虑。

图 16-69 (a) 所示即为桥面直接搁在工形主梁上的装配式桥梁。当桥上有车辆荷载作用时，很明显，作用在左边悬臂板上的轮重 $F_1/2$ 只传递至 1 号和 2 号梁，作用在中部简支板上的只传给 2 号和 3 号梁，见图 16-69 (b)，也就是板上的轮重 $F_1/2$ 中按简支梁支座反力的方式分配给左右两根主梁，而反力 R_i 的大小只要利用简支板的静力平衡条件即可求出，这就是通常所谓作用力平衡的"杠杆原理"。如果主梁所支承的相邻两块板上都有荷载，则该梁所受的荷载是两个支承反力之和，如图 16-69 (b) 中 2 号梁所受的荷载为 $R_2 = R'_2 + R''_2$。

为了求主梁所受的最大荷载，通常可利用反力影响线来进行，要此情况下，它也就是计算荷载横向分布系数的横向影响线，如图 16-70 所示。

有了各根主梁的荷载横向影响线，就可根据各种荷载，如汽车、挂车和人群荷载的最不利荷载位置求相应的横向分布系数。图 16-70 中 $p_{or} = p_r \cdot a$，它表示每延米人群荷载的强度。

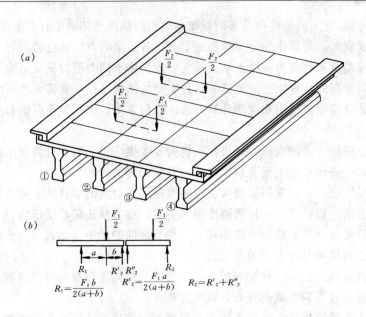

图 16-69 按杠杆原理受力图式

尚需注意，应计算几根主梁的横向分布系数，以得到受载最大的主梁的最大内力来作为设计的依据。

对于图 16-70（b）所示的双主梁桥，采用杠杆原理法计算荷载的横向分布是足够精确的。

对于一般多梁式桥，不论跨度内有无中间横隔梁，当桥上荷载作用在靠近支点处时（例如当计算支点剪力时的情形），荷载的绝大部分通过相邻的主梁直接传至墩台。再从集中荷载直接作用在端横隔梁上的情形来看，虽然端横隔梁是连续于几根主梁之间的，但由于不考虑支座的弹性压缩和主梁本身的微小压缩变形，荷载将主要传至两个相邻的主梁支座，即连续端横隔梁的支点反力与多跨简支梁的反力相差不多。因此，在实践中人们习惯偏于安全地用杠杆原理法来计算荷载位于靠近主梁支点时的横向分布系数。

杠杆原理法也可近似地应用于横向联系很弱的无中间横隔梁。但是这样计算的荷载横向分布系数，通常对于中间主梁会偏大些，而对于边梁则会偏小。对于无横隔梁的装配式箱形梁桥的初步设计，在绘制主梁荷载横向影响

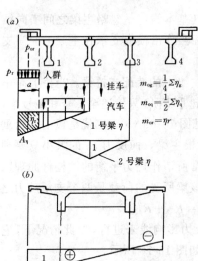

图 16-70 按杠杆原理法计算横向分布系数

线时可以假设箱形截面是不变形的，故梁截面范围内影响线的竖标值为等于1的常数，如图16-71所示。

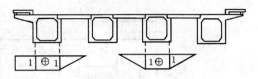

图 16-71 装配式箱梁桥无横隔梁时主梁横向影响线

【例 16-2】 计算跨径 $L=19.5m$ 的简支梁横截面如图16-64所示。试求汽车-15级、挂车-80级和人群荷载作用时，1号和2号梁在支点处的荷载横向分布系数。

主梁在支点处的荷载横向分布系数应按杠杆原理法计算。

【解】（1）绘制1号梁和2号梁的荷载横向影响线，如图16-72（b）、（c）所示。

（2）在横向影响线上布置荷载并求主梁的荷载横向分布系数。

由设计规范对于车辆荷载在桥面上布置的规定，在横向影响线上按横向最不利的位置布置车辆荷载的车轮位置；人群荷载仅在人行道上布置。例如，对于汽车荷载，规定的汽车横向轮距为1.80m，两列汽车车轮的横向最小间距为1.30m，车轮距离人行道路缘石最小为0.50m，对于挂车荷载，车轮横向距离为0.90m，离人行道路缘石最小为1.00m。求出相应于荷载位置的影响线竖标值后，就可得到横向所有荷载分布给1号梁的最大荷载值为：

汽车-15级 $\quad \max A_{1q}=\Sigma \dfrac{F_q}{2}\eta_q=\dfrac{\Sigma\eta_q}{2}F_q=\dfrac{0.875}{2}F_q=0.438F_q$

挂车-80级 $\quad \max A_{1g}=\Sigma \dfrac{F_g}{4}\eta_g=\dfrac{\Sigma\eta_g}{4}F_g=\dfrac{0.563}{4}F_g=0.141F_g$

人群荷载 $\quad \max A_{1r}=\eta_r F_r \cdot 0.75=1.422 F_{or}$

式中 F_q、F_g 和 F_{or} 相应为汽车荷载轴重、挂车荷载轴重和每延米跨长的人群荷载集度；η_q、η_g 和 η_r 为对应于汽车车轮、挂车车轮和人群荷载集度的影响线竖标。由此可得1号梁在汽车-15级、挂车-80级和人群荷载作用下的最不利荷载横向分布系数分别为：$m_{oq}=0.438$，$m_{og}=0.141$ 和 $m_{or}=1.422$。

同理，按图16-72（c）的计算，可得2号梁的最不利荷载横向分布系数为 $m_{oq}=0.5$，$m_{og}=0.469$ 和 $m_{or}=0$。这里，在人行道上没有布载，这是因为人行道荷载引起的是负反力，在考虑荷载组合时反而会减小2号梁的受力。

2. 偏心受压法

在钢筋混凝土或预应力混凝土梁桥上，通常除在桥的两端设置横隔梁外，还在跨度中央，甚至还在跨度四分点处，设置中间横隔梁，这样可以显著增加桥梁的整体性，并加大横向结构的刚度。根据试验观测结果和理论分析，在具有可靠横向联结的桥上，且在桥的宽跨比 B/l 小于或接近于0.5的情况时（一般称为窄桥），车辆荷载作用下中间横隔梁的弹性挠曲变形同主梁的相比较微不足道。也就是中间横隔梁像一根刚度无穷大的刚性梁一样保持直线的形状，如图16-73所示，

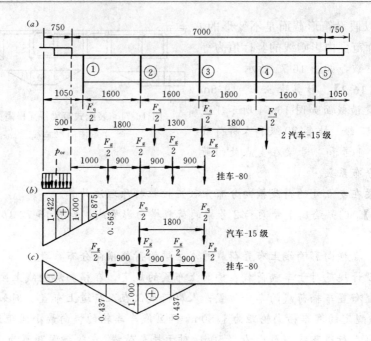

图 16-72　杠杆原理法计算横向分布系数（尺寸单位：mm）
(a) 桥横截面；(b) 1号梁横向影响线；(c) 2号梁横向影响线

图中 w 表示桥跨中央的竖向挠度。从桥上受载后各主梁的变形（挠度）规律来看，横隔梁传给主梁的压力，不作用在主梁横截面的竖向形心线上，而是有偏心距 e 的，这就是偏心受压法计算荷载横向分布的基本前提。基于横隔梁无限刚性的假定，此法也称"刚性横梁法"。

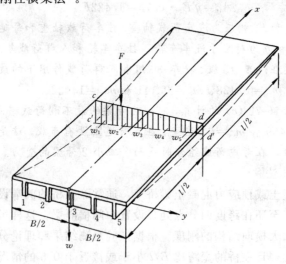

**图 16-73　刚性横梁的梁桥在偏心荷载
作用下的挠曲变形**

(1) 偏心荷载 $F=1$ 对各梁的荷载分布

假定各主梁的惯性矩是不相等的,荷载 $F=1$ 在桥梁横截面上是偏心作用的,如图 16-74 (a) 所示。由于横梁刚度很大,可按刚体力学的原理,将偏心作用的荷载 F 移到中心轴上,用一个作用在中心线的力 F 和一个作用于横梁上的力矩 $M=Fe$ 来代替,见图 16-74 (b)。这样偏心荷载 F 的作用就可以分解为中心荷载 F 的作用和力矩 M 的作用,然后进行叠加,便可得图 16-74 (e) 所示的偏心荷载 F 作用下各主梁的荷载横向分布。

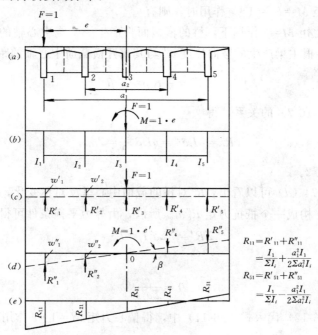

图 16-74 在偏心荷载 $F=1$ 作用下各主梁的荷载分布图

当在中心线的力 $F=1$ 作用时,则有:

由于假定中间横隔梁是刚性的,且横截面对称于桥轴线,所以在中心荷载作用下,各根主梁必定产生相同的挠度,见图 16-74 (c)。

$$w_1' = w_2' = \cdots = w_n' \tag{16-5}$$

作用于简支梁跨中的荷载与挠度的关系

$$R_i' = \frac{48EI_i}{L^3} w_i' = \alpha I_i w_i' \tag{16-6}$$

式中 $\alpha = 48E/L^3$ (E 为梁体材料的弹性模量)。

由静力平衡条件得

$$\Sigma R_i' = \alpha w_i' \Sigma I_i = F = 1 \tag{16-7}$$

将式 (16-7) 代入式 (16-6) 得任意一根主梁承受的荷载为

$$R'_i = \frac{I_i}{\Sigma I_i} \qquad (16\text{-}8)$$

式中 I_i——任意一根主梁的惯性矩；

ΣI_i——桥梁横截面内所有主梁惯性矩的总和。

如果各主梁的截面均相同，则

$$R'_1 = R'_2 = \cdots = R'_i = \frac{1}{n} \qquad (16\text{-}9)$$

偏心力矩 $M = Fe = 1 \cdot e$ 作用时，则有

在偏心力矩 $M = e$ 作用下，桥的横截面将产生一个绕中心轴的转角 β，见图16-74(b)，各根主梁产生的竖向挠度 w''_i 与其离开横截面中心轴的距离成正比，即

$$w''_i = \frac{a_i}{2}\text{tg}\beta \approx \frac{a_i}{2}\beta \qquad (16\text{-}10)$$

根据式（16-7）的关系，得

$$R''_i = \alpha I_i w''_i = \alpha I_i \beta \frac{a_i}{2} = \gamma a_i I_i \qquad (16\text{-}11)$$

式中 $\gamma = \alpha\beta/2$。

从图 16-74 (d) 可以看出，R''_i 对桥的截面中心呈反对称变化，即左右对称梁的作用力正好构成一个抵抗力矩 $R''_i a_i$。所以，由静力平衡条件可得

$$\Sigma R''_i = \gamma \Sigma a_i^2 I_i = I \cdot e$$

故

$$\gamma = \frac{e}{\Sigma a_i^2 I_i} \qquad (16\text{-}12)$$

将式（16-12）代入式（16-11）中，得偏心力矩 $M = 1 \cdot e$ 作用下各主梁所分配的荷载为

$$R''_i = \pm \frac{e a_i I_i}{\Sigma a_i^2 I_i} \qquad (16\text{-}13)$$

如果各主梁的截面均相同，则

$$R''_i = \pm \frac{e a_i}{\Sigma a_i^2} \qquad (16\text{-}14)$$

在式（16-13）和式（16-14）中，当所计算的主梁位于 $F = 1$ 作用位置的同一侧时取正号，反之，取负号。

将式（16-8）和式（16-14）叠加，就可以求出 $F = 1$ 作用在离横截面中心线 e 的位置上任一根主梁所分配到的荷载为：

$$R_i = R'_i + R''_i = \frac{I_i}{\Sigma I_i} \pm \frac{e a_i I_i}{\Sigma a_i^2 I_i} \qquad (16\text{-}15)$$

(2) 主梁的横向分布系数

在式（16-15）中，e 是表示荷载 $F = 1$ 的作用位置，下标"i"是表示所求梁

的梁号。当 $F=1$ 作用在 1 号梁上时，用 $e=a_1/2$ 代入，即得 1 号梁所分配到的荷载为：

$$R_{11}=\eta_{11}=\frac{I_1}{\Sigma I_i}+\frac{a_1^2 I_1}{2\Sigma a_i^2 I_i} \qquad (16\text{-}16)$$

当荷载 $F=1$ 分别作用在 2 号、3 号、4 号和 5 号主梁上时，1 号梁所分配的荷载分别为

$$R_{12}=\eta_{12}=\frac{I_1}{\Sigma I_i}+\frac{a_1^2 I_1}{2\Sigma a_i^2 I_i} \qquad (16\text{-}17)$$

$$R_{13}=\eta_{13}=\frac{I_1}{\Sigma I_i} \qquad (16\text{-}18)$$

$$R_{14}=\eta_{14}=\frac{I_1}{\Sigma I_i}-\frac{a_1^2 I_1}{2\Sigma a_i^2 I_i} \qquad (16\text{-}19)$$

$$R_{15}=\eta_{15}=\frac{I_1}{\Sigma I_i}-\frac{a_1^2 I_1}{2\Sigma a_i^2 I_i} \qquad (16\text{-}20)$$

求得的 R_{11}、R_{12}、R_{13}、R_{14} 和 R_{15} 值就是 $F=1$ 分别作用各主梁上时 1 号梁所分配到的荷载，即 1 号梁的荷载横向影响线的竖标 η_{11}、η_{12}、η_{13}、η_{14} 和 η_{15}。这里第一个下标表示所计算的梁号，第二个下标表示 $F=1$ 作用在哪个梁号上。因影响线是直线分布，故只需计算 η_{11} 和 η_{15}。

同理，求 2 号梁的影响线竖标，只要将 I_1 换成 I_2、a_1（指梁位）换成 a_2 就可以了。以此类推。可求得其他梁的影响线竖标。

有了荷载横向影响线，就可以将荷载沿横向分别置于最不利位置，计算主梁横向分布系数。

【**例 16-3**】 试按照偏心受压法计算图 16-64 所示梁桥 1 号梁的跨中荷载横向分布系数。其他条件与例 5-2 相同。

【**解**】 (1) 各主梁之间设有横隔梁，具有较大的横向连接刚性，并且桥梁的宽跨比 $B/L=5\times 1.6/19.5=0.41<0.5$，故可按偏心受压法来绘制横向影响线并可计算各主梁跨中的横向分布系数。

(2) 绘制横向影响线

各根主梁的截面均相等，梁根数 $n=5$，梁间距为 1.6m，则

$$\Sigma a_i^2 = a_1^2 + a_2^2 = (1.6+1.6)^2 + (2\times 1.6+2\times 1.6)^2 = 51.2 \text{m}^2$$

由式 (16-15) 和式 (16-20)，且由于各主梁截面相同 ($I_i/\Sigma I_i = 1/n$)，故得到 1 号梁的横向影响线的两个竖标值 η_{11} 和 η_{15} 分别计算为：

$$\eta_{11}=\frac{1}{n}+\frac{a_1^2}{2\Sigma a_i^2}=\frac{1}{5}+\frac{(6.4)^2}{2\times 51.2}=0.6$$

$$\eta_{15}=\frac{1}{n}-\frac{a_1^2}{2\Sigma a_i^2}=\frac{1}{5}-\frac{(6.4)^2}{2\times 51.2}=-0.2$$

由 η_{11} 和 η_{15} 可绘制 1 号梁的横向影响线如图 16-75。横向影响线的零点位置，

设其至1号梁位的距离为 x,按比例计算

$$\frac{x}{0.60} = \frac{4 \times 1.60 - x}{0.2}$$

得到　$x = 4.80 \text{m}$

(3) 求活荷载横向分布系数

汽车-15级作用时

$$m_{cq} = \frac{1}{2} \Sigma \eta_i = \frac{1}{2}(0.575 + 0.350 + 0.188 - 0.038) = 0.538$$

挂车-80作用时

$$m_{cg} = \frac{1}{4} \Sigma \eta_i = \frac{1}{4}(0.513 + 0.40 + 0.288 + 0.175) = 0.344$$

人群荷载作用时

$$m_{cr} = \eta = 0.684$$

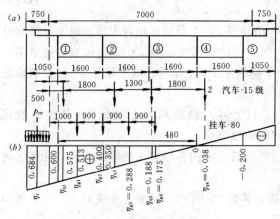

图 16-75　例 16-3 的横向分布系数计算图示
(a) 梁桥横截面布置图；(b) 1号梁横向影响线

3. 考虑主梁抗扭刚度的修正偏心受压法

偏心受压法在其计算公式推演中,作了横隔梁近似绝对刚性和忽略主梁抗扭刚度的两项假定,导致了边主梁的横向分布计算值偏大的结果。为了弥补偏心压力法的不足,工程上广泛地采用考虑主梁抗扭刚度的修正偏心受压法。

用偏心受压法计算荷载横向影响线竖标(以1号边梁为例)的公式为：

$$\eta_{1i} = \frac{I_1}{\Sigma I_i} \pm \frac{ea_1 I_1}{\Sigma a_i^2 I_i} \qquad (16\text{-}21)$$

式中,等号右边第一项是由中心荷载 $P=1$ 引起的,此时各主梁只发生竖向挠度而无转动,显然它与主梁的抗扭无关。等号右第二项是由偏心力矩 $M = 1 \cdot e$ 引起的,此时,由于截面的转动,各主梁不仅发生竖向挠度,而且还引起扭转,而在式(16-21)中却没有计入主梁的抗扭作用。由此可见,要计入主梁的抗扭影响,只需对等式的第二项给于修正。

现在研究在跨中垂直于桥轴平面内有力矩 $M = 1 \cdot e$ 作用下桥梁的变形和受力情况,见图 16-76。此时每根主梁除产生不相同的挠度 w_i'' 外,还产生一个相同的转角 θ。如设荷载通过跨中的横隔梁传递,则可得各根主梁对横隔梁的反作用力为竖向力 R_i'' 和抗扭力矩 M_{Ti}。

由静力平衡条件可得

$$\Sigma R_i'' + \Sigma M_{Ti} = 1 \cdot e \quad (16\text{-}22)$$

简支梁跨中截面扭矩与转角、竖向力与挠度的关系为

$$\theta = \frac{M_{Ti}L}{4GI_{Ti}} \quad (16\text{-}23)$$

$$w_i'' = \frac{R_i''L^3}{48EI_i} \quad (16\text{-}24)$$

根据图（16-76）的几何关系得

$$\theta \cong \mathrm{tg}\theta = \frac{2w_i''}{a_i} \quad (16\text{-}25)$$

将式（16-23）和式（16-24）代入式（16-25）得

$$M_{Ti} = R_i'' \frac{GI_{Ti}L^2}{6a_i I_i E} \quad (16\text{-}26)$$

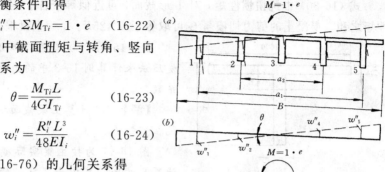

图 16-76 考虑主梁抗扭刚度的计算

为求1号梁的荷载，根据式（16-11）的关系，可得 R_i'' 和 R_1'' 之间的关系为

$$R_i'' = R_1'' \frac{a_i I_i}{a_1 I_1} \quad (16\text{-}27)$$

将式（16-26）和式（16-27）代入式（16-22）得

$$\Sigma R_1'' \frac{a_i^2 I_i}{a_1 I_1} + \Sigma R_1'' \frac{a_i I_i}{a_1 I_1} \cdot \frac{L^2 G I_{Ti}}{6a_i I_i E} = e$$

$$R_i'' = \frac{ea_1 I_1}{\Sigma a_i^2 I_i + \frac{L^2 G \Sigma I_{Ti}}{6E}} = \frac{ea_1 I_1}{\Sigma a_i^2 I_i} \cdot \frac{1}{1 + \frac{L^2 G}{6E} \frac{\Sigma I_{Ti}}{\Sigma a_i^2 I_i}} = \beta_T \frac{ea_1 I_1}{\Sigma a_i^2 I_i} \quad (16\text{-}28)$$

最后可得考虑主梁抗扭刚度后1号主梁的横向影响线竖标为

$$\eta_{1i} = \frac{I_1}{\Sigma I_i} \pm \beta_T \frac{ea_1 I_1}{\Sigma a_i^2 I_i} \quad (16\text{-}29)$$

式中 β_T——抗扭修正系数，$\beta_T = \dfrac{1}{1+\dfrac{L^2 G}{6E}\dfrac{\Sigma I_{Ti}}{\Sigma a_i^2 I_i}} < 1$

由此可见，与偏心受压法公式的不同点仅于第二项上乘了一个小于1的抗扭修正系数 β_T，所以，此法称为"修正偏心受压法"。

如果主梁的截面均相同，即 $I_1 = I$，$I_{Ti} = I_T$，则

$$\beta_T = \frac{1}{1 + \dfrac{nL^2 GI_T}{6EI\Sigma a_i^2}} \quad (16\text{-}30)$$

式(16-30)中抗扭惯性矩,对 T 形截面,可近似等于各个矩形截面的抗扭惯性矩之和。混凝土的剪力切模量 G 可取等于 $0.425E$。n 为主梁根数。

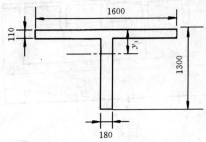

图 16-77 主梁截面计算尺寸
(尺寸单位:mm)

【例 16-4】 按考虑抗扭刚度修正的偏心受压法来计算例 16-3 中的 1 号边梁横向分布系数。

【解】(1)计算主梁截面抗弯惯性矩 I 和抗扭惯矩 I_T。

图 16-77 为按主梁实际截面尺寸得到的计算尺寸图,其中受压翼板的换算平均厚度为 $t_1 = (0.08+0.14)/2 = 0.11\text{m}$。

主梁计算截面的重心为 y_1(距翼板顶面),则

$$y_1 = \frac{(1.6-0.18)\times 0.11\times \frac{0.11}{2} + 1.3\times 0.18\times \frac{1.3}{2}}{(1.6-0.18)\times 0.11 + (1.3\times 0.18)} = 0.41\text{m}$$

主梁对计算截面重心轴的抗弯惯矩 I 为:

$$I = \frac{1}{12}(1.6-0.18)(0.11)^3 + (1.6-0.18)0.11\left(0.41 - \frac{0.11}{2}\right)^2$$
$$+ \frac{1}{12}\times 0.18(1.3)^3 + 0.18 + 1.3\left(\frac{1.3}{2} - 0.41\right)^2$$
$$= 0.066276\text{m}^4$$

对于 T 形截面的抗扭惯矩 I_T 计算,近似等于组成 T 形截面的各个矩形截面的抗扭惯矩之和。

$$I_T = \Sigma c_i b_i t_i$$

式中 b_i 和 t_i 分别为单个矩形截面的长边与短边,c_i 为矩形截面抗扭刚度系数,根据 t_i/b_i 值查表 16-17 可得到。

表 16-17

t/b	1	0.9	0.8	0.7	0.6	0.5	0.4	0.3	0.2	0.1	<0.1
c	0.141	0.155	0.171	0.189	0.209	0.229	0.250	0.270	0.291	0.312	1/3

现对于翼板,$t_1 = 0.11\text{m}$,$b_1 = 1.60\text{m}$,$t_1/b_1 = 0.0687 < 0.1$,查表 16-17 和 $c_1 = 1/3$。对于梁肋,$t_2 = 0.18\text{m}$,$b_2 = 1.19\text{m}$,$t_2/b_2 = 0.151$,查表 16-17 得到 $c_2 = 0.301$。则 T 形截面抗扭惯矩

$$I_T = 1/3 \times 1.6\ (0.11)^3 + 0.301 \times 1.19\ (0.18)^3$$
$$= 0.0027988\text{m}^3$$

(2)计算抗扭修正系数 β_T

由于各主梁截面均相同,$\Sigma I_{Ti} = 5I_T$,$\Sigma a_i^2 I_i = I\Sigma a_i^2$,则

$$\frac{\Sigma I_{Ti}}{\Sigma a_i^2 I_i}=\frac{5I_T}{I\Sigma a_i^2}=\frac{5\times 0.0027988}{0.066276\ [(2\times 1.6)^2+(4\times 1.6)^2]}=4.12\times 10^{-3}$$

取 $G=0.425E$，$L^2=(19.5)^2=380.25\text{m}^2$，则

$$\beta_T=\frac{1}{1+\dfrac{380.25\times 0.425E}{6\times E}\times 4.12\times 10^{-3}}=0.9<1$$

(3) 算 1 号边主梁横向影响线竖标值

$$\eta_{11}=\frac{I_1}{\Sigma I_i}+\beta_T\frac{ea_1 I_1}{\Sigma a_i^2 I_i}=\frac{I_1}{5I_1}+0.9\times\frac{(2\times 1.6)(4\times 1.6)}{I_1\ [(2\times 1.6)^2+(4\times 1.6)^2]}\frac{I_1}{}$$
$$=0.2+0.36=0.56$$

$$\eta_{15}=\frac{I_1}{\Sigma I_i}-\beta_T\frac{ea_1 I_1}{\Sigma a_i^2 I_i}=0.2-0.36=-0.16$$

1 号边主梁的横向影响线见图 16-78。

(4) 计算 1 号边产梁跨中的荷载分布系数

汽车-15 级作用时

$$m_{cq}=\frac{1}{2}\Sigma\eta_i=\frac{1}{2}(0.538+0.335+0.189-0.013)=0.525$$

挂车-80 作用时

$$m_{cg}=\frac{1}{4}\Sigma\eta_i=\frac{1}{4}(0.481+0.380+0.279+0.178)=0.330$$

人群荷载作用时

$$m_{cr}=0.636$$

4. 铰接板（梁）法

对于用现浇混凝土纵向企口缝连接的装配式板桥以及仅在翼板间用焊接钢板或伸出交叉钢筋连接的无中间横隔梁的装配式 T 梁桥，虽然块件间横向有连接构造，但其连接刚性又较薄弱，这类结构的受力状态接近于数根并列而相互间横向

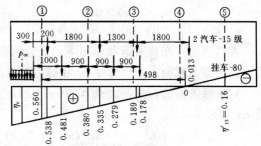

图 16-78 修正偏心受压法计算 m_c 图式

（尺寸单位：mm）

铰接的狭长板（梁），故在工程上，采用专门的横向铰接板（梁）法来计算桥跨中截面的荷载横向分布。

图 16-79 (a) 示出一座用混凝土企口缝连结的装配式板桥承受荷载 F 的变形图式。当 2 号板块上有荷载 P 作用时，除了本身引起纵向挠曲外（板块本身的横向变形极微小，可略去不计），其他板块也会受力而发生相应的挠曲。显然，这是因为各板块之间通过企口缝所承受的内力在起传递荷载作用。图 16-79 (b) 表示出一般情况下企口缝上可能引起的内力为竖向剪力 $g(x)$、横向弯矩 $m(x)$ 和法

向力 $n(x)$。然而，当桥上主要作用竖向车轮荷载时，纵向剪力和法向力同竖向剪力相比，影响极小；加之在构造上，企口缝的高度不大、刚性甚弱，通常可视作近似铰接，则横向弯矩对传布荷载的影响极微，也可忽略。这样，为了简化计算，就可以假定竖向荷载作用下企口缝内只传递竖向剪力 $g(x)$，如图 16-79(c) 所示，这就是横向铰接板（梁）计算理论的假定前提。

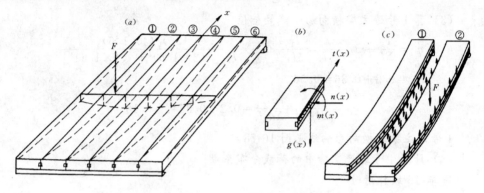

图 16-79 铰接板桥受力示意

还须指出，把一个空间计算问题，借助按横向挠度分布规律来确定荷载横向分布的原理，简化为一个平面问题来处理，严格来说，应当满足下述关系（以 1、2 号板梁为例）：

$$\frac{w_1(x)}{w_2(x)} = \frac{M_1(x)}{M_2(x)} = \frac{Q_1(x)}{Q_2(x)} = \frac{P_1(x)}{P_2(x)} = 常数$$

此式表明，在桥上荷载作用下，任意两根板梁所分配到的荷载的比值，与挠度的比值以及截面内力（弯矩 M 和剪力 Q）的比值都相同。

对于每条板梁有关系式 $M(x) = -EIw''$ 和 $Q(x) = -EIw'''$，代入上式，并设 EI 为常量，则

$$\frac{w_1(x)}{w_2(x)} = \frac{w_1''(x)}{w_2''(x)} = \frac{w_1'''(x)}{w_2'''(x)} = \frac{F_1(x)}{F_2(x)} = 常数 \qquad (16\text{-}31)$$

但是，实际上无论对于集中轮重或分布荷载的作用情况，都不能满足上式的条件。就以图 16-79(c) 铰接板的受力情况来看，2 号板梁上的集中荷载 F 与 1 号板梁经竖向剪力传递的分布荷载 $g(x)$，是性质完全不同的荷载，这就是根本无法谈论它们之间的比值 $p_1(x)/p_2(x)$ 和其他比值了。

然而，如果采用具有某一峰值 p_0 的半波正弦荷载

$$p(x) = p_0 \sin \frac{\pi x}{l} \qquad (16\text{-}32)$$

则其积分和求导就能满足式 (16-31)。对于研究荷载横向分布，还可方便地设 $p_0 = 1$ 而直接采用单位正弦荷载来分析。此时各根板梁的挠曲线将是半波正弦曲线，它们所分配到的荷载也是具有不同峰值的半波正弦荷载。这样，就使荷载、挠度

和内力三者的变化规律趋于谐调统一。

可见，这种对荷载横向分布的处理方法，理论上仅对等截面的简支梁桥（w 为正弦函数时满足简支和边界条件）作用半波正弦荷载时，才属正确。鉴于用正弦荷载代替跨中的集中荷载，在计算各梁跨中挠度时的误差很小，而且，计算内力时虽有稍大的误差，但考虑到实际计算时有许多车轮沿桥跨分布，这样又进一步使误差减小，故在铰接板（梁）法中，可采用半波正弦荷载这一近似假定来分析跨中荷载横向分布的规律。

根据以上所作的假定，铰接板桥受力图式如图 16-80 所示。

在正弦荷载 $p(x) = p_0 \sin \frac{\pi x}{l}$ 作用下，各条铰缝内也产生正弦分布的铰接力 $g_i(x) = g_i \sin \frac{\pi x}{l}$，图 16-80（b）中示出任意一条板梁的铰接力分布图形。鉴于荷载、铰接力和挠度三者的谐调性，对于研究各条板梁所分布荷载的相对规律来说，取跨中单位长度和截割段来进行分析不失其一般性，此时各板条间铰接力可用正弦分布铰接力的峰值 g_i 来表示。

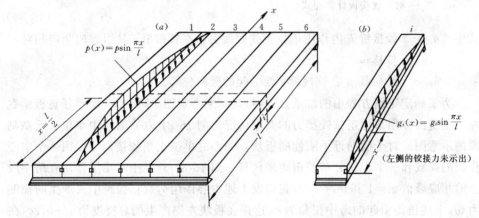

图 16-80 铰接板桥受力图式

图 16-81（a）表示一座横向铰接板桥的横截面图，现在来研究单位正弦荷载作用在 1 号板梁轴线上时，荷载在各条板梁内的横向分布，计算图式如图 16-81（b）所示。

一般说来，对于具有 n 条板梁组成的桥梁，必然具有 $(n-1)$ 条铰缝。在板梁间沿铰缝切开，则每一铰缝内作用着一对大小相等方向相反的正弦分铰接力，因此对于 n 条板梁就有 $(n-1)$ 个欲求的未知铰接力峰值 g_i。如果求得了所有的 g_i，由静力平衡条件，可得分配到各板块的竖向荷载的峰值 p_{i1}，以图 16-81（b）所示的五块板为例，即为：

$$
\left.\begin{array}{l}
1\text{号板}\ p_{11}=1-g_1\\
2\text{号板}\ p_{21}=g_1-g_2\\
3\text{号板}\ p_{31}=g_2-g_3\\
4\text{号板}\ p_{41}=g_3-g_4\\
5\text{号板}\ p_{51}=g_4-g_5
\end{array}\right\} \quad (16\text{-}33)
$$

显然，对于具有 $(n-1)$ 个未知铰接力的超静定问题，总有 $(n-1)$ 条铰接缝，将每一铰缝隙切开形成基本体系，利用两相邻板块在铰接缝处的竖向相对位移为零的变形协调条件，就可解出全部铰接力峰值。为此，对于图16-81(b)的受力图式，可以列出四个正则方程如下：

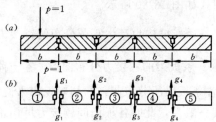

图 16-81 铰接板计算图式

$$
\left.\begin{array}{l}
\delta_{11}g_1+\delta_{12}g_2+\delta_{13}g_3+\delta_{14}g_4+\delta_{1p}=0\\
\delta_{11}g_1+\delta_{22}g_2+\delta_{23}g_3+\delta_{24}g_4+\delta_{2p}=0\\
\delta_{11}g_1+\delta_{32}g_2+\delta_{33}g_3+\delta_{34}g_4+\delta_{3p}=0\\
\delta_{11}g_1+\delta_{42}g_2+\delta_{43}g_3+\delta_{44}g_4+\delta_{4p}=0
\end{array}\right\}
$$

(16-34)

式中　δ_{1k}——铰接缝 k 内作用单位正弦铰接力，在铰接缝 i 处引起的竖向相对位移；

δ_{1p}——外荷载 p 在铰接缝 i 处引起的竖向位移。

为了确定正则方程中的常系数 δ_{1k} 和 δ_{1F}，来考察图16-81(a)所示任意板梁在左边铰缝内作用单位正弦铰接力的典型情况。图16-81(b)为跨中单位长度截割段的示意图。对于横向近乎刚性的板块，偏心的单位正弦铰接力可以用一个中心作用的荷载和一个正弦分布的扭矩来代替，图16-82(c)中示出了作用在跨中段上的相应峰值 $g_i=1$ 和 $m_1=b/2$。我们设上述中心作用荷载在板跨中央产生的挠度为 w，上述扭矩引起的跨中扭角为 φ，这样在板块左侧产生的总挠度为 $w+b/2\varphi$，在板块右侧则为 $w-b/2\varphi$。掌握了这一典型的变化规律，参照图16-81(b)基本体系，就不难确定以 w 和 φ 表示的全部 δ_{1k} 和 δ_{1p}。计算中应遵循下述符号规定：当 δ_{1k} 与 g_1 的方向一致时取正号，也就是说，使某一铰缝增大相对位移的挠度取正号，反之取负号。至此，依据图16-81(b)的基本体系，就可以写出正则方程（16-34）中的常系数为：

$$\delta_{11}=\delta_{22}=\delta_{33}=\delta_{44}=2\left(w+\frac{b}{2}\varphi\right)$$

$$\delta_{12}=\delta_{23}=\delta_{34}=\delta_{21}=\delta_{32}=\delta_{43}=-\left(w+\frac{b}{2}\varphi\right)$$

$$\delta_{13}=\delta_{14}=\delta_{24}=\delta_{31}=\delta_{41}=\delta_{42}=0$$

$$\delta_{1p}=-w$$

$$\delta_{2p}=\delta_{3p}=\delta_{4p}=0$$

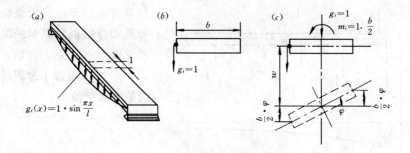

图 16-82 板梁的典型受力图式

将上述的系数代入式 (16-35),使全式除以 w 并设刚度参数 $\gamma=(b/2\varphi)/w$,则得正则方程的化简形式:

$$\left.\begin{array}{r}2(1+\gamma)g_1-(1-\gamma)g_2=1\\-(1-\gamma)g_1+2(1+\gamma)g_2-(1-\gamma)g_3=0\\-(1-\gamma)g_2+2(1+\gamma)g_3-(1-\gamma)g_4=0\\-(1-\gamma)g_3+2(1+\gamma)g_4=0\end{array}\right\} \quad (16\text{-}35)$$

一般说来 n 块板就有 $(n-1)$ 个联立方程,其主系数 $\dfrac{1}{w}\delta_{ii}$ 都是 $2(1+\gamma)$,副系数 $\dfrac{1}{w}\delta_{ik}$ $(k=1\pm1)$ 都为 $-(1-\gamma)$,其余都为零。荷载项系数除了直接受荷的 1 号板块处为 -1 以外,其余均为零。

由此可见,只要确定了刚度参数 γ、板块数量 n 和荷载作用位置,就可解出所有 $(n-1)$ 个未知铰力的峰值。有了 g_i 就能按式 (16-34) 得到荷载作用下分配到各板块的竖向荷载的峰值。

1) 铰接板桥的荷载横向分布影响线

上面阐明了沿桥的横向只有一个荷载(用单位正弦荷载代替)作用下的荷载横向分布问题。为了计算横向可移动的一排车轮荷载对某根板梁的总影响,最方便的方法就是利用该板梁的荷载横向影响线来计算横向分布系数。下面将从荷载横向分布计算出发来绘制横向影响线。

图 16-83 (a) 表示荷载作用在 1 号板梁上时,各块板梁的挠度和所分配的荷载图式。

对于弹性板梁,荷载与挠度呈正比关系,即

$$p_{i1}=a_1 w_{i1}$$

同理

$$p_{1i}=a_2 w_{1i}$$

由变位互等定理 $w_{i1}=w_{1i}$,且每块板梁的截面相同(比例常数 $a_1=a_2$),就得 $f_{1i}=f_{i1}$。

上式表明,单位荷载作用在 1 号板梁轴线上时任一板梁所分配的荷载,就等

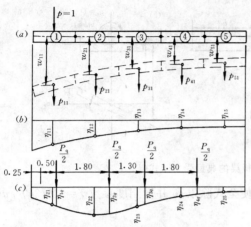

图 16-83 跨中的荷载横向影响线

于单位荷载作用于任意板梁轴线上时 1 号板梁荷载横向影响线的竖标值，通常以 η_{11} 来表示。最后，利用前面式(16-34)，就得 1 号板梁横向影响线的各竖标值为：

$$\eta_{11} = p_{11} = 1 - g_1$$
$$\eta_{12} = p_{21} = g_1 - g_2$$
$$\eta_{13} = p_{31} = g_2 - g_3$$
$$\eta_{14} = p_{41} = g_3 - g_4$$
$$\eta_{15} = p_{51} = g_4 - g_5$$

把各个 η_{1r} 按比例描绘在相应板梁的轴线位置，用光滑的曲线（或近似地用折线）连接这些标点，就得 1 号板梁的横向影响线如图 16-83（b）所示。同理，如将单位荷载作用在 2 号板梁轴线上，就可求得 p_{12}，从而可得 η_{21}，如图 16-83（c）所示。

在实际进行设计时，可以利用对于板块数目 $n=3\sim 10$ 所编制的各号板的横向影响线竖标计算表格（见附录 13）。表中按刚度参数 $\gamma=0.00\sim 2.00$ 列出了 η_{ik} 的数值，对于非表列的值，可用直线内插来计算。

2) 刚度参数 γ 值的计算

γ 为扭转位移 $b\varphi/2$ 与主梁挠度 w 之比。现应用材料力学中提供的计算公式计算简支板在半波正弦荷载作用下跨中挠度 w 和扭转角 φ。

当正弦荷载 $p(x)$ 作用是简支板轴线时，板的跨中挠度：

$$w = \frac{pL^4}{\pi^4 EI} \tag{16-36}$$

当正弦荷载 $p(x)$ 作用于板边时，板的跨中扭转角为：

$$\varphi = \frac{pbL^2}{2\pi^2 GI_T} \tag{16-37}$$

于是

$$\gamma = \frac{b\varphi}{2w} = \frac{\pi^2 EI}{4GI_T}\left(\frac{b}{L}\right)^2 = 5.8\frac{I}{I_T}\left(\frac{b}{L}\right)^2 \tag{16-38}$$

式中 E——板的材料弹性模量；

G——板的材料剪切模量，对混凝土 $G=0.425E$；

I——板的抗弯惯性矩；

I_T——板的抗扭惯性矩。

实心矩形截面的抗扭惯性矩 I_T 近似等于：

$$I_T \approx cbh^3 \tag{16-39}$$

式中 c——实心矩形截面的抗扭刚度系数,可查表 16-18;

b, h——矩形截面的长边和短边。

空心矩形截面,见图 16-84 的抗扭惯性矩 I_T 等于

$$I_T = \frac{4b^2h^2}{\left(\frac{2h}{b_2}+\frac{b}{h_1}+\frac{b}{h_2}\right)} \tag{16-40}$$

c 值 表 16-18

b/h	1.10	1.20	1.25	1.30	1.40	1.50	1.60	1.75	1.80
c	0.154	0.166	0.172	0.177	0.187	1.196	0.204	0.214	0.217
b/h	2.00	2.50	3.00	3.50	4.00	5.00	8.00	10.00	20.00
c	0.229	0.249	0.263	0.273	0.281	0.291	0.307	0.312	0.323

【例 16-5】 图 16-85(a) 所示为跨径 $L=12.60\text{m}$ 的铰接空心板桥上部结构横截面布置。桥面净空为净—7m 加 $2\times0.75\text{m}$ 人行道。预应力混凝土空心板跨中截面尺寸见图 16-85(b)。试求该桥 1、3 和 5 号板的汽车-20 级,挂车-100 级和人群荷载作用下的板跨中截面荷载横向分布系数。

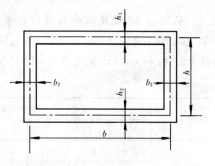

图 16-84 空心矩形截面

【解】 (1) 计算空心板截面的抗弯惯矩 I 和抗扭惯矩 I_T

本例空心板是上下对称截面,形心轴位于高度中央,故其抗弯惯矩为(参见图 16-85c 所示半圆的几何性质):

$$I = \frac{990\times600^3}{12} - 2\frac{380\times80^2}{12} - 4\left[0.00686\times380^4\frac{\pi\times380^4}{4}\right.$$

$$\left.+\frac{1}{2}\left(\frac{80}{2}+0.2122\times380\right)^2\right]$$

$$=1391\times10^7 \text{mm}^4$$

计算空心板截面的抗扭惯矩 I_T

本例空心截面可近似简化成图 16-85(b) 中虚线所示的薄壁箱形截面来计算 I_T,按前面式 (16-40),则得:

$$I_T = \frac{4(990-80)^2(600-70)^2}{\dfrac{2(600-70)}{80}+\dfrac{990-80}{70}\times 2} = 2370\times 10^7 \text{mm}^4$$

(2) 计算刚度参数 γ

$$\gamma = 5.8\frac{I}{I_T}\left(\frac{b}{l}\right)^2 = 5.8\frac{1391\times 10^7}{2370\times 10^7}\left(\frac{1000}{12600}\right)^2 = 0.0214$$

(3) 计算跨中荷载横向分布影响线

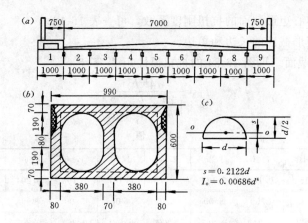

图 16-85 空心板桥横截面（尺寸单位：mm）

从附录 13 铰接板荷载横向分布影响线计算用表的附录 13-1、附录 13-3 和附录 13-5 中，可在 $\gamma=0.02\sim0.04$ 之间按直线内插法求得 $\gamma=0.0214$ 的影响线竖标值 η_{1i}、η_{3i} 和 η_{5i}。计算见表 16-19（取小数点后三位数字）。

表 16-19

板号	γ	单位荷载作用位置（i 号板中心）									$\Sigma\eta_{ki}$
		1	2	3	4	5	6	7	8	9	
1	0.02	236	194	147	113	088	070	057	049	046	≈1000
	0.04	306	232	155	104	070	048	035	026	023	
	0.0214	241	197	148	112	087	068	055	047	044	
3	0.02	147	160	164	141	110	087	072	062	057	≈1000
	0.04	155	181	195	159	108	074	053	040	035	
	0.0214	148	161	166	142	110	086	071	060	055	
5	0.02	088	095	110	134	148	134	110	095	088	≈1000
	0.04	070	082	108	151	178	151	108	082	070	
	0.0214	087	094	110	135	150	135	110	094	087	

将表 16-19 中 η_{1i}、η_{3i} 和 η_{5i} 之值按一定比例尺，绘于各号板的轴线下方，连接成光滑曲线后，就得 1 号、3 号和 5 号板的荷载横向发布影响线，如图 16-86（b）、（c）和（d）所示。

(4) 计算荷载横向分布系数

按"公桥规"规定沿横向确定最不利荷载位置后，就可计算跨中荷载横向分布系数如下：

对于 1 号板：

汽车-20 级：$m_{cq}=\dfrac{1}{2}(0.197+0.119+0.086+0.056)=0.229$

挂车-100　　$m_{cg}=\dfrac{1}{4}(0.173+0.134+0.104+0.085)$
　　　　　　　　$=0.124$

人群荷载　　$m_{cr}=0.235+0.044=0.279$

对于3号板：

汽车-20级：$m_{cq}=\dfrac{1}{2}(0.161+0.147+0.108+0.073)$
　　　　　　　　$=0.245$

挂车-100　　$m_{cg}=\dfrac{1}{4}(0.164+0.156+0.132+0.106)$
　　　　　　　　$=0.140$

人群荷载　　$m_{cr}=0.150+0.055=0.205$

对于5号板：

汽车-20级：$m_{cq}=\dfrac{1}{2}(0.103+0.140+0.140+0.103)$
　　　　　　　　$=0.243$

挂车-100　　$m_{cg}=\dfrac{1}{4}(0.126+0.143+0.143+0.126)$
　　　　　　　　$=0.135$

人群荷载　　$m_{cr}=0.088+0.088=0.176$

综上所得，汽车荷载的横向分布系数的最大值为$m_{cq}=0.245$，挂车荷载的最大值为$m_{cg}=0.140$以及人群荷载的为$m_{cr}=0.279$。在设计中通常偏安全地取这些最大值来计算内力。

5. 比拟正交异性板法

由主梁、连续的桥面板和多道横隔梁所组成的混凝土梁桥，当板宽度与其跨度之比值较大时，为了能比较精确地反映实际结构的受力情况，还可把此类结构简化成纵横相交的梁格系，按杆件系统的空间结构来求解，也可设法将其简化比拟为一块矩形的平板，按弹性薄板理论来进行解析分析，并且做出计算图表便于实际应用。目前最常用的是后一种方法，即所谓"比拟正交异性板法"或称"G-M法"。

1) 比拟正交异性板的挠曲微分方程

图16-87所示的为沿跨径x两边简支，沿y方向两边自由的板，在荷载作用下，沿板x方向发生弯曲而在截面内引起内力M_x和V_x。然而，由于板是比较宽的平面结构，它除了在x方向产生弯曲变形外，在y轴方向也发生弯曲，而在y方向的截面内引起内力M_y和V_y。同时，板在长度和宽度两个方向上均受到扭转，因此，在x方向和y方向的截面内均引起扭矩M_{xy}和M_{yx}。这样板在4个截面内产生六个内力M_x、M_y、V_x、V_y、M_{xy}和M_{yx}，见图16-87 (b)。

在荷载$p(x、y)$作用下，根据弹性薄板理论，当取$E_x=E_y=E$，及泊松比

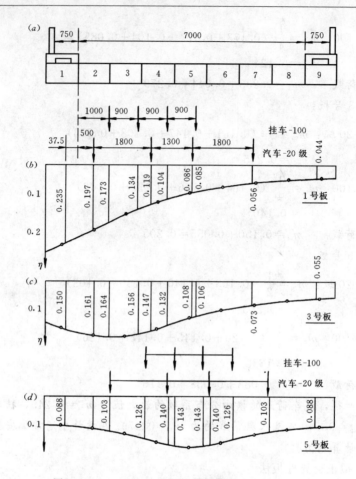

图 16-86 1、3 和 5 号板的荷载横向分布影响线

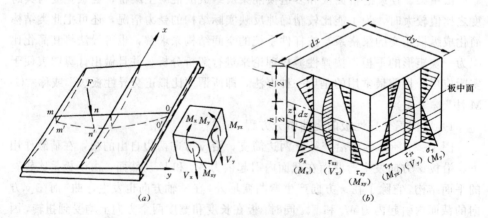

图 16-87 弹性薄板计算图式

（a）板的一般图式；（b）板微元上的应力和内力

$\nu_x = \nu_y = \nu$ 时，可以导出板的挠曲微分方程：

$$EJ_x \frac{\partial^4 w}{\partial x^4} + G(J_{Tx}+J_{Ty})\frac{\partial^4 w}{\partial x^2 \partial y^2} + EJ_y \frac{\partial^4 w}{\partial y^4} = p(x, y) \quad (16-41)$$

式 (16-41) 中的 J_x 和 J_{Tx} 为 x 轴方向板的截面抗弯惯性矩和抗扭惯性矩；J_y 和 J_{Ty} 为 y 轴方向板的截面抗弯惯性矩和抗扭惯性矩。对于具有多根纵向主梁和横隔梁的钢筋混凝土肋梁桥，利用板的微分方程来求解挠度时，可将主梁间距为 b 范围内的桥面板和主梁肋组成的截面抗弯惯性矩 I_x 和抗扭惯性矩 I_{Tx} 均匀分摊于 b 宽度；将横隔梁间距为 a 范围内的桥面板和横隔梁肋组成的截面抗弯惯性矩 I_y 和抗扭惯性矩 I_{Ty} 均匀分摊于 a 宽度，这样就把实际的梁格系比拟成一块假想的平板——比拟正交异性板，如图 16-88 所示。图中沿 x 方向的板厚以虚线表示，说明所比拟的板在 x 和 y 两个方向的当量厚度是不相等的，此时，比拟板在纵向和横向每米宽度的截面抗弯惯性矩和抗扭惯性矩分别为：

$$J_x = \frac{I_x}{b}, \quad J_{tx} = \frac{I_{Tx}}{b}; \quad J_y = \frac{I_y}{a}, \quad J_{ty} = \frac{I_{Ty}}{a}$$

于是比拟正交异性板在纵向和横向单位宽度的截面抗弯刚度和抗扭刚度分别为 EJ_x 和 GJ_{tx}，EJ_y 和 GJ_{ty} 且令 $\alpha = \dfrac{G(J_{tx}+J_{ty})}{2E\sqrt{J_x J_y}}$，则式 (16-41) 可改写成如下形式，

$$EJ_x \frac{\partial^4 w}{\partial x^4} + 2\alpha E\sqrt{J_x J_y}\frac{\partial^4 w}{\partial x^2 \partial y^2} + EJ_y \frac{\partial^4 w}{\partial y^4} = p(x, y) \quad (16-42)$$

式 (16-43) 中的常数 α 表示板的双向截面抗扭刚度代数平均值与其双向截面抗弯刚度几何平均值的比值，称为扭弯参数。当 $\alpha=0$ 时，表示正交异性板没有抗扭能力；当 $\alpha=1$ 时，表示正交异性板具有完整的抗扭能力，如果 $J_x=J_y$，即相当于各向同性板。在一般情况下，T 形梁和工形梁的扭弯参数 α 值在 0~1 之间。当然也有 $\alpha>1$ 的情况，这种情况一般出现在截面为闭口箱形截面时。

(2) 挠曲微分方程的求解

为了求板的弹性挠度 w 值，分别求齐次方程的通解 w_h 和给定荷载 $p(x、y)$ 作用下方程的特解 w_p，然后将其叠加，就可得到所研究的板的挠度微分方程的解。再由内力和挠度的关系式求板内沿 x 方向和 y 方向任意点的内力值。

两端简支的板沿桥跨方向的挠度曲线和简支梁一样，是正弦曲线，以 $\sin\dfrac{\pi x}{L}$ 表示；沿桥宽方向的挠度曲线则随板的结构特性和荷载在桥宽上的位置不同而不同，以 $Y(y)$ 表示，所以板的挠度可以写成如下的形式。

$$w_h = Y(y)\sin\frac{\pi x}{L} \quad (16-43)$$

将式 (16-43) 代入式 (16-42) 得

$$\left[J_x\left(\frac{\pi}{L}\right)^4 Y - 2\alpha\sqrt{J_x J_y}\left(\frac{\pi}{L}\right)^2 \frac{\mathrm{d}^2 Y}{\mathrm{d}y^2} + J_y\frac{\mathrm{d}^4 Y}{\mathrm{d}y^4}\right]\times\sin\frac{\pi x}{L} = 0 \quad (16-44)$$

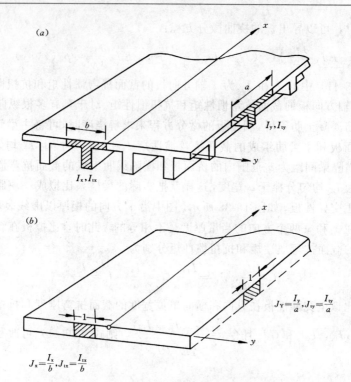

图 16-88 实际结构换算成比拟板的图式

(a) 实际结构；(b) 换算后的比拟异性板

设 $\theta = \dfrac{B^4}{L}\sqrt{\dfrac{J_x}{J_y}}$（$B$ 为板宽的一半）；$w = \dfrac{\pi\theta}{B}$

则式（16-44）中括号内的式子可以写成

$$\frac{d^4Y}{dy^4} - 2\alpha w^2 \frac{d^2y}{dy^2} + w^4 Y = 0 \tag{16-45}$$

式（16-45）为四个阶常驻系数线性微分方程式，其解可求得。用同样方法可求其特解 w_p，则挠曲微分方程的通解 $w = w_h + w_p$。w 值与 α、θ 荷载位置和所求挠度点的位置有关。

3) 影响系数 k_0、k_1 和 k_α

在设计过程中，直接利用挠度公式求解简支梁桥各点内力值，不但过于繁杂而且费时。因此，可引入一些参数，预先编制成具有足够精度的实用计算图表，这样能方便使用。为此，下面引入影响系数 k 的概念。

把荷载作用下比拟板的任意点的挠度 w 与设想的平均挠度值 $\overline{w}$ 之比定义为影响系数 k。

$$k = \frac{w}{\overline{w}} \tag{16-46}$$

在荷载 $p(x) = p\sin\dfrac{\pi x}{L}$ 作用下的平均挠度可按下式求得

$$EJ_x \frac{d^4 w_T}{dx^4} = p(x)$$

对 x 积分四次,并代入边界条件 $x=0$ 和 $x=L$ 时,$w_T=0$ 和 $\frac{d^2 w_T}{dx^2}=0$ 来确定积常数,并经过整理可得

$$w_T = \frac{pL^4}{\pi^4 EJ_x} \sin \frac{\pi x}{L} \tag{16-47}$$

单位板宽的挠度

$$\overline{w} = \frac{w_T}{2B} = \frac{pL^4}{2B\pi^4 EJ_x} \sin \frac{\pi x}{L} \tag{16-48}$$

将式 (16-48) 代入式 (16-47),可求得 k 值。两种极端情况,即 $\alpha=0$ 和 $\alpha=1$ 时,相应的影响系数为 k_0 和 k_1 已编制成图表。对于 $0<\alpha<1$ 的情况,麦桑纳特提出 k_α 按下式计算。

$$k_\alpha = k_0 + (k_1 - k_0) \cdot \sqrt{\alpha} \tag{16-49}$$

式中 k_α —— 对应于参数 α 值的影响系数。

(4) 应用图表计算主梁荷载横向分布系数

图 16-89 为纵横向截面抗弯和抗扭惯性矩为和的比拟板。当板上有偏心的单位正弦荷载 $p(x)=1 \cdot \sin \frac{\pi x}{L}$ 作用于 k 处时,在板的跨中截面产生了弹性挠曲,如图 16-89 的 o'-p' 线。

为了便于分析,将全板在横向划分成许多纵向板条①、②、⋯、i⋯n,并且取单位板宽来考虑。于是在 k 处有单位正荷载作用时,任一板条沿 x 方向的挠度如下:

$$w_i(x) = w_i \sin \frac{\pi x}{L} \tag{16-50}$$

式中 w_i —— 与荷载值相对应的第 i 板条的挠度峰值。

现在来研究各板条在跨中的挠度和受力关系。设各板条承受的荷载 η_{ik} 和挠度 w_i 已求出,如图 16-89 (b)、(c) 所示,则荷载与挠度的关系。

$$\left. \begin{array}{l} \eta_{1k} = cw_1 \\ \eta_{2k} = cw_2 \\ \cdots \\ \eta_{nk} = cw_n \end{array} \right\} \tag{16-51}$$

式中 c —— 与跨度和截面刚度相关的常数。

将等号左边所有的 η_{1k} 相加并乘以板条宽度,再由平衡条件得

$$(\eta_{1k} + \eta_{2k} + \cdots + \eta_{nk}) \cdot 1 = \sum_{i=1}^{n} \eta_{ik} \cdot 1 = A(\eta) = 1 \tag{16-52}$$

同样,将等号右边所有的 cw_k 相加并乘以板条宽度,可得

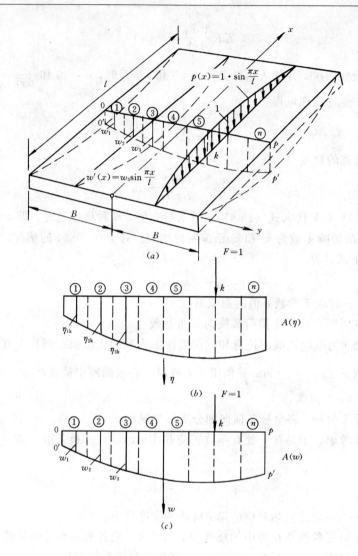

图 16-89 比拟板的横向挠度 w 和横向影响线竖标 η

$$(cw_1 + cw_2 + \cdots + (w_n)) \cdot 1 = c\sum_{i=1}^{n} w_i \cdot 1 = cA(w) \quad (16\text{-}53)$$

式中 $A(\eta)$、$A(w)$ ——分别为板跨中荷载横向分布图形面积和挠度横向分布图形面积。

式 (16-53) 和 (16-52) 应相等,由此可得

$$c = \frac{1}{A(w)} \quad (16\text{-}54)$$

在荷载 $p(x) = 1 \cdot \dfrac{\sin \pi x}{L}$ 作用下的挠度面积也可以用平均挠度来表示,则

$$A(w) = 2B\overline{w}$$

由此可得

$$c = \frac{1}{2B\,(\overline{w})} \quad (16\text{-}55)$$

于是，当 $p=1$ 作用于 k 点时，任一板条所分配的荷载峰值为：

$$\eta_{ik} = c w_{ik} = \frac{w_{ik}}{2B\,\overline{w}} = \frac{(k_a)_{ik}}{2B} \quad (16\text{-}56)$$

根据变位互等定理和反力互等定理，式（16-57）可以改写成，

$$\eta_{ki} = \frac{(k_a)_{ki}}{2B} \quad (16\text{-}57)$$

式中　η_{ki}——$F=1$ 作用在任意位置 i 时，k 点所分配的荷载，也就是 k 点荷载横向影响线的坐标；

　　　$(k_a)_{ki}$——荷载作用在任意位置 i 时，k 点的影响系数。

不难看出，$(k_a)_{ki}$ 是扭弯参数 α、纵横向截面抗弯刚度之比值 θ、计算的板条位置和荷载位置 i 的函数。居翁（Guyon）和麦桑纳特（Massonnet）根据理论分析编制了 $k_0 = f(\alpha=0,\theta,k,i)$ 和 $k_1 = f(\alpha=1,\theta,k,i)$ 的曲线图表。

k_0 和 k_1 值是将桥的全宽分为八等份共九个点的位置来计算的，以桥宽的中间点为 0，向左为正的 $B/4$、$B/2$、$3B/4$ 和 B，向右为负的 $-B/4$、$-B/2$、$-3B/4$ 和 $-B$，如图 16-90 所示。如果需要求的主梁位置不是正好在这九点上，如图 16-90 中 1 号梁（梁位 $f=\xi B$）处，则需要根据相邻两点的 k_{Bi} 和 $k_{B/4\,i}^{3}$ 值进行内插求得 $k_{\xi B\,i}$，如图中虚线所示。

将 k_a 值代入式（16-57）中，可求得荷载作用在任意位置时，k 点的荷载横向分布值（也是荷载横向影响线竖标值）。对于间距为 b_1 的主梁，荷载横向分布值可以近似地

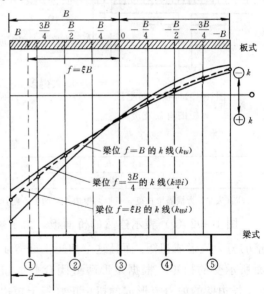

图 16-90　梁位 $f=\xi B$ 的 k 值计算

以 b_1 乘以 η_{ki}，考虑到全桥宽共有 n 根主梁，即 $nb_1 = 2B$，则可得主梁的横向分布值（即主梁荷载横向影响线竖标值）为：

$$\eta_{zi} = b_1 \eta_{ki} = \frac{2B}{n} \frac{(k_a)_{ki}}{2B} = \frac{(k_a)_{ki}}{n} \quad (16\text{-}58)$$

有了荷载横向影响线，就可以将荷载沿横向分别置于最不利位置，计算主梁的横向分布系数。

5) 截面抗弯和抗扭刚度

利用"G-M"的图表计算荷载横向影响线竖表时，需先算出两个参数 α 和 θ，因此就要计算纵、横向的截面抗弯惯性矩和抗扭惯性矩，即

$$J_x = I_x/b, \quad J_{tx} = I_{tx}/b; \quad J_y = I_y/a, \quad J_{ty} = I_{ty}/a$$

抗弯惯性矩计算

对于纵向主梁抗弯惯性矩 I_x 的计算，可按翼板宽度为 b_1 的 T 形截面进行。

对于横隔梁抗弯惯性矩 I_y 的计算，由于梁肋间距较大，弯曲时翼板宽度为 a 的分布是很不均匀的（图 16-91），因此，要引入受压翼板的有效宽度概念。每侧翼板的有效宽度值就相当于把实际应力图形换算成最大应力 σ_{max} 的基准的矩形图形的长度 λ，见图 16-91。根据理论分析结果，λ 值可用 c/l 之比值按表 16-20 计算。求得 λ 值后就可按翼板宽度为 $(2\lambda+\delta)$ 的 T 形截面计算 I_y 值。

抗扭惯性矩计算

T 形截面和抗扭惯性矩可为各矩形截面抗扭惯性矩之和。对于梁肋部分的计算，按矩形截面，按式 (16-39) 计算，对于翼板部分的计算，应分清图 16-92 所示的两种情况。

图 16-92(a) 表示独立的宽扁矩形截面（b 比 h 大得多），按材料力学公式计算，其抗扭惯性矩为：

$$J_{ta} = \frac{I_{la}}{b} = \frac{bh_1^3}{3b} = \frac{h_1^3}{3} \tag{16-59}$$

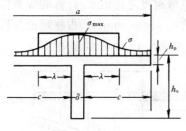

图 16-91 横桥向受压翼板的有效宽度

λ/c 值　　　　　　　　　表 16-20

c/l	0.05	0.10	0.15	0.20	0.25	0.30	0.35	0.40	0.45	0.5
λ/c	0.983	0.936	0.867	0.789	0.710	0.635	0.568	0.509	0.459	0.416

注：表中 l 为横隔梁长度，可取两根边主梁的中心距计算。

图 16-92 (b) 表示连续的桥面板，由于短边壁无剪力流存在，所以只有长边壁的剪力流形成扭矩，而且这个扭矩正好等于截面所承受的扭矩。根据矩形薄壁闭合截面扭转时，长边壁的剪力流形成的扭矩正好等于短边壁的，也就是说二者各占截面所承受扭矩的一半。因此，连续的桥面板单宽抗扭惯性矩为宽扁矩形截面的一半。这样，对于连续桥面板的整体式梁桥和对于翼板全部连成整体的装配桥梁，翼板抗扭惯性矩为：

$$J_{yb} = \frac{I_{tb}}{b} = \frac{bh_1^3}{6b} = \frac{h_1^3}{6} \tag{16-60}$$

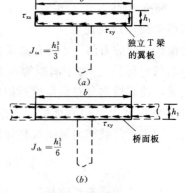

图 16-92 翼板抗扭惯性矩计算图式

【例 16-6】 计算跨径 $L=19.50\text{m}$ 的装配式

钢筋混凝土简支梁桥,截面布置及尺寸见图16-64。各主梁翼缘板之间刚性连接,试按G-M法求各主梁对汽-20级、挂车-100和人群荷载的横向分布系数(跨中截面处)。

【解】 (1) 计算参数 θ 和 α

1) 主梁抗弯惯矩

$$I_x = 0.06627 \text{m}^4 \quad (参考例题16-4)$$

主梁的比拟单宽抗弯惯矩:
$$J_x = I_x/b = 0.06627/1.6 = 0.04142 \text{m}^4/\text{m}$$

2) 横隔梁抗弯惯矩

每片中横隔梁的尺寸,如图16-93所示。
按表16-20确定翼板的有效作用宽度 λ。
横隔梁的长度取为两片边主梁的轴线距离,即

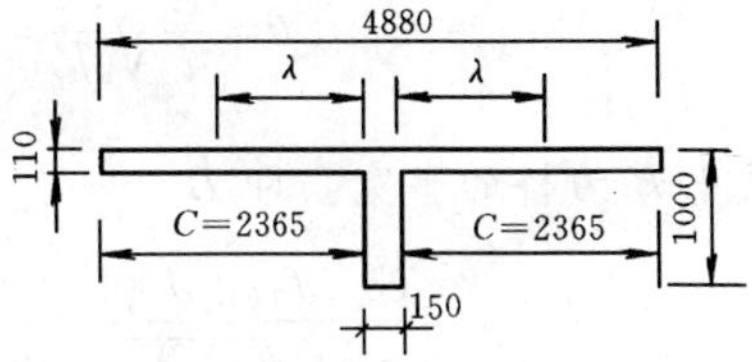

$$l' = 4 \times b = 4 \times 1.60 = 6.40 \text{m}$$
$$c/l' = 2.365/6.40 = 0.3695$$

图16-93 横隔梁截面 (mm)

查表16-20得 $c/l' = 0.3695$ 时,$\lambda/c = 0.545$
$$\lambda = 0.545 \times 2.365 = 1.29 \text{m}$$

求横隔梁截面重心位置 a_y

$$a_y = \frac{2 \times 1.29 \times 0.11 \times \frac{0.11}{2} + 0.15 \times 1.00 \times \frac{1.00}{2}}{2 \times 1.29 \times 0.11 + 0.15 \times 1.00} = 0.21 \text{m}$$

故横隔梁抗弯惯矩为:

$$I_y = \frac{1}{12} \times 2 \times 1.29 \times 0.11^3 + 2 \times 1.29 \times 0.11 \times \left(0.21 - \frac{0.11}{2}\right)^2$$
$$+ \frac{1}{12} \times 0.15 \times 1.00^3 + 0.15 \times 1.00 \times \left(\frac{1.00}{2} - 0.21\right)^2$$
$$= 0.0322 \text{m}^4$$

横隔梁比拟单宽抗弯惯矩为:
$$J_y = I_y/a = 0.0322/4.88 = 6.60 \times 10^{-3} \text{m}^4/\text{m}$$

3) 主梁和横隔梁的抗扭惯矩

对于T梁翼板刚结的情况,用下面方法来计算抗扭惯矩。
对于主梁梁肋:

主梁翼板的平均厚度:$h_1 = \frac{0.08 + 0.14}{2} = 0.11 \text{m}$

$t/b = 0.18/(1.30 - 0.11) = 0.151$,查得 $c' = 0.301$

则 $I'_{Tx} = c'bt^3 = 0.301 \times (1.30 - 0.11) \times 0.18^3 = 2.09 \times 10^{-3} \text{m}^4$

对于横隔梁梁肋:

$t/b = 0.15/(1.00 - 0.11) = 0.1685$,查得 $c' = 0.298$

则
$$I'_{Ty} = 0.298 \times (1.00 + 0.11) \times 0.15^3 = 8.95 \times 10^{-4} \text{m}^4$$
$$J_{tx} + J_{ty} = \frac{1}{3} h_1^3 + \frac{1}{b} I'_{Tx} + \frac{1}{a} I'_{Ty}$$

$$= \frac{1}{3} \times 0.11^3 + \frac{2.09 \times 10^{-3}}{1.60} + \frac{8.95 \times 10^{-4}}{4.88}$$
$$= 4.44 \times 10^{-4} + 13.06 \times 10^{-4} + 1.83 \times 10^{-4}$$
$$= 19.33 \times 10^{-4} \text{m}^4/\text{m}$$

4) 计算参数 θ 和 α

$$\theta = \frac{B}{l} \sqrt[4]{\frac{J_x}{J_y}} = \frac{4.00}{19.50} \sqrt[4]{\frac{0.04142}{0.00660}} = 0.3247$$

式中 B 为桥的半宽，即 $B = \frac{5 \times 1.60}{2} = 4.00$m

$$\alpha = \frac{G(J_{\text{T}x} + J_{\text{T}y})}{2E\sqrt{J_x \cdot J_y}} = \frac{0.425E \times 19.33 \times 10^{-4}}{2E\sqrt{0.04142 \times 0.00660}} = 0.025136$$

则

$$\sqrt{\alpha} = \sqrt{0.025136} = 0.1585$$

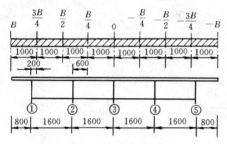

图 16-94 梁位关系图
（单位：mm）

5) 计算各主梁横向影响线坐标

已知 $\theta=0.3247$，从 G-M 法计算图表可查得影响线数 k_1 和 k_0 的值，如表 16-21。

用内插法求实际梁位处的 k_1 和 k_0 的值，实际梁位与表列梁位的关系见图 16-94。因此，对于 1 号梁：

$$k' = k_{\frac{3}{4}B} + \left(k_B - k_{\frac{3}{4}B}\right) \times \frac{20}{100}$$
$$= 0.2 k_B + 0.8 k_{\frac{3}{4}B}$$

对于 2 号梁：

$$k' = k_{\frac{1}{4}B} + \left(k_{\frac{1}{2}B} - k_{\frac{1}{4}B}\right) \times \frac{60}{100} = 0.6 k_{\frac{1}{2}B} + 0.4 k_{\frac{1}{4}B}$$

对于 3 号梁：

$k' = k_0$（这里 k_0 是指表列梁位在 0 号点的 k 值）

现将①、②和③号的影响系数 k_1、k_2 列于如表 16-22。

例题 16-6 中 1、2、3 号梁的影响系数 k_1、k_2 值　　　　表 16-21

梁位		荷 载 位 置								校核*
		B	$3/4B$	$B/2$	$B/4$	0	$-B/4$	$-B/2$	$-3/4B$	$-B$	
k_1	0	0.94	0.97	1.00	1.03	1.05	1.03	1.00	0.97	0.94	7.99
	$3/4B$	1.05	1.06	1.07	1.05	1.02	0.97	0.93	0.87	0.33	7.93
	$B/2$	1.22	1.18	1.14	1.07	1.00	0.93	0.87	0.80	0.75	7.98
	$3/4B$	1.41	1.31	1.20	1.07	0.97	0.87	0.79	0.79	0.67	7.97
	B	1.65	1.42	1.24	1.07	0.93	0.84	0.74	0.74	0.60	8.04

§16.3 简支梁桥的计算

续表

梁位		荷载位置									校核*
		B	$3/4B$	$B/2$	$B/4$	0	$-B/4$	$-B/2$	$-3/4B$	$-B$	
k_0	0	0.83	0.91	0.99	1.08	1.13	1.08	0.99	0.99	0.83	7.92
	$3/4B$	1.66	1.51	1.35	1.23	1.06	0.88	0.63	0.63	0.18	7.97
	$B/2$	2.46	2.10	1.73	1.38	0.98	0.64	0.23	0.23	-0.55	7.85
	$3/4B$	3.32	2.73	2.10	1.51	0.94	0.40	-0.16	-0.62	-1.13	8.00
	B	4.10	3.40	2.44	1.64	0.83	0.18	-0.54	-1.14	-1.77	7.93

6) 计算各梁的荷载横向分布系数

首先用表 16-22 中计算的荷载横向分布影响线坐标值绘制横向影响线图，如图 16-95 所示，（见图中带小圈点的坐标都是表列各荷载点的数值）。

表 16-22

梁号	算式	荷载位置								
		B	$\frac{3B}{4}$	$\frac{1}{2}B$	$\frac{B}{4}$	0	$\frac{-B}{4}$	$\frac{-B}{2}$	$\frac{-3}{4}B$	$-B$
1	$k_1' = 0.2k_{1B} + 0.8k_{1\frac{3}{4}B}$	1.458	1.332	1.208	1.070	0.962	0.864	0.780	0.712	0.656
	$k_0' = 0.2k_{0B} + 0.8k_{0\frac{3}{4}B}$	3.476	2.864	2.168	1.536	0.918	0.356	-0.236	-0.724	-1.258
	$k_1' - k_0'$	-2.018	-1.532	-0.960	-0.466	0.044	0.508	1.016	1.436	1.914
	$(k_1' - k_0')\sqrt{\alpha}$	-0.318	-0.242	-0.152	-0.074	0.007	0.080	0.161	0.227	0.302
	$k_\alpha = k_0' + (k_1' - k_0')\sqrt{\alpha}$	3.158	2.662	2.016	1.462	0.925	0.436	-0.75	-0.497	-0.956
	$\eta_{11} = \frac{k_\alpha}{5}$	0.632	0.524	0.403	0.292	0.185	0.087	-0.015	-0.099	-0.191
2	$k_1' = 0.6k_{1\frac{1}{2}B} + 0.4k_{1\frac{1}{4}B}$	1.152	1.132	1.112	1.070	1.008	0.946	0.894	0.828	0.782
	$k_0' = 0.6k_{0\frac{1}{2}B} + 0.4k_{0\frac{3}{4}B}$	2.140	1.864	1.578	1.320	1.012	0.736	0.390	0.054	-0.258
	$k_1' - k_0'$	-0.988	-0.732	-0.466	-0.250	-0.004	0.210	0.504	0.774	1.040
	$(k_1' - k_0')\sqrt{\alpha}$	-0.156	-0.115	-0.074	0.040	-0.001	0.033	0.080	0.122	0.164
	$k_\alpha = k_0' + (k_1' - k_0')\sqrt{\alpha}$	1.984	1.749	1.504	1.280	1.011	0.769	0.470	0.176	-0.094
	$\eta_{21} = \frac{k_\alpha}{5}$	0.397	0.350	0.301	0.256	0.202	0.154	0.094	0.035	-0.019
3	$k_1' = k_{10}$	0.940	0.970	1.000	1.030	1.050	1.030	1.000	0.970	0.940
	$k_0' = k_{00}$	0.830	0.910	0.990	1.080	1.130	1.080	0.990	0.910	0.830
	$k_1' - k_0'$	0.110	0.060	0.010	-0.050	-0.080	-0.050	0.010	0.060	0.110
	$(k_1' - k_0')\sqrt{\alpha}$	0.017	0.010	0.002	-0.008	-0.013	-0.008	0.002	0.010	0.017
	$k_\alpha = k_0' + (k_1' - k_0')\sqrt{\alpha}$	0.847	0.920	0.092	1.072	1.117	1.072	0.992	0.920	0.847
	$\eta_{31} = \frac{k_\alpha}{5}$	0.170	0.184	0.198	0.214	0.223	0.214	0.198	0.184	0.470

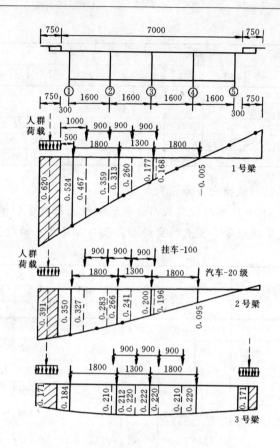

图 16-95 荷载横向分布系数计算值

(尺寸单位：mm)

在影响线上按横向最里位置布置荷载后，就可按相对应的影响线坐标值求得主梁的荷载横向分布系数：

对于 1 号梁：

汽车-20 级　　$m_{cq} = \frac{1}{2} \Sigma \eta$

$= \frac{1}{2}(0.524 + 0.313 + 0.177 - 0.005)$

$= 0.504$

挂车-100　　$m_{cg} = \frac{1}{4} \Sigma \eta$

$= \frac{1}{4}(0.467 + 0.359 + 0.260 + 0.168)$

$= 0.313$

人群荷载　　$m_{cr} = \eta_r = 0.620$

对于 2 号梁：

汽车-20级　$m_{cq} = \frac{1}{2}$ (0.350+0.266+0.200+0.095)
　　　　　　　　　= 0.455

挂车-100　$m_{cg} = \frac{1}{4}$ (0.327+0.283+0.241+0.196)
　　　　　　　　　= 0.262

人群荷载　$m_{cr} = 0.391$

对于3号梁：

汽车-20级　$m_{cq} = \frac{1}{2}$ (0.184+0.212+0.222)
　　　　　　　　　= 0.409

挂车-100　$m_{cg} = \frac{1}{4}$ (0.210+0.220)×2 = 0.215

人群荷载　$m_{cr} = 2 \times 0.171 = 0.342$

6. 荷载横向分布系数沿桥跨的变化

以上研究了荷载位于跨中时横向分布系数 $m_{0.5}$ 和荷载位于支点处时横向分布系数 m_0 的计算方法。那么荷载位于其他位置时，如何确定荷载横向分布系数 m 呢？显然，要从理论上精确计算 m 值沿桥跨的连续变化规律是相当复杂的。因此，下面根据实验结果说明 m 值沿桥跨的变化规律。

（1）用于弯矩计算的荷载横向分布系数沿桥跨的变化

荷载的横向分布与荷载沿桥跨方向的位置有关，当荷载作用在桥跨中间时，能比较均匀地分给各主梁；当荷载作用在支点上的某一根主梁时，其他主梁基本分配不到荷载（不考虑支座的弹性变形）。两种极端情况之间，必然有过渡的分配规律，所以，荷载横向分配规律沿桥跨方向是不同的。

当荷载作用在与端横隔梁最近的一根中横隔梁时，它的横向分布规律与荷载作用在跨中的分配规律基本相似。因此，在中间几个横隔梁所夹的区段内荷载横向分布系数都可以采用跨中的横向分布系数；与支点相邻的横隔梁至支点间的荷载横向分布系数 m_x 按直线变化见图16-96。

一般地当端横隔梁到相邻的一根中横隔的距离超过主梁跨径的 $l/4$ 时，则四分点之间的横向分布系数取用跨中值，四分点与支点之间横向分布系数 m_x 按直

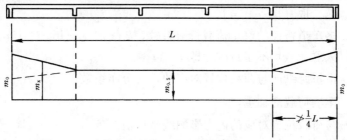

图 16-96　计算弯矩时横向分布系数沿桥跨方向的变化

线变化。

(2) 用与剪力计算的荷载横向分布系数沿桥跨的变化

考虑到 m 值在支点处与跨中相差很大,而且支点影响线竖标值在支点处很大,在实际计算中不能取用全跨不变的 m 值。根据实验结果,提出如下的计算方法。

1) 对于无内横隔梁的桥梁,从支点到跨中由 m_0 至 $m_{0.5}$ 的一根斜线,见图 16-97 (a)。

2) 对于有内横隔梁的桥梁,从支点到其靠近的第一根横隔梁取由 m_0 至 $m_{0.5}$ 的一根斜线见图 16-97 (b)。

另外,在右半跨上的车辆荷载,对各主梁左端剪力的影响,会随着其与左端距离的增大而相对减少,而且,左端剪力影响线竖标在右半跨内减少到一半以下。因此,在实际计算时右半跨可取 $m=m_{0.5}$,见图 16-97。

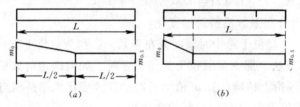

图 16-97 计算剪力时横向分布系数沿桥跨方向的变化

16.3.3 活荷载产生的主梁内力

这里的活荷载是指基本可变荷载中的车辆荷载和人群荷载。

由此荷载产生的主梁内力计算分为两步:第一步计算主梁的活荷载横向分布系数 m;第二步是应用主梁内力影响线,即以荷载乘以横向分布系数后,在纵向按最不利位置在内力影响线上加载,计算主梁截面的最大内力。

主梁截面内力计算的一般公式:

$$S = (1+\mu) \xi \cdot \Sigma m_i F_i y_i \tag{16-61}$$

式中 S——所求主梁截面的弯矩或剪力;

$1+\mu$——汽车荷载的冲击系数;对于挂车、履带车和人群荷载均不计冲击影响,取 $(1+\mu)=1$;

ξ——多车道桥面的汽车荷载折减系数,按表 16-9 取用。对挂车、履带车和人群荷载均不予折减,即 $\xi=1$;

m_i——沿桥跨纵向与荷载位置对应的横向分布系数;

F_i——车辆荷载的轴重;

y_i——与荷载位置对应的内力影响线坐标值。

对于简支梁桥,计算主梁控制截面的弯矩和跨中截面剪力时,可近似取用不变的跨中横向分布系数 $m_{0.5}$，还可用等代荷载来计算。等代荷载是根据各种车辆荷载特征（轴重、轴距等）、内力影响线的形状和长度，按最不利荷载位置算得的最大内力值换算成一套使用方便的等代的均布荷载。利用等代荷载乘以影响线的面积就是相应的由活荷载产生内力，计算公式：

$$S = (1+\mu) \xi m_{0.5} q \omega \tag{16-62}$$

式中　q 为一行车辆荷载的等代荷载（附录 15），对人群荷载应为每 m 人群荷载的强度；ω 为截面内力影响线面积。其余符号见式（16-61）。

对于支点截面的剪力或靠近支点截面的剪力，也可以利用式（16-63）来计算，但应计入荷载横向分布系数在相应梁区段内发生变化所产生的变化，见图 16-98。以支点截面 A 为例，计算公式为

$$V_A = V'_A + \Delta V_A \tag{16-63}$$

式中　V'_A——按不变的跨中荷载横向分布系数 m_c 计算的剪力值；

ΔV_A——计及荷载横向分布系数变化而引起的剪力增加（或减少）值。

对于 ΔV_A 的计算可分为以下两种情况：

(1) 车辆荷载对于如图 16-98 所示的汽车或挂车的轮式荷载，由于支点附近横向分布系数的增大或减少所引起的支点剪力变化值为：

$$\Delta V_A = (1+\mu) \sum_0^a (m_i - m_{0.5}) F_i y_i \tag{16-64}$$

式中　F_i——按照内力影响线的最不利荷载布置情形，位于荷载横向分布系数过渡段 a 范围内的车辆荷载（轴重）。

必须指出，对于 m_0 显著小于 $m_{0.5}$ 的情况，按内力影响线的最不利荷载布置，不一定得出最不利的内力值。在此情况下，应按式（16-61）经试算求得接近最大的内力值。

(2) 均布荷载，见图 16-99

对于人群或履带车的均布荷载情况，在横向分布系数变化区段所产生的三角形荷载对内力的影响，见图 16-99 (c)，可用下式计算：

$$\Delta V_A = \frac{a}{2} (m_0 - m_{0.5}) p_{or} \cdot \overline{y} \tag{16-65}$$

同理，对于履带荷载

$$\Delta V_A = \frac{a}{2} (m_0 - m_{0.5}) p_l \cdot \overline{y} \tag{16-66}$$

式中　p_{or}——一侧人行道顺桥向每延米的人群荷载集度；

p_l——一辆履带车顺桥向每延米履带长度的荷载；

$\overline{y}$——对应于附加三角形荷载重心位置的内力影响线坐标值。

在上述计算中，当 $m_{0.5} < m_c$ 时 ΔV_A 为负值，这意味着剪力反而减小了。

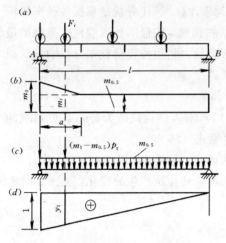

图 16-98 轮式荷载支点剪力计算图
(a) 桥上荷载；(b) m 分布图；
(c) 梁上荷载；(d) V_A 影响线

【例 16-7】 已知图 16-64 的钢筋混凝土梁桥的 1 号梁在汽-15 级和人群荷载作用下的荷载横向分布系数汇总如下：

跨中处 $m_{0.5}=0.504$（汽-15 级），0.620（人群荷载）

支点处 $m_0=0.438$（汽-15 级），1.422（人群荷载）

试计算 1 号梁在汽-15 级和人群荷载 $F_r=2.5\text{kN/m}^2$ 作用下跨中最大弯矩和最大剪力，支点截面的最大剪力值。

【解】（1）计算汽-15 级作用的主梁内力

1）计算汽-15 级作用时的冲击系数

按 $l=19.5\text{m}$，由表 16-11 所列数值进行直线内插计算：

$$1+\mu=1+\frac{1.30-1.00}{45-5}=1.191$$

2）等代荷载 q 和影响线面积 w 计算

等代荷载 q 和影响线面积计算见表 16-23。

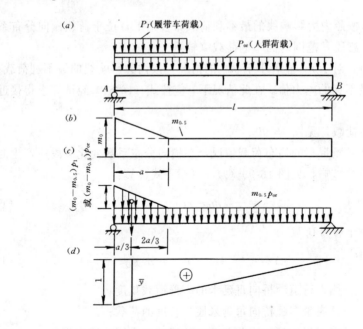

图 16-99 均布荷载支点剪力计算图
(a) 桥上荷载；(b) m 分布图；(c) 梁上荷载；(d) V_A 影响线

等代荷载和影响面积计算　　　　　　　　　　表 16-23

	汽-15 等代荷载 q (kN/m)	影响线面积 w	影响线图式
跨中弯矩影响线	20.85	$1/2 \times l/4 \times l = 1/8 \times 19.5^2$ $= 47.53 \text{m}^2$	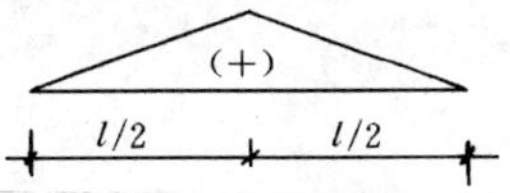 (+)　$l/2$　$l/2$
跨中剪力影响线	35.17	$1/2 \times 0.5 \times l/2 = 0.5/4 \times 19.5$ $= 2.437 \text{m}^2$	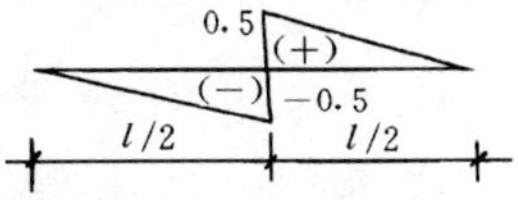 0.5 (+) (−) −0.5　$l/2$　$l/2$
支点剪力影响线	24.00	$1/2 \times 1 \times l = 1/2 \times 19.5$ $= 9.75 \text{m}^2$	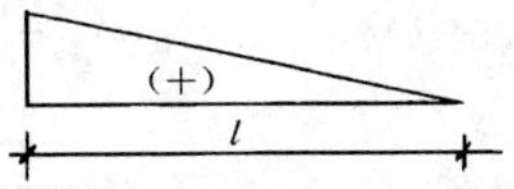 (+)　l

3) 跨中弯矩

桥梁横向布置 2 车队, 取 $\xi=1$。荷载横向分布系数 $m_{0.5}=0.504$, 则汽-15 级荷载作用时 1 号梁跨中弯矩计算为:

$$M_{0.5,q} = (1+\mu)\xi m_{0.5} q w$$
$$= 1.191 \times 1 \times 0.504 \times 20.85 \times 47.53$$
$$= 594.9 \text{kN} \cdot \text{m}$$

4) 跨中剪力

鉴于跨中剪力影响线的较大纵标位于梁跨中部分, 故也可采用全跨统一的荷载横向分布系数 $m_c=0.504$, 则汽-15 级荷载作用时 1 号梁跨中截面最大剪力 $V_{0.5,q}$ 为

$$V_{0.5,q} = 1.191 \times 1 \times 0.504 \times 35.17 \times 2.438 = 51.4 \text{kN}$$

5) 支点截面剪力

荷载横向分布系数沿桥跨方向的变化图形和支点剪力影响线如图 16-100 (a)、(b) 和 (c) 所示。

荷载横向分布系数沿桥跨变化区段的长度为 $a=19.5/2-4.85=4.9 \text{m}$

对应于梁支点截面影响线的最不利荷载布置如图 16-100 (a) 所示。这时, 采用等代荷载方法, 按式 (16-64) 中 $V'_{o,q}$ 为

$$V'_{o,q} = (1+\mu)\xi m_{0.5} q w$$
$$= 1.191 \times 1 \times 0.504 \times 24 \times 9.75$$
$$= 140.5 \text{kN}$$

附加剪力 $\Delta V_{o,q}$ 按式 (16-64) 计算

$$\Delta V_{o,q} = 1.191 \times 1 \times (0.438 - 0.504) \times 130 \times 1$$
$$= -10.2 \text{kN}$$

汽-15 级荷载作用时 1 号梁支点截面剪力为

$$V_{o,q} = V'_{o,q} - \Delta V_{o,q} = 140.5 - 10.2 = 130.3 \text{kN}$$

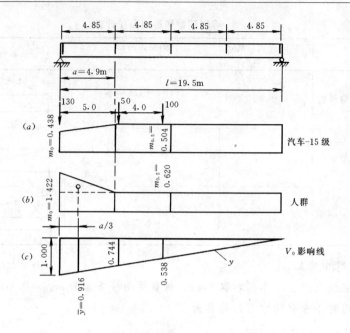

图 16-100　例题 16-7 的梁支点剪力影响线图
（图中尺寸单位：m）

若按式（16-61）直接计算，则
$$V_{o,q}=1.191\times1(0.438\times130\times1+0.504\times50\times0.744+0.504\times100\times0.538)$$
$$=122.5\text{kN}$$

(2) 计算人群荷载作用时主梁内力

人群荷载化为沿桥跨长的均布荷载，集度为 $q_r=2.5\times0.75=1.875$kN/m，下角标 r 表示人群荷载。

1) 跨中弯矩
$$M_{0.5,r}=m_{0.5,r}q_r\omega=0.62\times1.875\times47.53=55.3\text{kN}\cdot\text{m}$$

2) 跨中剪力
$$M_{0.5,r}=m_{0.5,r}q_r\omega=0.62\times1.875\times2.438=2.83\text{kN}$$

3) 支点截面的剪力

人群荷载的横向分布系数沿桥跨变化见图 16-100(b)所示。

附加三角形荷载重心处的影响线坐标为：
$$y'=1\times(19.16-1/3\times4.9)/19.5=0.916$$

由式（16-62）、和式（16-65）可计算人群荷载作用时梁支点截面剪力为
$$Q_{o,r}=m_rq_r w+a/2(m_o-m_{0.5,r})/q_ry'$$

$$=0.62\times1.875\times0.95+4.9/2(1.422-0.62)\times1.875\times0.916$$
$$=14.7\text{kN}。$$

16.3.4 主梁内力组合与包络图

在恒荷载、活荷载及其他荷载单独作用下，采用前述方法可求得主梁控制截面上的荷载效应之后，必须照设计规范的荷载组合类型进行内力组合，以便对钢筋混凝土或预应力混凝土梁进行配筋设计。

按承载能力极限状态设计时，荷载效应组合已在本书上册中讲过了，不再赘述。

按正常使用极限状态计算时，仍采用"公桥规"规定的荷载组合类型，但不计荷载安全系数。

表16-24为钢筋混凝土简支梁桥的主梁控制截面计算内力的组合示例。

主梁内力组合计算　　　　　　　　　　　表 16-24

序号	荷 载 类 别	弯矩 M(kN·m)			剪 力 V(kN)	
		支点	四分点	跨中	支点	跨中
(1)	恒载	0	552.0	736.0	151.0	0
(2)	汽车荷载	0	459.7	583.5	120.6	50.5
(3)	人群荷载	0	40.6	54.2	17.1	2.8
(4)	挂车荷载	0	703.2	880.5	150.7	82.7
(5)	汽+人=(2)+(3)	0	500.3	637.7	137.7	53.3
(6)	1.2×恒=1.2×(1)	0	662.4	883.2	181.2	0
(7)	1.4×(汽+人)=1.4×(5)	0	700.42	892.78	192.78	74.62
(8)	1.1×挂=1.1×(4)	0	773.52	968.55	165.77	90.97
(9)	(2)/[(1)+(5)]×100%		44%(1.03)①	42%(1.03)	42%(1.03)	95%(1.0)
(10)	(4)/[(1)+(4)]×100%		56%(1.02)①	54%(1.02)	50%(1.02)	100%(1.03)
(11)	$S_j^I=\eta_1[(6)+(7)]$	0	1403.70	1829.26	385.20	74.62
(12)	$S_j^{II}=\eta_2[(6)+(8)]$	0	1464.63	1888.79	353.91	93.70
(13)	承载能力极限状态计算时势计算内力	0	1464.6	1888.79	385.20	93.70
(14)	(1)+(5)	0	1052.3	1373.70	288.7	53.3
(15)	(1)+(4)	0	1255.2	1616.50	301.7	82.7
(16)	正常使用极限状态计算时的计算内力	0	1255.2	1616.50	301.7	82.7

①荷载组合提高系数 η_1 或 η_2 的计算值。

必须注意，在确定计算剪力时，应计及恒荷载与活荷载可能产生异号内力的情况。

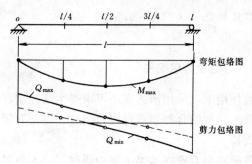

图 16-101 梁的计算内力包络图

当沿梁轴的各截面上所采用计算内力,如表 16-24 中的 13 栏和 16 栏的计算中心内力值,按适当的比例尺绘出作为纵坐标,连接其各点而得的曲线,称为内力包络图。图 16-101 简支梁的弯矩包络图和剪力包络图的示意图。

用连接坐标点而得内力包络图曲线,当纵坐标点少时,绘制的包络图误差比较大。因此,对于跨径不大的简支梁桥,只要计算梁跨中截面和支点截面内力,跨中与支点之间各截面的内力分布可以对剪力近似按直线规律变化,弯矩可以按二次抛物线的规律变化,所产生的误差不会很大。

16.3.5 横隔梁内力计算

横隔梁是支承在主梁上的确良多跨连续梁,它对主梁既起横向连系作用,又参与主梁的荷载横向分配作用。在荷载作用下,各主梁分配荷载的比例不同,传给横隔梁的反力亦不同,因此,横隔梁内力计算方法应与计算主梁方法相一致。本节仍将介绍两种计算方法:一种是按偏心受压法计算横隔梁内力;另一种是按比拟板法计算横隔梁内力。

对于在桥梁跨度内具有多根横隔梁的情况,通常只要计算靠近主梁跨中那根横隔梁的内力。因为从各根横隔梁的受力来看,这根横隔梁受力最大,其他横隔梁可以偏安全地仿此设计。

1. 按偏心受压法计算横隔梁内力

当桥梁跨中截面处有单位荷载 $F=1$ 作用时,由于荷载的横向分布使各根主梁所受的荷载 R_1、R_2…、R_n 是已知的,也就是横隔梁的各弹性支承反力值是知道的,见图 16-102。故可写出横隔梁任意截面 r 的内力计算公式

(1) 当荷载 $F=1$ 位于截面 r 时左边时

$$M_r = \overset{\text{左}}{\Sigma} R_i b_i - e \tag{16-67}$$

$$V_r = \overset{\text{左}}{\Sigma} R_i - 1 \tag{16-68}$$

(2) 当荷载 $P=1$ 位于截面 r 右边时

$$M_r = \overset{\text{左}}{\Sigma} R_i b_i \tag{16-69}$$

$$V_r = \overset{\text{左}}{\Sigma} R_i \tag{16-70}$$

式中 M_r、V_r——任意截面 r 的弯矩和剪力;

R_i——欲求内力的截面以左主梁对横隔梁的支承反力;

b_i——支承反力 R_i 至求截面的距离;

e——荷载 $F=1$ 至所求截面的距离。

在上述的公式中,当截面 r 的位置确定后,所有的 b_i 值是已知的,而 R_i 则随荷载 $F=1$ 的位置 e 而变化。因此,可以根据上述公式,利用在主梁内力计算中已经求得的 R_i 影响线来绘制横隔梁的内力影响线。

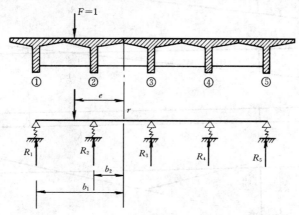

图 16-102 横隔梁的计算图式

通常横隔梁的弯矩值以靠近桥中线附近截面为最大,剪力值则以靠近桥两侧边缘截面为最大。所以,一般可以只求 3 号梁和 2 号与 3 号梁之间(对装配式 T 形梁桥为横隔梁接头处)截面的弯矩,以及 1 号主梁右侧和 2 号主梁右侧截面的剪力,见图 16-103。

图 16-103 示出了按偏心受压法计算横隔梁的支承反力 R、弯矩 M 和剪力 V 的影响线。由于 R_i 的横向影响线呈直线规律变化,故在计算弯矩和剪力影响线竖标值时只要算出 $F=1$ 作用在 1 号梁和 5 号梁上时的相应竖标就可以了。

2. 作用在横隔梁上的计算荷载

有了横隔梁的内力影响线后就可以直接在其上加载,计算截面内力。但需注意,对于跨中一根横隔梁来说,除了直接作用在其上的车轮重力外,前后靠近的车轮重力对它也有影响。在计算中可假定荷载在相邻横隔梁之间是按杠杆原理分配的,见图 16-104。这样,沿纵向一列汽车车轮对该横隔梁的计算荷载为

$$F = \left(\frac{F_1}{2} y_1 + \frac{F_2}{2} y_2 + \frac{F_3}{2} y_3 \right) = \frac{1}{2} \Sigma F_i y_i \tag{16-71}$$

式中 F_i ——轴重力,应把加重车重轴布置在欲计算的横隔梁上;

y_i——按杠杆法计算横隔梁沿桥轴方向的影响线竖标。

对于挂车荷载,由于每轴包含四个车轮重力,所以计算荷载应为:

$$F = \frac{1}{4} \Sigma F_i y_i \tag{16-72}$$

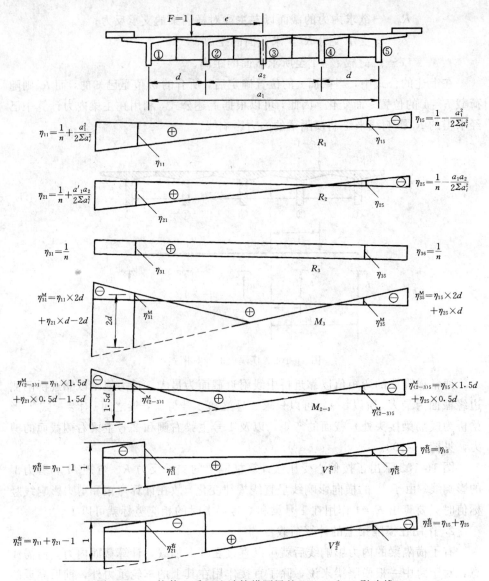

图 16-103 按偏心受压法计算横隔梁的 R、M 和 V 影响线

对于沿桥轴方向均布的履带荷载或人群荷载，可以由均布荷载乘以相应影响线面积的方法作用在横隔梁上的计算荷载。

对于履带荷载

$$F = \frac{q_l}{2}\omega_l \qquad (16\text{-}73)$$

对于人群荷载

$$F = q_r \omega_r \qquad (16\text{-}74)$$

式中　q_l、q_r——分别表示履带车和人群均布荷载；
　　　ω_l、ω_r——分别对应履带车和人群荷载的影响线面积。

§16.3 简支梁桥的计算   93

用上述计算荷载在横隔梁内力影响线上按最不利布载,就可以求得作用在一根横隔梁的最大内力值。对汽车荷载应计入冲击作用,并按实际加载情况计入车道折减系数和最小内力值,图16-104为计算3号主梁处的横梁弯矩的加载计算图示。

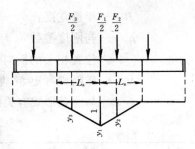

求得横隔梁内力后,就可配置钢筋。对于横隔梁用焊接钢板接头联接的装配式T形梁桥,应根据接头处的最大弯矩值来确定所需钢板尺寸和焊缝长度,此时钢板所承受的轴向力为:

图16-104 作用在横隔梁上的计算荷载

$$N = M/z \tag{16-75}$$

式中 z——横隔梁顶部接头钢板之间的中心距离。

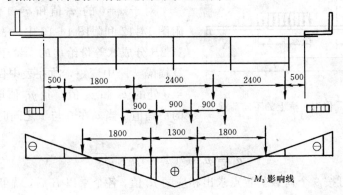

图16-105 横隔梁内力计算图式（mm）

3. 按"G-M"法计算横隔梁内力

按"G-M"法计算内横隔梁的弯矩时,可用由比拟正交异性板理论推出的公式,对于$0<\alpha<1$的一般情况,计入车辆荷载的冲击影响μ和车道折减系数ξ,横隔梁的弯矩为

$$M_y = (1+\mu)\xi a p_s \sin\frac{\pi x}{l} \cdot B\Sigma\mu_a \tag{16-76}$$

对于跨中处横隔梁,$x=l/2$,则

$$M_y = (1+\mu)\xi a p_s B\Sigma\mu_a \tag{16-77}$$

或

$$M_y = (1+\mu)\xi a p_s \Sigma\eta_i \tag{16-77'}$$

式中 a——内横隔梁的间距;

B——半桥宽度；

μ_α——与刚度参数 α、θ，所求弯矩点 f 的横向位置以及荷载偏离 x 轴的位置相关的横向弯矩影响系数；

η_i——横隔梁弯矩 M_y 影响线坐标，$\eta_i = B\mu_\alpha$；

p_s——与荷载形式有关的荷载函数，见表 16-25。

荷 载 系 数 表　　　　　　　　　　　　　　　　表 16-25

	实际荷载形式，见图 16-106	荷 载 系 数
1	集中荷载 F（离支点距离 a）	$p_s = \dfrac{2F}{l}\sin\dfrac{\pi a}{l}$
2	局部均布荷载 q（重心距支点 c）	$p_s = \dfrac{4q}{\pi}\sin\dfrac{\pi c}{l}\sin\dfrac{\pi\lambda}{l}$
3	全跨均布荷载 q	$p_s = \dfrac{4q}{\pi}$

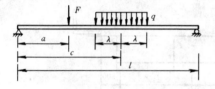

图 16-106 作用在桥上的不同荷载形式

对于 $\alpha=0$ 的 μ_0 值和 $\alpha=1$ 的 μ_1 值列于附图 14-12 和附图 14-13 中，表中也是将桥宽 $2B$ 分成八等份给出的。鉴于通常只需计算横隔梁跨中弯矩，故在表中仅给出梁位 $f=0$ 处的 μ_0 和 μ_1 值，且 μ_1 值取用 $\nu=0.15$ 的精确值。当 α 在 0 与 1 之间时，可用下式计算 μ_α：

$$\mu_\alpha = \mu_0 + (\mu_1 - \mu_0)\sqrt{\alpha} \tag{16-78}$$

这样可按 9 个荷载位置点求出相应的 μ_α 值，各个乘以 B 后，就可绘出横隔梁轴线处的横向弯矩影响线。

【例 16-8】　试用 G-M 法计算例题 16-6 中主梁跨中处横隔梁在汽-20 级荷载作用时的弯矩。

【解】　1. 计算跨中横隔梁的弯矩影响线

根据已计算得到的参数 $\theta = 0.3247$，可以由附图 14-12、14-13 中查得桥宽中点处（梁位 $f=0$）的横向弯矩影响系数 μ_1 和 μ_0 值，这样就可得到单宽横向板条跨中截面的弯矩影响线坐标值 $\eta_i = B \cdot \mu_\alpha$。显然，也可将 $B \cdot \mu_\alpha$ 乘以横隔梁间距 a 看做该横隔梁的弯矩影响线坐标，即 $\eta_i = a \cdot B \cdot \mu_\alpha$。其计算可列表 16-6 进行。

例 16-8 的横隔梁弯矩影响线坐标计算表　　　　　　　　　　表 16-26

计算项目	荷 载 位 置				
	B	$\dfrac{3}{4}B$	$\dfrac{1}{2}B$	$B/4$	0
μ_0	-0.240	-0.120	-0.001	0.120	0.244
μ_1	-0.098	-0.040	0.028	0.110	0.217
$\mu_1 - \mu_0$	0.142	0.080	0.029	-0.010	-0.027

续表

计算项目	荷载位置				
	B	$\frac{3}{4}B$	$\frac{1}{2}B$	$B/4$	0
$(\mu_1-\mu_0)\sqrt{\alpha}$	0.0225	0.0127	0.0046	−0.0016	−0.0043
$\mu_0+(\mu_1-\mu_0)\sqrt{\alpha}$	−0.2175	−0.1073	0.0036	0.1184	0.2397
$B\mu_\alpha$(m)	−0.8700	−0.4292	0.0144	0.4736	0.9588
$B\mu_\alpha a$(m²)	−4.2456	−2.0945	0.0703	2.3112	4.6789

注：1. 表中 $\sqrt{\alpha}=0.1585$，$B=4.0$m，$a=4.88$m；
2. 因 $0\sim-B$ 的数据与 $0\sim B$ 的数据对称，表中未列出。

2. 计算荷载的峰值 p_s

汽车-20 级荷载沿桥跨的布置，应使跨中横隔梁受力最大，如图 16-107 所示，见图中示出的是轴重）。

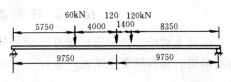

图 16-107 p_s 的计算图式（mm）

对于纵向一列轮重的正弦荷载值为：

$$p_s=\frac{2}{l}\Sigma F_i\cdot\sin\frac{\pi\alpha_i}{l}$$

$$=2/19.5[60/2\sin(5.75\pi/19.5)$$
$$+120/2\sin(9.75\pi/19.5)+120/2\sin(8.35\pi/19.5)]$$
$$=2.46+6.15+6.00=14.6\text{kN/m}$$

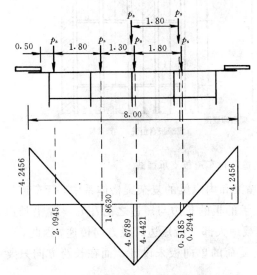

图 16-108 横隔梁中间截面弯矩影响线

3. 计算跨中横隔梁中间截面的弯矩

首先由 $B\mu_\alpha a$ 值绘出横隔梁弯矩影响线，然后按横向最不利位置布载，如图 16-108 所示。

在两列汽车-20 荷载作用下，中间截面（$f=0$）的最大正弯矩为

$$M_{y,\max}=(1+\mu)\xi p_s aB\Sigma\mu_\alpha$$
$$=1.191\times1\times14.61$$
$$\times(4.4421+1.8630$$
$$+0.2944-2.0945)$$
$$=78.39\text{kN}\cdot\text{m}$$

最大负弯矩（两列汽车-20级分

开靠两边排列）为

$$M_{y,mix} = 1.191 \times 1 \times 14.61 \times (-2.0945 \times 2 + 1.8630 \times 2)$$
$$= -8.06 \text{kN} \cdot \text{m}$$

但当仅有一列汽车-20级荷载作用时可得到最大正弯矩为

$$M_{y,max} = (1+\mu)\xi p_s a B \Sigma \mu_a$$
$$= 1.191 \times 1 \times 14.61 \times (4.6789 + 0.5185)$$
$$= 90.44 \text{kN} \cdot \text{m}$$

可见是一列汽车-20级荷载引起的正弯矩控制设计。

16.3.6 行车道板内力计算

混凝土梁桥的行车道板是直接承受车辆轮压的钢筋混凝土板，在构造上，它与主梁梁肋和横隔梁连结在一起，既保证了梁的整体作用，又将车辆作用传给主梁。

从结构形式上看，在图16-109（a）所示的具有主梁与横隔梁的简单梁格体系

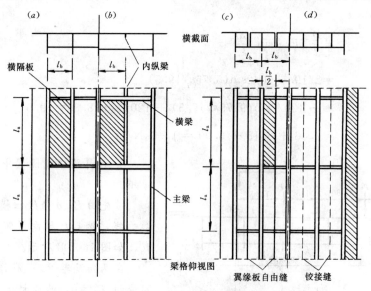

图 16-109 梁格构造和行车道板支承型式

和图16-109（b）所示的具有主梁、横隔梁和内纵梁的复杂梁格体系中，行车道板实际上都是周边支承的板。如果周边支承的板的长边与短边之比 $l_a/l_b \geq 2$，沿长边跨径方向所传递的荷载不足6%，而荷载绝大部分沿短边跨径方向传递。因此，可以把 $l_a/l_b \geq 2$ 的周边支承板看做是短跨受荷的单向板来设计，而在长跨方向只要适当配置一些分布钢筋即可。

§16.3 简支梁桥的计算   97

装配式梁桥上部的翼缘板：一种是翼缘板端部为自由缝，如图16-109(c)所示，是三边支承的板，可以像边梁外侧的翼缘板一样，作为沿短跨一端嵌固、另一端为自由的悬臂板来设计；另一种是相邻翼缘板端正部互相做成铰接缝，如图16-109(d)所示，其行车道板应按一端嵌固另一端铰接的图式进行设计。

工程中最常遇到的行车道板的受力图式为：单向板、悬臂板、铰接板等三种。下面分别介绍它们的计算方法。

1. 车轮荷载在板上的分布

计算桥面板时，首先要确定车轮（或履带）荷载作用在板面上的面积，通常称这个面积为"压力面"。实际上车轮与板面的接触面积在理论上近似于椭圆形，

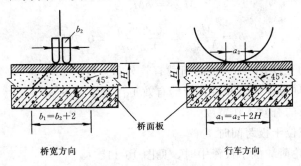

图 16-110 车轮作用示意

为了计算方便，通常把它看做在行车方向的长度为 a_2，垂直方向的长度为 b_2 的矩形面积，车轮和履带的压力则是通过厚度为 H 的桥面铺装层扩散的。试验研究表明，在混凝土面层内，集中荷载的压力可以偏安全地假定成45°角分布。如图16-110所示。因此，扩散到板顶面的压力面为

$$a_1 = a_2 + 2H \quad (16\text{-}79)$$
$$b_1 = b_2 + 2H \quad (16\text{-}79')$$

式中的 a_2、b_2 可由表16-5和表16-6中查得。

2. 板的有效工作宽度

图16-111表示两边简支的板，在跨中有一个沿板跨方向的线荷载 P。根据理论分析，行车方向的跨中弯矩 M_x 在板宽上的分布是不相同的，在 $y=0$ 处，单位板宽弯矩 M_x 为最大（当荷载宽度为板跨的1/5时，$M_{x,(max)} = 0.285P$），离开荷载作用点处的 M_x 值逐渐减少。这就是说，荷载作用在板上某一部分时，不但直接

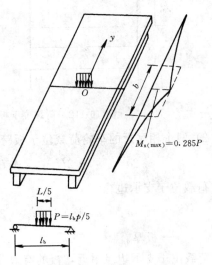

图 16-111 板的跨中截面弯矩分布

受载部分的板受力,而且当相邻的其他部分的板也参与受力,只是程度不同而已。为了简化计算,假定只有一定宽度 b 范围内的板参与工作,在 b 范围内的跨中弯矩均匀已达到最大弯矩值 $M_{x,max}$,这样板所承受的弯矩为 $bM_{x,max}$。

现把单向板看做是两端支承的简支板,在同样的荷载作用下,板的跨中弯矩为:

$$M_{0.5} = Pl/4 - Pl/8 \times 5 = 0.225Pl$$

这个弯矩应等于板内不均匀分布的弯矩按中间最大弯矩值折合成均匀分布在折算宽度 b 范围内的弯矩,即

$$M_{0.5} = bM_{x,max}$$

则

$$b = \frac{M_{0.5}}{M_{x,max}} = \frac{0.225pl}{0.285p} = 0.79l$$

这样求出的宽度 b,称为板的荷载有效分布宽度。

"公桥规"规定单向板和悬臂板的有效工作宽度如下:

(1) 单向板的有效工作宽度

当车辆荷载位于板跨间时

1) 一个车轮荷载位于板跨中时,见图 16-112 (a)

$$a = a_1 + l_b/3 = a_2 + 2H + l_b/3,但不小于 2l_b/3 \qquad (16-80)$$

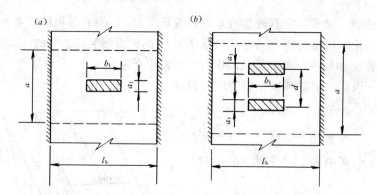

图 16-112 荷载位于板跨中处的有效分布宽度

2) 两个相靠近的车轮荷载位于板跨中时,见图 16-112 (b)

$$2a = a_2 + 2H + d + l_b/3,但不小于 2l_b/3 + d \qquad (16-81)$$

荷载位于支承边缘

$$a_0 = a_1 + h_1 = a_2 + 2H + h_1,但不小于 l_b/3 \qquad (16-82)$$

式中 h_1——板厚。

荷载位于支承边缘附近,板的有效分布宽度可近似按 45°角扩散方法求得

$$a_x = a_0 + 2x, \text{但不小于} a \qquad (16\text{-}83)$$

式中 x——车轮距支承边缘的距离。

根据上述分析,对于不同车轮荷载位置时,单向板的有效分布宽度如图 16-113 所示。

对于履带车荷载,因与桥面接触较长,通常忽略荷载压力面以外的板条参加工作,故不论在跨中或支点,均取 1m 宽的板条进行计算。

(2) 悬臂板

悬臂板在荷载作用下,除了直接承受荷载的板条外,相邻的板条也发生挠曲变形而承受部分荷载。

悬臂板的有效工作宽度可以近似认为荷载作用按 45°角向悬臂板支承处分布,见图 16-114。

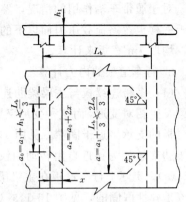

图 16-113 单向板的荷载有效分布宽度

"公桥规"对于悬臂板的有效工作宽度作了如下规定。

悬臂板上单独作用一个车轮时,见图 16-114 (b) 其作用有效工作宽度为

$$a = a_1 + 2c = a_2 + 2H + 2c \qquad (16\text{-}84)$$

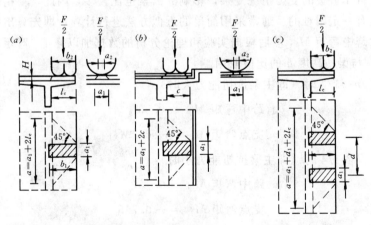

图 16-114 悬臂板的有效工作宽度

当单独一个车轮位于悬臂板边缘附近时,取 c 等于悬臂板的跨径 l_c,于是,式 (16-84) 可写为:

$$a = a_1 + 2l_c = a_2 + 2H + 2l_c \qquad (16\text{-}84')$$

当几个靠近的车轮的作用分布宽度发生重叠时,见图 16-114 (c),悬臂板的有效工作宽度为

$$a = a_1 + d + 2c \qquad (16\text{-}85)$$

式中 c——车轮荷载压力面外侧边缘至悬臂根部的距离;

d——发生重叠的前后轮中心间的距离。

对于履带车辆作用的情况,鉴于履带与桥面接触的长度较大,故与上述单向的板一样也忽略荷载压力面以下的板条参与工作,即不论荷载在跨间还是在支承处,均取 1m 宽板来计算。

3. 行车道板的内力计算

(1) 多跨连续板与主梁梁肋连接在一起,因此,当板上有荷载作用时,会使主梁发生相对变形,而这种变形又影响到板的内力。如果主梁的抗扭刚度极大,梁肋对板的支承接近于固端,见图 16-115 (a)。反之,如果主梁抗扭刚度极小,板在梁肋支承处为接近自由转动的铰支座,则板的受力就如多跨连续梁,见图 16-115 (c)。实际上行车道板在主梁梁肋的支承条件,既不是固端,也不是铰支,而应该是弹性嵌固的,见图 16-115 (b)。

图 16-115 主梁扭转对行车道受力的影响

鉴于行车道板的受力情况复杂,影响的因素也比较多,因此,要精确计算板的内力是有一定困难的。通常采用简单的近似方法进行计算,即先算出相同跨度简支板的跨中弯矩 M_0,然后根据实验和理论分析的数据加以修正。弯矩修正系数视板厚 h_1 与梁肋高度 h 的比值取用。

当 $h_1/h < 1/4$ 时(即主梁抗扭能力大时):

$$\left. \begin{array}{l} 跨中弯矩\ M_中 = 0.5M_0 \\ 支点弯矩\ M_支 = -0.7M_0 \end{array} \right\} \tag{16-86}$$

当 $h_1/h \geqslant 1/4$ 时(即主梁抗扭能力小时):

$$\left. \begin{array}{l} 跨中弯矩\ M_中 = 0.7M_0 \\ 支点弯矩\ M_支 = -0.7M_0 \end{array} \right\} \tag{16-87}$$

式中 $M_0 = M_{0p} + M_{0g}$

M_{0p} 为宽度 1m 的由活荷载产生的简支板跨中弯矩,见图 16-116 (a)。对汽车车轮荷载,跨中弯矩为

$$M_{0p} = (1+\mu)\frac{F}{8a}\left(l - \frac{b_1}{2}\right) \tag{16-88}$$

式中 μ——汽车作用的冲击系数,对桥面板,通常取值为 0.3;

F——汽车轴重,一般采用车队荷载中加重车后轴的轴重;

a——板的有效工作宽度;

l——板的计算跨径；一般为两支承中心的距离，但对梁肋支承的板，计算板弯矩时，$l = l_0 + h_1 \not< l_0 + b$；其中，$l_0$ 为板的净跨径，h_1 为板厚度，b 为梁肋宽度。

若板的跨径较大，可能还有第 2 个车轮进入板跨，这时，应按结构力学方法进行荷载布置使得跨中弯矩最大。

M_{0g} 为宽度 1m（称单位板宽）的简支板跨中截面处，由板的恒荷载作用产生的弯矩

$$M_{0g} = \frac{1}{8} g l^2 \qquad (16-89)$$

式中 g 为 1m 板宽板条每延 m 的恒荷载作用值。

计算单向板的支点剪力时，可不考虑板和主梁的弹性固结作用，而直接按简支板的图式进行，对于跨径内只有一个汽车车轮荷载，见图 16-116(b) 时，宽度为 1m 的简支板支点剪力为

$$V_0 = \frac{g l_0}{2} + (1 + \mu)(A_1 y_1 + A_2 y_2)$$

$$(16-90)$$

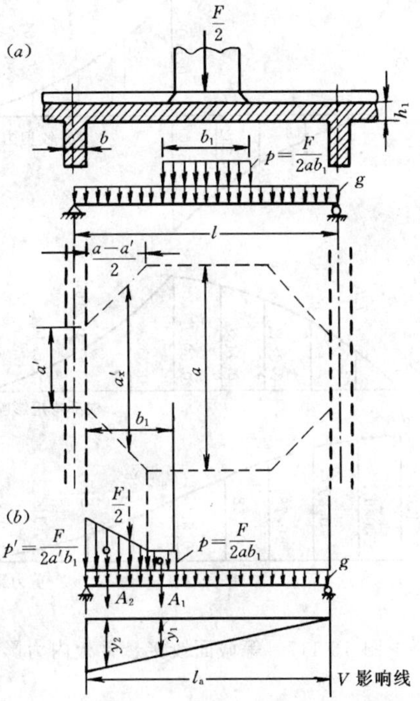

图 16-116 单向板内力计算图式
(a) 求板跨中弯矩；(b) 求板支点剪力

其中矩形部分荷载的合力为

$$A_1 = p\left(b_1 - \frac{a - a'}{2}\right) = \frac{p}{2}(2b_1 - a + a') \qquad (16-91)$$

梯形部分荷载的合力为：

$$A_2 = \frac{p + p_0}{2} \times \frac{a - a_0}{2} = \frac{1}{4}(p + p_0)(a + a_0)$$

式中 l_0——板的净跨径；
  $p'、p$——分别对应于有效工作宽度 a' 和 a 处的车轮作用荷载集度；
  $y_1、y_2$——对应于合力 A_1 和 A_2 作用处的支点剪力影响线竖标值；
  g——板恒载作用的集度值。

以上各式是以汽车荷载的轮重为 $\frac{F}{2}$ 导出，若为挂车荷载，应将轮重改用为 $\frac{F}{4}$，而 F 为车轴重。

如果板内不只一个车轮作用，尚应计及其他车轮的影响。

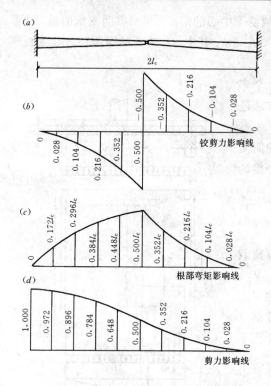

图 16-117　等截面铰接悬臂板内力影响线

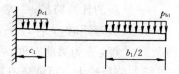

图 16-118　铰接悬臂板弯矩简化计算图式

（2）悬臂板的内力计算

对于装配式 T 形梁截面梁，梁间相邻翼缘板边互相成为铰接构造的桥面板，按铰接悬臂板来计算板的内力。

铰接悬臂板的内力计算可采用截面内力影响线上加载方法求得。图 16-117 为等截面铰接悬臂板的铰处和悬臂根部的内力影响线，其中 l_c 为悬臂板的跨径。

用内力影响线进行铰接悬臂板内力计算时，需要寻找荷载作用的最不利位置并计算相应的影响线面积，比较繁琐。由图 16-117 可见，弯矩影响线最大竖标值在铰接缝处，为简化计算可以将铰接悬臂板视为自由悬臂板，见图 16-118 来计算其根部截面的弯矩，这里认为铰处剪力为零。因此，由车轮作用而在铰接悬臂板根部截面产生的弯矩 M_{sp} 的计算式为：

$$M_{sp} = -(1+\mu)\left[p_{b1} \cdot \frac{b_1}{2}\left(l_c - \frac{b_1}{4}\right) + p_{c1} \cdot \frac{(c_1)^2}{2}\right]$$
$$= -(1+\mu)\frac{F}{2b_1}\left[\frac{b_1}{2a}\left(l_c - \frac{b_1}{4}\right) + \frac{(c_1)^2}{2a}\right]$$
(16-92)

式中　p_{b1}——车轮作用在悬臂板端附近时，根据板的有效工作宽度所计算的车轮分布荷载集度。$p_{b1}=F/(2ab_1)$；

　　　p_{c1}——车轮作用在悬臂板根部附近时，根据板的有效工作宽度所计算的车轮分布荷载集度。$p_{c1}=F/(2a'b_1)$；

　　　a, a'——$a = a_1 + 2l_c$ 或 $a = a_1 + d + 2l_c$（当前后几个车轮分布宽度发生重叠时），$a' = a_1 + 2c_1$ 或 $a' = a_1 + d + 2c_1$（当前后几个车轮分布宽度发生重叠时）；

　　　l_c——悬臂板的跨径；

§16.3 简支梁桥的计算

F——车轴重。当前后几个车轮分布宽度发生重叠时，P 为几个轴重的总重。

铰接悬臂板腿部截面处、由恒荷载作用引起的每 m 板宽的弯矩计算式为：

$$M_{sg} = -\frac{1}{2}gl_c^2 \tag{16-93}$$

对于铰接悬臂板的剪力计算，同样可以采用简化为自由式悬臂板的图式来计算。分析结果表明，按自由悬臂板计算车轮作用在其根部截面处产生的剪力，比用影响线加载求得的结果略为偏大，这是偏于安全的。

【例 16-9】 计算图 16-119 所示装配式钢筋混凝土 T 形梁翼板所构成的铰接悬臂板的计算内力。

荷载为汽-20、挂车-100 级。桥面铺装为厚 0.02m 沥青混凝土面厚（重力密度为 21kN/m³）和平均厚 0.09m 现浇混凝土垫层（重力密度为 23kN/m³）组成。梁翼板钢筋混凝土的重力密度为 25kN/m³。

【解】 (1) 铰接悬臂板的恒载内力 以沿行车方向取单位板宽进行计算。

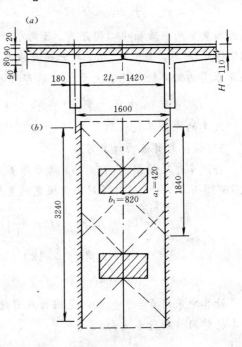

图 16-119 铰接悬臂板计算 (mm)

1) 作用在板上的恒荷载集度

沥青混凝土面层　$g_1 = 0.02 \times 1 \times 21 = 0.42 \text{kN/m}$

现浇混凝土垫层　$g_2 = 0.09 \times 1 \times 23 = 0.207 \text{kN/m}$

板的自重　$g_3 = (0.08+0.14)/2 \times 1 \times 25 = 0.75 \text{kN/m}$

总的恒荷载集度　$g = 0.42 + 2.07 + 2.75 = 5.24 \text{kN/m}$

2) 恒荷载内力计算

按自由悬臂板的简化受力图式，计算悬臂板根部截面的弯矩和剪力分别为

$$M_{SG} = -\frac{1}{2}gl_c^2 = -1/2 \times 5.24 \times (0.71)^2 = -1.32 \text{kN/m}$$

$$V_{SG} = -gl_c = 5.24 \times 0.71 = 3.72 \text{kN/m}$$

(2) 汽车-20 荷载作用时板的内力

汽车-20 级的加重车两个后轴重均为 120kN。车轮着地长度 $a_2 = 0.20$m（沿行

车方向）和宽度 $b_2=0.60$m（垂直于行车方向），则作用在板上的压力面尺寸为

$$a_1 = a_2 + 2H = 0.2 + 2(0.02 + 0.09) = 0.42\text{m}$$

$$b_1 = b_2 + 2H = 0.6 + 2(0.02 + 0.09) = 0.82\text{m}$$

单个车轮作用在悬臂板端时，悬臂板根部的有效工作宽度由式 16-85 计算为：

$$a = a_1 + 2l_c = 0.42 + 2 \times 0.71 = 1.84\text{m} > d = 1.40\text{m}$$

d 为加重车两个后轴中心间距离，故两个后轴的车轮工作宽度发生重叠，见图 16-119 (b)。同时，由于 $b_1 > l_c$，故无论是求弯矩时车轮作用在铰接悬臂板的铰附近，还是求剪力时车轮作用在悬臂板的根部附近，悬臂板根部的有效工作宽度均为：

$$a = a_1 + d + 2l_c = 0.42 + 1.40 + 2 \times 0.71 = 3.24\text{m}$$

汽车的冲击系数 μ 取 0.3。

1) 铰接悬臂板的计算弯矩

将汽车车轮按图 16-120 (a) 所示布置在铰缝处，按自由悬臂板计算图式，由式 16-93 并取 $c_1 = 0$，则得到单位板宽的悬臂板根部截面的弯矩为

$$M_{sq} = -(1+\mu) \cdot \frac{F}{4a}\left(l_c - \frac{b_1}{4}\right)$$

$$= -(1+0.3)[2 \times 120/(4 \times 3.24)](0.71 - 0.82/4)$$

$$= -12.16\text{kN} \cdot \text{m}$$

计算中采用 $F = 2 \times 120$，是因为在有效工作宽度 a 范围内有加重车的两个后轴车轮作用（顺行车方向）。

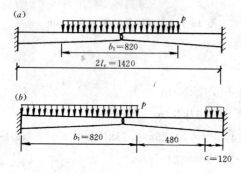

图 16-120 按自由悬臂板计算汽车作用产生的弯矩和剪力（mm）

2) 铰接悬臂板的计算剪力

不考虑铰缝剪力的影响，按自由悬臂板的简化计算图式，各板承担作用在其上的车轮荷载，见图 16-120 (b)，则单位板宽的悬臂板根部截面的剪力为

$$V_{sq} = (1+\mu)pl_c \quad (b_1 > l_c \text{ 时})$$

$$= -(1 + 0.3)$$

$$\times 45.167 \times 0.71$$

$$= 41.69\text{kN}$$

其中的车轮作用集度 p 计算方法为

$$p = F/2ab_1 = 2 \times 120/2 \times 3.24 \times 0.82 = 45.167\text{kN/m}$$

(3) 挂车-100 作用时板的内力

挂车-100 的轴重均为 250kN。车轮的着地长度 $a_2 = 0.20$m（沿行车方向）和

宽度 $b_2=0.50\text{m}$（垂直于行车方向），则作用在板上的压力面尺寸为：
$$a_1=a_2+2H=0.2+2(0.02+0.09)=0.42\text{m}$$
$$b_1=b_2+2H=0.5+2(0.02+0.09)=0.72\text{m}$$

单个车轮作用在悬臂板端时，悬臂板根部的有效工作宽度为：$a=a_1+2l_c=0.42+2\times0.71=1.84\text{m}$，大于挂车两个后轴中心间距离 $d=1.20\text{m}$。同时，由于 $b_1(=0.72)>l_c(=0.71)$，故如图 16-121（a）所示的悬臂板根部的有效工作宽度均为

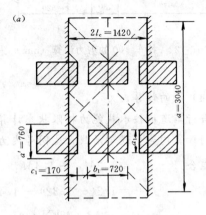

$$a=a_1+d+2l_c=0.42+1.20+2\times0.71=3.04\text{m}$$

1) 铰接悬臂板的计算弯矩

将车轮荷载对中布置在铰缝处，按照挂车-100 的车辆图式，两旁的车轮也有部分轮压面进入板跨内，见图 16-121，其进入长度为

$$c_1=c_2=\frac{b_1}{2}-(0.90-l_c)=\frac{0.72}{2}-(0.90-0.71)=0.17\text{m}$$

图 16-121 挂车-100 弯矩计算尺寸单位（mm）

轮压面 $c_1\times a_1$ 上的车轮荷载对铰接悬臂板根部的有效工作宽度为：
$$a'=a_1+2c_1=0.42+2\times0.17=0.76\text{m}$$

荷载对称于铰缝，见图 16-121（b），铰处剪力为零。b_1 部分的荷载集度 p_0 为

$$p_0=\frac{F}{2ab_1}=\frac{250}{2\times3.04\times0.72}=57.11\text{kN/m}$$

c_1 部分的荷载集度 p_1 为：
$$p_1=\frac{F}{2a'b_1}=\frac{250}{2\times2\times0.76\times0.72}=114.22\text{kN/m}$$

按自由悬臂板计算其根部截面的单位板宽的弯矩为：
$$M_{sg}=-\frac{p_0b_1}{2}\left(l_c-\frac{b_1}{4}\right)-\frac{p_1(c_1)^2}{2}$$
$$=-57.11\times(0.72/2)(0.71-0.72/4)-114.22\times(0.17)^2/2$$
$$=-12.55\text{kN}\cdot\text{m}$$

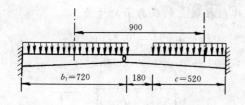

图 16-122 挂车-100 的剪力计算（mm）

2) 铰接悬臂板的计算剪力

不考虑铰剪力的影响，按自由悬臂板计算图式计算，车轮作用布置见图 16-122，各板分别承担其上的荷载，则最大的悬臂板根部截面的单位板宽剪力为

$$V_{sq} = p_0 l_c \quad (b_1 > l_c)$$
$$= 57.11 \times 0.71 = 40.55 \text{kN}$$

(4) 板的计算内力

当行车道板按承载能力极限状态计算时，一般应考虑荷载组合 I 和组合 III。由于本例计算均为恒载与活载产生同号内力的情况，故板的计算控制内力为：

组合 I $M_{sj}^I = 1.2 M_{sG} + 1.4 M_{sq}$
$\qquad = 1.2(-1.32) + 1.4(-12.16)$
$\qquad = -18.608 \text{kN} \cdot \text{m}$

$\qquad V_{sj}^I = 1.2 V_{sG} + 1.4 V_{sq}$
$\qquad = 1.2 \times 3.72 + 1.4 \times 41.69$
$\qquad = 62.83 \text{kN}$

组合 III $M_{sj}^{III} = [1.2 M_{sG} + 1.1 M_{sg}] \times 1.03$
$\qquad = [1.2 \times (-1.32) + 1.1(-12.55)] \times 1.03$
$\qquad = -15.85 \text{kN} \cdot \text{m}$

$\qquad V_{sj}^{III} = [1.2 V_{sG} + 1.1 V_{sg}] \times 1.03$
$\qquad = [1.2 \times 3.72 + 1.1 \times 40.55] \times 1.03$
$\qquad = 50.54 \text{kN}$

以上计算中，1.03 为按车辆荷载效应占总荷载效应的百分比计入的荷载系数提高值。

§16.4 梁式桥的支座

混凝土梁式桥在桥跨结构与桥墩、桥台之间均须设置支座，支座的作用是：1) 传递桥跨结构作用的支承反力，包括恒载和活载在支承处引起的竖向力和水平力；2) 保证桥跨结构在活载、温度变化、混凝土收缩和徐变等作用下的自由变形，以使结构的实际受力情况与计算的力学图式相符合。

梁式桥的支座一般分为固定支座和活动支座两种，见图 16-123。固定支座既要固定主梁在墩台面上的位置并传递竖向力和水平力，又要保证主梁发生挠曲时在支承处能自由转动,如图16-123左端所示。活动支座只传递竖向力,但它要保证主梁在支承处既能自由转动又能水平移动,如图16-123右端所示。

混凝土简支梁桥应在每跨的主梁一端设置固定支座,另一端设置活动支座。对于多跨简支梁桥,相邻两跨简支梁的固定支座,不宜集中布置在一个桥墩上,但若个别桥墩较高,为了减小水平力的作用,可在其上布置相邻两跨的活动支座。对于坡桥,可在其上布置相邻两跨主梁活动支座。

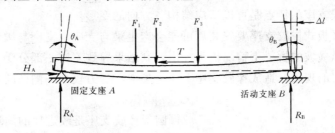

图 16-123　简支梁的静力图式

梁式桥的支座,通常用钢、橡胶或钢筋混凝土等材料来制作。从简易的油毛毡垫层到结构复杂的铸钢辊轴支座,结构类型甚多,下面主要介绍混凝土梁式桥常用的橡胶支座。

16.4.1　橡胶支座的类型、构造及力学性能

目前用作桥梁支座的橡胶主要是化学合成的氯丁橡胶,它具有一定的抗压强度、抗油蚀性、冷热稳定性和耐老化性。

板式橡胶支座从外形上可分为矩形板式、圆形板式及圆板球冠式。

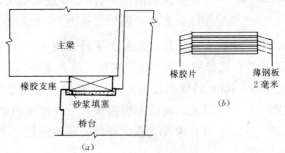

图 16-124　板式橡胶支座

由图16-124可见,板式橡胶支座并不是由纯橡胶制成,而是由若干层橡胶片和薄钢板组合而成,各层橡胶与钢板经加压硫化牢固地粘结成为一体。这样,支座在竖向力作用下,嵌入橡胶片之间的钢板将约束橡胶的侧向变形,提高了橡胶片的抗压能力和支座的抗压刚度。另外,板式橡胶支座的上、下面及四周的橡胶又能防止薄钢板锈蚀。

矩形板式橡胶支座的主要尺寸是短边 a、长边 b 和厚度 h，其规格详见有关文献或产品目录。对于支座尺寸的选择，主要由支座的竖向承载力 F 决定，例如，当 $F=300$ kN 时，可查得其规格尺寸为短边 $a=150$ mm、长边 $b=200$ mm，其支座厚度 $h=21\sim 42$ mm。

圆形板式橡胶支座主要用于混凝土斜板、斜梁桥和弯梁桥。混凝土斜板、斜梁和弯梁在荷载作用下，不仅有沿桥纵向的变形，而且有横桥向或径向变形，圆形板式橡胶支座的特点是可以适应结构各方向的变形。

普通平板式橡胶支座要安装后可能会产生梁与支座、支座与墩台顶面脱空现象，在有纵横坡的桥梁下情况更为突出，其结果导致支座一部分受力很大，另一部分不受力的现象，造成橡胶支座上应力集中，受力较大一侧橡胶外鼓，以致橡胶开裂。

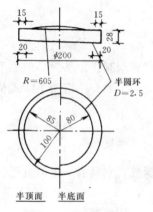

图 16-125 球冠圆板橡胶支座外形（mm）

球冠圆板橡胶支座是改进后的圆形板式橡胶支座。其中间层橡胶和钢板布置与圆形板式橡胶支座完全相同，而在支座顶面用纯橡胶制成球形表面，球面中心橡胶最大厚度为 $6\sim 8$ mm，球面边缘距支座边缘 15 mm，以适应 3‰ 到 4‰ 纵横坡下梁与支座接触面的中心趋势于圆形板式橡胶支座的中心。梁端反力通过球面表面橡胶逐渐扩散传至下面几层钢板和橡胶层。在橡胶支座底面加一圈直径 $D=2.5$ mm 的半圆形橡胶圆环，支座受力时首先由底部圆环变形压密，调节底面受力状况，以改善或避免支座底面脱空现象的产生，使支座底面受力均匀。球冠圆板式橡胶支座外形构造见图 16-125。

除了上述几种板式橡胶支座之外，混凝土梁桥还使用一种特殊的矩形板橡胶支座，即聚四氟乙烯滑板式橡胶支座（简称四氟滑板式支座），系将一块平面尺寸与橡胶相同，厚为 $1.5\sim 3$ mm 的聚四乙烯板材，与橡胶支座粘合在一起的支座，另在梁底支点处设置一块有一定光洁度的不锈钢板，可在支座四氟乙烯板表面来回移动，见图 16-126。它除了具有橡胶支座优点外，还能满足需要水平位移量需要较大的要求。

四氟滑板式橡胶支座由六个部分组成，如图 16-127 所示，各部分主要功能如

图 16-126 四氟滑板式橡胶支座适应梁水平位移工作图

下：

(1) 梁底上钢板：上与梁底连接，该钢板可以预埋在梁的支点处，也可以要梁架设时用环氧树脂与梁底粘结，钢板下面有深为1mm的宽槽作嵌放不锈钢板之用。梁底上钢板的平面尺寸，一般按支座与梁底尺寸相协调，它是固定皮腔位置的上支点，它的移动促使不锈钢板共同位移，钢板厚度一般为10～16mm，梁如有纵坡可以由它来调节，使支座与钢板接触平面保持水平。加工要求 Δ_3 即可。

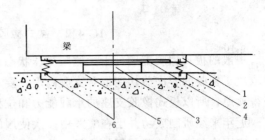

图 16-127　四氟滑板式橡胶支座构造图
1—梁底上钢板；2—不锈钢板；3—四氟板式支座；
4—支座保护皮腔；5—墩台下钢板；6—压板条

(2) 不锈钢板：它上与梁底上钢板宽槽吻合，并用环氧树脂粘结，下与支座四氟乙烯板表面接触，梁的伸缩位移是靠不锈钢板在支座四氟板表面来回移动，因此，一般是在支座就位架梁时安放，其目的是保护不锈钢板避免受伤锉毛，这样对减少四氟乙烯板的磨耗有利，并减小摩擦系数。

(3) 四氟滑板式橡胶支座是由纯聚四氟乙烯板，橡胶，A-3钢板三种不同材料硫化粘结而成。它系将一块平面尺寸与橡胶支座相同的，使用特殊的胶粘技术与橡胶粘结在一起，常用的粘结方法有两种，一种采用四氟板与橡胶在硫化时同时进行粘结，称作冷粘；另一种采用四氟板可以在已经制成的橡胶支座上进行粘结，称作热粘，两种方法均可。为了进一步减小四氟板表面与钢板的摩擦系数，特在其面上制成直径为10mm，深度不得超过四氟板厚度的一半的储藏油脂球冠形储存槽。橡胶层的厚度是根据支座所需要的形变模量而定，支座形变模量是根据梁的转角需要与支座高度及顺桥方向的宽度综合而定。

(4) 皮腔：是用人造革或优质漆布制成折叠式长方形的保护腔，设在四氟滑板式橡胶支座外围，其目的是隔绝或减少紫外线对橡胶老化的影响，另外，保护不锈钢表面的清洁度以免受玷污而对四氟板起着有害作用。

(5) 墩台上钢板：用10～12mm A-3 钢板制成，预埋在墩台上，钢板面层有深与宽各为1mm的交叉对角线为方框线，是设定梁轴线和支座安放位置的标记。在垂直梁轴线的钢板两边附近有若干只螺丝，作固定皮腔之用。钢板加工要求 Δ_3 即可。

(6) 压板条：是用厚度为3mm，宽为15mm，长按支座要求而定的A-3钢板制成，一套压板有9个压板条，每个压板条上有若干只大于螺丝直径的圆孔，以压住皮腔。

板式橡胶支座适用于支座承载力为70～3600kN的公路桥、铁路桥和城市立交桥。

16.4.2 盆式橡胶支座

一般的板式橡胶支座处于无侧限受压状态，故其抗压强度不高，加之其位移量取决于橡胶的容许剪切变形和支座高度，要求的位移量愈大，就要求支座就要做得愈厚，所以板式橡胶支座的承载能力和位移值受到一定的限制。

近年来经研制成功并已在实践中多次使用的盆式橡胶支座，为在大、中跨桥梁上应用橡胶支座开辟了新的途径。盆式橡胶支座的主要构造有三个特点：一是将纯氯丁橡胶块放置在钢制的凹形金属盆内，由于橡胶处于有侧限受压状态，大大提高了支座的承载能力（橡胶块的容许压应力可达 25 000kPa）；其二是利用嵌放在金属盆顶面的填充聚四氟乙烯与不锈钢板相对摩擦系数小的特性，保证了活动支座能满足梁的水平移动的要求。梁的转动也通过盆内橡胶块的不均匀压缩实现。常用的盆式橡胶支座构造如图 16-128 所示，它是由不锈钢滑板、锡青铜填充的聚四氟乙烯板、钢盆环、氯丁橡胶块、钢密封圈、钢盆塞、橡胶弹性防水圈等组装而成。如能提高盆环与密封圈的配合精度并采取在橡胶块上下表面粘贴聚四氟乙烯板的措施，就能更有效地防止橡胶的老化。

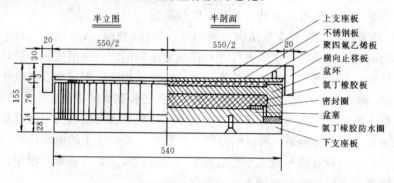

图 16-128 盆式橡胶支座的一般构造

使用经验表明，这种支座结构紧凑、摩擦系数小、承载能力大、重量轻、结构高度小、转动及滑动灵活、成本较低，是有发展前途的一种大、中型桥梁支座。

我国目前已系列生产的盆式橡胶支座，其竖向承载力分为 12 级，从 1 000kN 至 20 000kN，有效纵向位移量从±40mm 至±200mm。支座的容许转角为 4°，设计摩擦系数为 0.05。

为了适应能多向转动且转动量较大的情况，还可以设计成盆式球形橡胶支座，如图 16-129 所示。如果只需要在一个方向内移动，也可设置导向装置。

鉴于活动支座的摩擦系数很小，也就显著减小了作用于墩台的水平力。在

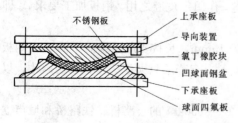

图 16-129 盆式球形橡胶支座

实践中，为了安全起见，不计算墩台所受水平力时往往取摩擦系数为 0.10（板式橡胶支座为 0.20～0.30）。

16.4.3 板式橡胶支座的设计与计算

目前板式橡胶支座的橡胶主要是氯丁橡胶，因而，氯丁橡胶支座适用于温度高于 $-25℃$ 的地区。

位于混凝土梁、板和墩台帽顶之间的板式橡胶支座，必须要能够承受最大的支承反力而不发生破坏。同时，板式橡胶支座还必须具有保证结构的变形自由能力，它的活动机理是利用橡胶的不均匀弹性压缩实现转角 θ 和利用自身切变形实现水平位移 Δ，如图 16-130 所示。板式橡胶支座一般没有固定支座和活动支座的区别，所有纵向水平力和位移由各个支座平均分配。必要时，也可采用厚度不同的橡胶板来调节各支座传递的水平力和水平位移。

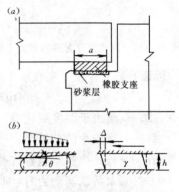

图 16-130

板式橡胶支座的设计必须满足上述的功能要求，计算的内容如下：

1. 橡胶支座的抗压强度计算

由于板式橡胶支座与混凝土梁板底面及墩台帽顶面均为面接触，所以支座反力的传递是通过平面传递到平面。在支座反力作用下的板式橡胶支座视为轴心受压，因此，板式橡胶支座的抗压强度计算式为：

$$\sigma = N/A = N/(a \times b) \leqslant [\sigma] \tag{16-94}$$

式中　N——最大的支座反力，即按照使用阶段的荷载组合得到的最大支座反力；

　　　a, b——分别为板式橡胶支座的短边和长边值；

　　　$[\sigma]$——橡胶支座的平均容许压应力。

"公路桥规"规定支座的平均容许压应力 $[\sigma]$ 取值如下：

当 $S > 8$ 时，$[\sigma] = 10\text{MPa}$

当 $5 \leqslant S \leqslant 8$ 时，$[\sigma] = 7.0 \sim 9.0\text{MPa}$

以上 S 为支座形状系数，由下式计算：

$$S = \frac{ab}{2t(a+b)} \tag{16-95}$$

式中　a, b——分别为支座的短边和长边长；

　　　t——支座中间层橡胶片厚度。

在支座设计中，一般先由最大支座反力初选板式橡胶支座的平面尺寸 a 和 b，然后用式（16-94）进行抗压强度计算。

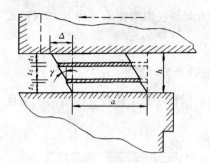

图 16-131 板式橡胶支座的剪力变形

板式橡胶支座平面尺寸除应满足式(16-94)外，还应注意，对于梁底面和墩台帽顶面而言，支座的作用为局部承压，因而还必须进行相应的混凝土局部承压计算，满足后才能最后确定支座的平面尺寸。

2. 板式橡胶支座的剪切变形计算

板式橡胶支座的重要特点是梁的水平位移要通过全部橡胶片的剪切变形来实现，见图 16-131。

因而，板式橡胶支座在水平力作用下的变形应满足下式：

$$\mathrm{tg}\gamma = \Delta/\Sigma t \leqslant [\mathrm{tg}\gamma] \tag{16-96}$$

式中 Δ——梁由于温度变化等因素产生的纵向水平位移值；

Σt——橡胶片的总厚度；

$\mathrm{tg}\gamma$——板式橡胶支座容许剪力角正切值。当不计算活载制动力时，取 0.5；计及活载制动力时，取 0.7。

当 $[\mathrm{tg}\gamma]$ 分别取 0.5 和 0.7 时，由式(16-96)可得到橡胶片总厚度值应满足：

$$\Sigma t \geqslant 2\Delta_\mathrm{D} \tag{16-97}$$
$$\Sigma t \geqslant 1.43(\Delta_\mathrm{D} + \Delta_\mathrm{L}) \tag{16-98}$$

式中的 Δ_D 为由上部结构温度变化、桥面纵坡等因素引起的支座顶面相对底面的水平位移；Δ_L 为由制动力引起的支座顶面相对于底面的水平位移，由下式计算：

$$\Delta_\mathrm{L} = \frac{T\Sigma t}{2Gab} \tag{16-99}$$

式中 T——作用于一个支座上的汽车制动力；

G——橡胶的剪切模量，$G = 1.1\mathrm{MPa}$；

若将式(16-99)代入式(16-98)，则可得到式(16-98)的另一个表达式：

$$\Sigma t \geqslant \frac{\Delta_\mathrm{D}}{0.7 - \dfrac{T}{2Gab}} \tag{16-98'}$$

为了保证支座工作的稳定性，Σt 值除要满足式(16-97)、式(16-98)或式(16-98')外，"公路桥规"还规定 Σt 应大于支座顺桥向边长的 0.2 倍。

确定了 Σt 值，再加上薄钢板的总厚度，就可得到板式橡胶支座的总厚度 h。

3. 支座偏转的计算

梁受荷载作用发生挠曲变形时，梁端将引起转角 θ，见图 16-132，此时，支座伴随出现压缩变形，其平均压缩变形为：

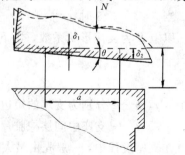

图 16-132 板式橡胶支座偏转图式

$$\delta = \frac{1}{2}(\delta_1 + \delta_2) = \frac{N\Sigma t}{Eab}$$

式中 E 为橡胶支座的弹性模量；N 为支座反力。

支座随梁端产生的偏转角 θ 可表示为：

$$\theta = \frac{1}{a}(\delta_2 - \delta_1)$$

由上述两式可解得

$$\delta_1 = \frac{N\Sigma t}{abE} - \frac{a\theta}{2}$$

为确保支座偏转时橡胶与梁底面不发生脱空现象，则必须满足条件 $\delta_1 \geqslant 0$，即

$$\delta_1 = \frac{N\Sigma t}{abE} \geqslant \frac{a\theta}{2} \tag{16-100}$$

橡胶支座的弹性模量值根据形状系数 S 来确定，关系式为 $E = 53S - 41.8$，单位 MPa。"公路桥规"还规定橡胶支座的竖向平均压缩变形 δ 值应不超过 $0.05\Sigma t$。

4. 支座的抗滑稳定性计算

在使用阶段，为了保证板式橡胶支座与梁底或墩台帽顶面间不发生相对滑动，应满足以下条件：

$$\mu(N_D + N_{L \cdot \min}) \geqslant 1.4Gab\frac{\Delta_D}{\Sigma t} + T \tag{16-101}$$

及

$$\mu N_D \geqslant 1.4Gab\frac{\Delta_D}{\Sigma t} \tag{16-102}$$

式中　N_D——上部结构恒载在支座处产生的反力；

$N_{L \cdot \min}$——与计算制动力相对应的汽车活载产生的最小支座反力；

T——由汽车制动力引起的作用在一个支座上的纵向水平力；

μ——摩擦系数，橡胶与混凝土间 $\mu = 0.3$；与钢板间 $\mu = 0.2$。

§16.5　拱　　桥

16.5.1　拱桥的特点、组成、类型及适用范围

1. 拱桥的特点及适用范围

拱桥是我国公路上用得很广泛的一种桥型，见图16-133。

拱桥与梁桥相比较，不仅外形不同，而且在受力性能上有本质差别。竖向荷载下，梁桥支承处仅产生竖向反力，而拱桥支承处不仅产生竖向反力，还产生水平推力。由于水平推力的存在，使拱的弯矩比梁的小得多，并使拱内产生轴向压

图 16-133 宜昌黄柏河大桥

力。如果拱轴线型设计合理，可以使拱主要承受压力而弯矩很小。拱桥的这个受力特点，不仅可使拱桥的跨径比梁桥的大，而且除了可采用钢、钢筋混凝土等材料来建造外，还可采用石料、素混凝土、砖等圬工材料来建造。由圬工材料建造的拱桥也称为圬工拱桥，它具有就地取材、节约钢材和水泥、构造简单、承载潜力大、养护费用少等优点，因而在我国被广泛采用。举世闻名的河北赵州桥就是在公元605年由李春修建的一座净跨为37.02m空腹式圆弧形石拱桥。目前已建成的世界上跨度最大的石拱桥为我国山西晋城的丹河大桥，跨径达146m。

为了减小拱的截面尺寸，减轻拱的重力，在素混凝土拱中配置一定数量的受力钢筋，构成钢筋混凝土拱桥。钢筋混凝土拱桥不仅有效地提高了拱桥的经济性，扩大了拱桥的使用范围，同时在建筑艺术上也容易处理，它可以通过选择合理的拱式体系及突出结构上的线条来达到美的效果。钢筋混凝土拱桥最大跨径已达到420m的为我国重庆万县长江大桥。钢管混凝土拱桥是在钢管内填入混凝土，由于钢管的约束作用使管内混凝土处于三向受压状态，大大提高了混凝土的受力性能。

拱桥有以下几个主要优点：1）跨越能力大。目前，世界上石拱桥的最大跨径为146m，钢筋混凝土拱桥为420m，钢拱桥为518m。根据理论推算，钢筋混凝土拱桥的极限跨径可达500m，钢拱桥的极限跨径可达1200m。2）能充分做到就地取材。由于拱是主要承受压应力的结构，可以充分利用圬工材料来建造拱桥。3）耐久性好、承载潜力大，而且养护维修费用少。4）外形美观。5）构造较简单，尤其是圬工拱桥，容易建造。

拱桥的主要缺点是：1）由于它是一种有推力的结构，支承拱的墩台和地基要承受拱端很大的水平推力，因而增加了下部结构的工程量，且修建拱桥要求有良好的地基条件。2）对于多孔连续拱桥，为了防止其中一孔破坏导致全桥垮塌，需采取特殊的措施，或设置单向推力墩，以承受不平衡的水平推力，由此增加了造价。3）与梁桥相比，上承式拱桥的建筑高度较高，特别是在平原地区修建拱桥，由于建筑高度较大，使桥两头的接线工程量增加，或使桥面纵坡增大，增加了造价且对行车不利。4）圬工拱桥施工需要的劳动力较多，建桥时间较长。这些缺点也使拱桥的适用范围受到一定的限制。

拱桥虽然存在以上这些缺点，但由于其优点突出，因此只要在条件许可的情况下，修建拱桥仍是经济合理的。目前，在我国公路桥梁建设中，拱桥，特别是圬工拱桥已得到了广泛的应用。而且拱桥的缺点也正在逐步得到改善和克服。如在地质条件不好的地区修建拱桥时，可从结构体系上、构造型式上采取相应措施，或利用轻质材料来减轻结构的自重，或设法提高地基的承载能力。为了节约劳动力和加快施工进度，可采用预制装配构件及无支架施工，以利于拱桥施工的机械化和工业化。这些措施有效地扩大了拱桥的适用范围，进一步提高了拱桥的跨越能力。表16-27及表16-28分别给出了国外和国内部分大跨径钢筋混凝土拱桥的一览表。

2. 拱桥的基本组成

和其他桥梁一样，拱桥也是由桥跨结构（即上部结构）和桥墩桥台（下部结构）两部分组成。

根据行车道的位置，拱桥的桥跨结构可以分成上承式、中承式和下承式三种类型，见图16-134所示。

上承式拱桥的桥跨结构通常由主拱圈（简称主拱）及拱上建筑（或称拱上结构）两部分组成。主拱圈是主要承重结构，承受桥上的全部荷载，并通过它把荷载传给桥墩台及基础。由于主拱圈是曲线形，车辆无法直接在弧面上行驶，所以在行车道系和主拱圈之间需要有传递荷载的构件或填充物，这些主拱圈以上的行车道系和传递荷载的构件或填充物统称为拱上建筑（或拱上结构）。拱上建筑可做成实腹式的或空腹式的，分别称为实腹式拱桥、空腹式拱桥。

图16-135示出了实腹式拱桥的基本组成部分、主要尺寸和名称。图16-133示

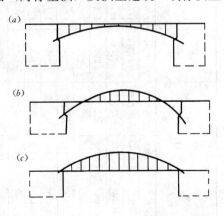

图16-134 拱桥按行车道位置的分类
(a) 上承式；(b) 中承式；(c) 下承式

表 16-27 国外大跨径钢筋混凝土拱桥($l \geq 180m$)一览表

桥名	建造年份	建造国	跨径(m)	矢跨比	结构型式	拱圈(肋)截面型式	截面变化规律	拱圈(肋)高度(m) 拱顶	拱圈(肋)高度(m) 拱脚	桥宽(m)	拱圈(肋)宽度(m)	施工方法
KRK	1980	南斯拉夫	390(主)	1/6.5	空腹无铰拱	三室箱形	等截面	6.5	6.5	11.4	13	悬臂桁架法拼装
KRK	1980	南斯拉夫	244(副)	1/5.2	空腹无铰拱	三室箱形	等截面	4.0	4.0	11.4	8	悬臂桁架法拼装
Gladsville	1964	澳大利亚	304.8	1/7.5	空腹无铰拱	单室箱肋	变截面	4.26	7.0	25.66	4肋×6.1	钢拱架上拼装
Parana	1962	巴西	290	1/5.5	空腹无铰拱	三室箱形	变截面	3.2	4.8	13.5	拱顶11,拱脚13	钢拱架上浇筑
Bloukrans	1983	南非	272	1/4.1	空腹无铰拱	三室箱形				16.0		塔架斜拉索法
Arrabida	1964	葡萄牙	270	1/5.2	空腹无铰拱	三室箱形	变截面	3.0	4.0	26.5	2肋×8	钢拱架斜拉索法
La Rance	1990	法国	261	1/7.5	空腹无铰拱	三室箱形				12.0		木拱架上浇筑
Sando	1943	瑞典	264	1/6.7	空腹无铰拱	三室箱形	镰刀形	2.66	4.5	12.0	9.5	
шрбенский	1963	南斯拉夫	246.4	1/8	空腹无铰拱	三室箱形	镰刀形	3.7	2.7	10.76	7.5	塔架斜拉索法悬浇
别府桥	1989	日本	235	1/6.4	空腹无铰拱	单室箱肋				18.70		
Fiumarella	1961	意大利	231	1/3.5	空腹无铰拱	三室箱形	变截面	6.0	7.0		11.4	钢拱架上浇筑
Днепр	1952	前苏联	228	1/6.7	中承式无铰拱	单室箱肋	镰刀形	4.5	3.2	19.95	桥面上:2肋×2.5 拱脚:2肋×4.7	钢拱架上浇筑
Nosi sad	1961	南斯拉夫	221(主)	1/6.5	中承式无铰拱	单室箱肋	镰刀形	3.63	2.6	19.95	桥面上:2肋×2.2 拱脚:2肋×4.2	钢拱架上浇筑
Nosi sad	1961	南斯拉夫	165.75(副)	1/6.3	空腹无铰拱	三室箱形	变截面	4.5	5.08	8.74	拱顶7.92,拱脚9.06	刚性骨架法
Esla	1940	西班牙	210	1/3.4	空腹无铰拱	三室箱形	变截面	3.6	4.4	21.9	17.8	塔架斜拉索法悬浇
宇佐川	1982	日本	204		空腹无铰拱	三室箱形	等截面	2.75	2.75	26.0	14.6	塔架斜拉索法悬浇
Van Stundens	1971	南非	198		空腹无铰拱	三室箱形	镰刀形	3.0	2.3	9.25	7.0	拱架上浇筑
Пашкй	1966	南斯拉夫	193.2	1/7	空腹无铰拱	单室箱形	变截面	3.0	5.0	9.0	2肋×1.5	
Antans	1955	巴西	186	1/6.6	中承式无铰拱	三室箱形				8.0	7.5	木拱架上浇筑
Plougastel	1930	法国	3×180	1/6.5	空腹无铰拱			4.97				

§16.5 拱桥

表 16-28 国内大跨径钢筋混凝土拱桥($l \geq 140m$)一览表

桥 名	所在地	竣工年份	结构型式	跨径(m)	桥宽(m)	拱圈宽度(m)	拱圈高度(m) 拱顶	拱圈高度(m) 拱脚	矢跨比	拱轴线型	拱圈截面型式	施工方法
重庆万县长江大桥	重庆	1997	上承式箱形拱	420	24	16	7	7	1/5	悬链线	三室箱	在钢管混凝土劲性骨架上浇筑
江界河桥	贵州	1995	桁式组合拱	330	13.4	10.56	2.9	2.7	1/6	二次抛物线	三室箱	悬臂桁架拼装
邕宁邕江大桥	广西	1996	中承式箱肋拱	312	18	3(肋宽)	5	6.8	1/6	悬链线	两单室箱肋	在钢管混凝土劲性骨架上浇筑
宜宾金沙江大桥	四川	1990	中承式箱肋拱	240	19.5	拱顶:2.2 拱脚:3.2	4.3	5.1	1/5	悬链线	两单室箱肋	半刚性骨架
涪陵乌江大桥	四川	1988	空腹无铰拱	200	12.5	9	3	3	1/4	悬链线	三室箱	双箱对称同步转体
3007大桥	四川	1983	空腹无铰拱	170	12.5	10.6	2.8	2.8	1/5	悬链线	三室箱	钢拱架
牛佛沱江大桥	四川	1991	桁式组合拱	160	11.5	7.04	1.8	1.8	1/8	正弦曲线	三室箱	悬臂桁架拼装
攀枝花倮果金沙江大桥	四川	1995	中承式箱肋拱	160	15	拱顶3.3 拱脚4.2	3.4	3.4	1/4	悬链线	两单室箱肋	在钢管混凝土劲性骨架上浇筑
丹东沙河口大桥	辽宁	1982	中承式无铰拱	156	19.5	7.4	2.2	3.6	1/6	悬链线	五室箱	半刚性骨架
马鸣溪大桥	四川	1979	空曲拱	150	10.5	7.8	1.8	2	1/7	悬链线	六肋双层高低波	悬臂扣挂
前河大桥	河南	1969	双曲拱	150	9.2	6.82	1.8	2.7	1/10	二次抛物线	三室箱	支架
剑河大桥	贵州	1985	桁式组合拱	150	11.8	6.82	1.8	1.5	1/8	二次抛物线	三室箱	悬臂桁架拼装
花鱼洞大桥	贵州	1991	桁式组合拱	150	12.5	拱顶2	4	1.5	1/8	悬链线	两单室箱肋	悬臂桁架拼装
永定河7号铁路桥	北京	1972	中承式无铰拱	150	9		2.5	2.5	1/3.75	悬链线	三室箱	拱桁架
3006大桥	四川	1972	空腹无铰拱	146	13.5	10.5	2.5	2.5	1/4	悬链线	三室箱	钢拱架
攀枝花三滩大桥	四川	1989	空腹无铰拱	140	15	11	2.8	2.8	1/8	悬链线	三室箱	钢拱架

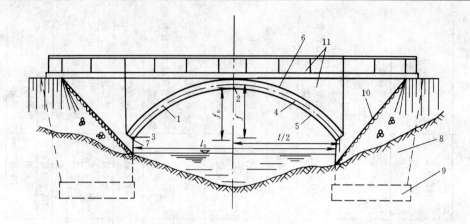

图 16-135 实腹式拱桥

1—主拱圈；2—拱顶；3—拱脚；4—拱轴线；5—拱腹；6—拱背；
7—起拱线；8—桥台；9—桥台基础；10—锥坡；11—拱上建筑
l_0—净跨径；l—计算跨径；f_0—净矢高；f—计算矢高；f/l—矢跨比

出的就是空腹式拱桥。

拱桥的下部结构起支承桥跨结构的作用，并将作用在桥跨结构上的全部荷载传给地基。桥台还起着把拱桥与两岸路堤相连接的作用，使路桥形成一个协调的整体。

3. 拱桥的类型

由于拱桥建造的历史长，使用又极其广泛，因此，拱桥的型式多种多样，构造也各有差异，可以按照不同的方式对拱桥进行分类。例如：

按主拱圈采用的结构材料，拱桥可分为圬工拱桥、钢筋混凝土拱桥和钢拱桥等；

按拱上建筑的型式，拱桥可分为实腹式拱桥和空腹式拱桥两种；

按主拱圈的拱轴线线型，拱桥可分为圆弧拱桥、抛物线拱桥和悬链线拱桥；

按行车桥面的位置，拱桥可分为上承式拱桥、中承式拱桥和下承式拱桥；

按对下部结构有无水平推力，可分为有推力拱桥和无推力拱桥等。

下面按两种分类方式对拱桥的主要类型进行介绍。

(1) 拱桥结构体系的分类

拱桥的桥跨结构按照静力图式可分为简单体系拱桥和组合体系拱桥两种类型。

1) 简单体系拱桥

此类拱桥的主拱圈以裸拱作为主要承重结构，拱上建筑不与主拱圈共同受力。简单体系拱桥也可以做成上承式的、中承式的或下承式的（无系杆拱），见图16-134，它们均为有推力拱桥，主拱的水平推力直接由墩台和基础承受。

按照主拱圈的静力特点,简单体系拱桥又可以分为三铰拱、两铰拱、无铰拱三种型式,见图16-136。

a. 三铰拱桥

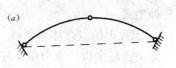

三铰拱桥属于外部静定结构。由温度变化、支座沉陷、混凝土收缩、徐变等原因引起的变形不会在主拱圈内产生附加内力,计算时不必考虑结构的弹性变形对内力的影响。因此在地基条件较差时,可采用三铰拱型式。但由于铰的存在,使其构造复杂,施工较困难,维护费用增高。它的整体刚度小,不利于抗震。又由于拱的挠曲线在拱顶铰处有转折,对行车不利。因此,三铰拱一

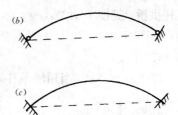

图 16-136 主拱圈(肋)的静力图式
(*a*) 三铰拱;(*b*) 两铰拱;(*c*) 无铰拱

般较少采用。目前国外最大跨径的三铰拱桥是德国的莫塞尔桥,跨径为107m。我国仅在一些小跨径的拱桥上有时采用,公路空腹式拱桥的拱上建筑的边腹拱则常采用三铰拱。

b. 两铰拱桥

两铰拱桥属于外部一次超静定结构。由于取消了拱顶铰,使结构整体刚度较三铰拱大。常在地基条件较差、墩台基础可能发生差异沉降或坦拱中采用,与无铰拱桥相比,由基础位移、温度变化等引起的附加内力较小。目前世界上最大跨径的两铰拱桥是日本的外津桥,跨径为170m。

c. 无铰拱桥

无铰拱桥属于外部三次超静定结构。在自重和外荷载作用下,主拱内的弯矩分布比两铰拱均匀,材料用料省,并且无铰结构整体刚度大,构造简单,施工方便,养护费用少,因此无铰拱桥用得最广泛。由于无铰拱桥超静定次数高,致使由温度变化、材料收缩、结构变形,尤其是墩台位移在主拱内产生的附加内力较大,所以无铰拱桥一般希望建造在地基良好的条件下,这使它的适用范围受到一定的限制。不过,随着跨径的增大,附加内力的影响也相对地减小,因而无铰拱桥仍是国内外采用最多的一种拱桥型式。目前世界上最大跨径的无铰拱桥就是我国重庆的万县长江大桥,跨径为420m,见表16-28。

除了以上三种拱桥外,单铰拱桥在理论上是可行的,但实际建造的很少,法国有座单铰拱桥跨径达110m。

2) 组合体系拱桥

在拱式桥跨结构中,将行车系的行车道梁与主拱圈按不同的构造方式组合成一个整体,共同受力,这种拱桥称为组合体系拱桥。

根据行车道梁与主拱圈的组合方式和静力图式的不同,组合体系拱桥可分为无推力的和有推力的两种。组合体系拱桥也可做成上承式、下承式,常用的有以

下几种型式：

a. 无推力的组合体系拱桥

此类拱桥主拱的推力由系杆承受，墩台不承受水平推力。根据主拱和系杆的刚度大小及吊杆的布置型式可分为：1) 具有竖直吊杆的柔性系杆刚性拱，又称为系杆拱桥，见图 16-137 (*a*)，2) 具有竖直吊杆的刚性系杆柔性拱，又称为朗格尔拱，见图 16-137 (*b*)；3) 具有竖直吊杆的刚性系杆刚性拱，又称为洛泽拱，见图 16-137 (*c*)。

以上三种拱桥，当用斜吊杆来代替竖直吊杆时，则称为尼尔森拱，见图 16-137 (*d*)、(*e*)、(*f*)。

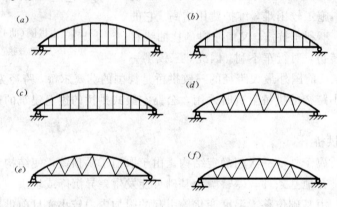

图 16-137　无推力的组合体系拱
(*a*) 系杆拱；(*b*) 朗格尔拱；(*c*) 洛泽拱；(*d*) 尼尔森系杆拱；(*e*) 尼尔森朗格尔拱；(*f*) 尼尔森洛泽拱

b. 有推力的组合体系拱

有推力的组合体系拱没有系杆，它由单独的梁和拱共同受力，拱的水平推力则有墩台承受，见图 16-138。

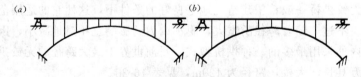

图 16-138　有推力的组合体系拱
(*a*) 倒蓝格尔拱；(*b*) 倒洛泽拱

c. 拱片拱桥

拱片拱桥是将整个桥跨结构的所有组成部分刚性联结成一个整体，形成上边缘与桥面纵向平行，下边缘是拱形的有推力结构，共同承受荷载。拱片拱桥只能做成上承式拱桥。拱片的立面可以做成实体拱片，也可以挖空做成桁架式拱片，如

图 16-139 所示。根据桥梁宽度的不同，拱片拱桥横向可由两片或两片以上的拱片组成，并由横向联结系将各拱片联成整体，共同受力。行车道板支承在拱片上。拱片拱桥（又称拱片桥）也可做成无铰的、两铰的或三铰的型式，拱的推力由墩台承受。

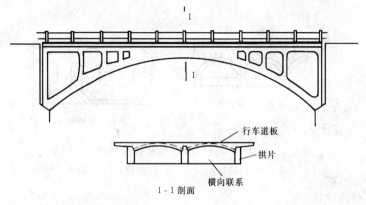

图 16-139 拱片拱桥

(2) 主拱圈的截面型式

通常按主拱圈的截面型式可将拱桥分为板拱桥、肋拱桥、双曲拱桥、箱形拱桥四种。

1) 板拱桥

板拱桥是最古老的拱桥型式，它的主拱圈截面是整块的实心矩形截面，见图 16-140（a）。板拱桥构造简单，施工方便，因此至今仍在使用。但是，在截面积相同的条件下，由于实心矩形截面较其他型式截面的截面抵抗矩小，因此在弯矩作用下的材料强度没有得到充分利用，故采用板拱是不太经济的。通常，只在地基条件较好的中小跨径圬工拱桥中才采用板拱截面。有时为了减小主拱圈的截面高度，使拱桥显得轻巧美观，又可简化施工，在跨径 100m 以下的混凝土拱桥中，也常采用板拱截面。

2) 肋拱桥

为了在相同截面积条件下获得较大的截面抵抗矩，于是将实心矩形截面划分成两条（或多条）分离的肋，以加大主拱的高度，肋与肋之间由横系梁相连结，这就形成了由几条拱肋组成的拱桥，称为肋拱桥见图 16-140（b）。肋拱桥的拱肋可以是实心截面、箱形截面或桁架截面。拱肋可以采用混凝土、钢筋混凝土或钢材等建造，也可以由石料砌筑拱肋，形成石肋拱桥，最大跨径的石肋拱桥为湖南乌巢河大桥，其跨径为 120m。

由于肋拱桥较多地减轻了拱体重力，一般比板拱经济，由于在内力中由活载产生的内力占较大比例，故宜用钢筋混凝土建造，肋拱桥构造比板拱桥复杂，多用于大中跨径拱桥中。

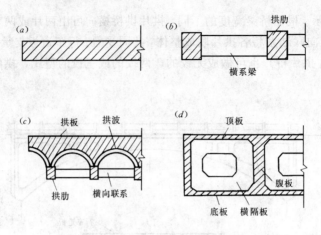

图 16-140　主拱圈横截面型式
(a) 板拱；(b) 肋拱；(c) 双曲拱；(d) 箱形拱

3) 双曲拱桥

双曲拱桥的主拱圈横截面由数个横向小拱组成，使主拱圈在纵向（桥轴线方向）和横向（桥宽方向）均呈曲线形，故称为双曲拱桥，见图 16-140 (c)。在相同截面面积的情况下，双曲拱截面的抵抗矩比实心板拱的大得多，因此可节省材料，减小结构自重，特别是双曲拱桥施工时预制构件分得细，吊装质量轻。双曲拱桥在公路桥梁上得到了广泛的应用，最大跨径达到 150m，见表 16-28。但由于主拱圈截面划分过细，截面的整体受力性能较差、也易开裂，因此双曲拱桥只宜在中小跨径拱桥中采用。

4) 箱形拱桥

将实心板拱截面挖空形成箱形截面的拱桥，称为箱形拱桥（或空心板拱桥），见图 16-140 (d)。由于箱形截面比相同截面积的实体板拱截面的截面抵抗矩大得多，因而大大减小了弯曲应力，节省材料较多。又由于箱形拱桥的主拱圈截面是闭合截面，截面抗扭刚度大，横向整体性和结构稳定性均较好，故特别适用于大跨径无支架施工。但箱形截面施工制作较麻烦。由于箱形截面良好的力学性能，箱形拱桥是国内外大跨径钢筋混凝土拱桥主拱圈截面的基本型式，见表 16-27 表 16-28。

16.5.2　拱桥的构造

这里仅讲述桥面系位于桥跨结构上面的上承式拱桥的构造。上承式拱桥可分为两类：一类是普通的上承式拱桥，另一类是整体式上承式拱桥。普通的上承式拱桥由主拱圈、拱上传载构件（或填充物）、桥面系组成。主拱圈是主要承重结构，属简单体系拱桥。整体式上承式拱桥则是由主拱片（由主拱圈与拱上传载构件组成的整体结构）、桥面系组成，主拱片是主要承重结构，见图 16-139。下面仅讲述普通上承式拱桥的构造。

1. 主拱圈的构造

普通上承式拱桥的主拱圈截面型式有板拱、板肋拱、肋拱、箱形板拱、箱形肋拱、双曲拱等多种。

(1) 板拱

按板拱所用的材料，可分为石板拱、混凝土板拱和钢筋混凝土板拱等。

1) 石板拱的构造

石板拱具有悠久的历史，由于它构造简单、施工方便、造价低，在盛产石料的地区它是中小跨径拱桥的主要桥型，按照砌筑主拱圈的石料规格，又可分为料石板拱、块石板拱、片石板拱和乱石板拱等。

用于砌筑主拱圈的石料应石质均匀、不易风化、无裂纹。石料标号不得低于30号，拱石形状应根据跨径大小和当地石料供应情况分别采用。为便于拱石的加工及确保砌筑符合主拱圈的构造要求，需对拱石进行编号。对于等截面圆弧拱，因截面沿拱轴线方向相等，又是同心圆，故拱石规格少，编号简单。当采用变截面悬链线拱时，由于沿拱轴线主拱圈截面变化，曲率半径变化，故拱石类型多，编号复杂。对于等截面悬链线拱，因主拱圈内外弧线与拱轴线平行，拱石编号得以简化，还可采用多心圆弧线代替悬链线放样，见图16-141。

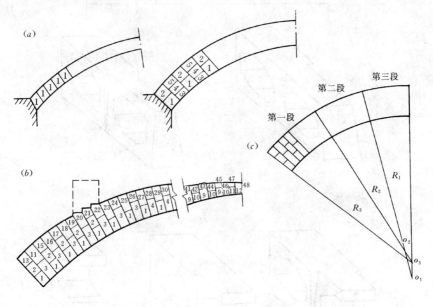

图 16-141 石板拱拱石编号
(a) 圆弧拱；(b) 变截面悬链线拱；(c) 等截面悬链线拱

根据主拱圈主要承受压力，弯矩是次要的受力特点和需要，石板拱主拱圈砌筑时应满足以下几个构造要求：1) 错缝，2) 限制砌缝宽度，3) 设置五角石。具体要求可参见《公路施工手册》的《桥涵》分册中有关拱桥的章节。

2）混凝土板拱的构造

a. 素混凝土板拱

在缺乏合格天然石料的地区，可用素混凝土建造板拱桥。混凝土板拱可采用整体现浇，也可采用预制块砌筑。整体现浇建成的板拱桥，主拱收缩应力大，对受力不利，且拱架和模板材料用量多，费工，施工工期也长，施工质量不易保证，故较少采用。用预制块砌筑是将板拱划分成若干块件（见图16-142），先预制混凝土块件然后把预制块件砌筑成拱。预制块件的混凝土标号一般采用15号～25号，砌筑块件的砂浆标号采用7.5号～10号。为节省水泥用量，在预制混凝土块件时可掺入不多于25%的片石，做成片石混凝土砌块，片石标号应不低于25号，并将棱角敲去分层掺入混凝土中。预制块件在砌筑前应有足够的养护期，以消除或减小混凝土收缩的影响。

b. 钢筋混凝土板拱

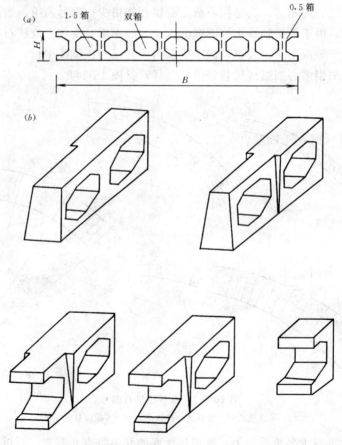

图 16-142 预制块砌筑的混凝土板拱桥

(a) 素混凝土空心板拱砌块的横向划分；(b) 砌块外形

钢筋混凝土板拱与石板拱相比，具有构造简单、外表整齐、可设计成最小的板厚及轻巧美观等特点。钢筋混凝土板拱可根据不同桥宽做成单条整体拱圈或多条平行板拱圈（肋），拱圈之间可不设横向连接件，如图16-143所示。借此可反复利用一套较窄的拱架和模板完成整座拱桥的施工。

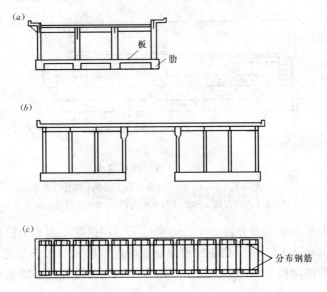

图 16-143 钢筋混凝土板拱横截面
(a) 肋形板拱；(b) 分离式板拱；(c) 板拱配筋

钢筋混凝土板拱的配筋应按计算需要和构造要求确定。主拱圈纵向配置拱形的受力钢筋，即主筋，其最小配筋率为 0.2%～0.4%，通常上、下缘对称通长布置，以适应主拱圈各截面弯矩的变化。主拱圈横向配置与受力钢筋相垂直的分布钢筋和箍筋，分布钢筋设在纵向主筋的内侧，箍筋应将上、下主筋连系起来，以防止主筋在受压时发生屈曲和在拱腹受拉时发生外崩，箍筋沿半径方向布置（垂直于拱轴线），在拱背的间距应不大于 150mm，如图 16-143c 所示。无铰拱的纵向主筋应锚固在墩台帽中，其锚入长度应不小于拱脚截面高度的 1.5 倍。

（2）板肋拱

板肋拱的主拱圈截面由板和肋组成，如图 16-144 所示。

按所用的结构材料，板肋拱有石砌板肋拱和钢筋混凝土板肋拱等型式。石砌板肋拱的特点是主拱圈截面下缘全宽是板，在较薄的板上砌筑石肋，使主拱圈具有更大的抗弯刚度。石砌板肋拱常用小石子混凝土砌块和片石砌成，其构造要求与石板拱相同。钢筋混凝土板肋拱根据主拱圈弯矩的分布情况，在跨径中部，可将肋布置在板下面，而在拱脚区段，将肋布置在板的上面，但实际上为了简化模板和钢筋工作，往往沿整个拱跨将肋都布置在主拱圈的上面或都在下面。

（3）肋拱

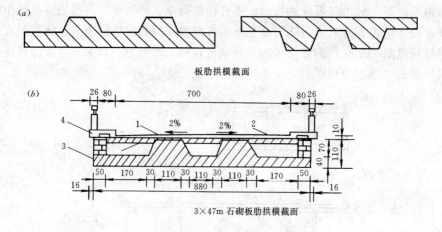

图 16-144 板肋拱横截面
1—200号混凝土桥面；2—100号小石子混凝土砌片石腹拱；
3—200号小石子混凝土砌块片石主拱圈；4—200号混凝土路缘石

主拱圈由两条或多条分离、平行的窄拱圈（即拱肋）组成的拱桥，称为肋拱桥，如图 16-145 所示。可以把肋拱看成是板肋拱将肋间的板全部挖去而成，为了保证各拱肋的横向稳定性和整体受力，需在拱肋之间设置足够数量和一定刚度的横系梁。

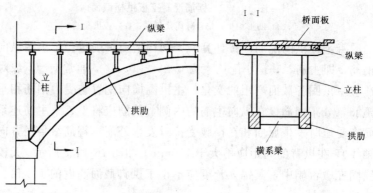

图 16-145 肋拱桥

肋拱比板拱质量轻，由恒载产生的内力小，而由活载产生的内力增大，可充分发挥钢筋等材料的受力性能，具有良好的经济性，故肋拱桥已在大中跨径拱桥中广泛采用，并逐渐取代板拱。

拱肋是肋拱桥的主要承重结构，通常由混凝土或钢筋混凝土做成。拱肋的数目和间距以及拱肋的截面型式主要根据桥梁宽度、所用材料、施工方法和经济性等条件综合考虑来确定。在吊装能力许可时，一般宜采用数量较少的拱肋，使构造简单，外观清晰。通常，桥宽在 20m 以内时均可考虑采用双拱肋式（双肋式），当桥宽在 20m 以上时，为了避免因拱肋中距增大而使肋间横系梁、拱上结构的跨度和尺寸增大太多，可采用三肋、多肋或分离的双肋拱。对于三肋式拱，由于其受力较复杂，且中间一根拱肋长期处于高负荷状态，实际已很少采用。为了保证肋拱桥的横向整体稳定性，肋拱桥两侧拱肋最外缘的间距一般不宜小于跨径的 1/20。

拱肋的截面型式可分为实体矩形、工字形、箱形和管形等，如图 16-146 所示。

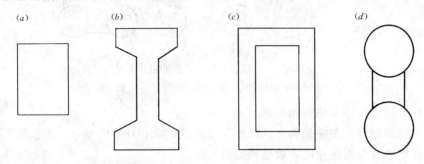

图 16-146　肋拱桥的拱肋截面型式
(a) 实体矩形；(b) 工字形；(c) 箱形；(d) 管形

矩形截面拱肋构造简单、施工方便，但在弯矩作用时不能充分发挥材料的作用，经济性差，一般仅用于中小跨径的肋拱桥中。初拟尺寸时，矩形截面拱肋的肋高约取跨径的 1/40～1/60，肋宽可取肋高的 0.5～2.0 倍。

工字形截面的核心距比矩形截面大，具有更大的抗弯能力，因而常用于大、中跨径的肋拱桥中。工字形拱肋截面的肋高一般取为跨径的 1/25～1/35，肋宽约为肋高的 0.4～0.5 倍，腹板厚度常采用 0.3～0.5m。

管形拱肋采用钢管混凝土作为拱肋，又称钢管混凝土肋拱桥。钢管混凝土肋拱断面中钢管的直径、根数和布置型式等应根据拱桥跨径、桥宽及受力等具体条件确定。一般有单管式、双管式（哑铃形）和四管式（梯形、矩形），见图 16-147。钢管混凝土具有强度高、质量轻、延性好、耐疲劳和抗冲击性能好等优点，已省去在中承式、下承式拱桥中广泛采用，并开始在上承式拱桥中采用。

矩形截面肋拱和工字形截面肋拱的配筋应综合考虑受力和施工的要求。当采用支架现浇时，若按素混凝土计算能满足要求，则仅按构造要求进行配筋。否则，应按钢筋混凝土结构进行计算和配筋。当采用无支架吊装时，若按素混凝土拱验算已能通过的，则其纵向受力钢筋主要按吊装施工阶段受力计算确定，否则，应同时考虑吊装施工和使用阶段的要求配筋。纵向主筋一般上下对称通长布置，并弯制成拱形。对于无铰拱，拱肋中的纵向主筋应与墩台可靠锚固，其锚入深度应满足：矩形肋不小于拱脚截面高度的 1.5 倍，工字形肋不小于拱脚截面高度的一半。其余钢筋按构造要求设置。工字形截面的翼板和腹板中的箍筋应分别设置。箍筋在拱轴方向的间距必须满足规范要求。

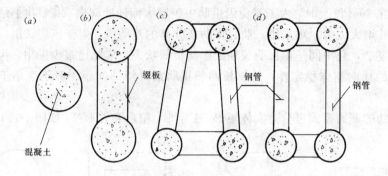

图 16-147 钢管混凝土拱拱肋截面型式
(a) 单管式；(b) 双管式；(c) 梯形四管式；(d) 矩形四管式

(4) 箱形板拱（简称箱形拱）

主拱圈截面由多室箱构成的拱称为箱形拱，如图 16-148 所示。由于箱形拱主拱圈截面外观与板拱相同，故也称为箱形板拱。

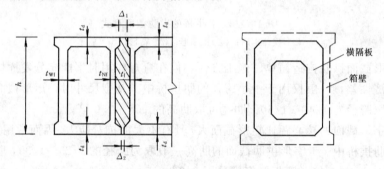

图 16-148 箱形板拱主拱圈截面构造及尺寸

箱形板拱通常采用预制拼装施工，也可采用转体施工或劲性骨架施工法。采用预制拼装施工过程为：1) 将多室箱的主拱圈截面沿横向划分为多个箱形肋，在纵向（桥跨方向）将箱形肋分成数段（3 段、5 段或 7 段），并预制各箱肋段，2) 安装各箱肋段成拱，并现浇各箱肋间的填缝混凝土形成箱形板拱。采用转体施工时，箱形拱主拱圈则在陆地上或支架上现浇、或拼装一次形成。采用劲性骨架法（或称刚性骨架法）施工时，箱形拱主拱圈在骨架上逐步现筑而成。

箱形板拱的主拱圈可以由多条 U 形肋、多条工字形肋或多条闭合箱肋组合而成，见图 16-149。由于闭合箱肋可以采用干硬性混凝土卧式预制，节省大量模板、工效高，特别是闭合箱肋抗弯、抗扭刚度大，吊装稳定性好，因此箱形板拱目前主要采用闭合箱肋的组合方式。

对于不能采用预制吊装的特大跨拱桥，其箱形板拱一般采用单箱多室截面，如跨径 420m 的重庆万县长江大桥就是采用单箱三室截面，利用钢管混凝土劲性骨架，分段分环现浇逐步形成单箱三室的主拱圈截面，如图 16-150 所示。

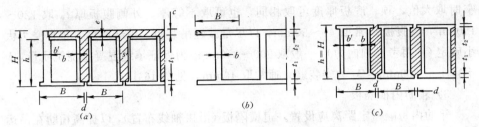

图 16-149　箱形板拱主拱圈截面组合方式

(a) U 形肋组合箱形截面；(b) 工字形肋组合箱形截面；(c) 闭合箱肋组合箱形截面

图中：阴影线所示为现浇混凝土部分；H—拱圈总高度；B—预制拱箱宽度；h—预制拱箱高度；b—中间箱壁厚度 80mm～100mm；b'—边箱箱壁厚度；t_1—底板厚度 100mm～140mm；t_2—顶板厚度 100mm～120mm；

e—盖板厚度，60mm～80mm；c—拱箱上现浇混凝土厚度 100mm～150mm；d—相邻两箱下缘间净空 40mm～50mm；s—箱壁间净距，100mm～150mm

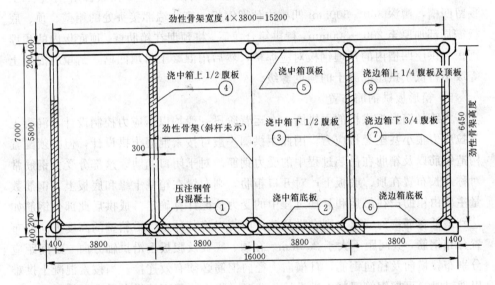

图 16-150　万县 $l_0=420$m 箱形板拱桥主拱圈截面形成步骤（单位：mm）

1) 箱肋宽度

箱肋是组成预制拼装施工的箱形板拱桥的基本构件，在拱圈宽度确定后，横向划分成几个箱肋，主要取决于吊装设备的能力。拱圈宽度一定时，如果单个箱肋宽度大则箱肋数少，横向接缝也少，主拱圈整体性就强，单箱肋安装时的横向稳定性也好，但起吊质量增大。设计时应充分考虑施工设备和吊装能力。箱肋宽度一般取 1.2m～1.7m。

2) 箱形板拱的尺寸

对于常用的由多条闭口箱肋组成的箱形板拱桥，其顶、底及腹板的厚度主要与跨径和荷载有关，一般顶、底板厚度 t_d 取 150mm～220mm，在跨径大、拱圈窄时取大值，顶、底板厚度可取相同，也可取不等厚。外侧腹板厚 t_{wf} 取 $120\sim$ $150mm$，内腹板 t_{Nf} 常取 $40\sim50mm$，以尽量减轻吊装重。填缝厚度 t_f 根据受力大小确定（主要考虑轴向力），一般取 $200\sim350mm$。为保证填缝混凝土浇筑质量，Δ_1 不宜小于 $200mm$，Δ_2 为安装缝，通常取 $40mm$，见图 16-148。

3）箱肋内横隔板

箱肋内每隔一定距离应设置一道横隔板（沿拱轴线布置），以提高箱肋在吊运及使用阶段的抗扭能力，加强箱壁的局部稳定性。一般每隔 $3m\sim5m$ 设一道横隔板，厚度为 $60\sim80mm$，注意在预制箱肋段的端部、吊装扣点及拱上腹孔墩（或立柱）处必须设置箱肋内横隔板。

4）箱肋接头

箱肋分段预制，吊装成拱时，段与段之间一般采用角钢顶接接头，接头处的箱壁、顶底板需局部加厚。无铰拱的拱脚与墩台的接头，一般在墩台帽（拱座）上预留凹槽，槽深 $300\sim500mm$ 凹槽内预埋钢板，箱肋端部接头处的箱壁、顶、底板需局部加厚至 $200\sim300mm$，待拱箱合龙后，将预埋在箱肋壁、顶底板内的预埋钢板与拱座凹槽内的预埋钢板对应焊接，然后用混凝土封填凹槽，封填的混凝土等级不得低于拱座混凝土的强度等级。

5）箱形板拱钢筋布置

大跨径箱形板拱桥的主拱圈，在运营阶段一般均以压应力控制设计，混凝土的拉应力很小甚至无拉应力，因此主拱圈一般可按素混凝土拱设计，但必须配置构造钢筋以及箱肋在吊装过程中的受力钢筋。对于闭口箱肋，这部分受力钢筋常对称通长布置在顶、底板上；对开口箱肋，则布置在箱壁上缘和底板上。钢筋数量主要由箱肋段在吊运和悬挂过程中的受力情况计算确定。成拱后此部分钢筋如达到最低含筋率的要求，则在拱的验算中可以将其计入。沿箱壁的高度方向应布置分布钢筋，其间距不大于 $250mm$。在顶、底板及腹板上沿拱轴方向一定间距应分别布置横向及径向钢筋，且横向、径向钢筋必须有效连接。当按素混凝土拱难以通过时，可按钢筋混凝土拱设计，此时，主拱圈截面的纵向受力钢筋除满足使用阶段的受力要求外，还要保证施工阶段（吊装时）的受力需要。

（5）箱形肋拱

拱肋截面采用箱形截面的肋拱桥称为箱形肋拱桥，它属于肋拱桥的一种。也可看成是由箱形板拱去掉部分箱肋而形成。所以，它具有箱形板拱的所有优点，而且比箱形板拱更节省混凝土，这不仅减轻了自重，也相应减少了墩台圬工工程量，降低了全桥造价。

1）箱形拱肋

与肋拱桥一样，箱形肋拱桥也可由双肋或多肋组成，肋间需设横系梁形成整体。拱肋有单箱肋、双箱肋或多箱肋等型式，如图 16-151 所示。

箱形肋拱在横桥向采用双肋还是多肋主要根据桥宽、肋型、材料性能、荷载

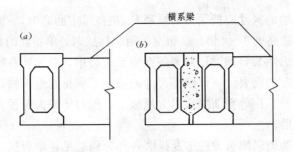

图 16-151 箱形肋拱横截面
(a) 单箱拱肋（单箱肋）；(b) 双箱拱肋（双箱肋）

等级、施工条件、拱上建筑及技术经济等因素决定，通常宜采用少肋型式。一般当桥宽在 20m 以内时均可采用双肋式；桥宽大于 20m 时，可采用三肋或四肋式，以避免由于肋中距过大而使肋间横系梁、拱上立柱及盖梁尺寸增大太多。但是由于多肋拱受力复杂，且中间肋长期处于高负荷状态，故实际较少采用。高速公路上桥宽较大的拱桥，可采用两座分离的双肋式箱形肋拱桥。表 16-29 列出了我国已建成的部分箱形肋拱桥资料。

部分箱形肋拱桥设计资料　　　　表 16-29

桥名	跨径(m)	桥宽(m)	拱肋型式	肋数	单条箱肋宽/高(cm)	单条箱肋宽跨比	拱肋宽 肋中距(cm)	拱肋高跨比
四川武胜嘉陵江大桥	130	13	双箱肋	双肋	140/200	1/92.8	280	1/65
重庆合川涪江大桥	120	26	双箱肋	分离式双肋	145/220	1/82.7	290/690	1/54.5
四川苍溪嘉陵江大桥	105	13	双箱肋	双肋	145/175	1/72.4	290/640	1/60
四川内江沱江大桥	100	24	四肋	双肋	140/170	1/71.4	560	1/58.8
重庆忠县钟溪大桥	100	9	单箱肋	双肋	160/160	1/62.5	160	1/62.5
广西柳州静兰大桥	90	16	双箱肋	双肋	107/170	1/84.1	214/800	1/52.9

箱形肋拱的拱肋由单箱肋构成时，肋宽较小，与拱上立柱尺寸较为协调，结构轻盈美观，箱肋一次预制（或现浇），故整体性好，施工方便。但箱肋吊装时质量大，为减轻吊装重，可先预制顶板厚度仅为 60~80mm 的箱肋，待吊装成拱后再现浇其余部分顶板混凝土。

对由双箱肋或多箱肋构成的拱肋，其构成方法和构造要求基本与箱形板拱相同。当吊装能力不足时，可采用与上面相同的方法，即箱肋顶板是装配整体式的。

箱形肋拱拱肋的尺寸应按受力需要确定,初步拟定肋高时,一般取跨径的1/50～1/70,肋宽取肋高的1～2倍。拱肋由单箱肋构成时,单箱肋的尺寸,不仅要考虑使用阶段的受力需要,同时还要考虑在施工过程中,单箱肋在吊运、悬挂和成拱时的强度和稳定的需要。具体细部尺寸的拟定可参见箱形板拱。

箱形肋拱通常采用等截面型式以方便施工,但对于特大跨径箱形肋拱桥,也可采用变截面拱肋。

箱形肋拱拱肋内横隔板的构造及拱肋各部分构造见箱形板拱。

2) 横系梁

箱形肋拱拱肋间的横系梁,不仅具有增强肋拱桥横向整体稳定性的作用,还起横向分布荷载的作用,因此,横系梁应具有足够的强度和刚度,并与拱肋刚性连结。

横系梁通常采用钢筋混凝土的,断面型式如图16-151。

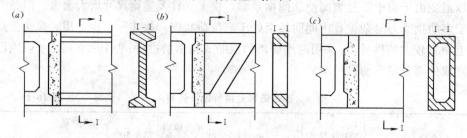

图 16-152 箱肋拱的横系梁
(a) 工字形;(b) 桁片;(c) 箱形

桁片式横系梁质量轻,安装方便,但预制较复杂,且在拱轴切平面内的刚度较小。箱形横系梁在拱轴切平面和法平面内的刚度均较大,对提高肋拱桥横向稳定性很有利。

横系梁的截面尺寸需根据构造要求及拱的横向稳定需要来确定,一般横系梁高度与拱肋高度相同,短边尺寸应不小于其长度的1/15。箱形截面横系梁的壁厚常用80～100mm。钢筋混凝土横系梁通常按构造要求配筋。

横系梁与拱肋的连接可以采用预埋钢板焊接连接。为确保与拱肋固结,最好采用湿接头,即分别在拱肋侧面与横系梁端头预留连接钢筋,待横系梁安装就位后焊接钢筋并现浇接缝混凝土,接缝宽度通常为300mm。

采用工字形横系梁时,工字形的腹板应与拱肋内横隔板相对应,上下翼板应与箱肋拱的顶、底板相对应,在对应位置都应预留连接钢筋。采用箱形横系梁时,其顶、底板应与箱肋拱的顶、底板对应,由于箱形横系梁具有两个腹板,要求箱肋拱在与横系梁连接处设置两个内横隔板,并与横系梁腹板对应。同时在对应位置应预埋连接钢板。对于桁片式横系梁,仅需在横系梁上下弦与箱肋拱顶、底板对应位置处预留连接钢筋。

肋间横系梁的平面位置，应与拱上立柱对应，其空间位置应使横系梁纵平面与该处拱轴线的法平面一致。

(6) 双曲拱

双曲拱桥的主拱圈在桥纵向和横向均呈曲线形。施工时将主拱圈划分成拱肋、拱波、拱板及横向连系梁或横隔板四部分，先预制拱肋、拱波和横向连结系，将钢筋混凝土拱肋吊装成拱并与横向连结构件组成拱形框架，以此作为施工支架在拱肋间安装拱波，然后在其上现浇拱板混凝土形成主拱圈。所以双曲拱桥主拱圈的特点是先化整为零，再集零为整以适应无支架或少支架施工及无需大型起吊设备的情况。

拱肋截面可为倒T形L形、工字形、槽形或开口箱形等，见图16-153。拱波一般由素混凝土预制成圆弧形，厚度为60～80mm，跨径由拱肋间距确定。拱板采用现浇混凝土，以使拱肋、拱波结合成整体。

双曲拱桥从横截面看相当于肋板拱桥。由于主拱圈由几部分按一定施工顺序组合而成，因此截面受力复杂、整体性差，不少双曲拱桥都出现了较为严重的开裂，使承载能力受到影响，故目前较少采用。

2. 拱上建筑的构造

桥面系和设置在主拱圈与桥面系之间传递荷载的构件（或填充物）统称为拱上建筑或拱上结构。桥面系包括行车道、人行道及栏杆等。

拱上建筑是拱桥的组成部分，选择拱上建筑的构造型式时，不仅要考虑桥型美观、更要考虑与主拱圈受力及变形的适应性。因

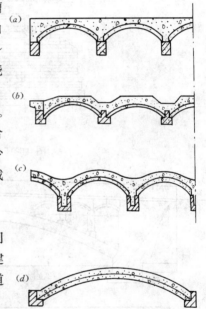

图16-153 双曲拱桥主拱圈截面型式
(a)、(b)、(c) 多肋多波截面型式；
(d) 双肋单波截面型式

为在普通的上承式拱桥中，虽然不考虑拱上建筑参与主拱圈受力，但它与主拱圈连在一起，使得拱上建筑在一定程度上会约束主拱圈由于温度变化、混凝土收缩等因素引起的变形，而主拱圈的变形又将在拱上建筑中产生附加内力。

拱上建筑的型式一般可分为实腹式和空腹式两大类，如图16-154、图16-155所示。

(1) 实腹式拱上建筑

实腹式拱上建筑由拱腹填料、侧墙、护拱、变形缝、防水层、泄水管及桥面系等组成，见图16-154。由于实腹式拱上建筑构造简单，施工方便，但填料数量

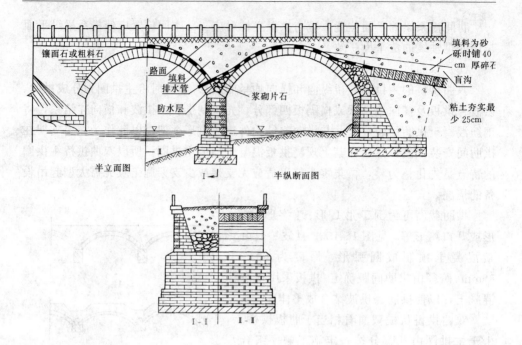

图 16-154 实腹式拱桥

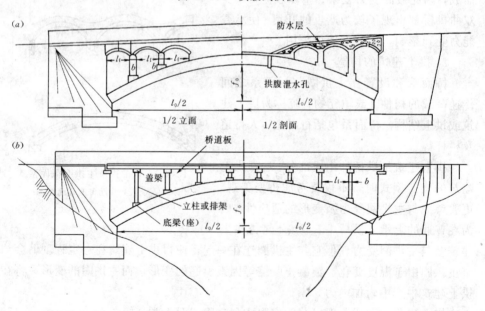

图 16-155 空腹式拱桥
(a) 拱式腹孔；(b) 梁式腹孔

较多，恒载较大，所以一般用于小跨径的板拱桥中。

1) 拱腹填料

拱腹填料分为填充式和砌筑式两种。填充式拱腹填料应尽可能就地取材，通常采用透水性好、土侧压力小、成本较低的砾石、碎石、粗砂或卵石夹粘土等材料，并加以分层夯实。当地质条件较差，要求减轻拱上建筑质量时，可采用其它轻质材料作为拱腹填料，如炉渣与粘土的混合物、陶粒混凝土等。当散粒材料不易取得时，可改为砌筑式，即用干砌圬工或浇筑低强度等级混凝土作为拱腹填料。

2) 侧墙

侧墙的作用是挡住拱腹上的散粒填料，它设在主拱圈横桥向两侧。一般由浆砌块石或浆砌片石砌筑而成。有时为了美观可用料石镶面。

当主拱圈为混凝土或钢筋混凝土板拱时，也可采用钢筋混凝土护壁式侧墙。这时侧墙可以和主拱圈整体浇筑在一起，侧墙内应按计算配置竖向受力钢筋，并伸入主拱圈内一定长度（锚固长度）。当拱腹填料采用砌筑式时，可不设侧墙，但需将外露表面用砂浆饰面或镶面。

侧墙一般要求承受拱腹填料的侧向压力和车辆荷载作用下的附加侧向压力，需按挡土墙设计。对于浆砌块、片石侧墙，通常墙顶厚度取 500~700mm，向下逐渐增厚，侧墙与主拱拱背相交处的厚度可取该处侧墙高度的 0.4 倍。

3) 护拱

护拱常用浆砌块、片石砌筑，设于拱脚处，以加强拱脚段的主拱圈。在多孔拱桥中护拱还方便了防水层和泄水管的设置。

(2) 空腹式拱上建筑

空腹式拱上建筑由多孔腹孔结构和桥面系两部分组成。多孔腹孔结构可采用拱式腹孔或梁式腹孔，分别见图 16-155 (a) 和 (b)。因此空腹式拱上建筑又有拱式和梁式两种型式。

1) 拱式拱上建筑

拱式拱上建筑构造简单，外观美观，但自重较大，对地基条件要求也高，故一般用于圬工拱桥中。

a. 拱式腹孔

拱式腹孔应对称布置在主拱圈上建筑高度所容许的自拱脚到拱顶的一定范围内，一般每半跨的腹孔长度不宜超过主拱跨径的 1/3~1/4。腹孔跨数应随主拱跨径的不同而不同，对于中小跨径的拱桥，一般以 3~6 孔为宜。目前也有采用全空腹式的，即在全拱长度上用拱式腹孔（也称腹拱）连续跨越，不设跨中实腹段。

腹拱跨径应合理确定。腹拱跨径过大，虽能减轻拱上建筑自重，但腹孔墩处集中力也大，对主拱圈受力不利。腹拱跨径过小，减轻拱上建筑自重不多，构造也较复杂。对于中小跨径拱桥，腹拱跨径一般采用 2.5~5.5m 为宜。对于大跨径拱桥则控制在主拱跨径的 1/8~1/15 之间，其比值随主拱跨径的增大而减小。腹拱宜做成等跨，构造宜统一，以便于施工并有利于腹孔墩的受力。

腹拱圈一般采用板拱型式，石拱桥采用石砌腹拱圈，混凝土拱桥多采用混凝土腹拱圈。矢跨比常用1/2～1/5,腹拱圈也可采用矢跨比为1/10～1/12的微弯板或扁壳结构。腹拱圈的拱轴线大多采用圆弧线以方便设计与施工。

腹拱圈的厚度,当腹拱跨径小于等于4m时,石板拱为300mm,混凝土板拱为150mm(钢筋混凝土板拱厚度可更薄),微弯板为140mm(其中预制厚度60mm,现浇80mm)。当腹拱跨径大于4m时,腹拱圈厚度可按板拱厚度经验公式计算或参考已成桥资料确定。

b. 腹孔墩

腹孔墩由底梁、墩身和墩帽组成。腹孔墩可采用横墙式或排架式。横墙式腹孔墩采用墙式实体墩身,施工简便,节省钢材,但自重较大,常使用在地基条件较好及河流中有漂浮物时。横墙通常用圬工材料砌筑或由混凝土现浇而成。为了节省材料、减轻自重、并便于人员在拱上建筑上通行,可沿墙横向设置一个或几个孔,如图16-154(*a*)所示。横墙的厚度,当为浆砌块、片石横墙时,不宜小于600mm,现浇混凝土横墙时,一般应大于腹拱圈的厚度。

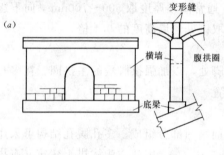

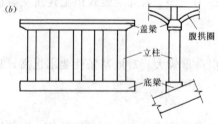

图16-156　腹孔墩
(*a*) 横墙式;(*b*) 排架式

底梁能将横墙传下来的压力较均匀地分布到主拱圈全宽上,其每边尺寸应较横墙宽50mm,底梁高度则以使较矮一侧为50mm～100mm为原则来确定。底梁通常采用素混凝土结构。墩帽宽度宜大于横墙宽50mm,也采用素混凝土。

排架式腹孔墩采用立柱式墩身,墩帽采用倒角矩形截面的钢筋混凝土盖梁,如图16-154(*b*)所示。常用于混凝土和钢筋混凝土拱桥中。排架一般由2根或多根钢筋混凝土立柱组成,立柱较高时各柱间应设置横系梁以确保立柱的稳定,上下横系梁的间距不宜大于6m。立柱下部设置贯通主拱圈全宽的底梁。立柱、盖梁为钢筋混凝土结构按计算要求配筋,底梁则按构造要求配筋,并设置足够的埋入填缝(属主拱圈)混凝土内的锚固钢筋。

立柱沿桥纵向的厚度,一般为250～400mm,沿桥横向的厚度常取大于纵向厚度,一般为500～900mm。对于高度超过10m的立柱,其尺寸应由在拱平面内的纵向挠曲计算确定。立柱可采用现浇,也可预制安装,这时须注意立柱与盖梁以及立柱与底梁的连接接头,一般可采用接头钢筋焊接,再现浇混凝土包住,或在接头处预埋钢板,焊接装配以加快施工速度。立柱与盖梁的接头,可在预制盖梁时，在相应位置留出空洞，待立柱预留钢筋插入洞内后，用高强度等级的砂浆封死。盖梁一般整根预制。

在立面上，腹孔墩一般做成竖直的以便施工。也有采用斜坡式的，坡度不宜超过30∶1。

2) 梁式拱上建筑

采用梁式拱上建筑，既使拱桥造型轻巧美观，又能减轻拱上建筑的自重和地基的压力，能获得更好的经济效果。因此，大跨径钢筋混凝土拱桥一般都采用梁式拱上建筑。梁式腹孔结构有简支的、连续的和连续框架式等多种型式，如图16-157所示。

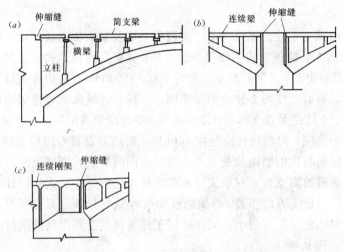

图 16-157 梁式腹孔
(a) 简支腹孔；(b) 连续腹孔；(c) 连续框架腹孔

a. 简支腹孔

简支腹孔由底梁（或称底座）、立柱、盖梁和纵向简支桥道板（或梁）组成见图16-157 (a)。简支腹孔的体系简单，拱上建筑基本上不参与主拱圈受力，故受力明确，是大跨径拱桥采用梁式拱上建筑时的主要型式。

简支腹孔布置的范围与拱式腹孔相同，当主拱圈为板拱时，简支腹孔对称布置在每半跨自拱脚至拱顶的 (1/3～1/4) L 内（L 为主拱跨径）。拱顶段部分为实腹段，其构造与实腹式拱桥相同。腹孔墩采用排架式，立柱常用现浇或预制矩形截面的钢筋混凝土结构，当立柱过高时应在柱间设置横系梁，以满足压屈稳定要求。当立柱截面过大时也可采用空心立柱的型式。立柱下端设底梁以分布立柱的压力。桥道板（或梁）纵向简支在腹孔墩上，其构造型式由腹孔跨径确定。当腹孔跨径在10m以下时，常用钢筋混凝土实心板或空心板；当腹孔跨径在10～20m之间时，常采用预应力混凝土空心板；当跨径大于20m时，一般采用预应力混凝土 T 形截面梁。

拱顶设有实腹段的梁式腹孔，由于拱顶段上面（拱背）全被覆盖，而主拱圈下面（拱腹）裸露，温度变化等因素将对主拱圈受力不利。因此，大跨径拱桥的梁式拱上建筑常取消拱顶实腹段，采用全空腹式拱上建筑，这是对板拱桥而言的。对于肋拱桥，则必须采用全空腹采消式的拱上建筑。因为拱顶截面受力大，故一般拱顶不设立柱，致使腹孔数为奇数。通常先确定两拱脚处的立柱位置，然后将两立柱的间距除以某个奇数，就可确定腹孔跨径及各腹孔墩（立柱）的位置。若得出的腹孔跨径不恰当，可调整孔数直至腹孔跨径合理，必要时也可采用偶数腹孔。

b. 连续腹孔

连续腹孔由拱上立柱、连续纵梁、实腹段垫墙及横向桥面板（梁）组成，如图 16-157(b) 所示。这种型式主要用于肋拱桥。其腹孔跨径的确定与简支腹孔相似。垫墙位于拱肋中部，拱顶处高度一般为 100～150mm，向两边随拱轴变化逐渐增高至腹孔处，垫墙宽度与立柱及纵梁相同。立柱和连续纵梁通常采用装配式钢筋混凝土结构。连续纵梁在支承处（即立柱顶、桥台及垫墙尾端）一般仅设 10mm 厚的油毛毡作为支座，但当腹孔跨径在 10m 以上时则需设置专门的支座。横铺桥道板（梁）应根据肋拱的肋距及受力大小选择不同的型式，原则上同简支腹孔部分，但需按带悬臂的简支板（双肋式）或带悬臂连续板（多肋式）设计。连续腹孔型式使桥面板沿桥宽方向布置（称横铺桥面板），这样拱顶处只有板厚加上桥面铺装厚，使桥梁的建筑高度很小，因此适用于建筑高度受到限制的拱桥。

c. 连续框架腹孔

如果把连续纵梁与立柱刚性连结就形成连续框架腹孔。连续框架腹孔在横桥向应根据需要设置多片，每片间通过系梁形成整体。

3. 拱桥的其他构造

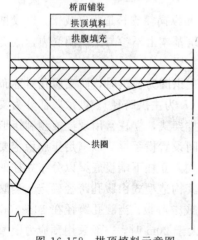

图 16-158 拱顶填料示意图

(1) 拱顶填料、桥面铺装及人行道

1) 拱顶填料

对于实腹式拱桥和采用拱式腹孔的空腹式拱桥，在主拱圈及腹拱圈的拱顶截面上缘以上还要设置一层填料，称为拱顶填料，在它上面再做桥面铺装，其构造如图 16-158 所示。

拱顶填料一方面扩大了车辆荷载的作用面积，同时还可减小车辆荷载对主拱圈的冲击作用。"公桥规"规定，当拱顶填料厚度（包括桥面铺装厚度）等于或大于 500mm 时，设计计算时可不考虑汽车荷载的冲击力。在地基条件很差的情况下，为进一步减轻拱上建筑自重，可减小拱顶填料厚度，甚至不设拱顶填料，直接在拱顶截面上缘以上铺筑混凝土桥面，但注意在行车道边缘的桥面铺装厚度不能小于80mm，并在混凝土铺装内设置钢筋网以分布车轮压力。不设拱顶填料的主拱圈，在设计计算时应计入汽车荷载的冲击力。拱顶填料的选择同拱腹填料。

2) 桥面铺装

拱桥的桥面铺装应根据拱桥所在的公路等级、使用要求、交通量大小及桥型等条件综合考虑确定。一般低等级公路上的中小跨径实腹式拱桥或采用拱式腹孔的空腹式拱桥可采用泥结碎（砾）石桥面铺装，大跨径拱桥及高等级公路上的拱桥应采用沥青混凝土或设有钢筋网的混凝土桥面铺装，而采用梁式腹孔的空腹式拱桥，其桥面铺装的选择与梁桥相同。为便于排水，桥面铺装应设置1.5%～2.0%的横坡。

3) 人行道

公路及城市道路上的拱桥应按需要设置人行道。对于主拱圈为板拱的实腹式拱桥，当设置人行道时，通常将人行道栏杆（宽约150～250mm）悬出，如图16-

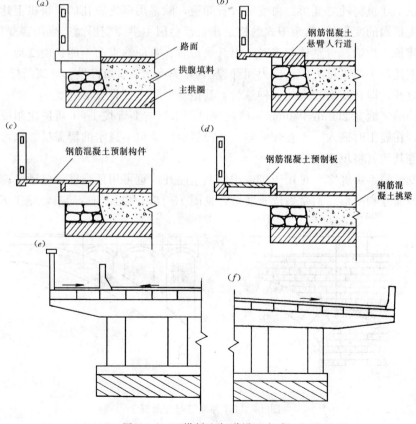

图 16-159 拱桥人行道设置方式

159(a)所示;当不设人行道时,则应设防撞栏杆并悬出50~100mm。对于多孔或大跨径实腹式拱桥,可将人行道部分或全部布置在钢筋混凝土悬臂上。钢筋混凝土人行道悬臂有两种型式,一种是设置单独的悬臂构件,如图16-159(b)、(c)所示;另一种是采用横贯全桥宽的横挑梁,在横挑梁上安装钢筋混凝土人行道板,如图16-159(d)所示。空腹式拱桥采用梁式腹孔时,一般通过拱上立柱盖梁将人行道或部分车行道悬臂挑出,如图16-159(e)、(f)。空腹式拱桥采用拱式腹孔时,人行道的设置方法同实腹式拱桥。

(2) 拱上建筑的伸缩缝和变形缝

普通的上承式拱桥,主拱圈是主要承重结构,拱上建筑不参与主拱圈受力,主要起传递荷载的作用,但由于构造上是连在一起的,因此拱上建筑和主拱圈存在着不同程度的联合作用,为了使主拱圈和拱上建筑的实际受力情况与设计计算时的计算图式相符合,避免拱上建筑开裂,保证桥梁的安全使用,除了在设计计算时作充分的考虑外,还必须采取必要的构造措施,即在拱上建筑上设置伸缩缝和变形缝。

在荷载作用、温度变化和材料收缩等因素影响下,主拱圈因伸缩将上升或下降,拱上建筑将随之变形。由变形分析知道,除采用简支腹孔的拱桥拱上建筑可适应主拱圈的变形外,其余型式的拱上建筑都会因主拱圈变形而产生局部变形,当拱上建筑与桥墩、台整体相连时,因其受桥墩、台的约束而不能自由变形,就会在拱上建筑中产生过大的拉应力而开裂。为了避免开裂,须将拱上建筑与桥墩、台设缝分开,即在变形较大处设伸缩缝,其他变形较小处设变形缝。

伸缩缝缝宽20mm~30mm,缝内填以锯木屑与沥青按1:1质量比制成的预制板,在施工时嵌入,并在伸缩缝上缘设置能活动但不透水的覆盖层。也可用沥青砂等其他材料填塞伸缩缝。

变形缝不留缝宽,可用干砌或用油毛毡隔开,也可用低强度等级砂浆砌筑。

伸缩缝和变形缝通常做成直线形,见图16-160,以使构造简单,施工方便。

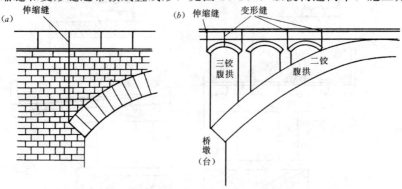

图16-160 伸缩缝与变形缝
(a) 实腹形拱的伸缩缝;(b) 拱式腹孔的伸缩缝和变形缝

伸缩缝和变形缝的位置,对于小跨径实腹式拱桥,伸缩缝通常仅设在两拱脚上方,并在横桥向贯通全桥宽(包括行车道、人行道、栏杆、侧墙等),见图16-160(a)。对于采用拱式腹孔的空腹式拱桥,通常将紧靠桥墩、台的第一个腹拱做成三铰拱,并在紧靠桥墩、台的拱铰上方设置伸缩缝,在其余两拱铰上方设置变形缝,见图16-160(b)。对于特大跨径拱桥,还应将靠近拱顶的腹拱做成两铰拱或三铰拱,并在其上方设置变形缝,使拱上建筑更好地适应主拱圈的变形。对于采用梁式腹孔的空腹式拱桥,通常在桥台和墩顶立柱处设置标准的伸缩缝,而在其余立柱处采用桥面连续构造,见图16-157。

(3) 排水及防水层

拱桥的排水,不仅要求及时排除桥面雨水,而且要求将透过桥面铺装渗入到拱腹内的雨水及时排出桥外。

排除桥面雨水除了要求在拱桥桥面上设置纵、横坡外,还应设置一定数量的泄水管,其构造见图16-161,泄水管的平面布置与梁桥相同。

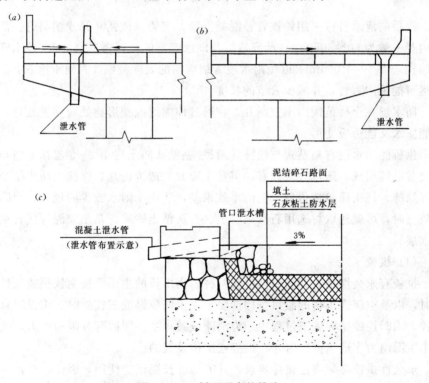

图 16-161 桥面雨水的排除

渗入到拱腹内的雨水应由防水层汇集到预埋在拱腹内的泄水管排出,防水层和泄水管的敷设方式,与上部结构的型式有关。实腹式拱桥的防水层应沿拱背护拱、侧墙铺设。若为单孔可不设泄水管,积水可沿防水层直接流入桥台后面的盲沟,沿盲沟横向排出路堤,见图16-154,若是多孔拱桥,可在1/4跨径处设泄水管见图16-162(a),对于设有拱顶实腹段的拱式腹孔的空腹式拱桥,防水层及泄水管布置见图16-162(b)。全空腹的拱式腹孔的空腹式拱桥,其防水层及泄水管的设置可参照多孔实腹式拱桥。对于跨线桥、城市拱桥和其他特殊拱桥应设置全封闭式的排水系统。

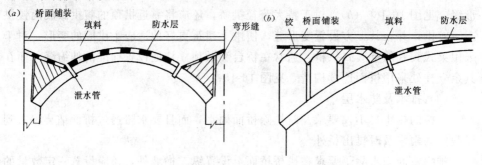

图 16-162 拱腹水的排除

拱桥的泄水管可采用铸铁管、混凝土管、陶瓷(或瓦)管或塑料管。泄水管的内径一般为60～80mm,在严寒地区及雨水丰富的地区需适当加大。泄水管应伸出结构表面50～100mm,以免雨水顺着结构物的表面流淌。为便于泄水,泄水管应尽可能采用直管,并减少管节的长度。

防水层在全桥范围内不宜断开,在通过伸缩缝或变形缝处应妥善处理,使它既能防水又能适应变形。

拱桥的防水层有粘贴式与涂抹式两种。粘贴式防水层由2～3层油毛毡与沥青胶交替贴铺而成,防水效果较好,但费工费时,造价也高。涂抹式防水层则采用沥青涂抹,施工简单造价低,但防水效果差,适用于雨水较少的地区。当防水要求较低时,可就地取材选用石灰三合土、石灰粘土砂浆、粘土胶泥等代替粘贴式防水层。

(4) 拱铰

拱铰有永久性拱铰和临时性拱铰两种。当拱桥的主拱圈按两铰拱或三铰拱设计时,以及空腹式拱桥的腹拱按构造要求采用两铰拱或三铰拱时,需设置永久性拱铰。临时性铰是在施工过程中,为消除或减小主拱圈的部分附加内力,或为了对主拱圈内力作适当调整时才在拱脚或拱顶设置的。

永久性拱铰必须满足设计要求,并能保证长期正常使用,因此,对永久性拱铰要求较高,构造较复杂,造价较高,且需经常养护。而临时性拱铰是施工中暂时设置的,在施工结束时将其封固,所以构造较简单,但必须可靠。

拱铰型式的选择,应按照其所处的位置、作用、受力大小和所使用的材料等条件综合考虑,常用的拱铰有以下几种:

1) 弧形铰

弧形铰可由钢筋混凝土、素混凝土或石料等材料做成。它由两个具有不同半径弧形表面的块件组成,见图16-163,一个为凹面(半径为R_2),一个为凸面(半径为R_1)。R_2与R_1的比值常在1.2～1.5范围内。铰的宽度应等于构件的宽度,铰沿拱轴线的长度取为拱厚的1.15～1.2倍。铰的接触面应精加工,以保证紧密结合。弧形铰由于构造复杂,加工铰面既费工又难以保证质量,故主要用作主拱圈的永久性拱铰。在转体施工的拱桥中,在拱脚处设置的临时拱铰,鉴于它是桥梁施工的关键,故也采用弧形铰。图16-163(b)为净跨30m的两铰双曲拱桥的拱铰构造图。

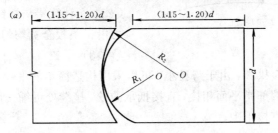

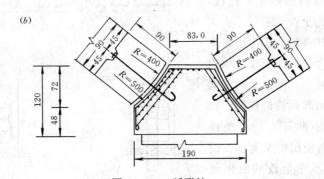

图 16-163 弧形铰
(a) 弧形铰;(b) 铰的构造尺寸

2) 铅垫板铰

铅垫板铰由厚度为15～20mm的铅垫板,外面包锌、铜薄片(厚10～20mm)构成,见图16-164。铅垫板宽度为主拱圈高度的1/4～1/3,在主拱圈宽度上分段

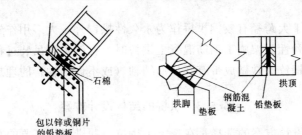

图 16-164 铅垫板铰

设置。铅垫板铰主要用于中小跨径的板拱或肋拱中，可作永久性拱铰，也可作临时拱铰用。

铅垫板铰是利用铅的塑性变形使支承面能自由转动来完成铰的功能的。为了使主拱压力对正铰中心，并能承受剪力，应设置穿过铅垫板中心且不妨碍拱铰转动的锚筋。为提高局部承压能力，应在墩台帽以及邻近铰的拱段内设置螺旋钢筋或钢筋网加强。直接贴近铅垫板铰的主拱圈混凝土强度等级应不低于C25。在计算铅垫板铰时，假定其压力沿铅垫板全宽均匀分布。

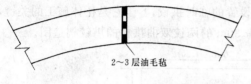

图 16-165 平铰

3) 平铰

空腹式拱桥的腹拱圈，由于跨径小，可以采用构造简单的平铰，如图 16-165。平铰就是两构件的端部是平面相接，直接抵承的铰。接缝处可铺一层低标号砂浆，也可垫衬油毛毡或直接干砌。

4) 不完全铰

对于小跨径或轻型的拱圈，以及空腹式拱桥的腹孔墩柱铰，目前常用不完全铰，它属于永久性拱铰。图 16-166 (a) 为小跨主拱圈的不完全铰，由于铰处拱圈截面急剧地减小，保证了该截面的转动功能而起到铰的作用。在施工时拱圈不断开方便了整体预制吊装，而使用中又能起铰的作用，这是不完全铰的突出优点。由于拱铰处截面突然变小，应力很大容易开裂，故该处必须配置斜钢筋。斜钢筋应根据总的纵向力和剪力由计算确定。图 16-166 (b)、(c) 为腹孔墩柱的不完全铰。

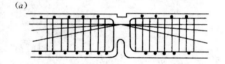
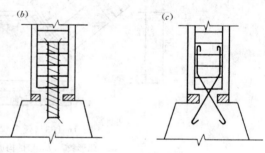

图 16-166 不完全铰

5) 钢铰

钢铰除用于大跨径有铰钢拱桥作为永久性拱铰外，大多用作施工过程中的临时铰。当采用劲性骨架施工钢筋混凝土拱桥时，在钢骨架吊装过程中拱脚处常采用钢铰型式，钢铰通常做成带有圆柱形销轴（或不设销轴）的理想铰型式。

16.5.3 拱桥的结构设计方案

拱桥结构设计方案的选择是在选定了桥位，并进行了必要的水力水文计算和掌握了桥位处的地质、地形等资料后进行的。设计方案是否合理，不仅直接影响桥梁的总造价，而且还对桥梁建成后的使用、维护、管理等带来直接影响。一个好的桥梁设计往往就体现在有一个合理的结构设计方案上。拱桥的结构设计应按适用、经济、安全和美观的原则进行。

1. 桥型选择

拱桥型式多种多样，同一个桥址也可采用不同的桥型，应根据桥梁的使用任务和性质、将来的发展情况、桥址所处位置、当地建筑材料、设计施工的技术和工艺及工程投资等因素综合考虑确定桥型。

对于跨径在100m以内的山区公路桥梁，若桥址附近地区具有丰富的石料资源时，一般以选石拱桥（板拱或肋拱）为宜，以便于地方施工，降低投资。对于跨径大于80～100m的跨河桥，如无法搭设支架施工时，一般采用钢筋混凝土箱板拱或箱肋拱。箱板拱具有设计施工经验成熟、构造简单等优点，但材料用量较箱肋拱大。

公路桥梁从行车效果考虑，以选择上承式拱桥为好，但根据桥面标高、桥梁跨径和桥下净空等因素的综合要求，也可采用中承式或下承式拱桥。对于多跨拱桥还可采用上承式与中承式相相合的桥型。在平原地区及地基较差的地方，常采用无推力的下承式系杆拱桥、三铰拱桥或两铰拱桥，以满足桥下净空要求和简化基础处理。

对于小跨径石拱桥，常采用实腹式圆弧拱桥以简化设计和施工，而对于大中跨径拱桥，一般采用空腹式悬链线拱桥。石拱桥的拱上建筑可采用拱式腹孔，而混凝土或钢筋混凝土拱桥的拱上建筑则以梁式腹孔为主要型式。在地基承载能力较弱时，可考虑采用结构与施工均较复杂的轻型拱桥，如桁架拱桥或刚架拱桥。

对具有水平推力的拱式结构，宜选用单孔结构，但根据河床断面及经济合理性的要求，也可采用多孔型式。建造多孔拱桥时，宜采用等跨连续拱以简化桥墩的处理，必要时也可采用不等跨型式。

2. 总体布置

(1) 桥梁全长和分孔

桥梁的长度必须保证桥下有足够的排洪面积，以能安全宣泄设计洪水流量，并使河床不致遭受过大的冲刷。同时应根据河床允许冲刷的程度，适当缩短桥梁长度以节省工程投资。具体设计时应通过水力水文计算和技术经济等方面的综合比较以确定两岸桥台台口之间的总长度，然后在纵、横、平三个方向综合考虑桥梁与两头路线的衔接，地质地基条件及桥台的施工等因素，确定桥台的位置、型式及尺寸，桥梁的全长也就确定了。

桥梁全长确定后，再根据桥位处的地形、地质等情况，并根据选用的拱桥体系和结构型式及施工条件，确定选择单孔拱桥还是多孔拱桥。若采用多孔拱桥，则需进行分孔。

如何分孔是拱桥结构设计方案中一个比较重要的问题。对于通航河流在确定孔数和跨径时,应分为通航孔和非通航孔分别考虑。通航孔的跨径和通航净空高度应满足航道等级规定的要求,见表 16-30。并与航道部门协商共同确定。通航孔应设在常水位时河床最深处或航行最方便的河域。对于航道可能变迁的河流,必须设置几个通航孔,以保证在主流位置变化后也能满足通航要求。非通航孔或非通航河流可按经济原则分孔,以使桥梁上、下部结构的总造价最低。同时应保证各孔净跨径之和满足设计洪水流量安全通过的要求。

拱式桥梁通航净空尺寸　　　　　　　　　表 16-30

航道等级	驳船等级(t)	船型尺寸(m)（总长×型宽×设计吃水深）	船队尺寸(m)（长×宽×吃水深）	天然及渠化河流(m)			
				净高	净宽	上底宽	侧高
Ⅰ	3000	75×16.2×3.5	350×64.8×3.5	24	160	120	7.0
			271×48.6×3.5		125	95	7.0
			267×32.4×3.5	18	95	70	7.0
			192×32.4×3.5		85	65	8.0
Ⅱ	2000	67.5×10.8×3.4	316×32.4×3.4	18	105	80	6.0
			245×32.4×3.4	18	90	70	8.0
		75×14×2.6	180×14.0×2.6	10	50	40	6.0
Ⅲ	1000	67.5×10.8×2.0	243×32.4×2.0				
			238×21.6×2.0		70	55	6.0
			167×21.6×2.0	10	60	45	6.0
			160×10.8×2.0		40	30	6.0
Ⅳ	500	45×10.8×1.6	160×21.6×1.6		60	50	4.0
			112×21.6×1.6	8	50	41	4.0
			109×10.8×1.6		35	29	5.0
Ⅴ	300	35×9.2×1.3	125×18.4×1.3	8	46	38	4.0
			89×18.4×1.3		38	31	4.5
			87×9.2×1.3	8.5	28～30	25	5.5 3.5
Ⅵ	100	26×5.2×1.8	361×5.5×2.0				
		32×7×1.0	154×14.5×1.0	6	22	17	3.4
		32×6.2×1.0	65×6.5×1.0		18	14	4.0
		30×6.4(7.5)×1.0	74×6.4(7.5)×1.0		18	14	4.0
Ⅶ	50	21×4.5×1.75	273×4.8×1.75	3.5			
		23×5.4×0.8	200×5.4×0.8		14	11	2.8
		30×6.2×0.7	60×6.5×0.7	4.5	18	14	2.8

在布置桥孔时,有时为了避开不利的地质段(如软土层、溶洞、岩石破碎带

等)或深水区而加大跨径。在水下基础复杂、施工困难时,为减少基础工程量,也可考虑采用较大的分孔跨径。对于跨越高山峡谷、水流湍急的河道或宽阔水库的拱桥,建造单孔大跨径拱桥比建造多孔小跨径连续拱桥更经济合理些,但需在条件许可并通过技术经济比较后采用。

分孔时还应考虑施工的方便和可能以及平战结合的要求。通常全桥宜采用等跨或分组等跨的分孔方案,并尽可能采用标准跨径以便于施工和修复,又能改善下部结构的受力及节省材料。分孔时还需考虑全桥的造型和美观,有时它还可能成为一个主要因素予以考虑。

总之,多孔拱桥的分孔是一个复杂而又重要的问题,必须通过以上诸多因素的综合考虑和技术经济等方面的分析比较,才能得到较完美的分孔方案。

(2) 确定拱桥的设计标高和矢跨比

拱桥的设计标高有四个,即桥面标高、拱顶底面标高、起拱线标高和基础底面标高,见图16-167。合理地确定这几个标高是拱桥结构设计方案的又一个重要问题。

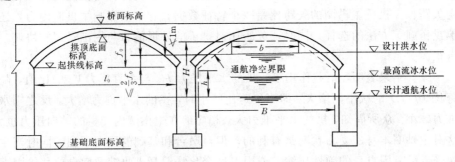

图 16-167 拱桥的设计标高

拱桥的桥面标高一方面要考虑两岸线路的纵断面设计要求,另外还要保证桥下净空能满足泄洪和通航的要求。桥面标高反映了建桥的高度,相同纵坡条件下,桥高会使两岸接线工程量显著增加,桥梁总造价提高,特别是在平原地区。而桥面标高也不能定低了,那会影响正常通航和安全宣泄洪水,造成不可弥补的缺陷。故应综合考虑有关因素合理确定桥面标高。一般来说,山区河流上的拱桥,由于两岸公路路线的位置较高,桥面标高常由两岸线路的纵断面设计控制。跨越平原区河流的拱桥,桥面的最低标高一般由桥下通航及排洪要求控制。对于无铰拱桥,拱脚可以设在设计洪水位以下,但淹没深度不得超过净矢高的2/3,并且在任何情况下,拱顶底面都应高出设计洪水位1.0m。

对于有淤积的河床,桥下净空要求适当加高,桥面标高将相应抬高。对于在河流中有形成流冰阻塞的危险或有漂流物通过时,桥下净空应按当地具体情况确定,确定桥面标高时应予注意。

对于通航河流,通航孔的最低桥面标高,除了满足以上要求外,还应满足通航净空高度的要求,见表 16-30。设计通航水位一般按一定的设计洪水频率(1/20)进行计算,并与航道部门具体协商确定。

桥面标高确定后,由桥面标高减去拱顶处的建筑高度,就可得到拱顶底面的标高。

拟定起拱线标高时,为减小墩台基础底面的弯矩以节省下部结构的圬工用量,一般宜选择低拱脚的设计方案。但对于有铰拱桥拱脚需高出设计洪水位至少 0.25m。为防止冰害,不论是无铰拱桥还是有铰拱桥,拱脚均应高出最高流冰水位至少 0.25m。若拱上建筑采用排架式(立柱式)腹孔墩,则宜将起拱线标高提高,使主拱圈不致淹没过多,以防止漂流物对排架立柱的撞击或挂留。有时从美观考虑,不宜就地起拱应使墩台露出地面以上一定高度。总之,拱桥起拱线标高的确定要综合考虑通航净空、排洪、流冰、拱上建筑型式等条件,并符合"公桥规"的有关规定。

基础标高主要根据冲刷深度、地质条件及地基承载能力等因素来确定。

主拱圈的矢跨比,在拱顶和拱脚标高确定后,根据分孔时拟定的跨径就可确定矢跨比。拱桥主拱圈的矢跨比是一个特征数据,它不仅影响主拱圈内力,还影响拱桥施工方法的选择。同时,矢跨比对拱桥的外形能否与周围景观相协调,也有很大关系。

计算结果表明,恒载作用下,拱的水平推力 H_g 与垂直反力 V_g 的比值,随矢跨比(f/L)的减小而增大。即当矢跨比减小时,拱的水平推力增大,反之则水平推力减小。众所周知,拱的水平推力大,相应地在主拱圈内产生的轴向压力也大,这对主拱圈本身的受力状况是有利的,但对墩台和基础的受力不利。同时当主拱圈受力后,因自身的弹性压缩、或因温度变化、混凝土收缩及墩台位移等因素都会在无铰拱的主拱圈内产生附加内力,对主拱圈不利,而矢跨比愈小,附加内力愈大,对主拱圈就愈不利。在多孔拱桥中,矢跨比小的连拱作用比矢跨比大的显著,对主拱圈也不利。但矢跨比小能增加桥下净空,降低桥面纵坡,施工也有利。当主拱圈矢跨比过大时,因拱脚区段过陡会给拱圈的砌筑或混凝土的浇筑带来困难。因此,在设计时矢跨比的大小应经过综合比较进行合理选择。

通常,对于砖、石、素混凝土拱桥和双曲拱桥,矢跨比取 1/4~1/8,不宜小于 1/8;箱形拱桥的矢跨比一般为 1/6~1/10。但拱桥的最小矢跨比不宜小于 1/12。一般将矢跨比等于或大于 1/5 的拱桥称为陡拱,而矢跨比小于 1/5 的称为坦拱。

(3) 不等跨分孔的处理方法

多孔连续拱桥最好采用等跨分孔的方案。当受到地形、地质、通航等条件的限制,或引桥很长,考虑与桥面纵坡协调一致时,或对桥梁的美观有特殊要求时,也可考虑采用不等跨分孔的方案。如某一座跨越水库的拱桥,全桥长 376m,谷底至桥面高达 80 多 m。根据地形、地质条件和技术经济比较等综合考虑,采用了跨越深谷的主孔跨径为 116m，两边孔均为 72m 的不等跨分孔方案。

由于恒载作用下，不等跨拱桥相邻孔的水平推力不相等，使桥墩和基础承受由两侧主拱圈传来的水平推力不能平衡。这种不平衡的推力不仅使桥墩和基础的受力极为不利，而且在采用柔性墩的多孔连续拱桥中产生连拱作用，使拱桥的计算和构造趋于复杂。为了减小这个不平衡推力，改善桥墩和基础的受力状态，可以采取下列四项措施：

1）采用不同的矢跨比

利用在跨径一定时，矢跨比与水平推力成反比的关系，在相邻两孔中，大跨径采用较陡的拱（矢跨比较大），小跨径采用较坦的拱（矢跨比较小），以使两相邻孔在恒载作用下的不平衡推力尽可能的减小。

2）采用不同的拱脚标高

由于采用不同的矢跨比，使两相邻孔的拱脚标高不在同一水平线上。因大跨径的矢跨比大，拱脚降低，减小了拱脚水平推力对基底的力臂，使大跨与小跨的恒载水平推力对基底产生的弯矩得到平衡，见图 16-168。

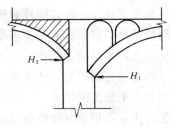

图 16-168 采用不同的拱脚标高

3）调整拱上建筑的重力

在相邻两孔中，大跨采用轻质的拱上填料或空腹式拱上建筑，而小跨采用重质的拱上填料或实腹式拱上建筑，即用增加小跨一孔拱桥的恒载来增大其拱脚的恒载水平推力，使恒载下相邻孔的水平推力得以平衡。

4）采用不同类型的拱跨结构

通常小跨径孔采用板拱结构，大跨径孔采用分离式肋拱结构，以减轻大跨径拱的恒载，从而减小恒载水平推力。有时，为了进一步减小大跨径拱的恒载水平推力，可加大大跨径拱的矢高，做成中承式肋拱桥型式。

在具体设计时，可采用上述几项措施中的一种或几种，如果仍达不到完全平衡两相邻孔在恒载作用下的水平推力，则可设计成体型不对称的，或加大尺寸的桥墩和基础。

3. 拱轴线的选择和确定

拱式结构在竖向荷载作用下，支承处不仅产生竖向反力，还产生水平推力。正是由于水平推力的存在，使拱内的弯矩和剪力大大减小，并使主拱圈主要承受压力。拱轴线的线型不仅直接影响主拱圈截面的内力分布与大小（即主拱的承载能力），而且与结构的耐久性、经济合理性和施工安全性等密切相关。选择拱轴线的原则，就是要尽可能地降低由于荷载产生的弯矩值。最理想的拱轴线是使其与拱上各种荷载作用下的压力线相吻合，这时主拱截面内只有轴向压力，而无弯矩和剪力，于是截面上的应力是均匀分布的，就能充分利用材料的强度和圬工材料良好的抗压性能，这样的拱轴线称为合理拱轴线。事实上，合理拱轴线是不可能获得的。因为主拱圈除承受恒载作用外，还承受活载、温度变化和材料收缩等因素的作用，当取拱轴线与恒载的压力线吻合时，在活载或其他因素作用下就不吻合了。同时相应于活载的各种不同布置，压力线也各不相同。但由于公路拱桥中恒载所占比例大，一般采用恒载的压力线作为设计拱轴线，基本上是适宜的，恒载所占的比例愈大，这种选择就愈合理。对于活载较大的铁路混凝土拱桥，则可考虑采用恒载加一半活载（全桥均布）作用的压力线作为设计拱轴线。但是，即使只有恒载作用，超静定拱桥的主拱圈本身的轴线还将因材料的弹性压缩而变形，致使主拱圈的实际压力线与原来设计所采用的拱轴线发生偏离。因此，在拱桥设计时，要选择一条能够在恒载作用下截面弯矩处处为零的拱轴线也是不可能的。此外，温度变化、材料收缩等影响会使拱轴线变化而产生一定弯矩。因此，拱桥设计时所选择的拱轴线只能要求尽可能地减小主拱圈截面的弯矩，各截面的应力尽可能相近，尽量减小截面拉应力甚至不出现拉应力。选择拱轴线时，除了考虑对主拱圈受力有利以外，还应考虑计算简便，线型美观与施工方便等因素。尤其是采用无支架施工的拱桥，拱轴线的选择还应考虑能满足各施工阶段的要求，并尽可能少用或不用临时性的施工措施等。

目前，拱桥常用的拱轴线线型有以下几种：

（1）圆弧形拱轴线

如图 16-169（a）所示，圆弧形拱轴线线型简单，全拱曲率相同，施工放样方便。其拱轴方程为：

$$\left.\begin{array}{l} x^2 + y_1^2 - 2Ry_1 = 0 \\ x = R\sin\varphi \\ y_1 = R(1 - \cos\varphi) \\ R = \dfrac{l}{2}\left(\dfrac{1}{4f/l} + f/l\right) \end{array}\right\} \quad (16\text{-}103)$$

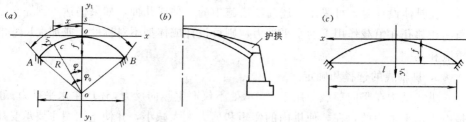

图 16-169 拱轴线

(a) 圆弧形拱轴线；(b) 护拱；(c) 抛物线拱轴线

当计算矢高 f 和计算跨径 l 已知时，根据上述公式可计算出各几何量，并可由"拱桥设计手册"上册表 1、表 2 查出。

圆弧形拱轴线是对应于同一深度静水压力下的压力线，与拱桥的恒载压力线有偏离。当矢跨比较小时，两者偏离不大，随着矢跨比的增大，两者偏离增大，当矢跨比接近1/2时，恒载压力线的两端将位于拱脚截面中心以上相当远（实践中常在拱脚处设置护拱，见图16-169(b)，以帮助主拱圈受力）。由于圆弧形拱轴线在主拱圈截面上产生较大的弯矩，各截面受力不均匀，因此，常用于20m以下的小跨径拱桥中。有些大跨径钢筋混凝土拱桥，为了方便各拱节段的预制拼装，简化施工，也有采用圆弧线作为拱轴线的。如1961年在法国建成的某座跨径125m的拱桥，采用了等截面圆弧线拱圈。我国也有跨径为200m的拱桥采用等截面圆弧形拱轴线的设计方案。

(2) 抛物线拱轴线

如图16-169(c)所示，均布荷载作用下拱的合理拱轴线为二次抛物线。因此，对于恒载分布比较接近均布的拱桥，例如矢跨比较小的空腹式钢筋混凝土拱桥、钢筋混凝土桁架拱桥、刚架拱桥等，可采用二次抛物线作为设计拱轴线，其拱轴线方程为：

$$y_1 = \frac{4f}{l^2} x^2 \tag{16-104}$$

在某些大跨径拱桥中，为了使拱轴线尽量与恒载压力线相吻合，常采用高次抛物线作为拱轴线。如南斯拉夫的KRK桥（跨径为390m）采用的拱轴线为三次抛物线，我国某跨径为107m的双曲拱桥采用了六次抛物线作为设计拱轴线。

(3) 悬链线拱轴线

实腹式拱桥的恒载集度（单位长度上的恒载）是由拱顶向拱脚连续分布且逐渐增大的，如图16-170(b)所示，其恒载压力线是一条悬链线。因此，实腹式拱桥采用悬链线作为拱轴线，在恒载作用下，当不计主拱圈由于恒载弹性压缩产生的影响时，主拱圈将只承受轴向压力而无弯矩，即不计弹性压缩影响时实腹拱的合理拱轴线为悬链线。一般情况下，实腹式拱桥宜选择悬链线作为设计拱轴线。

空腹式拱桥的恒载从拱顶到拱脚不再是连续分布，如图16-170(a)所示，其空腹部分的荷载有两部分组成，即拱圈自重的分布荷载和拱上立柱（或横墙）传来的集中荷载。其相应的恒载压力线不再是一条光滑的曲线，而是一条在腹孔墩处有转折的多段曲线。它可以用数解法或作图法来确定，但难于用连续

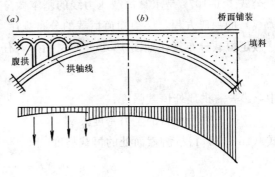

图 16-170 悬链线拱桥
(a) 空腹拱；(b) 实腹拱

函数来表达。也可采用与此恒载压力线相逼近的连续曲线作为拱轴线。但这些曲线的计算麻烦，目前，空腹式拱桥最普遍采用的拱轴线还是悬链线，仅需使拱轴线在拱顶、$l/4$ 点和拱脚五个点与恒载压力线相重合（称为"五点重合法"）即可。这样就可利用现成的完整的悬链线拱计算用表来计算主拱圈的各项内力，简化了设计计算。同时空腹式拱桥采用悬链线作为拱轴线，虽然与恒载压力线存在一定的偏离，但计算表明，这种偏离对主拱圈控制截面的受力是有利的。因此，悬链线是目前大、中跨径拱桥采用得最普遍的拱轴线线形。

1) 悬链线拱轴方程的建立

取图 16-171 所示的坐标系，设拱轴线即为恒载压力线，则在恒载作用下，拱顶截面的弯矩 $M_d=0$，由于结构对称，拱顶截面剪力 $Q_d=0$，于是拱顶截面只有轴向压力，其值等于恒载作用下的水平推力 H_g。现对拱脚截面取矩，则有

$$H_g = \frac{\Sigma M_j}{f} \tag{16-105}$$

式中 ΣM_j——半拱恒载对拱脚截面的弯矩；

H_g——不考虑弹性压缩时拱的恒载水平推力；

f——拱的计算矢高。

对任意截面取矩，可得：

$$y_1 = \frac{M_x}{H_g} \tag{16-106}$$

式中 M_x——任意截面以右的全部恒载对该截面的弯矩值；

y_1——以拱顶为坐标原点，拱轴线上任意点的坐标。

公式(16-106)即为求算恒载压力线的基本方程，将其两边对 x 两次取导数得：

$$\frac{d^2 y_1}{dx^2} = \frac{1}{H_g} \cdot \frac{d^2 M_x}{dx^2} = \frac{g_x}{H_g} \tag{16-107}$$

公式 (16-107) 是求算恒载压力线的基本微分方程。为了得到拱轴线（即恒载压力线）的一般方程，必须知道恒载的分布规律。

假定恒载分布规律如图 16-171 (b) 所示，任意点的恒载强度 g_x 可表示为：

$$g_x = g_d + \gamma y_1 \tag{16-108}$$

式中 g_d——拱顶处恒载强度；

γ——拱上材料的重力密度。

由式 (16-108) 得拱脚截面处的恒载集度

$$g_j = g_d + \gamma f = m g_d \tag{16-109}$$

式中 m——拱轴系数（或称拱轴曲线系数），

$$m = g_j / g_d \tag{16-110}$$

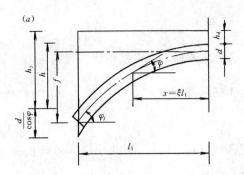
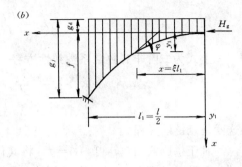

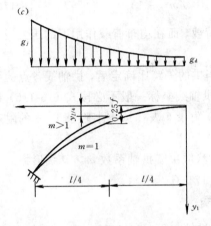

图 16-171 悬链线拱轴计算图式

(a) 实腹式拱桥拱顶拱脚的恒载强度;(b) 悬链线拱轴计算图式;

(c) $l/4$ 点纵坐标 $\frac{y_{l/4}}{f}$ 与 m 的关系

由式 (16-109) 得
$$\gamma = \frac{(m-1)g_d}{f} \tag{16-111}$$

将式 (16-111) 代入式 (16-108),得

$$g_x = g_d + (m-1)\frac{g_d}{f}y_1 = g_d\left[1 + (m-1)\frac{y_1}{f}\right] \tag{16-112}$$

再将上式代入基本微分方程 (16-107),并引入参数

$$x = l_1\xi, \text{则 } dx = l_1 d\xi$$

可得
$$\frac{d^2 y_1}{d\xi^2} = \frac{l_1^2}{H_g}g_d\left[1 + (m-1)\frac{y_1}{f}\right]$$

令
$$K^2 = \frac{l_1^2 g_d}{H_g f}(m-1) \tag{16-113}$$

则
$$\frac{d^2 y_1}{d\xi^2} = \frac{l_1^2 g_d}{H_g} + K^2 y_1 \tag{16-114}$$

上式为二阶非齐数常系数线性方程，求解此方程，就得拱轴线方程为：

$$y_1 = \frac{f}{m-1}(\operatorname{ch} k\xi - 1) \tag{16-115}$$

这就是悬链线方程。

对于拱脚截面，$\xi = 1$，$y_1 = f$，将其代入式（16-115），得 $\operatorname{ch} k = m$，设计拱桥时，通常 m 为已知，则 k 值可由下式求得：

$$k = \operatorname{ch}^{-1} m = \ln(m + \sqrt{m^2 - 1}) \tag{16-116}$$

当 $m = 1$ 时，$g_x = g_d$，表示恒载是均布荷载，而在均布荷载作用下的压力线为二次抛物线，其方程为 $y_1 = f\xi^2$。

由悬链线方程式（16-115）可以看出，当拱的矢跨比确定后，拱轴线各点的纵坐标 y_1 将取决于拱轴系数 m。各种 m 值的拱轴线坐标一般不必按式（16-115）计算，而直接由《公路设计手册》《拱桥（上）》附录Ⅲ表-1或本书附录16中的附表16-1查出。

当拱的跨径和矢高确定后，悬链线的形状取决于拱轴系数 m，其线形特征可用 $l/4$ 点的纵坐标 $y_{l/4}$ 的大小表示，如图16-171（c）所示。

拱跨 $l/4$ 点的纵坐标 $y_{l/4}$ 与 m 有下列关系：

当 $\xi = \frac{1}{2}$ 时，$y_1 = y_{l/4}$，将其代入悬链线拱轴方程（16-115），得

$$\frac{y_{l/4}}{f} = \frac{1}{m-1}\left(\operatorname{ch}\frac{k}{2} - 1\right)$$

因

$$\operatorname{ch}\frac{k}{2} = \sqrt{\frac{\operatorname{ch} k + 1}{2}} = \sqrt{\frac{m+1}{2}}$$

$$\frac{y_{l/4}}{f} = \frac{\sqrt{\frac{m+1}{2}} - 1}{m-1} = \frac{1}{\sqrt{2(m+1)} + 2} \tag{16-117}$$

由上式可见，$y_{l/4}$ 值随着 m 的增大而减小（即拱轴线抬高），随 m 的减小而增大（即拱轴线降低），如图16-171（c）所示。

在一般的悬链线拱桥中，恒载从拱顶向拱脚逐渐增加，即 $g_j > g_d$，因而 $m > 1$。只有在均布恒载作用下（即 $g_j = g_d$）才出现 $m = 1$ 的情况。由式（16-117）可得当 $m = 1$ 时，$y_{l/4} = 0.25f$（图16-171（c））。$y_{l/4}/f$ 与 m 的对应关系见表16-31。在悬链线拱计算用表中，既可根据拱轴系数 m 查得所需的表值，也可借助相应的 $y_{l/4}/f$ 查得表值，其结果是一样的。

拱轴系数 m 与 $y_{l/4}/f$ 的关系　　　　　表 16-31

m	1.000	1.167	1.347	1.543	1.756	1.988	2.240	2.514
$y_{l/4}/f$	0.250	0.245	0.240	0.235	0.230	0.225	0.220	0.215
m	2.814	3.500	4.324	5.321	6.536	8.031	9.889	
$y_{l/4}/f$	0.210	0.200	0.190	0.180	0.170	0.160	0.150	

2) 拱轴系数 m 的确定

由前所述，确定悬链线拱轴方程的主要参数是拱轴系数 m。m 确定后，拱轴线各点纵坐标 y_1 就可求得。确定拱轴线一般采用无矩法，即认为主拱圈截面仅承受轴向压力而无弯矩。

a. 实腹式拱拱轴系数 m 的确定

实腹式拱的恒载分布规律与推导悬链线拱轴方程时对荷载的假定完全一致。如图 16-171（a）所示，其拱顶及拱脚处的恒载强度分别为

$$\left.\begin{array}{l} g_d = \gamma_1 h_d + r_2 d \\ g_j = \gamma_1 h_d + \gamma_2 \dfrac{d}{\cos\varphi_j} + \gamma_3 h \end{array}\right\} \quad (16\text{-}118)$$

式中　γ_1、γ_2、γ_3——分别为拱顶填料、拱圈、拱腹填料的重力密度；

　　　　h_d——拱顶填料厚度，一般为 300～500mm；

　　　　d——主拱圈厚度（高度）；

　　　　φ_j——拱脚处拱轴线的水平倾角。

由图 16-171（a）得　$h = f + \dfrac{d}{2} - \dfrac{d}{2\cos\varphi_j}$　　　(16-119)

拱轴系数　$m = \dfrac{g_j}{g_d}$

从公式 (16-118) 看出，在未确定拱轴方程前，φ_j 是未知数，不能直接由公式 (16-119) 求得 g_j，因此也不能直接由 $m = g_j/g_d$ 确定拱轴系数 m 值。实际拱桥设计中常采用下面的方法确定 m：先假定一个 m 值，由《公路设计手册》《拱桥（上）》附录Ⅲ表（Ⅲ）-20 或本书附表 16-2 查得 $\cos\varphi_j$ 值，代入公式 (16-118) 求得 g_j 后，即可求得 $m = g_j/g_d$ 值。然后与假定的 m 值相比较，如两者相符，则假定的 m 值即为真实值；如两者相差较大，则以计算所得的 m 值作为假定值，重新进行计算，直至两者接近为止。

b. 空腹式拱拱轴系数 m 的确定

由前述可知，空腹式拱桥的恒载压力线不是悬链线，甚至也不是一条光滑的曲线。但实际设计中，由于悬链线拱受力情况较好，又有完整的计算表格可用，故多用悬链线作为设计拱轴线。为使悬链线拱轴与其恒载作用下的压力线接近，一般采用"五点重合法"确定悬链线拱轴的 m 值。即要求拱轴线在全拱有五点（拱顶、两 $l/4$ 点、两拱脚）与相应的三铰拱恒载作用下的压力线相重合，见图 16-172

所示。

由拱顶弯矩为零及恒载是对称的两个条件可知，拱顶截面上仅有通过截面重心的轴向压力，其值等于恒载产生的水平推力 H_g，而弯矩、剪力均为零如图 16-172 所示。由 $\Sigma M_A = 0$，得

$$H_g = \frac{\Sigma M_j}{f} \quad (16\text{-}120)$$

由 $\Sigma M_B = 0$，得 $H_g \cdot y_{l/4} - \Sigma M_{l/4} = 0$

$$H_g = \frac{\Sigma M_{l/4}}{y_{l/4}}$$

将式（16-120）代入上式，得

$$\frac{y_{l/4}}{f} = \frac{\Sigma M_{l/4}}{\Sigma M_j} \quad (16\text{-}121)$$

式中 $\Sigma M_{l/4}$——自拱顶至拱跨 $l/4$ 点的恒载对 $l/4$ 截面的力矩。

等截面悬链线拱主拱圈恒载对 $l/4$ 及拱脚截面的弯矩 $\Sigma M_{l/4}$、ΣM_j 可由本书附表 16-3 查得。求

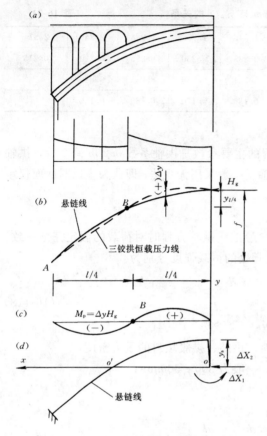

图 16-172 空腹式悬链线拱轴计算图式

得 $y_{l/4}/f$ 后，可由公式（16-117）反求出 m，即：

$$m = \frac{1}{2}\left(\frac{f}{y_{l/4}} - 2\right)^2 - 1 \quad (16\text{-}122)$$

空腹式拱桥的 m 值，仍需按逐次渐近法确定。即先假定一个 m 值，定出拱轴线，作图布置拱上建筑，然后计算主拱圈和拱上建筑恒载对 $l/4$ 和拱脚截面的力矩 $\Sigma M_{l/4}$ 和 ΣM_j，然后利用公式（16-122）计算出 m 值，如与假定的 m 值不符，则应以求得的 m 值作为假定值，重新计算，直至两者接近为至。

空腹式无铰拱桥，采用"五点重合法"确定的拱轴线，与相应的三铰拱的恒载作用下的压力线在拱顶、两 $l/4$ 点和两拱脚五点重合，而与无铰拱的恒载作用下的压力线实际上并不存在五点重合的关系。通过计算表明，由于拱轴线与恒载的压力线有偏离，在无铰拱拱顶、拱脚截面都产生偏离弯矩。研究证明，拱顶的偏离弯矩为负，拱脚的偏离弯矩为正，它恰好与这两个截面的控制弯矩符号相反。这一事实说明，用"五点重合法"确定的悬链线拱轴，其偏离弯矩对拱顶、拱脚截

面是有利的。因此,在空腹式拱桥设计中,不计偏离弯矩的影响是偏于安全的。对于大跨径空腹式拱桥,其恒载的压力线与悬链线拱轴线偏离较大,则应计入此项偏离弯矩的影响。这时实际的恒载压力线将不通过上述五点。

3) 拱轴系数 m 的初步选定

实腹式拱的拱轴系数 m 值,决定于拱脚与拱顶处恒载强度之比。当拱顶填料厚度不变(即拱顶恒载强度 g_d 不变)时,要加大 m 值必须增加拱脚处的恒载强度。由公式(16-109)知,要加大 m,必须增加矢高 f。因此,坦拱的拱轴系数 m 可选得小些,陡拱的拱轴系数 m 可选大一些。当主拱圈的矢跨比不变时,随着拱上填料厚度的增加,拱顶恒载强度的增加比拱脚处的快。因此,高填土拱桥的拱轴系数 m 可以选得小些,低填土拱桥的拱轴系数 m 可选得大一些。

对于空腹式拱桥,由于拱脚至拱跨 $l/4$ 之间的拱上建筑是挖空的,由公式(16-121)、(16-122)知,结构重力对拱脚处的力矩减少,即 $\Sigma M_j / \Sigma M_{l/4}$ 值减小,则拱轴系数 m 值也将减少。所以空腹拱的拱轴系数比实腹拱小。如果拱桥采用无支架施工,裸拱(主拱圈本身)的拱轴系数接近 1。而拱桥设计时,一般拱轴系数的选定是按全桥结构恒载确定的,而不是按裸拱恒载确定的,因此拱轴线与裸拱恒载的压力线有偏离,设计的 m 值愈大,此项偏离弯矩也愈大。为此对于无支架或早脱架施工的拱桥,为了改善裸拱的受力状态,设计时宜选用较小的拱轴系数 m 值,一般不宜大于 2.814。

4. 主拱圈截面变化规律和截面尺寸的拟定

(1) 主拱圈截面变化规律

主拱圈截面沿拱轴线可以做成等截面的或变截面的两种型式。等截面拱就是主拱圈任一法向截面的横截面形状和尺寸都是相同的。而变截面拱的主拱圈法向截面,从拱顶到拱脚是逐渐变化的。主拱圈横截面沿跨径的变化规律应能适应主拱圈内力变化的情况,并有利于充分发挥主拱圈每个截面的材料强度。同时,截面变化的型式还应考虑使其构造简单,便于设计与施工。

在荷载作用下主拱圈是一个偏心受压构件,其截面上的弹性应力为

$$\sigma = \frac{N}{A} \pm \frac{My}{I} \tag{16-123}$$

等式右边第一项为轴向压力 N 产生的正应力。通常,主拱圈内的轴向压力 N 自拱顶向拱脚逐渐增大,因此,若将主拱圈截面积 A 从拱顶向拱脚逐渐增大,如图 16-173 (a)、(b) 所示,则可使轴向压力产生的正应力沿拱轴方向保持不变。

等式右边第二项为拱内弯矩 M 产生的正应力,而拱内弯矩沿跨长方向的变化较复杂,它不仅与拱的静力体系有关,而且在很大程度上还取决于拱截面惯性矩 I 的变化规律。对于无铰拱桥,随着主拱圈截面惯性矩 I 的增大,该截面的弯矩 M 也将增大。所以,主拱圈截面的惯性矩由拱顶向拱脚逐渐增大(即主拱圈截面由拱顶向拱脚逐渐加厚或加宽),并不能最有效地减小主拱圈截面内的弯曲压力。但

考虑到钢筋混凝土拱桥和圬工拱桥具有很强的抗压能力，而抵抗由弯矩产生的拉应力的能力较弱，所以在考虑主拱圈截面的变化规律时，还是主要考虑截面惯性矩的变化规律。

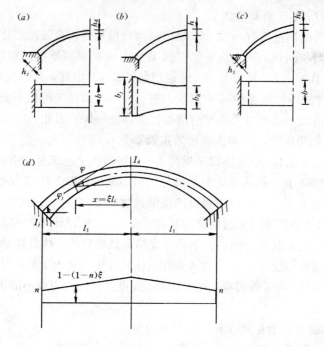

图 16-173 变截面拱
(a) 自拱顶向拱脚拱厚增加；(b) 自拱顶向拱脚拱宽增加；(c) 自拱顶向拱脚拱厚减少（镰刀形）；(d) 变截面拱的截面变化规律

无铰拱桥通常采用从拱顶到拱脚惯性矩逐渐增大的截面变化型式，其惯矩 I 的变化规律为：（图 16-173d）

$$\frac{I_d}{I\cos\varphi}=1-(1-n)\xi$$

$$I=\frac{I_d}{[1-(1-n)\xi]\cos\varphi} \tag{16-124}$$

式中 I——主拱圈任意截面的惯性矩；

I_d——拱顶截面惯性矩；

φ——主拱圈任意截面的拱轴线水平倾角；

n——拱厚变化系数，可由拱脚处 $\xi=1$ 的边界条件求得

$$n=\frac{I_d}{I_j\cos\varphi_j}$$

其中，I_j 和 φ_j 分别为拱脚截面的惯性矩和拱轴线水平倾角。

可以看出，n 值愈小，截面变化就愈大。

设计时，可先拟定拱顶和拱脚两个截面的尺寸，求出 n，再求主拱圈其他各截面的惯性矩 I，也可先拟定拱顶的截面尺寸和拱厚变化系数 n，再求主拱圈其它截面的惯性矩 I。对于公路拱桥，n 值一般取为 $0.5 \sim 0.8$。

变截面拱桥主拱圈截面的惯矩从拱顶向拱脚逐渐增大，它的变化方式主要有两种：一种是主拱圈从拱顶向拱脚采用等宽度变厚度的变化方式，另一种则采用变宽度等厚度的变化方式，见图 16-173。

对于等宽度变厚度的变化方式，主拱圈任意截面的厚度 h（即高度）可按以下方法计算。

对于实体矩形截面，其截面惯性矩为：

$$I = \frac{1}{12} b h^3 \tag{16-125}$$

将公式（16-125）代入式（16-124）得

$$h = \frac{h_d}{C \sqrt[3]{\cos\varphi}} \tag{16-126}$$

式中 $C = \sqrt[3]{[1-(1-n)\xi]}$

对于如图 16-174 所示的工字形和箱形截面，截面惯性矩可表示为

$$I = \frac{1}{12}(1-\alpha\beta^3) b h^3 \tag{16-127}$$

式中 α、β 是与截面挖空率有关的系数。当挖空率 α、β 值不变，腹板厚度沿拱轴方向相等，仅工字形截面的翼板或箱形截面的顶板厚度从拱顶向拱脚逐渐增大时，则仍可按公式（16-126）计算主拱圈任意截面的高度 h。

自拱顶向拱脚主拱圈采用变宽度、等厚度的变化方式，主要用于大跨径拱桥中。它是在截面惯矩增大不多的情况下增大了截面面积，以此来抵抗自拱顶向拱脚增大的轴向压力。这种截面变化方式能有效地提高主拱圈的横向稳定性，对大跨径肋拱或窄拱圈具有重要意义，但增大了墩台基础的宽度，也就增加

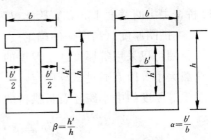

图 16-174 工字形及箱形截面尺寸

了造价，因此，在实际拱桥设计中采用得不多，目前主要应用于中承式拱桥中。

由于变截面拱的构造复杂，施工不便，目前国内外都广泛采用等截面主拱圈的型式。

(2) 主拱圈截面主要尺寸的拟定

1. 主拱圈宽度的确定

主拱圈宽度主要决定于桥面宽度，并与人行道构造及拱上建筑型式等密切相

关。

实腹式板拱桥一般仅将宽约 150～250mm 的栏杆布置在帽石的悬出部分上，因此主拱圈的宽度接近于桥面宽度，见图 16-159 (a)。

多孔拱桥及大跨径实腹式拱桥的主拱圈采用板拱时，由于人行道的部分或全部宽度布置在特制的钢筋混凝土悬臂上或横挑梁上，使主拱圈宽度减小，主拱圈宽度小于桥面宽度，称其为窄拱圈。

空腹式板拱桥主拱圈宽度的拟定随拱上建筑型式的不同而不同。采用拱式腹孔时，拱圈宽度拟定与实腹拱相同，采用梁式腹孔时，主拱圈宽度通常均小于桥面宽度采用窄拱圈型式。

窄拱圈对拱桥上部、下部结构来说都是比较经济的，多孔拱桥或大跨径拱桥（包括板拱、肋拱）一般都采用窄拱圈，但为了保证拱桥的横向稳定性要求，窄拱圈的宽度一般宜不小于跨径的 1/20，"公桥规"规定，当拱圈宽度小于跨径的 1/20 时，必须验算其横向稳定性。

在拟定主拱圈宽度时，桥面悬出的长度要适当，悬臂太长，虽然主拱圈及墩台基础尺寸减小，材料节省，但是使悬臂构件用料增加，甚至还需采用预应力混凝土悬挑结构。因此，一般桥面悬出主拱圈取 1.0～2.5m。

箱形拱桥的主拱圈宽度拟定与板拱相同，为了节省材料，一般采用悬挑桥面，减小主拱圈宽度，即采用窄拱圈型式。主拱圈宽度通常取为桥面宽度的 1.0～0.6 倍，桥面悬挑最大已达到 4.0m，见表 16-28。为了保证主拱圈横向稳定性，一般希望主拱圈宽度不小于跨径的 1/20，但对于特大跨径拱桥，主拱圈宽度常难以满足该条件，此时，以满足横向稳定性要求来决定主拱圈宽度，如跨径为 420m 的重庆万县长江大桥，主拱圈宽度为 16m，与跨径的比值仅为 $\frac{1}{26.25}$，跨径 390m 的 KRK 桥，主拱圈宽度 13m，宽跨比仅为 1/30。

2) 主拱圈厚度（高度）的确定

主拱圈可以采用等厚度或变厚度的，其值主要根据拱桥跨径、矢高、结构材料、荷载大小等因素通过试算确定。

对于等厚度的中小跨径石板拱桥的主拱圈厚度，初拟时可按下式估算：

$$h = \beta \cdot K \cdot \sqrt[3]{l_0} \qquad (16\text{-}128)$$

式中　h——主拱圈厚度（cm）；

　　　l_0——主拱圈净跨径（cm）；

　　　β——系数，一般取 4.5～6.0，取值随矢跨比的减小而增大；

　　　K——荷载系数，汽-15 级时取 1.1，汽-20 级时取 1.2，汽-超 20 级时需试算。

对于变厚度的中小跨径石拱桥，其主拱圈拱顶截面的厚度可按下式估算：

$$h_d = \alpha(1 + \sqrt{l_0}) \qquad (16\text{-}129)$$

式中 h_d——主拱圈拱顶截面厚度（m）；

l_0——主拱圈净跨径（m）；

α——系数，一般取 0.13～0.17，取值随跨径的增大而增大。

对于大跨径石板拱桥及有特殊要求的石板拱桥，其主拱圈厚度的拟定可参照已成桥的设计资料或其他经验公式进行估算。

对于钢筋混凝土板拱桥，初拟主拱圈拱顶截面的厚度 h_d 时一般采用跨径的 1/60～1/70，跨径大时取小值。当采用变厚度拱圈时，其拱脚截面的厚度 h_j 可按公式 $h_j = \dfrac{h_d}{\cos\varphi_j}$ 估算，其中拱脚截面拱轴线水平倾角 φ_j 可近似取相应圆弧拱之值，即 $\varphi_j = 2\mathrm{tg}^{-1}(2f/l)$。对于中小跨径的无铰拱桥，$h_j$ 可取为 $(1.2\sim1.5)h_d$，其他截面拱圈厚度确定见前。

箱形板拱主拱圈高度主要取决于主拱圈的跨径，与主拱圈所用的混凝土强度也有很大关系，一般需通过试算确定，初拟时可按下列经验公式估算：

$$\left.\begin{array}{r} h = \dfrac{l_0}{100} + \Delta \\ h = (1/55 \sim 1/75)l_0 \end{array}\right\} \quad (16\text{-}130)$$

或

式中 h——主拱圈高度（m）；

l_0——主拱圈净跨径（m）；

Δ——取为 0.6～0.8m，跨径大或箱室少时取上限。

部分箱形板拱桥设计资料见表 16-32。

部分箱形板拱桥设计资料　　　　表 16-32

桥　　名	净跨径 l_0 (m)	桥宽 B (m)	主拱圈宽度 b (m)	主拱圈高度 h (m)	主拱圈宽 b/净跨 l_0	主拱圈高 h/净跨 l_0	b/B
重庆万县长江大桥	420	24	16	7	1/26.25	1/60	0.67
南斯拉夫 KRK 桥	390	11.4	13	6.5	1/30	1/60	
四川 3007 桥	170	12.5	10.6	2.8	1/16.04	1/60.7	0.85
四川马鸣溪桥	150	10.5	7.4	2	1/20.27	1/75	0.70
四川 3006 桥	146	13.5	10.5	2.5	1/13.90	1/58.4	0.78
重庆武隆乌江桥	135	11	7	1.8	1/19.28	1/75	0.64
广西巴龙桥	134.22	8	6.2	1.8	1/21.65	1/74.6	0.78
湖南王浩桥	133	13.5	11.76	1.8	1/11.31	1/73.9	0.87
福建水口桥	132	13.5	10.24	2.2	1/12.89	1/60	0.76
云南长田桥	130	11	10.8	2.3	1/12.04	1/56.5	0.98
广西那桐桥	125	11.5	9.6	1.85	1/13.02	1/67.5	0.83
四川广元宝珠寺桥	120	11.5	9	1.9	1/13.33	1/63.2	0.78
四川晨光桥	100	21	12.8	1.7	1/7.8	1/58.8	0.61

肋拱桥拱肋高度在初拟时可按下述方法估算。

拱肋为矩形截面

$$h = (1/40 \sim 1/60)l_0$$
$$b = (0.5 \sim 2.0)h$$

拱肋为工字形

$$h = 1/25 \sim 1/35$$
$$b = (0.4 \sim 0.5)h$$
$$t = 30\text{cm} \sim 50\text{cm}$$

当拱肋为箱形

$$h = (1/50 \sim 1/70)l_0$$
$$b = (1.0 \sim 2.0)h$$

式中　h——拱肋高度（m）；

　　　b——拱肋宽度（m）；

　　　t——工字形拱肋腹板厚度；

　　　l_0——主拱圈净跨径。

16.5.4　拱桥的计算

1. 概述

拱桥计算一般在拱桥的总体结构方案、细部尺寸及施工方案确定后进行。

拱桥的计算包括成桥状态的受力分析、内力计算和强度、刚度、稳定性验算以及必要的动力分析计算，另外还有施工阶段的结构受力分析和验算。

拱桥通常为超静定的空间结构，当活载作用于桥跨结构时，拱上建筑会程度不同的参与主拱圈受力，共同承受活载作用，称这种现象为"拱上建筑与主拱的联合作用"或简称"联合作用"。在横桥方向，不论活载是否作用于桥跨结构中心，在桥的横剖面上都会出现应力分布现象，称为"活载的横向分布"。

研究表明，普通上承式拱桥的联合作用程度与拱上建筑的型式、构造、及施工程序密切相关。通常，拱式拱上建筑的联合作用较大，梁式拱上建筑的联合作用较小。在拱式拱上建筑中，联合作用的程度又与许多因素有关，例如，腹拱圈、腹孔墩对主拱圈的相对刚度越大，联合作用就越显著。腹拱圈愈坦，其抗推刚度愈大，则联合作用也愈大。拱上腹拱全部采用无铰结构时，其联合作用也比有铰结构的大。梁式拱上建筑的联合作用程度与其构造型式和刚度有关。简支腹孔由于它对主拱圈的约束作用较小，联合作用也很小；连续或框架式腹孔的联合作用，随着连续纵梁和立柱的刚度的增大而增大。

拱桥的施工程序也影响联合作用的程度。例如，在有支架施工中，若在主拱圈合龙后就落架，然后再施工拱上建筑，则主拱圈和拱上建筑的自重及材料收缩影响的大部由主拱圈单独承受，只有后加的恒载、活载以及温度变化等才存在联合作用；若在拱上建筑施工完后才拆除拱架，则在所有荷载和影响因素作用下都存在联合作用。

此外，对于同一座拱桥中主拱圈的不同截面，联合作用的程度也不同。一般拱脚、$l/8$ 及 $l/4$ 等截面受联合作用的影响较大，而拱顶则较小。在拱桥计算时，应根据拱上建筑联合作用的大小，选择不同的计算图式进行受力分析。例如对于简支梁式拱上建筑可忽略联合作用的影响，选择主拱圈以裸拱圈单独受力的计算图式；而对于其他型式的拱上建筑，应选择主拱圈与拱上建筑整体受力的计算图式。多孔连续拱桥计算时还应计入连拱的影响。

普通的上承式拱桥的计算，一般分为主拱圈（主拱）的计算和拱上建筑计算两部分。由于实际上不计拱上建筑联合作用对主拱是偏于安全的，所以，普通的上承式拱桥计算时，假定全部荷载由主拱承受，拱上建筑作为将荷载传给主拱的局部受力构件，不与主拱共同受力。这样就简化了主拱的受力图式。但在拱上建筑计算时，由于拱上建筑会程度不同的参与主拱受力，这种联合作用显著影响拱上建筑的内力，不考虑这种联合作用是不合理、不安全的，必须以共同受力的图式进行拱上建筑受力分析。整体式上承式拱桥则必须考虑整体受力。

拱桥计算中活载的横向分布也与许多因素有关，其中与拱桥横向的构造型式有直接关系。对于石板拱、混凝土板拱及箱板拱，一般可忽略活载横向分布的影响，认为活载由主拱圈全宽均匀承担。此外，不同主拱圈截面受活载横向分布的影响也不一样，拱脚、$l/8$、$l/4$ 截面不计活载横向分布一般是偏于安全的，而对拱顶截面则相反，设计时应予以注意。对于横向由多个构件（或部分）组成的肋拱、桁架拱、刚架拱等拱桥，必须考虑活载横向分布的影响，一般简化为平面结构进行计算，或用计算机进行整体分析。

普通的上承式拱桥的计算，应先对拱上建筑进行受力分析与验算，在拱上建筑计算通过后再进行主拱圈的计算和墩台计算，否则会由于拱上建筑尺寸的改变引起的自重改变而需对主拱圈进行重新计算。

拱桥的计算可用手算也可用电算。本书主要介绍利用手册法计算普通上承式拱桥的主拱圈的方法。并假定主拱以裸拱单独受力。

2. 拱桥内力计算的手册法（手算）

采用手册法计算拱桥内力，就是利用现成的计算图表进行内力计算或直接用解析法求解无表格可查的桥梁结构内力。

(1) 恒载作用下等截面悬链线拱的内力计算

当采用恒载作用下的压力线作为拱轴线，并且假定拱轴线长度不变时，则在恒载作用下，主拱截面内只有轴向压力而无弯矩和剪力。但由于主拱并非绝对刚性，在轴向压力作用下，主拱将产生弹性压缩变形，拱轴线长度缩短，并由此在无铰拱拱圈中产生弯矩和剪力，这就是弹性压缩影响。主拱圈中的轴向力主要是由恒载和活载产生的，因此，主拱圈弹性压缩对内力的影响应在恒载及活载内力计算中分别计入。主拱圈弹性压缩的影响是与恒载、活载作用下产生的内力同时发生的，但为了计算方便，通常先计算不考虑主拱圈弹性压缩时的内力，再计算主拱圈弹性压缩引起的内力，然后，将两者叠加起来，得到恒载、活载作用下的总内力。如果拱轴线与恒载作用下的压力线有偏离，则还应计算因拱轴线偏离产生的附加内力。

1) 不考虑弹性压缩的恒载内力

$a.$ 拱轴线水平倾角

由前所述，悬链线拱轴方程为

$$y_1 = \frac{f}{m-1}(\text{ch}k\xi - 1)$$

设拱轴线的水平倾角为 φ，则将上式对 ξ 取导数，得 $\dfrac{dy_1}{d\xi} = \dfrac{kf}{m-1}\text{sh}k\xi$

$\xi = \dfrac{2x}{l}$

则

$$\text{tg}\varphi = \frac{dy_1}{dx} = \frac{2dy_1}{ld\xi} = \frac{2fk\text{sh}k\xi}{l(m-1)} = \eta\text{sh}k\xi \quad (16\text{-}131)$$

式中

$$\eta = \frac{2kf}{l(m-1)} \quad (16\text{-}132)$$

k 值可由式 (16-4) 求得，$k^2 = \dfrac{L_1 g_d}{H_g f}(m-1)$

由式 (16-131) 知，悬链线拱轴线的水平倾角 φ 与拱轴系数 m 有关。拱轴线上各点水平倾角的正切值 $\text{tg}\varphi$ 可直接查附表 16-4 得到。

$b.$ 悬链线无铰拱的弹性中心

计算无铰拱在恒载、活载、温度变化、混凝土收缩和拱脚变位等影响下的内力时，常利用拱的弹性中心以简化计算。这里讨论的是对称拱，因此，弹性中心位于对称轴上。基本体系的取法有两种，一种以悬臂曲梁为基本体系，如图 16-175 (a) 所示；另一种以简支曲梁为基本体系，如图 16-175 (b) 所示。在计算无铰拱的内力影响线时，为了简化计算

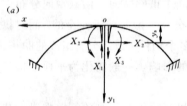
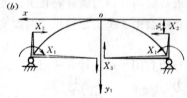

图 16-175 拱的弹性中心
(a) 悬臂曲梁基本体系；
(b) 简支曲梁基本体系

手续，常以简支曲梁为基本体系。

由结构力学得弹性中心距拱顶的距离为

$$y_s = \frac{\int_s \dfrac{y_1 ds}{EI}}{\int_s \dfrac{ds}{EI}} \quad (16\text{-}133)$$

式中，$y_1 = \dfrac{f}{m-1}(\text{ch}k\xi - 1)$

$$ds = \dfrac{dx}{\cos\varphi} = \dfrac{l}{2} \cdot \dfrac{1}{\cos\varphi}d\xi$$

$$\cos\varphi = \dfrac{1}{\sqrt{1+\text{tg}^2\varphi}} = \dfrac{1}{\sqrt{1+\eta^2\text{sh}^2k\xi}}$$

则

$$ds = \dfrac{l}{2}\sqrt{1+\eta^2\text{sh}^2k\xi}\,d\xi$$

将 y_1、ds 代入公式（16-133），且考虑等截面拱的 I 为常数，则得

$$y_s = \dfrac{\int_s y_1 ds}{\int_s ds} = \dfrac{f}{m-1} \cdot \dfrac{\int_0^1 (\text{ch}k\xi - 1)\sqrt{1+\eta^2\text{sh}^2k\xi}\,d\xi}{\int_0^1 \sqrt{1+\eta^2\text{sh}^2k\xi}\,d\xi}$$

$$= \alpha_1 f \tag{16-134}$$

系数 α_1 可由附表 16-5 查得。

c. 恒载作用下不考虑弹性压缩的实腹拱内力

由前述知，实腹式悬链线拱的拱轴线与恒载的压力线完全吻合，因此，在恒载作用下主拱圈任意截面上都只有轴向压力而无弯矩，此时主拱圈中的内力可按纯压拱的公式计算。

因 $K^2 = \dfrac{l_1^2 g_d}{H_g f}(m-1)$，且 $l_1 = l/2$，

可得恒载作用下的水平推力

$$H_g = \dfrac{m-1}{4K^2} \cdot \dfrac{g_d l^2}{f} = k_g \dfrac{g_d l^2}{f} \tag{16-135}$$

式中

$$k_g = \dfrac{m-1}{4k^2} \tag{16-136}$$

在恒载作用下，拱脚处的竖向反力为半拱的恒载，即

$$V_g = \int_0^{l_1} g_x dx = \int_0^1 g_x l_1 d\xi \tag{16-137}$$

由前述知，

$$g_x = g_d + (m-1)\dfrac{g_d}{f}y_1 = g_d\left[1 + (m-1)\dfrac{y_1}{f}\right]$$

$$y_1 = \dfrac{f}{m-1}(\text{ch}k\xi - 1)$$

将上述两式代入式（16-137）并积分得

$$V_g = \dfrac{\sqrt{m^2-1}}{2[\ln(m+\sqrt{m^2-1})]} g_d l = k'_g g_d l \tag{16-138}$$

式中，$k'_g = \dfrac{\sqrt{m^2-1}}{2[\ln(m+\sqrt{m^2-1})]}$

系数 k_g、k'_g 可由附表 16-6 查得。

恒载作用下弯矩和剪力均为零，主拱圈各截面的轴向力 N 可按下式计算。

$$N_g = \frac{H_g}{\cos\varphi} \tag{16-139}$$

d. 恒载作用下不计弹性压缩的空腹拱内力

空腹式悬链线无铰拱，由于拱轴线与恒载压力线有偏差，将在主拱圈中产生附加内力。对于静定的三铰拱，主拱圈各截面的偏离弯矩 M_p 可用三铰拱压力线与拱轴线在该截面的偏离值 Δy 表示，即 $M_p = H_g \cdot \Delta y$。见图 16-172（*c*）。对于无铰拱，则应把该偏离值 M_p 作为荷载，算出无铰拱的偏离弯矩值。

如图 16-172（*d*）所示，荷载作用在悬臂曲梁的基本体系上，引起弹性中心上的赘余力为

$$\Delta X_1 = -\frac{\Delta_{1p}}{\delta_{11}} = -\frac{\int_s \dfrac{\overline{M}_1 M_p \mathrm{d}s}{EI}}{\int_s \dfrac{\overline{M}_1^2 \mathrm{d}s}{EI}} = -\frac{\int_s \dfrac{M_p}{I}\mathrm{d}s}{\int_s \dfrac{\mathrm{d}s}{I}} = -H_g \frac{\int_s \dfrac{\Delta y}{I}\mathrm{d}s}{\int_s \dfrac{\mathrm{d}s}{I}} \tag{16-140}$$

$$\Delta X_2 = -\frac{\Delta_{2p}}{\delta_{22}} = -\frac{\int_s \dfrac{\overline{M}_2 M_p \mathrm{d}s}{EI}}{\int_s \dfrac{\overline{M}_2^2 \mathrm{d}s}{EI}} = H_g \frac{\int_s \dfrac{y\mathrm{d}y}{I}\mathrm{d}s}{\int_s \dfrac{y^2 \mathrm{d}s}{I}} \tag{16-141}$$

式中 M_p——三铰拱恒载的压力线偏离拱轴线所产生的偏离弯矩，$M_p = H_g \cdot \Delta y$；

$\overline{M}_1 = 1$

$\overline{M}_2 = -y$

Δy——三铰拱恒载压力线与拱轴线的偏离值，见图 16-172（*b*）。

由图 16-172（*b*）可见，Δy 有正有负，因此沿全拱积分 $\int_s \dfrac{\Delta y \mathrm{d}s}{I}$ 的数值不大，由式（16-140）知，ΔX_1 数值较小。若 $\int_s \dfrac{\Delta y \mathrm{d}s}{I} = 0$，则 $\Delta X_1 = 0$。

大量计算表明，由式（16-141）决定的 ΔX_2 恒为正值，即为压力，则无铰拱主拱圈任意截面的偏离弯矩

$$\Delta M = \Delta X_1 - \Delta X_2 y + M_p \tag{16-142}$$

式中 y——以弹性中心为原点（向上为正）的拱轴线纵坐标。

对于拱顶、拱脚截面，$M_p = 0$，则偏离弯矩：

$$\left. \begin{array}{ll} \text{拱顶截面} & \Delta M_d = \Delta X_1 - \Delta X_2 y_s < 0 \\ \text{拱脚截面} & \Delta M_j = \Delta X_1 + \Delta X_2 (f - y_s) > 0 \end{array} \right\} \tag{16-143}$$

式中 y_s——弹性中心至拱顶的距离。

由此证明，由于空腹式悬链线拱的拱轴线与恒载的压力线有偏离，在拱顶、$l/4$、拱脚截面都产生了偏离弯矩，并且由公式（16-143）知，拱顶的偏离弯矩 ΔM_d 为负，拱脚的偏离弯矩 ΔM_j 为正，恰好与这两个截面的控制弯矩符号相反。也说明了在现行设计中，一般不计偏离弯矩的影响是偏于安全的。对于大跨径空腹式拱桥，用"五点重合法"确定的悬链线拱轴线与恒载的压力线偏离较大，则应计入此项弯矩影响。此时实际的恒载压力线将不通过拱顶、拱脚、$l/4$ 这五点。

在空腹式拱桥的设计中，为了计算方便，把由恒载产生的内力也分为两部分来计算，即先不考虑偏离的影响，将拱轴线视为与恒载的压力线完全吻合，然后再考虑偏离影响，按式（16-140）、（16-141）、（16-143）计算偏离引起的内力，二者叠加即得恒载作用下不考虑弹性压缩影响的空腹式拱桥内力。

不考虑偏离影响时，由恒载产生的空腹拱内力也按纯压拱计算。这时由恒载产生的拱的推力 H_g 和拱脚处的竖向反力 V_g 可直接由静力平衡条件求得

$$H_g = \frac{\Sigma M_j}{f} \tag{16-144}$$

$$V_g = \Sigma P_i（半拱恒载） \tag{16-145}$$

算出 H_g 后，就可利用纯压拱的公式（16-139）计算出拱中各截面的轴向力，即 $N_g = \dfrac{H_g}{\cos\varphi}$。此时认为拱中各截面的弯矩和剪力均为零。

在设计中小跨径的空腹式无铰拱桥时，可偏安全地不考虑偏离弯矩的影响，对于大跨径空腹式拱桥，恒载的压力线与拱轴线偏离比中小跨径的大，且偏离弯矩是一种可利用的有利因素，因此，应计入偏离弯矩的影响。计算恒载作用下偏离弯矩的影响时，除了计算偏离弯矩对拱顶、拱脚截面的有利影响外，还应计入偏离弯矩对 $l/8$、$3l/8$ 截面的不利影响，尤其是 $3l/8$ 截面，往往成为正弯矩的控制截面。恒载的压力线与拱轴线偏离引起的弯矩、轴力和剪力根据式（16-140）（16-141）按静力平衡条件求得：

$$\left.\begin{array}{l} \Delta N = \Delta X_2 \cos\varphi \\ \Delta M = \Delta X_1 + \Delta X_2 (y_1 - y_s) + H_g \Delta y \\ \Delta Q = \Delta X_2 \sin\varphi \end{array}\right\} \tag{16-146}$$

偏离产生的附加内力 ΔN、ΔM、ΔQ 的大小与荷载的具体布置有关，一般来说，拱上腹孔跨径越大，偏离附加内力也越大。

将公式（16-146）叠加上 $N_g = \dfrac{H_g}{\cos\varphi}$，即得不计弹性压缩时的恒载内力。

2）弹性压缩引起的内力

在恒载产生的轴向压力作用下，主拱圈将产生弹性压缩，导致在主拱圈中产

生相应的内力。为求解此内力，按一般的分析方法，将无铰拱拱顶切开，取悬臂曲梁作为基本体系，并设弹性压缩使拱轴线在跨径方向缩短 Δl。但在实际结构中，拱顶并没有发生相对水平变位，则在弹性中心必有一个水平拉力 ΔH_g，使拱顶的相对水平变位变为零见图 16-176 (a)。

弹性压缩在弹性中心产生的赘余力 ΔH_g 可由拱顶的变形协调条件求得，即

$$\Delta H_g \cdot \delta'_{22} - \Delta l = 0$$

$$\Delta H_g = \frac{\Delta l}{\delta'_{22}} \tag{16-147}$$

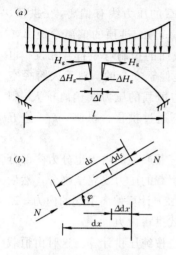

图 16-176　拱圈弹性压缩

如图 16-176 (b) 所示，从拱中取出一微段 ds，在轴向力 N 作用下缩短 Δds，其水平分量 $\Delta dx = \Delta ds \cos\varphi$，则整个拱轴线缩短的水平分量为

$$\Delta l = \int_0^l \Delta dx = \int_s \Delta ds \cos\varphi = \int_s \frac{N ds}{EA} \cos\varphi \tag{16-148}$$

代入 $N = \dfrac{H_g}{\cos\varphi}$，得

$$\Delta l = \int_0^l \frac{H_g dx}{EA \cos\varphi} = H_g \int_0^l \frac{dx}{EA \cos\varphi} \tag{16-149}$$

δ'_{22} 为单位水平力作用在弹性中心产生的水平位移

$$\delta'_{22} = \int_s \frac{\overline{M_2^2} ds}{EI} + \int_s \frac{\overline{N_2^2} ds}{EA} = \int_s \frac{y^2 ds}{EI} + \int_s \frac{\cos^2\varphi\, ds}{EA}$$

$$= (1+\mu) \int_s \frac{y^2 ds}{EI} \tag{16-150}$$

式中：

$$y = y_s - y_1 \tag{16-151}$$

$$\mu = \frac{\int_s \dfrac{\cos^2\varphi\, ds}{EA}}{\int_s \dfrac{y^2 ds}{EI}} \tag{16-152}$$

将公式（16-149）、(16-150) 代入 (16-147) 得：

$$\Delta H_g = \frac{H_g}{1+\mu} \frac{\int_0^l \dfrac{dx}{EA \cos\varphi}}{\int_s \dfrac{y^2 ds}{EI}} = H_g \frac{\mu_1}{1+\mu} \tag{16-153}$$

式中，
$$\mu_1 = \frac{\int_0^l \dfrac{\mathrm{d}x}{EA\cos\varphi}}{\int_s \dfrac{y^2 \mathrm{d}s}{EI}} \tag{16-154}$$

为了便于制表计算，对于等截面悬链线拱，可将式(16-152)、式(16-154)的分子项改写成

$$\int_0^l \frac{\cos^2\varphi \mathrm{d}s}{EA} = \frac{l}{EA}\int_0^l \cos\varphi \frac{\mathrm{d}x}{l} = \frac{l}{EA}\int_0^l \frac{\mathrm{d}\xi}{\sqrt{1+\eta^2\mathrm{sh}^2 k\xi}} = \frac{l}{E\nu A}$$

$$\int_0^l \frac{\mathrm{d}x}{EA\cos\varphi} = \frac{l}{EA}\int_0^l \frac{1}{\cos\varphi} \frac{\mathrm{d}x}{l} = \frac{l}{EA}\int_0^l \sqrt{1+\eta^2\mathrm{sh}^2 k\xi}\,\mathrm{d}\xi = \frac{l}{E\nu_1 A}$$

于是得

$$\mu = \frac{l}{E\nu A \int_s \dfrac{y^2 \mathrm{d}s}{EI}} \tag{16-155}$$

$$\mu_1 = \frac{l}{E\nu_1 A \int_s \dfrac{y^2 \mathrm{d}s}{EI}} \tag{16-156}$$

以上各公式中，$\int_s \dfrac{y^2 \mathrm{d}s}{EI}$ 可由附表 16-7 查得，$\dfrac{1}{\nu_1}$ 由附表 16-8 查得，ν 由附表 16-9 查得。等截面悬链线拱的 μ_1 和 μ 可直接由附表 16-10 和附表 16-11 查得。

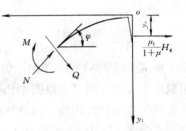

图 16-177 弹性压缩产生的拱内力

由于 ΔH_g 的作用在拱内产生的弯矩、剪力和轴力，各内力的正向如图 16-177 所示。即拱中弯矩以使主拱圈内缘受拉为正，剪力以绕脱离体逆时针为正，轴向力则以使主拱圈受压为正。则在恒载作用下，弹性压缩引起的主拱圈内力为

$$\left. \begin{aligned} \text{轴向力} \quad & N = -\frac{\mu_1}{1+\mu}H_\mathrm{g}\cos\varphi \\ \text{弯矩} \quad & M = \frac{\mu_1}{1+\mu}H_\mathrm{g}(y_\mathrm{s} - y_1) \\ \text{剪力} \quad & Q = \mp \frac{\mu_1}{1+\mu}H_\mathrm{g}\sin\varphi \end{aligned} \right\} \tag{16-157}$$

上式中正、负号，上边的适用于左半拱，下边的适用于右半拱。

由式(16-157)知，考虑了弹性压缩后，主拱圈各截面将产生弯矩。例如在拱

顶产生正弯矩,该处压力线将上移,在拱脚产生负弯矩压力线下移。因此,考虑了弹性压缩后,实际的恒载压力线不再与拱轴线吻合了。

"公桥规"规定,对于跨径较小而矢跨比较大的拱桥,可不计弹性压缩的影响,即下列情况下可忽略弹性压缩的影响:

$$l \leqslant 30\text{m}, f/l \geqslant 1/3$$

$$l \leqslant 20\text{m}, f/l \geqslant 1/4$$

$$l \leqslant 10\text{m}, f/l \geqslant 1/5$$

3) 恒载作用下主拱圈各截面的总内力

当不考虑空腹拱恒载压力线偏离拱轴线的影响时,主拱圈各截面的恒载内力为:不考虑弹性压缩的恒载内力(仅为轴向力 $N = \dfrac{H_g}{\cos\varphi}$)加上弹性压缩产生的内力(式(16-157)),即

$$\left. \begin{aligned} \text{轴向力} \quad & N = \frac{H_g}{\cos\varphi} - \frac{\mu_1}{1+\mu} H_g \cos\varphi \\ \text{弯\quad 矩} \quad & M = \frac{\mu_1}{1+\mu} H_g (y_s - y_1) \\ \text{剪\quad 力} \quad & Q = \mp \frac{\mu_1}{1+\mu} H_g \sin\varphi \end{aligned} \right\} \quad (16\text{-}158)$$

式中的正、负号,上边的适用于左半拱,下边的适用于右半拱。

由式(16-158)知,考虑了恒载作用下拱的弹性压缩后,即使不计拱轴线偏离恒载压力线的影响,主拱圈中仍有恒载产生的弯矩。这说明,无论是空腹拱还是实腹拱,考虑弹性压缩后恒载压力线,都不可能与拱轴线相重合。

在公式(16-158)中再计入拱轴线偏离恒载压力线的影响(按式(16-140)~式(16-142))之后,由恒载产生的主拱圈各截面的总内力为:

$$\left. \begin{aligned} \text{轴向力:} \quad & N = \frac{H_g}{\cos\varphi} + \Delta X_2 \cos\varphi - \frac{\mu_1}{1+\mu}(H_g + \Delta X_2)\cos\varphi \\ \text{弯\quad 矩:} \quad & M = \frac{\mu_1}{1+\mu}(H_g + \Delta X_2)(y_s - y_1) + \Delta M \\ \text{剪\quad 力:} \quad & Q = \mp \frac{\mu_1}{1+\mu}(H_g + \Delta X_2)\sin\varphi \pm \Delta X_2 \sin\varphi \end{aligned} \right\} \quad (16\text{-}159)$$

上式中的 ΔX_2、ΔM 分别按式(16-141)、式(16-142)计算。

(2) 活载作用下等截面悬链线拱的内力计算

拱桥的桥跨结构属于空间结构,在活载作用下的受力比较复杂,在实际设计中为了简化计算,像梁桥的计算一样,引进荷载横向分布系数,将空间结构简化成平面结构进行计算(必须进行空间分析的除外)。同时,由于活载在拱桥上作用

位置不同，主拱圈各截面的内力也不一样，所以计算活载产生的主拱圈内力最简便的方法是采用影响线加载法。为了利用等代荷载简化计算工作，与计算由恒载产生的内力一样，计算活载产生的内力也分两步进行，即先求不计主拱圈弹性压缩影响的内力，然后再计入弹性压缩对活载内力的影响。

1) 荷载横向分布系数

a. 石板拱桥、混凝土箱板拱桥

由于石板拱桥主拱圈的横向刚度较大，可假定荷载均匀分布在主拱圈全宽上。对于矩形截面主拱圈，常取单位主拱圈宽度进行计算，则单位宽度主拱圈的荷载横向分布系数

$$m = \frac{c}{B} \tag{16-160}$$

混凝土箱板拱一般取单个拱箱作为计算单元，其荷载横向分布系数

$$m = \frac{c}{n} \tag{16-161}$$

以上式中 m —— 荷载横向分布系数；
  c —— 车列数；
  B —— 主拱圈宽度；
  n —— 主拱圈的拱箱个数。

b. 肋拱桥的荷载横向分布系数

对于双肋拱桥，一般可偏安全的用杠杆法计算拱肋的荷载横向分布系数。对于多肋拱桥，拱上建筑一般为排架式，则拱肋的荷载横向分布系数可采用类似梁式桥的计算方法。比较简单的计算方法是按弹性支承连续梁（横梁）计算拱肋的荷载横向分布系数，其计算结果与实际值误差平均在 10% 左右。

2) 活载作用下不计弹性压缩影响的内力

计算由活载产生的不计弹性压缩影响的内力，最简便的方法是利用内力影响线和等代荷载的方法。为求超静定无铰拱的内力影响线，先要计算赘余力影响线，再用叠加的方法得到主拱圈各控制截面的内力影响线，然后根据内力影响线按最不利情况布载，编制出等代荷载。

a. 赘余力影响线

为了便于编制内力影响线表格，在求主拱圈内力影响线时，常

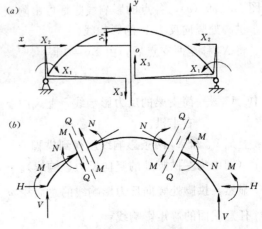

图 16-178 采用简支曲梁求解无铰拱内力

采用简支曲梁作为基本体系,见图 16-178,赘余力为 X_1、X_2、X_3。根据弹性中心特性知,图 16-178 (a) 中所有副变位均为零。设图 16-178 中所示的内、外力方向及与内力同向的变位均为正值,则典型方程为:

$$\left. \begin{array}{l} X_1\delta_{11} + \Delta_{1p} = 0 \quad X_1 = -\dfrac{\Delta_{1p}}{\delta_{11}} \\[6pt] X_2\delta_{22} + \Delta_{2p} = 0 \quad X_2 = -\dfrac{\Delta_{2p}}{\delta_{22}} \\[6pt] X_3\delta_{33} + \Delta_{3p} = 0 \quad X_3 = -\dfrac{\Delta_{3p}}{\delta_{33}} \end{array} \right\} \quad (16\text{-}162)$$

式 (16-162) 中,分母部分为弹性中心的常变位值,分子部分为载变位值。

为了计算赘余力的影响线,一般将主拱圈沿跨径方向分 48 (或 24) 等分。相邻两分点的水平距离为 $\Delta l = l/48$(或 $l/24$)。三个赘余力影响线图形如图 16-179 所示。

b. 内力影响线

有了赘余力影响线后,主拱图中任意截面的内力影响线都可利用静力平衡条件建立计算公式,并利用影响线叠加的方法得到。

拱中水平推力 H_1 影响线:

由 $\Sigma X = 0$,主拱圈任意截面的水平推力 $H_1 = X_2$,因此,H_1 的影响线与赘余力 X_2 的影响线是完全一致的,H_1 影响线的图形

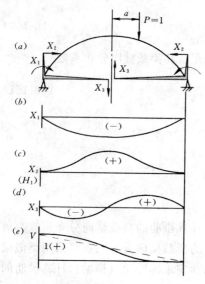

图 16-179 拱中赘余力影响线

见图 16-179 (c),各点的影响线竖标可由附表 16-12 查得。

拱脚处竖向反力 V 的影响线:

将 X_3 移至两支点后,由 $\Sigma y = 0$ 得

$$V = V_0 \mp X_3 \quad (16\text{-}163)$$

式中 V_0——简支梁的反力影响线,上式中上边符号用于左半拱,下边符号用于右半拱。

叠加 V_0 和 X_3 两条影响线就得到拱脚处竖向反力的影响线,如图 16-179 (e) 所示 (图中为左拱脚处的竖向反力影响线)。

显然,拱脚处竖向反力影响线的总面积 $\omega = \dfrac{l}{2}$。

任意截面的弯矩影响线:

由图 16-180 (a) 可得,主拱圈任意截面的弯矩为

$$M = M_0 - H_1 y \pm X_3 x + X_1 \quad (16\text{-}164)$$

式中 M_0——简支梁弯矩。

式中的正、负号，上边的适用于左半拱，下边的适用于右半拱。

图16-180（b）、（c）示出了拱顶截面弯矩影响线的叠加过程，图16-180（d）、（e）示出了拱顶截面和任意截面 i 的弯矩影响线图形。主拱圈各截面不考虑弹性压缩影响的弯矩影响线坐标可由附表16-13查得。

主拱圈中任意截面 i 的轴向力 N_i 及剪力 Q_i 的影响线在截面 i 处都有突变，见图16-180。因此，当集中荷载作用于截面 i 左右时，轴向力和剪力都有较大的差异，不便于编制等代荷载，一般也不利用 N_i、Q_i 的影响线计算其内力。通常先算出该截面的水平力 H_1 和拱脚处的竖向反力 V，再按下列公式计算出轴向力和剪力。

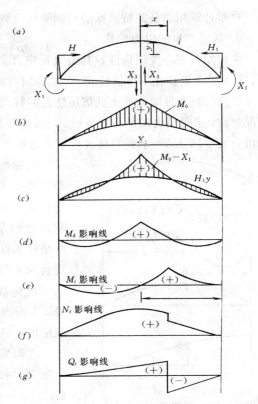

图16-180 拱中内力影响线

轴向力 N_i：

拱顶截面 $N = H_1$

拱脚截面 $N = H_1 \cos\varphi_j + V \sin\varphi_j$ (16-165)

其他截面 $N \approx \dfrac{H_1}{\cos\varphi}$

剪力 θ_i：

拱顶截面   剪力值较小，一般不计算

拱脚截面 $Q = H_1 \sin\varphi_j - V\cos\varphi_j$ (16-166)

其他截面   剪力值较小，一般不计算

主拱圈各截面的内力影响线坐标也可直接通过电算求得。

为了便于利用等代荷载计算主拱圈各截面内力，附录15-14列有不计弹性压缩影响的拱中弯矩及相应的 H、V 的影响线面积表，供计算由活载产生的内力时选用。

c. 等代荷载

拱桥计算用的公路桥涵标准车辆等代荷载可直接查附表 16-15。

d. 活载产生的内力计算

主拱圈是偏心受压构件，其最大正应力是弯矩 M 和轴向力 N 共同作用产生的，但荷载布置往往不可能使 M 和 N 同时达到最大值。在实际计算中，考虑到拱桥主拱圈的抗弯性能远差于其抗压性能的特点，一般可在弯矩影响线上按最不利情况加载，求得最大或最小弯矩后，再求出与此加载情况相应的 H_1 和 V 的数值，并由公式（16-165）求得与最大或最小弯矩相应的轴向力。

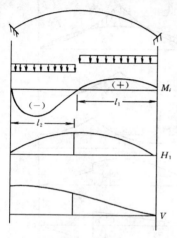

图 16-181 拱脚截面内力影响线

在影响线上按最不利情况加载计算由活载产生的主拱圈内力的方法有直接布载法和等代荷载法两种。直接布载法就是以最不利布载位置的车辆轴重乘以相应位置的内力影响线坐标求得（还需考虑荷载横向分布系数、车道折减系数等因素的影响）；等代荷载法则是以等代荷载乘以相应位置内力影响线面积求得。下面以拱脚截面为例，说明如何用等代荷载法求主拱圈截面内力。

已知某等截面悬链线无铰拱桥，左拱脚的弯矩 M_j、水平力推 H_1 及竖向反力 V 的影响线如图 16-181 所示，求左拱脚截面的弯矩 M 及相应的轴向力 N。

先将荷载布置在弯矩影响线的正面积部分，如图 16-181 所示，根据设计荷载和计算跨径由等代荷载表（附表 16-15）查得最大正弯矩 M_{max} 的等代荷载 K_M 及相应水平推力 H_1 和竖向反力 V 的等代荷载 K_H、K_V，分别乘以正弯矩及与其相应的 H_1 和 V 的影响线面积 ω_M、ω_H 和 ω_V，即可得拱脚截面内力：

$$\left.\begin{aligned}\text{最大正弯矩}\quad & M_{max} = \phi \cdot m \cdot K_M \cdot \omega_M \\ \text{与 } M_{max} \text{ 相应的水平推力：} & H_1 = \phi \cdot m \cdot K_H \cdot \omega_H \\ \text{与 } M_{max} \text{ 相应的竖向反力}\quad & V = \phi \cdot m \cdot K_V \cdot \omega_V\end{aligned}\right\} \quad (16\text{-}167)$$

则与 M_{max} 相应的拱脚截面的轴向力 N 为：

$$N = H_1 \cos\varphi_j + V \sin\varphi_j$$

式中　ϕ——车道折减系数；

　　　m——荷载横向分布系数。

再将荷载布置在弯矩影响线的负面积区段，同理可求得拱脚截面的最大负弯矩 M_{min} 及相应的 H_1 和 V 值，并由 $N = H_1 \cos\varphi_j + V \sin\varphi_j$ 求得相应于 M_{min} 的轴向力 N 值。

应注意，计算拱脚截面弯矩 M_{max} 或 M_{min} 相应的竖向反力 V 时，由于编制等代

§ 16.5 拱桥   175

荷载方面的原因，应以 V 的等代荷载乘以 V 的影响线的全面积，即 $\omega_V = l/2$，而计算人群荷载产生的 V 值时，拱脚竖向反力影响线面积则采用与 M_{max} 或 M_{min} 相对应的面积，不能采用全面积（$l/2$）。

当作用有特殊荷载而无相应等代荷载可查时，可按最不利荷载位置，在内力影响线上直接布载，并用下列公式计算活载产生的主拱圈各截面内力：

$$M_{max} = \phi \cdot m \Sigma P_i y_i \tag{16-168}$$

式中 P_i—— 车辆荷载轴重；
y_i—— 与 P_i 对应的内力影响线坐标；
ϕ、m 同前。

有时，虽然作用的不是特殊荷载，但结构本身无内力影响线可查，这时，也只能在求得内力影响线后采用直接布载法求内力。

在计算主拱圈各截面在汽车荷载作用下的内力时，若拱顶填料厚度（包括桥面铺装厚度）小于 500mm，还应计入汽车荷载的冲击作用。

在计算拱桥下部结构时，常以最大水平推力控制设计，这时，应在 H_1 影响线上按最不利情况布载，计算出 H_{1max} 及相应的弯矩 M 和竖向反力 V。

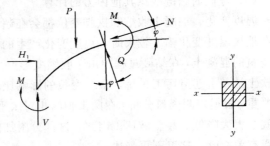

图 16-182 活载弹性压缩引起的内力

3）活载作用下由弹性压缩引起的内力

与恒载作用下的情况相似，也在弹性中心产生赘余水平力 ΔH（拉力），参见图 16-182。由典型方程并略去剪力项的影响得：

$$\Delta H = \frac{\Delta l}{\delta'_{22}} = \frac{\int_s \frac{N ds}{EA}\cos\varphi}{\delta'_{22}} = -H_1 \frac{\mu_1}{1+\mu} \tag{16-169}$$

考虑弹性压缩后，由活载产生的总推力

$$H = H_1 + \Delta H = H_1 - H_1 \frac{\mu_1}{1+\mu} = H_1 \frac{1+\mu-\mu_1}{1+\mu} \tag{16-170}$$

考虑到 $\Delta \mu = \mu_1 - \mu$ 远比 μ_1 小，因此实际应用时将公式（16-170）简化为：

$$H = H_1 \frac{1+\mu-\mu_1}{1+\mu} = H_1 \frac{1-\Delta\mu}{1+\mu_1-\Delta\mu} \approx \frac{H_1}{1+\mu_1} \tag{16-171}$$

活载作用下，考虑拱弹性压缩引起的内力：

弯矩 $\Delta M = -\Delta H \cdot y = \dfrac{\mu_1}{1+\mu}H_1 y$

轴向力 $\Delta N = \Delta H \cos\varphi = -\dfrac{\mu_1}{1+\mu}H_1\cos\varphi$ (16-172)

剪力 $\Delta Q = \pm \Delta H\sin\varphi = \mp\dfrac{\mu_1}{1+\mu}H_1\sin\varphi$

式中，μ_1、μ 意义同前。

叠加不考虑弹性压缩的内力与考虑弹性压缩产生的内力，即得活载作用下的总内力。不考虑弹性压缩的内力可以很方便地用等代荷载法计算，考虑弹性压缩产生的内力可根据 μ 与 μ_1 由式（16-172）直接求得。而采用电算求结构内力影响线并用直接布载法求出的内力，由于拱的弹性压缩是一起考虑的，故求出的内力就是总内力。

(3) 等截面悬链线拱其他内力的计算

温度变化、混凝土收缩和拱脚变位都会在超静定拱中产生附加内力。当拱桥所在地区温度变化幅度较大时，温度变化产生的附加内力就不容忽视。尤其是就地浇筑的混凝土，在结硬过程中由于收缩变形产生的附加内力，可能使拱桥开裂。在软土地基上建造圬工拱桥，墩台变位的影响比较突出，拱脚水平位移的影响更为严重，根据观测资料分析，在两拱脚的相对水平位移 $\Delta l > l/200$ 时，拱的承载能力就会大大降低，甚至破坏。因此，这部分附加内力不能忽视，具体计算方法请参阅有关文献，这里不再赘述。

3. 拱上建筑的计算

由前述，在普通的上承式拱桥主拱圈内力计算中，不考虑拱上建筑与主拱圈联合作用，这是因为这种假定简化了结构计算图式，对于主拱圈又是偏于安全的。但是实际上，主拱圈与拱上建筑总是会程度不同地联合作用，这种联合作用显著影响拱上建筑的内力，拱上建筑刚度越大，则联合作用的影响也越大。考虑拱上建筑与主拱圈联合作用计算所得的拱上建筑内力与二者分开计算的结果迥然不同，弯矩可能变号。如构造处理不当，又按分开计算配筋则拱上建筑可能严重开裂甚至破坏。因此，主拱圈计算不考虑拱上建筑联合作用是偏于安全的，而拱上建筑计算不考虑联合作用的影响是不安全的。

联合作用的计算与拱桥的施工程序密切相关。主拱圈与拱上建筑联合作用的计算属于高次超静定结构的计算问题，一般可以应用平面杆件系统程序，用计算机算出主拱圈与拱上建筑各截面的弯矩、轴向力和剪力影响线，然后再求出内力值。也可以根据具体情况，采用简化计算方法求解。这里仅介绍两种拱上建筑计算的简化计算方法，其他有关联合作用的计算方法可参阅有关文献。

(1) 拱上建筑与主拱圈分开单独计算

当拱上建筑刚度较小时，其腹孔部分用横向断缝与主拱圈隔开，且腹孔墩顶部、底部均设铰或腹孔墩较柔性，则可近似认为主拱圈为主要承重结构，拱上建筑只是传递荷载给主拱圈的局部受力构件,这时主拱圈和拱上建筑可分为两部分,各自单独计算。这种计算假定只是为了简化计算,实际上即使拱上建筑刚度小,还是会在一定程度上参与主拱圈受力的。

拱上建筑作为只承受局部荷载的局部受力构件进行单独计算时,对于拱式拱上建筑,见图16-183b,可视为刚性支承在主拱圈上的多跨连续梁,按2~3跨连拱计算。对于连续梁板式拱上建筑,见图16-183(a),可视为拱上建筑纵向是一

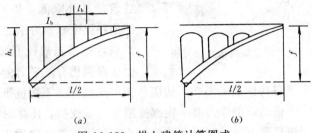

图 16-183 拱上建筑计算图式

个支承在主拱圈上的多跨刚架。近似计算中可忽略主拱圈变形的影响,则行车道梁可视为刚性支承上的多跨连续梁,并可进一步近似地按三跨连续梁计算。所有的中间节间均按三跨连续梁的中跨弯矩配筋。对于横向墙式刚架,由于它们与行车道梁之间多少有些刚性联系,为稳妥起见,在墙或刚架支柱顶部截面计算中,除了考虑由桥面荷载所产生的轴向压力外,还应考虑桥面传给它们的弯矩 M_c,并近似取

$$M_c = \left(0.2 - \frac{K-1}{30}\right) M_0 \tag{16-173}$$

式中　$K = I_0 h_c / I_c l_b$

　　I_b、l_b——分别为行车道梁(或板)的惯性矩、跨径;

　　I_c、h_c——分别为横向墙(或支柱)的惯性矩、高度;

　　M_0——按三跨连续梁计算所得的行车道梁支点截面处的最大负弯矩。

当 $K \leqslant 1$ 时,取 $M_c = 0.2 M_0$,当 $K \geqslant 4$ 时,取 $M_c = 0.1 M_0$。

对于拱脚附近的边横向墙或支柱,其顶部弯矩可近似地取为:

$$M = \frac{3}{4}\left(\frac{M'_0}{1+K}\right) \tag{16-174}$$

式中　M'_0——跨径等于 l_b 的简支梁中的最大弯矩;K 的意义同上。

当为刚架时,还应考虑在竖向荷载作用下所发生的横向刚架作用,见图16-184(b),按横向刚架进行分析。

除了按竖向荷载计算外,还应按横向荷载计算拱上建筑。最简单的近似计算方法是:假定每个横向刚架只负担相邻的两个桥面节间上的横向力的一半,以及该刚架上的全部横向力,如图16-184(b)所示,并认为刚架支柱底部是固结的,由此可算出各个刚架中每个构件的内力,以及刚架支柱与主拱圈连接处的反力。在

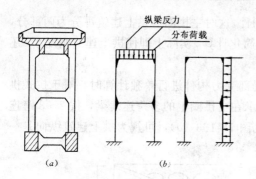

图 16-184 拱上建筑横向按刚架分析

分析主拱圈的横向受力时应考虑这部分反力。

(2) 拱式拱上建筑与主拱圈联合作用的简化计算

1) 活载作用下的内力计算图式

试验表明,活载作用下,拱式拱上建筑能显著降低主拱圈的活载弯矩。即使在拱上建筑开裂之后,主拱圈的活载弯矩值虽然比开裂前略有增加,但比裸拱仍有较显著的折减。为简化计算,忽略腹拱填料和侧墙的影响,边腹拱按平铰处理而不按抗推刚度等于零的三铰拱处理,将边腹拱近似作为有一定抗推刚度的双铰拱,计算图式如图 16-185 (a) 所示。为了更稳妥可靠,可采用边腹拱为双铰拱、其余腹拱为单铰拱的图式作为最后的计算图式,见图 16-185 (b)。

2) 附加力计算图式

试验表明,当拱座产生向外的水平位移时,设有平铰的边腹拱不传递拉力,主拱的弯矩与裸拱基本一致。但当拱座向内水平位移时,边腹拱能传递水平推力,主拱的弯矩与裸拱有所不同。因此,在计算均匀降温、材料收缩和拱座向外水平位移的附加内力时,可不考虑拱上建筑的联合作用,仍采用裸拱图式。当升温时,由于边腹拱能传递水平推力,应考虑联合作用,其计算图式如图 16-185 (b) 所示。这时,主拱拱脚正弯矩小于裸拱的,拱顶负弯矩大于按裸拱计算的值。

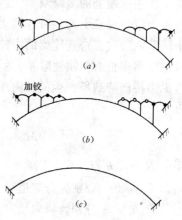

图 16-185 拱式拱上建筑
联合作用计算图式
边拱—双铰拱
其它—单铰拱

3) 恒载作用下的内力计算图式

采用无支架施工的拱桥,立柱和腹拱的重力是由裸拱承担的。但在腹拱安装完成后,侧墙、填料和桥面的重力则由主拱和腹拱的组合结构承担。为简化计算和偏安全考虑,这部分恒载仍可按裸拱计算。

4) 活载作用下拱上建筑与主拱联合作用的简化计算法——弯矩折减系数法

根据上述分析,采用如图 16-185 (b)、(c) 所示的计算图式,即用杆件系统有限单元法计算弯矩影响线纵坐标和面积,求出带拱上建筑的和裸拱的最大弯矩纵坐标比值和面积比值,从而求得一个弯矩折减系数 β,β 乘以相应的裸拱弯矩,就得到考虑联合作用的主拱活载弯矩。由活载产生的轴向力仍可采用裸拱的计算值,不必修正。

弯矩折减系数 β 与腹拱的矢跨比以及腹拱和腹拱墩的刚度有关。腹拱越坦，抗推刚度越大，联合作用越显著，则 β 值越小。腹拱、立柱或横墙对主拱的相对刚度越大，β 值越小。

4. 主拱圈的内力调整

悬链线无铰拱桥在最不利荷载组合时，常出现拱脚负弯矩过大或拱顶正弯矩过大的情况。为了减小拱脚、拱顶过大的弯矩，可从设计或施工方面采取一些措施来调整，这就是主拱圈的内力调整。

常用假载法来调整拱圈内力，即在计算跨径、计算矢高和主拱圈厚度不变的情况下，通过改变拱轴系数 m 的数值来改变拱轴线形状，达到调整主拱圈内力的目的。m 的调整幅度一般为半级或一级。应当指出，用假载法调整拱轴线，不能同时改善拱顶、拱脚两个控制截面的内力，并且对其他截面内力也有影响。因此在调整拱轴系数 m 时应全面考虑。

用临时铰调整主拱圈内力，就是在主拱圈施工时，在拱顶、拱脚用铅垫板做成临时铰，拱架拆除后，由于临时铰的存在，主拱圈成为静定的三铰拱，待拱上建筑完成后，再用高标号水泥砂浆封固，成为无铰拱。由于在恒载作用下，主拱圈是静定三铰拱，拱的弹性压缩以及封铰前已发生的墩台变位均不产生附加内力，从而减小了主拱圈中的弯矩。用临时铰或千斤顶调整主拱圈内力，效果相当显著，但施工比较复杂。

改变拱轴线调整主拱圈内力，就是人为地改变拱轴线，使拱轴线与恒载的压力线造成有利的偏离，使在拱脚、拱顶截面产生有利的恒载弯矩，以消除这两个截面过大的弯矩，达到调整主拱圈内力的目的。

用各种方法调整主拱圈内力的具体计算可参阅有关文献。

5. 主拱圈验算

求得了主拱圈在各种荷载作用下的内力后，就可进行最不利情况下的荷载组合，然后对主拱圈进行强度、刚度、稳定性验算。对于主拱圈的强度验算，当为小跨径无铰拱桥时，通常取拱脚、$l/4$、拱顶这几个控制截面进行强度验算；当为大中跨径无铰拱桥时，除上述截面以外，$l/8$、$3l/8$ 等截面也可能成为控制截面，也需对其进行强度验算。对于采用无支架施工的大跨径拱桥以及其他特大跨径的拱桥，$l/4$ 截面往往不一定是控制截面，而 $l/8$、$3l/8$ 截面常成为控制截面，故必须对拱脚、$l/8$、$l/4$、$3l/8$、拱顶以及其他不利截面进行强度验算。

(1) 主拱圈强度验算

"公桥规"规定，主拱圈采用分项安全系数的极限状态法设计，其设计原则为：荷载效应不利组合的设计值小于或等于结构（截面）抗力效应的设计值。以方程式表示为：

$$S_d(\gamma_{s0}\psi\Sigma\gamma_{s1}Q) \leqslant R_d\left(\frac{R_j}{\gamma_m}, \alpha_k\right) \qquad (16\text{-}175)$$

式中 S_d——荷载效应函数;

Q——荷载在结构上产生的效应;

γ_{s0}——结构的重要性系数,当计算跨径 $l<50$m 时,$\gamma_{s0}=1.00$;当 50m$\leqslant l \leqslant 100$m 时,$\gamma_{s0}=1.03$;当 $l>100$m 时,$\gamma_{s0}=1.05$;

γ_{s1}——荷载安全系数,对于结构自重,当其产生的效应与汽车(或挂车、履带车)产生的效应同号时,$\gamma_{s1}=1.20$;异号时 $\gamma_{s1}=0.9$;对于其他荷载,$\gamma_{s1}=1.4$;

ψ——荷载组合系数,对于组合 I,$\psi=1.00$;对于组合 II、III、IV,$\psi=0.80$;对于组合 V,$\psi=0.77$;当荷载组合 I 中考虑了水的浮力或基础变位影响力时,则应采用荷载组合 II 的 ψ 值;

R_d——结构抗力效应函数;

γ_m——材料或砌体的安全系数,见表 16-33;

γ_m 表   表 16-33

砌体种类	受力情况	
	受压	受弯、拉、剪
石料	1.85	2.31
片石砌体,片石混凝土砌体	2.31	2.31
块石、粗料石、混凝土预制块、砖砌体	1.92	2.31
混凝土	1.54	2.31

R_j——材料或砌体的极限强度;

α_k——结构的几何尺寸。

主拱圈为偏心受压构件,其正截面强度验算可按两种不同情况进行。

1) 正截面小偏心受压

为了避免主拱圈截面开裂,要求轴向力偏心距 $e_0=\dfrac{M}{N}$ 不超过表 16-34 规定的容许值,其中,当混凝土结构截面受拉边设有不小于截面积 0.05% 的纵向钢筋时,表中规定值可增加 $0.1y$;当截面配筋率达到一定值时(见"公桥规"JTJ022—85 表 3.0.2-2),可按钢筋混凝土截面设计,这时偏心距不受限制。当荷载组合 I 中考虑了水的浮力或基础变位影响力时,容许偏心距按组合 II 采用。表中,y 为截面或换算截面重心至偏心方向截面边缘的距离。

容许偏心距 $[e_0]$ 表 16-34

荷载组合	结构名称	容许偏心距
组合 I	中、小跨径拱圈	$\leqslant 0.6y$
	其他结构	$\leqslant 0.5y$
组合 II、III、IV	中、小跨径拱圈	$\leqslant 0.7y$
	其他结构	$\leqslant 0.6y$
组合 V		$\leqslant 0.7y$

当截面上轴向力的偏心距满足表 16-34 要求时，主拱圈正截面强度验算可按下式进行：

$$N_j \leqslant \alpha A R_a^j / \gamma_m \tag{16-176}$$

式中 N_j——按式（16-175）不等式左边计算的纵向力；

A——构件（主拱圈）计算截面积，对于组合截面按强度比换算，即 $A = A_0 + \eta_1 A_1 + \eta_2 A_2 + \cdots$，$A_0$ 为标准层截面积，A_1、$A_2 \cdots$ 为其他层截面积，$\eta_1 = \dfrac{R_{a1}^j}{R_{a0}^j}$，$\eta_2 = \dfrac{R_{a2}^j}{R_{a0}^j} \cdots$，$R_{a0}^j$ 为标准层的极限抗压强度，R_{a1}^j、$R_{a2}^j \cdots$ 为其他层的极限抗压强度；

R_a^j——材料的极限抗压强度，对于组合截面，取为标准层的极限抗压强度；

γ_m——材料安全系数，见表 16-33，对于组合截面，$\gamma_m = \dfrac{\gamma_{m0} A_0 + \gamma_{m1} A_1 + \gamma_{m2} A_2 + \cdots}{A_0 + A_1 + A_2 + \cdots}$，$\gamma_{mi}$ 为第 i 层材料的安全系数，A_i 为第 i 层材料面积；

α——纵向力的偏心影响系数，按下式计算：

$$\alpha = \dfrac{1 - \left(\dfrac{e_0}{y}\right)^m}{1 + \left(\dfrac{e_0}{\gamma_w}\right)^2}$$

其中 e_0——纵向力的偏心距，对于组合截面为纵向力到换算截面重心的距离，其值不得超过表 16-34 之规定；

γ_w——在弯曲平面内截面（或换算截面）的回转半径；

m——截面形状系数，对圆形截面取 2.5；对 T 形截面取 3.5；对箱形或矩形截面取 8。

2）正截面大偏心受压取消

对于圬工结构，当纵向力偏心距 e_0 超过容许的偏心距 $[e_0]$ 后，即主拱圈在大偏心受压下工作，为了避免截面发生裂缝，"公桥规"规定这时的正截面强度由材料弯曲抗拉控制设计。并按下式进行正截面强度验算：

$$N_j \leqslant \dfrac{A R_{wl}^j}{\left(\dfrac{A e_0}{W} - 1\right) \gamma_m} \tag{16-177}$$

式中 N_j——按式（16-175）不等式左边计算的纵向力；

γ_m——材料的安全系数，按表 16-33 取用；

A——截面面积，对于组合截面为换算截面积，其值按弹性模量比换算，即 $A = A_0 + \eta_1 A_1 + \eta_2 A_2 + \cdots$，$A_0$ 为受拉边边层截面积，$\eta_1 = \dfrac{E_1}{E_0}$、$\eta_2 = \dfrac{E_2}{E_0} \cdots$，$E_0$ 为标准层弹性模量，E_1、$E_2 \cdots$ 为其他层的弹性模量；

W——截面受拉边缘的弹性抵抗矩,对于组合截面应按弹性模量比换算截面计算;

R_{wl}^j——受拉边边层的弯曲抗拉极限强度;

其他符号意义同前。

3) 正截面直接受剪

正截面直接受剪时,抗剪强度计算按下式进行:

$$Q_j \leqslant A \frac{R_j^j}{\gamma_m} + \mu N_j \tag{16-178}$$

式中 Q_j——按式(16-175)不等式左边计算的剪力;

A——受剪截面面积;

R_j^j——砌体截面的抗剪极限强度;

μ——摩擦系数,对实心砖砌体 $\mu=0.7$。

(2) 稳定性验算

主拱圈是以受压为主的结构,因此,无论是在施工过程中,还是成桥运营阶段,除应满足强度要求外,还需进行稳定性验算。一般,主拱圈的稳定性验算分纵向(面内)和横向(面外)两个方面分别进行验算。

实腹式拱桥,一般跨径较小,通常采用有支架施工,主拱圈的纵、横向稳定性可不验算。大中跨径拱桥应视施工等具体条件决定是否应对主拱圈的纵横向稳定性进行验算。如果采用有支架施工,且在拱上建筑砌完后才卸落支架,则认为拱上建筑参与主拱圈共同受力,主拱圈的纵向稳定性可不验算。当主拱圈宽度大于或等于跨径的1/20时,则可不验算主拱圈的横向稳定性。如果采用无支架施工或早脱架施工(即拱上建筑尚未砌完就卸落拱架),则对主拱圈的纵、横向稳定性均应进行验算。

随着所用材料的改善和施工技术的提高,拱桥的跨径不断增大,使主拱圈的长细比愈来愈大,导致主拱圈在施工阶段及成桥运营状态的稳定性问题越来越突出,甚至控制拱桥的设计,必须高度重视。

主拱圈的稳定性分析和验算,对于简单结构可以通过手算完成,对于复杂结构的稳定性,及主拱圈截面是逐步形成的施工过程中的稳定性须采用结构有限元方法进行分析。

1) 纵向稳定性验算

对于长细比不大,且矢跨比(f/l)在0.3以下的主拱圈,其纵向稳定性验算一般可表达为强度校核的形式,即将主拱圈(或拱肋)换算成相当长度的压杆,按平均轴向力进行计算,如图16-186所示,以强度校核形式控制稳定。

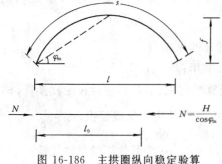

图 16-186 主拱圈纵向稳定验算

对于砖、石、混凝土主拱圈（拱肋），其纵向稳定性验算公式为：
$$N_j \leqslant \varphi \alpha A R_a^j / \gamma_m \tag{16-179}$$

式中 N_j——按式 (16-175) 不等式左边计算的平均轴向力；其中荷载在结构上产生的效应可采用计算荷载作用下的平均轴向力，即 $N = H/\cos\varphi_m$，式中 H 为计算荷载作用下拱的水平推力，φ_m 为半拱的弦线与水平线的夹角，见图 16-186，$\cos\varphi_m = \dfrac{1}{\sqrt{1+4(f/l)^2}}$；

φ——受压构件的纵向弯曲系数，中心受压构件的纵向弯曲系数 φ 按"公桥规"规定采用，主拱圈为偏心受压构件，弯曲平面内的纵向弯曲系数 φ 按下式计算：

$$\varphi = \dfrac{1}{1+\alpha_1 \beta(\beta-3)\left[1+1.33\left(\dfrac{e_0}{\gamma_w}\right)^2\right]}$$

其中，α_1——与砂浆标号有关的系数，对于 5 号、2.5 号、1 号砂浆，α_1 分别采用 0.002、0.0025、0.004，对混凝土 α_1 采用 0.002；

β——对于矩形截面，$\beta = \dfrac{l_0}{h_w}$；对于非矩形截面，$\beta = \dfrac{l_0}{\gamma_w}$；

其中，l_0——主拱圈稳定计算长度（换算直杆的自由长度），视其失稳形式而定：无铰拱相当于一个正弦半波的长度，即 $0.7 \times 0.5s = 0.35s$，偏安全地取 $l_0 = 0.36s$，同理，双铰拱取 $l_0 = 0.54s$；三铰拱取 $l_0 = 0.58s$，s 为拱轴线长度；

h_w——矩形截面偏心受压构件在弯曲平面内的高度；

γ_w——在弯曲平面内构件截面的回转半径。

其他符号意义同前。

对于钢筋混凝土主拱圈（或拱肋），其纵向稳定性验算可采用钢筋混凝土受压构件的计算公式。

当主拱圈（换算直杆）的长细比大于"公桥规"中表 3.0.3-2 的规定时，可用临界力来控制其稳定，其验算公式为

$$K_1 = \dfrac{N_L}{N_j} \geqslant 4 \sim 5 \tag{16-180}$$

式中 K_1——纵向稳定安全系数；

N_j——按 (16-175) 不等式左边计算的平均轴向力；

N_L——主拱圈丧失纵向稳定时的平均轴向力（临界平均轴向力），可先求得临界水平推力 H_L，再按公式 $N_L = \dfrac{H_L}{\cos\varphi_j}$ 求得临界平均轴向力；

其中，H_L——临界水平推力，$H_L = K_2 \dfrac{EI_x}{l^2}$；

E——主拱圈材料弹性模量;

I_x——主拱圈截面对水平主轴的惯性矩;

l——主拱圈计算跨径;

K_2——临界水平推力系数,与主拱圈的支承条件及矢跨比等有关,如为等截面悬链线拱在均布荷载作用下的 K_2 值可参照表 16-35 取用。

临界水平推力系数 K_2 值 表 16-35

f/l	0.1	0.2	0.3	0.4	0.5
无铰拱	74.2	63.5	51.0	33.7	15.0
双铰拱	36.0	28.5	19.0	12.9	8.5

对于变截面主拱圈,可近似地用 $l/4$ 截面的惯性矩来估算临界力。

当连续式拱上建筑与主拱圈共同受力时,主拱圈的稳定性比裸拱时有所提高。在验算主拱圈的纵向稳定性时,临界水平推力可予以提高,具体计算时,将上述 K_2 增大 $\left(1+\dfrac{EI_b}{EI_a}\right)$ 倍,即临界水平推力近似地按拱、梁两者截面抗弯刚度之和与拱截面的抗弯刚度的比值增大,其中,EI_a、EI_b 分别为主拱圈和桥道梁面内的抗弯刚度。

以上计算中没有考虑在荷载作用下拱轴变形的影响。对于具有一般矢跨比的中小跨径拱桥,由于主拱圈的变形相对来说不大,忽略其影响是可以的,但对于坦拱和大跨径拱桥,尤其是主拱圈由高强度材料建成时,拱轴变形的影响则不容忽视。此外,建桥材料的非线性对主拱圈的稳定性也有影响,因此在分析稳定性时,应考虑几何和材料的非线性影响,通常可采用结构有限元程序求出纵向稳定系数 K_1,只要 $K_1 \geqslant 4 \sim 5$ 即满足稳定要求。

2) 横向稳定性验算

对于主拱圈的宽跨比小于 1/20 的板拱桥、肋拱桥、特大跨径拱桥及无支架施工过程中的主拱圈(或拱肋)均须进行主拱圈的横向稳定性验算。目前,主拱圈的横向稳定性验算尚无成熟的计算方法,常用与纵向稳定性相似的公式来计算,即

$$K_3 = \frac{N'_L}{N_j} \geqslant 4 \sim 5 \qquad (16\text{-}181)$$

式中 K_3——横向稳定安全系数;

N'_L——主拱圈(或拱肋)丧失横向稳定时的临界轴向力;

N_j——按式(16-175)不等式左边计算的平均轴向力。

对于板拱或采用单肋合龙时的拱肋,临界轴向力 N'_L 可近似地按矩形等截面抛物线双铰拱在均布竖向荷载作用下的横向稳定公式来计算,即

$$N'_L = \frac{H'_L}{\cos\varphi_m} \qquad (16\text{-}182)$$

而
$$H'_L = K_4 \frac{EI_y}{8fl}$$

式中 I_y ——主拱圈（或拱肋）截面对自身竖直轴的惯性矩；

K_4——临界荷载系数，与矢跨比和 λ 有关，参见表 16-36；

φ_m——主拱圈半拱的弦线与水平线的夹角；

λ——截面抗弯刚度与抗扭刚度之比，即 $\lambda = EI_y/GI_k$；

其中，G——主拱圈材料剪切弹性模量，可取 $G = 0.43E$；

I_k——主拱圈截面的扭转惯性矩。

临界荷载系数 K_4 值　　　　　　　　　表 16-36

f/l \ λ	0.7	1.0	2.0
0.1	28.5	28.5	28.0
0.2	41.5	41.0	40.0
0.3	40.0	38.5	36.5

实验与计算表明，无铰拱的临界荷载比有铰拱大，对于工程上大量采用的悬链线无铰拱的横向稳定采用解析解是很复杂的，设计时可偏安全地采用双铰拱的计算公式，也可采用圆弧无铰拱的公式计算临界轴向力（通常在 $f/l < \frac{1}{5}$ 时）。在具备电算条件时，对于任何一种拱轴线形、截面型式及支承条件的主拱圈，均可通过有限元程序求出临界力。

对于目前广泛采用的具有横向联结系的肋拱桥，其横向稳定性计算较为复杂，在无电算条件时，可将主拱圈

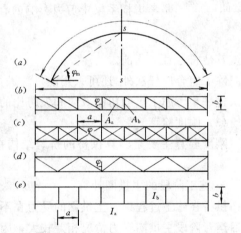

图 16-187　具有横向联结系的肋拱横向稳定性计算

展开成一个与拱轴等长的平面桁架，按组合压杆计算其横向稳定性。如图 16-187 所示的双肋拱桥，其临界轴向力可按下式计算：

$$N'_L = \frac{\pi^2 E_a I_y}{l_0^2} \tag{16-183}$$

式中 I_y——两拱肋截面对其公共竖直轴的惯性矩；

E_a——拱肋材料的弹性模量；

l_0——组合压杆计算长度，$l_0 = \rho as$；

α——以支承条件相关的系数,无铰拱为 0.5,双铰拱为 1.0;

ρ——考虑剪力对稳定影响的系数,它与拱肋间的横向联结系的型式有关,对图 16-187 所示的常用型式,ρ 为:

$$\rho = \sqrt{1 + \frac{\pi^2 E_a I_y}{(\alpha s)^2}\left(\frac{ab}{12 E_b I_b} + \frac{a^2}{24 E_a I_a} \cdot \frac{1}{1-\beta} + \frac{na}{b A_b G}\right)} \tag{16-185}$$

式中: A_b——横系梁的截面积;

a——横系梁的间距;

b——两拱肋中距,即横系梁的计算长度;

I_a、I_b——分别为一个拱肋和一根横系梁对自身竖直轴的惯性矩;

E_b——横系梁材料的弹性模量;

β——考虑节间局部稳定的有关系数,$\beta = a^2 N'_L / 2\pi^2 E_a I_a$,只能用试算法求解,没有足够数量的横系梁时,一般可略去不计;

n——与横系梁截面形状有关的系数,对矩形截面,$n=1.2$;对圆形截面,$n=1.11$;

$\dfrac{na}{b A_b G}$——是考虑横系梁中剪力影响的有关项,G 为横系梁材料的剪切弹性模量;

其他符号意义同前。

除了组合压杆法外,还可采用能量法进行主拱圈的横向失稳临界轴向力分析,该法进一步考虑了拱肋扭曲效应和矢跨比的效应。

(3) 刚度验算

刚度验算主要是验算拱桥的桥跨结构在荷载作用下的挠度是否在规定范围内。

6. 施工阶段的主拱圈计算

拱桥在施工过程中,主拱圈的受力在不同的施工阶段是不相同的,并且与成桥后运营阶段主拱圈受力情况相差较大,因此,必须验算施工阶段主拱圈的强度和稳定性。

拱桥采用不同的施工方法,其施工阶段的划分及施工计算的内容也不相同。例如采用缆索吊装施工拱桥时,主拱圈要经历脱模吊装、悬挂合龙和施工加载等阶段。而采用悬臂拼装(悬臂桁架法)施工的拱桥,其上部结构由悬臂桁架转化为桁架拱,再转化为无铰拱,结构体系在施工过程中不断变化。

施工阶段主拱圈的强度和稳定性计算应根据拱桥不同施工方法和具体的施工阶段进行,这部分内容可参阅有关文献,不再赘述。

附录 13　铰接板荷载横向分布影响线竖标表

1. 本表适用于横向铰接的梁或板，各片梁或板的截面是相同的；
2. 表头的两个数字表示所要查的梁或板号，其中第一个数目表示该梁或板是属于几片梁或板铰接而成的体系，第二个数目表示该片梁或板在这个体系中自左而右的序号；
3. 横向分布影响线竖标以 η_{ij} 表示，第一个脚标 i 表示所要求的梁或板号，第二个脚标 j 表示受单位荷载作用的那片梁或板号，表中 η_{ij} 下的数字前者表示 i，后者表示 j，η_{ij} 的竖标应绘在梁或板的中轴线处；
4. 表中的 η_{ij} 值为小数点后的三位数字，例如 278 即为 0.278，006 即为 0.006；
5. 表值按弯扭参数 γ 给出

$$\gamma = 5.8 \frac{I}{I_T}\left(\frac{b}{l}\right)^2$$

式中　l——计算跨径；
　　　b——一片梁或板的宽度；
　　　I——梁或板的抗弯惯矩；
　　　I_T——梁或板的抗扭惯矩。

铰　接　板　3-1　　　　　　附表 13-1

γ	η_{ij}			γ	η_{ij}			γ	η_{ij}		
	11	12	13		11	12	13		11	12	13
0.00	333	333	333	0.08	434	325	241	0.40	626	294	080
0.01	348	332	319	0.10	454	323	223	0.60	683	278	040
0.02	363	331	306	0.15	496	317	186	1.00	750	250	000
0.04	389	329	282	0.20	531	313	156	2.00	829	200	−029
0.06	413	327	260	0.30	585	303	112				

铰　接　板　3-2　　　　　　附表 13-2

γ	η_{ij}			γ	η_{ij}			γ	η_{ij}		
	21	22	23		21	22	23		21	22	23
0.00	333	333	333	0.08	325	351	325	0.40	294	412	294
0.01	332	336	332	0.10	323	355	323	0.60	278	444	278
0.02	331	338	331	0.15	317	365	317	1.00	250	500	250
0.04	329	342	329	0.20	313	375	313	2.00	200	600	200
0.06	327	346	327	0.30	303	394	303				

铰接板 4-1   附表 13-3

γ	η_{ij}				γ	η_{ij}			
	11	12	13	14		11	12	13	14
0.00	250	250	250	250	0.15	484	295	139	082
0.01	276	257	238	229	0.20	524	298	119	060
0.02	300	263	227	210	0.30	583	296	089	033
0.04	341	273	208	178	0.40	625	291	066	018
0.06	375	280	192	153	0.60	682	277	035	005
0.08	405	285	178	132	1.00	750	250	000	000
0.10	431	289	165	114	2.00	828	201	−034	005

铰接板 4-2   附表 13-4

γ	η_{ij}				γ	η_{ij}			
	21	22	23	24		21	22	23	24
0.00	250	250	250	250	0.15	295	327	238	139
0.01	257	257	248	238	0.20	298	345	238	119
0.02	263	264	246	227	0.30	296	375	240	089
0.04	273	276	243	208	0.40	291	400	243	066
0.06	280	287	241	192	0.60	277	441	247	035
0.08	285	298	239	178	1.00	250	500	250	000
0.10	289	307	239	165	2.00	201	593	240	−034

铰接板 5-1   附表 13-5

γ	η_{ij}					γ	η_{ij}				
	11	12	13	14	15		11	12	13	14	15
0.00	200	200	200	200	200	0.15	481	291	130	061	036
0.01	237	216	194	180	173	0.20	523	295	114	045	023
0.02	269	229	188	163	151	0.30	583	296	087	026	010
0.04	321	249	178	136	116	0.40	625	291	066	015	004
0.06	362	263	168	115	092	0.60	682	277	035	004	001
0.08	396	273	158	099	073	1.00	750	250	000	000	000
0.10	425	281	150	085	059	2.00	828	201	−034	006	−001

附录13 铰接板荷载横向分布影响线竖标表

铰接板 5-2 附表 13-6

γ	η_{ij}					γ	η_{ij}				
	21	22	23	24	25		21	22	23	24	25
0.00	200	200	200	200	200	0.15	291	320	222	105	061
0.01	216	215	202	187	180	0.20	295	341	227	091	045
0.02	229	228	204	176	163	0.30	296	374	235	070	026
0.04	249	249	207	158	136	0.40	291	399	240	055	015
0.06	263	267	211	144	115	0.60	277	440	246	031	004
0.08	273	281	214	133	099	1.00	250	500	250	000	000
0.10	281	294	216	123	085	2.00	201	593	241	−041	006

铰接板 5-3 附表 13-7

γ	η_{ij}					γ	η_{ij}				
	31	32	33	34	35		31	32	33	34	35
0.00	200	200	200	200	200	0.15	130	222	295	222	130
0.01	194	202	208	202	194	0.20	114	227	318	227	114
0.02	188	204	215	204	188	0.30	087	235	357	235	087
0.04	178	207	230	207	178	0.40	066	240	389	240	066
0.06	168	211	243	211	168	0.60	035	246	437	246	035
0.08	158	214	256	214	158	1.00	000	250	500	250	000
0.10	150	216	268	216	150	2.00	−034	241	586	241	−034

铰接板 6-1 附表 13-8

γ	η_{ij}						γ	η_{ij}					
	11	12	13	14	15	16		11	12	13	14	15	16
0.00	167	167	167	167	167	167	0.15	481	290	129	058	027	016
0.01	214	192	168	151	140	135	0.20	523	295	113	043	01	009
0.02	252	212	168	138	119	110	0.30	583	295	086	025	003	003
0.04	312	239	165	117	090	077	0.40	625	291	065	015	003	001
0.06	358	257	159	101	069	055	0.60	682	277	035	004	001	000
0.08	394	270	152	088	055	041	1.00	750	250	000	000	000	000
0.10	423	278	146	078	044	031	2.00	828	201	−034	006	−001	000

附录 13 铰接板荷载横向分布影响线竖标表

铰 接 板 6-2 附表 13-9

γ	η_{ij}						γ	η_{ij}					
	21	22	23	24	25	26		21	22	23	24	25	26
0.00	167	167	167	167	167	167	0.15	290	319	219	098	046	027
0.01	192	190	175	157	146	140	0.20	295	340	226	087	035	017
0.02	212	209	182	149	129	119	0.30	295	373	234	069	021	008
0.04	239	238	192	137	105	090	0.40	291	399	240	054	012	003
0.06	257	259	200	127	087	069	0.60	277	440	246	031	004	001
0.08	270	276	206	119	074	055	1.00	250	500	250	000	000	000
0.10	278	291	210	112	064	044	2.00	201	593	241	−041	007	−001

铰 接 板 6-3 附表 13-10

γ	η_{ij}						γ	η_{ij}					
	31	32	33	34	35	36		31	32	33	34	35	36
0.00	167	167	167	167	167	167	0.15	129	219	288	208	098	058
0.01	168	175	179	170	157	151	0.20	113	226	314	217	087	043
0.02	168	182	190	173	149	138	0.30	086	234	356	230	069	0.25
0.04	165	192	210	179	137	117	0.40	065	240	388	238	054	015
0.06	159	200	227	186	127	101	0.60	035	246	437	246	031	004
0.08	152	206	243	191	119	088	1.00	000	250	500	250	000	000
0.10	146	210	257	197	112	078	2.00	−034	241	586	243	−041	006

铰 接 板 7-1 附表 13-11

γ	η_{ij}							γ	η_{ij}						
	11	12	13	14	15	16	17		11	12	13	14	15	16	17
0.00	143	143	143	143	143	143	143	0.15	480	290	128	057	025	012	007
0.01	200	177	152	133	120	111	107	0.20	523	295	113	043	017	007	003
0.02	244	202	157	125	102	088	082	0.30	583	295	086	025	007	002	001
0.04	309	235	159	109	078	059	051	0.40	625	291	065	015	003	001	000
0.06	356	255	156	096	061	042	034	0.60	682	277	035	004	001	000	000
0.08	393	268	151	085	049	031	023	1.00	750	250	000	000	000	000	000
0.10	423	278	144	076	040	023	016	2.00	828	201	−034	006	−001	000	000

附录13 铰接板荷载横向分布影响线竖标表

铰接板 7-2   附表 13-12

γ	η_{ij}							γ	η_{ij}						
	21	22	23	24	25	26	27		21	22	23	24	25	26	27
0.00	143	143	143	143	143	143	143	0.15	290	318	219	097	043	020	012
0.01	177	175	158	139	125	115	111	0.20	295	340	225	086	033	013	007
0.02	202	198	170	135	111	096	088	0.30	295	373	234	068	020	006	002
0.04	235	232	185	127	091	069	059	0.40	291	399	240	054	012	003	001
0.06	255	256	196	121	077	053	042	0.60	277	440	246	031	004	001	000
0.08	268	275	203	115	067	041	031	1.00	250	500	250	000	000	000	000
0.10	278	290	209	109	058	033	023	2.00	201	593	241	−041	007	−001	000

铰接板 7-3   附表 13-13

γ	η_{ij}							γ	η_{ij}						
	31	32	33	34	35	36	37		31	32	33	34	35	36	37
0.00	143	143	143	143	143	143	143	0.15	128	219	287	205	092	043	025
0.01	152	158	161	150	134	125	120	0.20	113	225	314	216	083	033	017
0.02	157	170	176	156	128	111	102	0.30	086	234	356	229	067	020	007
0.04	159	185	201	167	119	091	078	0.40	065	240	388	237	053	012	003
0.06	156	196	222	176	112	077	061	0.60	035	246	437	246	031	004	001
0.08	151	203	239	184	107	067	049	1.00	000	250	500	250	000	000	000
0.10	144	209	255	191	102	058	040	2.00	−034	241	586	243	−042	007	−001

铰接板 7-4   附表 13-14

γ	η_{ij}							γ	η_{ij}						
	41	42	43	44	45	46	47		41	42	43	44	45	46	47
0.00	143	143	143	143	143	143	143	0.15	057	097	205	282	205	097	057
0.01	133	139	150	157	150	139	133	0.20	043	086	216	310	216	086	043
0.02	125	135	156	169	156	135	125	0.30	025	068	229	354	229	068	025
0.04	109	127	167	193	167	127	109	0.40	015	054	237	387	237	054	015
0.06	096	121	176	213	176	121	096	0.60	004	031	246	436	246	031	004
0.08	085	115	184	231	184	115	085	1.00	000	000	250	500	250	000	000
0.10	076	109	191	248	191	109	076	2.00	006	−041	243	586	243	−041	006

铰接板 8-1

附表 13-15

γ	η_{ij}							
	11	12	13	14	15	16	17	18
0.00	125	125	125	125	125	125	125	125
0.01	191	168	142	122	107	096	089	085
0.02	239	197	151	117	093	076	066	061
0.04	307	233	156	106	073	052	040	034
0.06	355	254	155	094	058	037	025	020
0.08	392	268	150	084	048	028	017	013
0.10	423	277	144	075	039	021	012	008
0.15	480	290	128	057	025	011	005	003
0.20	523	295	113	043	016	006	003	001
0.30	583	295	086	025	007	002	001	000
0.04	625	291	065	015	003	001	000	000
0.60	682	277	035	004	001	000	000	000
1.00	750	250	000	000	000	000	000	000
2.00	828	201	−034	006	−001	000	000	000

铰接板 8-2

附表 13-16

γ	η_{ij}							
	21	22	23	24	25	26	27	28
0.00	125	125	125	125	125	125	125	125
0.01	168	165	148	127	111	100	092	089
0.02	197	193	163	127	101	083	071	066
0.04	233	230	182	123	085	060	046	040
0.06	254	255	194	119	073	047	032	025
0.08	268	274	202	113	064	037	023	017
0.10	277	290	208	108	057	030	017	012
0.15	290	318	219	097	043	019	009	005
0.20	295	340	225	086	003	013	005	003
0.30	295	373	234	068	020	006	002	001
0.04	291	399	240	054	012	003	001	000
0.60	277	440	246	031	004	001	000	000
1.00	250	500	250	000	000	000	000	000
2.00	201	593	241	−041	007	−001	000	000

附录13 铰接板荷载横向分布影响线竖标表　　193

铰　接　板　8-3　　　　　　　　附表 13-17

γ	η_{ij}							
	31	32	33	34	35	36	37	38
0.00	125	125	125	125	125	125	125	125
0.01	142	148	150	137	120	108	100	096
0.02	151	163	168	147	116	096	083	076
0.04	156	182	197	162	111	079	060	052
0.06	155	194	219	173	107	068	047	037
0.08	150	202	238	182	103	060	037	028
0.10	144	208	254	190	099	053	030	021
0.15	128	219	287	205	091	041	019	011
0.20	113	225	314	215	082	032	013	006
0.30	086	234	356	229	067	020	006	002
0.40	065	240	388	237	053	012	003	001
0.60	035	246	437	246	031	004	001	000
1.00	000	250	500	250	000	000	000	000
2.00	−034	241	586	243	−042	007	−001	000

铰　接　板　8-4　　　　　　　　附表 13-18

γ	η_{ij}							
	41	42	43	44	45	46	47	48
0.00	125	125	125	125	125	125	125	125
0.01	122	127	137	143	134	120	111	107
0.02	117	127	147	158	142	116	101	093
0.04	106	123	162	185	156	111	085	073
0.06	094	119	173	208	168	107	073	058
0.08	084	113	182	227	178	103	064	048
0.10	075	108	190	245	186	099	057	039
0.15	057	097	205	281	203	091	043	025
0.20	043	086	215	310	214	082	033	016
0.30	025	068	229	354	229	067	020	007
0.40	015	054	237	387	237	053	012	003
0.60	004	031	246	436	246	031	004	001
1.00	000	000	250	500	250	000	000	000
2.00	006	−041	243	586	243	−042	007	−001

铰接板 9-1

附表 13-19

γ	η_{ij}								
	11	12	13	14	15	16	17	18	19
0.00	111	111	111	111	111	111	111	111	111
0.01	185	162	136	115	098	086	077	072	069
0.02	236	194	147	113	088	070	057	049	046
0.04	306	232	155	104	070	048	035	026	023
0.06	355	254	154	094	057	035	023	015	012
0.08	392	268	150	084	047	027	015	010	007
0.10	423	277	144	075	039	020	011	006	004
0.15	480	290	128	057	025	011	005	002	001
0.20	523	295	113	043	016	006	002	001	000
0.30	583	295	086	025	007	002	001	000	000
0.40	625	291	065	015	003	001	000	000	000
0.60	682	277	035	004	001	000	000	000	000
1.00	750	250	000	000	000	000	000	000	000
2.00	828	201	−034	006	−001	000	000	000	000

铰接板 9-2

附表 13-20

γ	η_{ij}								
	21	22	23	24	25	26	27	28	29
0.00	111	111	111	111	111	111	111	111	111
0.01	162	158	141	119	102	090	081	075	072
0.02	194	189	160	122	095	075	062	053	049
0.04	232	229	181	121	082	057	040	031	026
0.06	254	255	194	118	072	044	028	019	015
0.08	268	274	202	113	063	036	021	013	010
0.10	277	290	208	108	056	029	016	009	006
0.15	290	318	219	097	043	019	008	004	002
0.20	295	340	225	086	033	013	005	002	001
0.30	295	373	234	068	020	006	002	001	000
0.40	291	399	240	054	012	003	001	000	000
0.60	277	440	246	031	004	001	000	000	000
1.00	250	500	250	000	000	000	000	000	000
2.00	201	593	241	−041	007	−001	000	000	000

铰接板 9-3 附表 13-21

γ	η_{ij}								
	31	32	33	34	35	36	37	38	39
0.00	111	111	111	111	111	111	111	111	111
0.01	136	141	142	129	111	097	087	081	077
0.02	147	160	164	141	110	087	072	062	057
0.04	155	181	195	159	108	074	053	040	035
0.06	154	194	219	172	105	065	041	028	023
0.08	150	202	237	182	102	058	033	021	015
0.10	144	208	254	190	099	052	028	016	011
0.15	128	219	287	205	090	040	018	008	005
0.20	113	225	314	215	082	031	012	005	002
0.30	086	234	356	229	067	020	006	002	001
0.40	065	240	388	237	053	012	003	001	000
0.60	035	246	431	246	031	004	001	000	000
1.00	000	250	500	250	000	000	000	000	000
2.00	−034	240	586	243	−042	007	−001	000	000

铰接板 9-4 附表 13-22

γ	η_{ij}								
	41	42	43	44	45	46	47	48	49
0.00	111	111	111	111	111	111	111	111	111
0.01	115	119	129	133	123	108	097	090	086
0.02	113	122	141	152	134	106	087	075	070
0.04	104	121	159	182	151	104	074	057	048
0.06	094	118	172	206	165	102	065	044	035
0.08	084	113	182	226	176	099	058	036	027
0.10	075	108	190	244	185	097	052	029	020
0.15	057	097	205	281	202	089	040	019	011
0.20	043	086	215	310	214	082	031	013	006
0.30	025	068	229	354	229	067	020	006	002
0.40	015	054	237	387	237	053	012	003	001
0.60	004	031	246	436	246	031	004	001	000
1.00	000	000	250	500	250	000	000	000	000
2.00	006	−041	243	586	243	−042	007	−001	000

铰接板 9-5

附表 13-23

γ	η_{ij}								
	51	52	53	54	55	56	57	58	59
0.00	111	111	111	111	111	111	111	111	111
0.01	098	102	111	123	131	123	111	102	098
0.02	088	095	110	134	148	134	110	095	088
0.04	070	082	108	151	178	151	108	082	070
0.06	057	072	105	165	203	165	105	072	057
0.08	047	063	102	176	224	176	102	063	047
0.10	039	056	099	185	242	185	099	056	039
0.15	025	043	090	202	280	202	090	043	025
0.20	016	033	082	214	309	214	082	033	016
0.30	007	020	067	229	354	229	067	020	007
0.40	003	012	053	237	387	237	053	012	003
0.60	001	004	031	246	436	246	031	004	001
1.00	000	000	000	250	500	250	000	000	000
2.00	−001	007	−042	243	586	243	−042	007	−001

铰接板 10-1

附表 13-24

γ	η_{ij}									
	11	12	13	14	15	16	17	18	19	1,10
0.00	100	100	100	100	100	100	100	100	100	100
0.01	181	158	131	110	093	080	070	063	058	056
0.02	234	192	146	111	085	066	052	043	037	034
0.04	306	232	155	103	069	047	032	023	018	015
0.06	355	254	154	094	057	035	021	014	009	007
0.08	392	268	150	084	047	026	015	009	005	004
0.10	423	277	144	075	039	020	011	006	003	002
0.15	480	290	128	057	025	011	005	002	001	001
0.20	523	295	113	043	016	006	002	001	000	000
0.30	583	295	086	025	007	002	001	000	000	000
0.40	625	291	065	015	003	001	000	000	000	000
0.60	682	277	035	004	001	000	000	000	000	000
1.00	750	250	000	000	000	000	000	000	000	000
2.00	828	201	−034	006	−001	000	000	000	000	000

附录13 铰接板荷载横向分布影响线竖标表

铰 接 板 10-2　　　　　　　　　附表 13-25

γ	η_{ij}									
	21	22	23	24	25	26	27	28	29	2,10
0.00	100	100	100	100	100	100	100	100	100	100
0.01	158	154	137	114	097	083	073	065	060	058
0.02	192	188	157	120	092	071	056	046	040	037
0.04	232	229	181	121	081	055	038	027	020	018
0.06	254	255	193	117	071	044	027	017	012	009
0.08	268	274	202	113	063	035	020	012	007	005
0.10	277	290	208	108	056	029	015	008	005	003
0.15	290	318	219	097	043	019	008	004	002	001
0.20	295	340	225	086	033	013	005	002	001	000
0.30	295	373	234	068	020	006	002	001	000	000
0.40	291	399	240	054	012	003	001	000	000	000
0.60	277	440	246	031	004	001	000	000	000	000
1.00	250	500	250	000	000	000	000	000	000	000
2.00	201	593	241	−041	007	−001	000	000	000	000

铰 接 板 10-3　　　　　　　　　附表 13-26

γ	η_{ij}									
	31	32	33	34	35	36	37	38	39	3,10
0.00	100	100	100	100	100	100	100	100	100	100
0.01	131	137	137	123	104	090	078	070	065	063
0.02	146	157	162	138	106	082	065	054	046	043
0.04	155	181	195	158	106	072	049	035	027	023
0.06	154	193	218	171	104	064	039	025	017	014
0.08	150	202	237	181	101	057	032	019	012	009
0.10	144	208	254	189	098	051	027	014	008	006
0.15	128	219	287	205	090	040	018	008	004	002
0.20	113	225	314	215	082	031	012	005	002	001
0.30	086	234	356	229	067	020	006	002	001	000
0.40	065	240	388	237	053	012	003	001	000	000
0.60	035	246	437	246	031	004	001	000	000	000
1.00	000	250	500	250	000	000	000	000	000	000
2.00	−034	241	586	243	−042	007	−001	000	000	000

铰接板 10-4

附表 13-27

γ	η_{ij}									
	41	42	43	44	45	46	47	48	49	4, 10
0.00	100	100	100	100	100	100	100	100	100	100
0.01	110	114	123	127	116	100	087	078	073	070
0.02	111	120	138	148	129	100	080	065	056	052
0.04	103	121	158	180	149	101	069	049	038	032
0.06	094	117	171	205	163	100	062	039	027	021
0.08	084	113	181	226	175	098	056	032	020	015
0.10	075	108	189	244	185	096	050	027	015	011
0.15	057	097	205	281	202	089	040	018	008	005
0.20	043	086	215	310	214	082	031	012	005	002
0.30	025	068	229	354	229	067	020	006	002	001
0.40	015	054	237	387	237	053	012	003	001	000
0.60	004	031	246	436	246	031	004	001	000	000
1.00	000	000	250	500	250	000	000	000	000	000
2.00	006	−041	243	586	243	−042	007	−001	000	000

铰接板 10-5

附表 13-28

γ	η_{ij}									
	51	52	53	54	55	56	57	58	59	5, 10
0.00	100	100	100	100	100	100	100	100	100	100
0.01	093	097	104	116	123	114	100	090	083	080
0.02	085	092	106	129	142	126	100	082	071	066
0.04	069	081	106	149	175	146	101	072	055	047
0.06	057	071	104	163	201	162	100	064	044	035
0.08	047	063	101	175	223	174	098	057	035	026
0.10	039	056	098	185	241	184	096	051	029	020
0.15	025	043	090	202	280	201	089	040	019	011
0.20	016	033	082	214	309	214	082	031	013	006
0.30	007	020	067	229	354	229	067	020	006	002
0.40	003	012	053	237	387	237	053	012	003	001
0.60	001	004	031	246	436	246	031	004	001	000
1.00	000	000	000	250	500	250	000	000	000	000
2.00	−001	007	−042	243	586	243	−042	007	−001	000

附录 14 G-M 法 K_0、K_1、μ_0、μ_1 值的计算用表

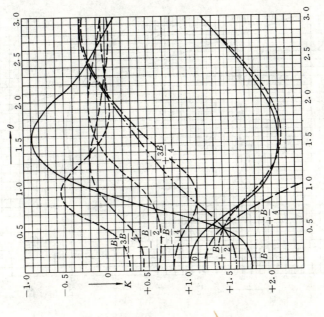

附图 14-1 梁位 $f=0$ 处的荷载横向影响系数 K_0

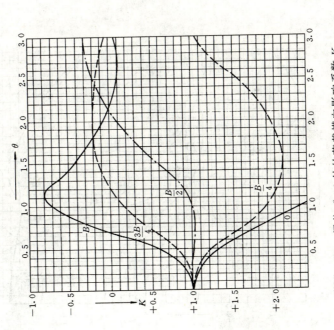

附图 14-2 梁位 $f=B/4$ 处的荷载横向影响系数 K_0

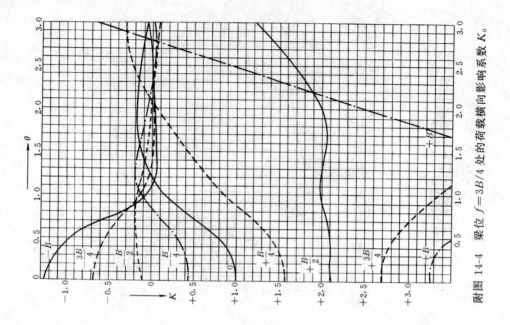

附图 14-4 梁位 $f=3B/4$ 处的荷载横向影响系数 K_0

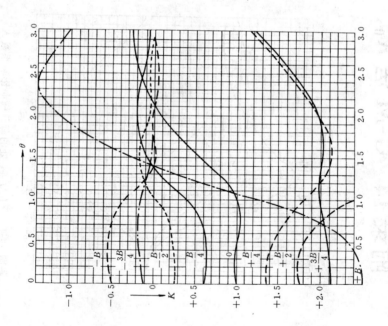

附图 14-3 梁位 $f=B/2$ 处的荷载横向影响系数 K_0

附录14 G-M法 K_0、K_1、μ_0、μ_1 值的计算用表

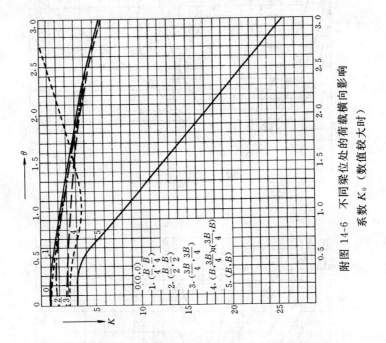

附图 14-6 不同梁位处的荷载横向影响系数 K_0（数值较大时）

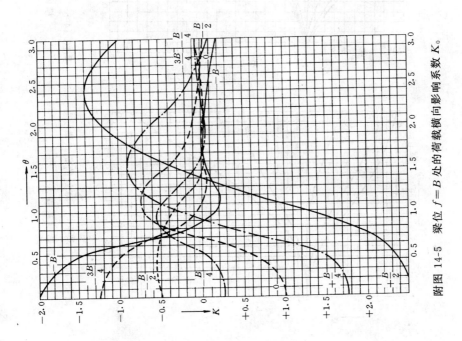

附图 14-5 梁位 $f=B$ 处的荷载横向影响系数 K_0

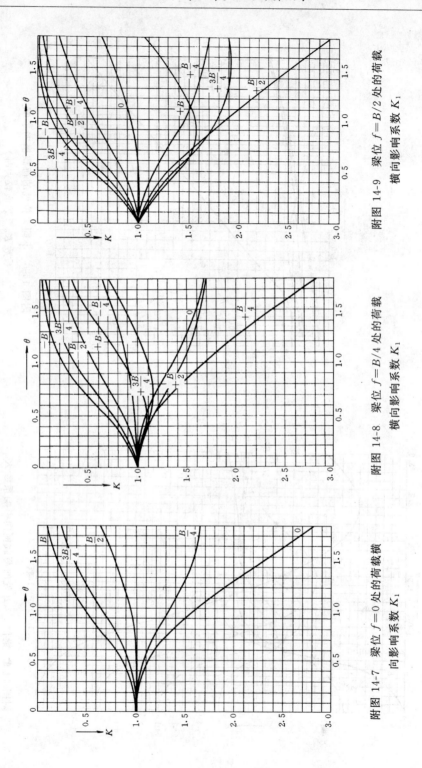

附图 14-7 梁位 $f=0$ 处的荷载横向影响系数 K_1

附图 14-8 梁位 $f=B/4$ 处的荷载横向影响系数 K_1

附图 14-9 梁位 $f=B/2$ 处的荷载横向影响系数 K_1

附录14 G-M法 K_0、K_1、μ_0、μ_1 值的计算用表

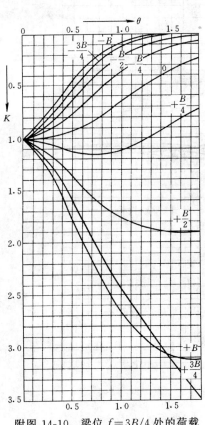

附图 14-10 梁位 $f=3B/4$ 处的荷载横向影响系数 K_1

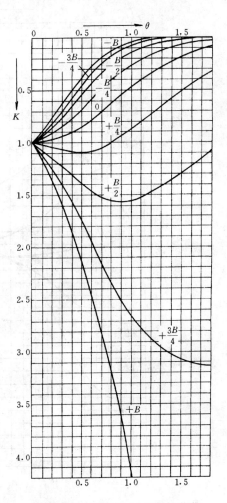

附图 14-11 梁位 $f=B$ 处的荷载横向影响系数 K_1

附录14 G-M法 K_0、K_1、μ_0、μ_1 值的计算用表

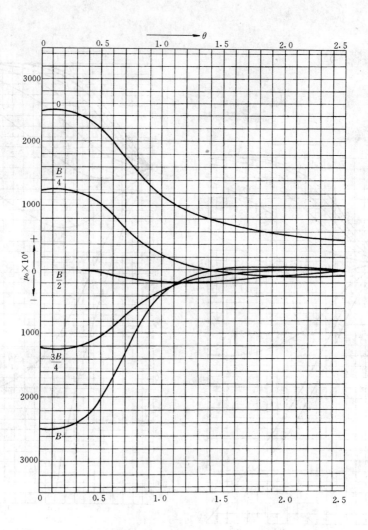

附图 14-12 截面位置 $f=0$ 处的横向弯矩系数 μ_0 ($v=0.15$)

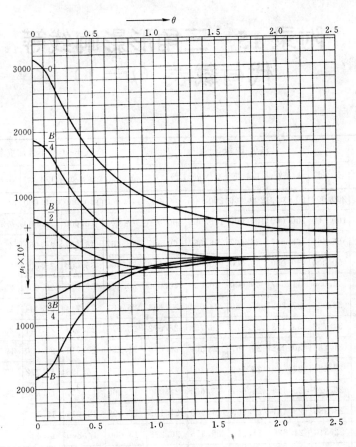

附图 14-13　截面位置 $f=0$ 处的横向弯矩系数 μ_1 ($v=0.15$)

附录15 三角形影响线等代荷载表（$\mu=1$）

附表15

跨径或荷载长度(m)	汽车-10级					汽车-10级不计加重车时				
	支点	1/8处	1/4处	3/8处	跨中	支点	1/8处	1/4处	3/8处	跨中
1	200.000	200.000	200.000	200.000	200.000	140.000	140.000	140.000	140.000	140.000
2	100.000	100.000	100.000	100.000	100.000	70.000	70.000	70.000	70.000	70.000
3	66.667	66.667	66.667	66.667	66.667	46.667	46.667	46.667	46.667	46.667
4	50.000	50.000	50.000	50.000	50.000	35.000	35.000	35.000	35.000	35.000
5	44.056	41.647	40.000	40.000	40.000	30.400	29.029	28.000	28.000	28.000
6	38.935	37.302	35.186	33.334	33.334	26.667	25.714	24.444	23.333	23.333
7	34.732	33.493	31.973	29.758	28.572	23.673	22.974	22.041	20.735	20.000
8	31.281	30.358	29.167	27.500	25.000	21.250	20.714	20.000	19.000	17.500
9	28.421	27.669	26.749	25.409	23.457	19.259	18.836	18.272	17.481	16.296
10	26.022	25.429	24.667	23.600	22.000	17.600	17.257	16.800	16.160	15.200
11	23.986	23.481	22.865	21.968	21.157	16.198	15.915	15.537	15.008	14.215
12	22.510	21.826	21.296	20.556	20.278	15.000	14.800	14.444	14.000	13.333
13	21.548	20.362	19.921	19.279	19.408	13.964	13.762	13.491	13.112	12.544
14	20.621	19.475	18.708	18.367	18.571	13.061	12.886	12.653	12.327	11.837
15	19.742	18.733	17.630	17.593	17.778	12.267	12.114	11.911	11.627	11.200
16	18.914	18.036	16.875	17.333	17.031	11.563	11.429	11.250	11.000	10.625
17	18.482	17.353	16.678	17.078	16.332	10.934	10.816	10.657	10.436	10.104
18	18.029	16.720	16.420	16.782	15.679	10.370	10.265	10.123	9.026	9.630
19	17.567	16.307	16.122	16.442	15.457	9.861	9.767	9.640	9.463	9.197
20	17.105	15.971	15.800	16.093	15.200	9.750	9.314	9.200	9.040	8.800
22	16.207	15.259	15.124	15.359	14.628	9.339	8.607	8.430	8.298	8.099
24	15.355	14.564	14.444	14.648	14.028	9.236	8.413	7.778	7.667	7.500
26	14.564	13.883	13.787	13.955	13.432	9.053	8.149	7.357	7.124	6.982
28	13.834	13.251	13.163	13.313	12.857	8.827	8.047	7.007	6.653	6.531
30	13.270	12.650	12.578	12.704	12.311	8.578	7.898	6.993	6.240	6.133

附录15 三角形影响线等代荷载表（$\mu=1$）

续表

跨径或荷载长度 (m)	汽车-10级					汽车-10级不计加重车时				
	支点	1/8处	1/4处	3/8处	跨中	支点	1/8处	1/4处	3/8处	跨中
32	12.914	12.093	12.031	12.146	11.797	8.320	7.723	6.927	6.094	5.898
35	12.509	11.510	11.281	11.375	11.086	7.935	7.436	6.770	5.838	5.567
37	12.216	11.254	10.889	10.910	10.650	7.684	7.238	6.642	5.809	5.362
40	11.766	10.943	10.733	10.460	10.225	7.425	6.943	6.433	5.720	5.425
45	11.025	10.373	10.207	9.992	9.659	7.348	6.493	6.071	5.655	5.590
50	10.498	9.802	9.669	9.493	9.248	7.152	6.459	5.717	5.501	5.728
60	9.776	9.025	8.719	8.658	8.689	6.733	6.152	5.511	5.461	5.644
70	9.133	8.468	8.242	8.181	8.220	6.580	5.887	5.396	5.534	5.425
80	8.712	8.064	7.804	7.880	7.788	6.375	5.757	5.325	5.487	5.300
90	8.335	7.730	7.514	7.584	7.511	6.272	5.580	5.442	5.342	5.422
100	8.025	7.446	7.352	7.327	7.328	6.156	5.520	5.408	5.286	5.392

跨径或荷载长度 (m)	汽车-20级					汽车-20级不计加重车时				
	支点	1/8处	1/4处	3/8处	跨中	支点	1/8处	1/4处	3/8处	跨中
1	260.000	260.000	260.000	260.000	260.000	260.000	260.000	260.000	260.000	260.000
2	156.000	144.000	130.000	130.000	130.000	130.000	130.000	130.000	130.000	130.000
3	122.667	117.333	110.222	100.267	86.667	86.667	86.667	86.667	86.667	86.667
4	99.000	96.000	92.000	86.000	78.000	65.000	65.000	65.000	65.000	65.000
5	82.698	80.534	78.081	74.446	69.121	57.600	54.400	52.000	52.000	52.000
6	72.742	69.335	67.556	65.067	61.334	51.111	48.889	45.926	43.333	43.333
7	65.698	62.695	59.429	57.574	54.857	45.714	44.082	41.905	38.857	37.143
8	59.680	57.429	54.500	51.600	49.500	41.250	40.000	38.333	36.000	32.500
9	54.566	52.741	50.469	47.226	46.519	37.531	36.543	35.226	33.383	30.617
10	50.200	48.755	46.880	44.256	43.680	34.400	33.600	32.533	31.040	28.800
11	46.448	45.224	43.703	41.531	41.058	31.736	31.074	30.193	28.959	27.107
12	43.197	42.191	40.889	39.067	38.667	29.444	28.889	28.148	27.111	25.556
13	40.358	39.480	38.391	36.836	36.497	27.456	26.982	26.351	25.467	24.142
14	37.860	37.120	36.163	34.825	34.531	25.714	25.306	24.762	24.000	22.857
15	35.648	34.987	34.169	33.001	32.747	24.178	23.822	23.348	22.684	21.639
16	33.675	33.107	32.375	31.350	31.125	22.813	22.500	22.083	21.500	20.625
17	31.906	31.391	30.754	29.845	29.647	21.592	21.315	20.946	20.429	19.654
18	30.575	29.863	29.284	28.474	28.296	20.494	20.247	19.918	19.457	18.765

续表

跨径或荷载长度 (m)	汽车-20级					汽车-20级不计加重车时				
	支点	1/8处	1/4处	3/8处	跨中	支点	1/8处	1/4处	3/8处	跨中
19	29.880	28.454	27.945	27.217	27.058	19.501	19.280	18.984	18.571	17.950
20	29.167	27.189	26.720	26.064	25.920	19.250	18.400	18.133	17.760	17.200
22	27.750	25.963	25.135	24.605	23.901	18.347	17.013	16.639	16.331	15.868
24	26.374	24.889	24.593	23.111	22.556	18.194	16.587	15.370	15.111	14.722
26	25.078	23.796	23.913	22.650	21.408	17.870	16.027	14.536	14.059	13.728
28	23.869	22.716	23.170	22.082	20.347	17.449	15.860	13.741	13.143	12.857
30	22.835	21.784	22.406	21.457	19.947	16.978	15.594	13.748	12.378	12.089
32	22.024	20.875	21.646	20.813	19.484	16.484	15.268	13.646	12.542	11.680
35	20.953	19.899	20.538	19.846	18.736	15.739	14.722	13.366	12.443	11.036
37	20.620	19.266	19.839	19.220	18.226	15.252	14.342	13.129	12.303	10.709
40	20.044	18.931	18.853	18.320	17.470	14.700	13.771	12.733	12.027	10.825
45	19.136	18.411	17.546	16.944	16.812	14.578	13.058	12.036	11.478	11.101
50	18.301	17.714	17.026	16.411	16.339	14.208	12.809	11.349	10.979	11.392
60	17.175	16.192	15.713	15.287	15.236	13.378	13.229	10.933	10.910	11.244
70	16.294	15.616	14.593	14.764	14.537	13.094	11.699	10.767	11.032	10.847
80	15.674	14.769	14.043	14.116	13.991	12.688	11.457	10.633	10.947	10.575
90	15.101	14.329	13.734	13.759	13.695	12.494	11.104	10.871	10.678	10.825
100	14.719	13.806	13.433	13.345	13.315	12.264	10.994	10.805	10.564	10.768

跨径或荷载长度 (m)	汽车-超20级					汽车-超20级不计加重车时				
	支点	1/8处	1/4处	3/8处	跨中	支点	1/8处	1/4处	3/8处	跨中
1	280.000	280.000	280.000	280.000	280.000	260.000	260.000	260.000	260.000	260.000
2	182.000	168.000	149.333	140.000	140.000	130.000	130.000	130.000	130.000	130.000
3	143.111	136.889	128.593	116.978	99.556	86.667	86.667	86.667	86.667	86.667
4	115.500	112.000	107.333	100.800	91.000	65.000	65.000	65.000	65.000	65.000
5	96.482	93.956	91.095	86.854	80.641	57.600	54.400	52.000	52.000	52.000
6	82.564	80.891	78.816	75.912	71.556	51.111	48.889	45.926	43.333	43.333
7	72.092	70.793	69.334	67.170	64.000	45.714	44.082	41.905	38.857	37.143
8	63.947	63.001	61.834	60.200	57.750	41.250	40.000	38.333	36.000	32.500
9	59.193	56.653	55.770	54.461	52.543	37.531	36.543	35.226	33.383	30.617
10	56.409	52.480	50.774	49.728	48.160	34.400	33.600	32.533	31.040	28.800
11	55.221	49.946	46.590	45.713	44.430	31.736	31.074	30.193	28.959	22.107

附录15 三角形影响线等代荷载表（$\mu=1$）

续表

跨径或荷载长度(m)	汽车-超20级					汽车-超20级不计加重车时				
	支 点	1/8处	1/4处	3/8处	跨 中	支 点	1/8处	1/4处	3/8处	跨 中
12	53.628	48.889	44.371	42.311	41.222	29.444	28.889	28.148	27.111	25.556
13	51.920	47.776	42.541	39.445	38.438	27.456	26.982	26.351	25.467	24.142
14	50.383	46.531	41.905	38.781	36.000	25.714	25.306	24.762	24.000	22.857
15	48.781	45.227	41.126	38.394	34.916	24.178	23.822	23.348	22.684	21.689
16	47.172	44.072	40.208	37.817	33.813	22.813	22.500	22.083	21.500	20.625
17	45.593	42.824	39.216	37.089	32.886	21.592	21.315	20.946	20.429	19.654
18	44.064	41.612	38.362	36.300	32.543	20.494	20.247	19.918	19.457	18.765
19	42.596	40.377	37.477	35.579	32.089	19.501	19.280	18.984	18.571	17.950
20	41.194	39.206	36.573	34.867	31.560	19.250	13.400	18.133	17.760	17.200
22	38.603	36.921	34.771	33.349	30.380	18.347	17.013	16.639	16.331	15.868
24	36.792	34.865	33.037	31.852	29.556	18.194	16.032	15.370	15.111	14.722
26	35.375	32.944	31.404	30.386	28.852	17.870	16.027	14.536	14.059	13.728
28	34.184	31.872	29.884	29.014	28.041	17.449	15.860	13.741	13.143	12.857
30	33.113	30.775	28.859	27.712	27.182	16.978	15.594	13.748	12.378	12.089
32	32.034	29.902	28.021	26.729	26.617	16.484	15.268	13.646	12.031	11.680
35	30.453	28.662	27.059	25.539	25.923	15.739	14.722	13.366	11.468	11.036
37	29.442	27.842	26.404	25.044	25.388	15.252	14.342	13.129	11.430	10.709
40	28.004	26.637	25.407	24.243	24.535	14.700	13.771	12.733	11.280	10.825
45	26.240	24.748	23.776	23.665	23.372	14.578	13.058	12.036	11.234	11.101
50	25.010	23.277	22.449	22.968	22.451	14.208	12.809	11.349	10.979	11.392
60	22.654	21.441	20.742	21.228	20.838	13.378	12.229	10.933	10.681	11.244
70	21.156	19.696	19.903	19.758	19.513	13.094	11.699	10.767	11.032	10.847
80	19.799	18.684	18.832	18.698	18.534	12.688	11.457	10.633	10.947	10.575
90	18.912	17.634	18.068	17.768	17.800	12.494	11.104	10.871	10.675	10.825
100	18.182	17.012	17.335	17.176	17.134	12.264	10.994	10.805	10.564	10.768

附录15 三角形影响线等代荷载表（$\mu=1$）

续表

跨径或荷载长度 (m)	履带-50					
	多 辆					单 辆
	支 点	1/8 处	1/4 处	3/8 处	跨 中	任意点
1	111.111	111.111	111.111	111.111	111.111	111.111
2	111.111	111.111	111.111	111.111	111.111	111.111
3	111.111	111.111	111.111	111.111	111.111	111.111
4	111.111	111.111	111.111	111.111	111.111	111.111
5	110.000	110.000	110.000	110.000	110.000	110.000
6	104.167	104.167	104.167	104.167	104.167	104.167
7	96.939	96.939	96.939	96.939	96.939	96.939
8	89.844	89.844	89.844	89.844	89.844	89.844
9	83.333	83.333	83.333	83.333	83.333	83.333
10	77.500	77.500	77.500	77.500	77.500	77.500
11	72.314	72.314	72.314	72.314	72.314	72.314
12	67.708	67.708	67.708	67.708	67.708	67.708
13	63.609	63.609	63.609	63.609	63.609	63.609
14	59.949	59.949	59.949	59.949	59.949	59.949
15	56.667	56.667	56.667	56.667	56.667	56.667
16	53.711	53.711	53.711	53.711	53.711	53.711
17	51.038	51.038	51.038	51.038	51.038	51.038
18	48.611	48.611	48.611	48.611	48.611	48.611
19	46.399	46.399	46.399	46.399	46.399	46.399
20	44.375	44.375	44.375	44.375	44.375	44.375
22	40.806	40.806	40.806	40.806	40.806	40.806
24	37.760	37.760	37.760	37.760	37.760	37.760
26	35.133	35.133	35.133	35.133	35.133	35.133
28	32.844	32.844	32.844	32.844	32.844	32.844
30	30.833	30.833	30.833	30.833	30.833	30.833
32	29.053	29.053	29.053	29.053	29.053	29.053
35	26.735	26.735	26.735	26.735	26.735	26.735
37	25.383	25.383	25.383	25.383	25.383	25.383
40	23.594	23.594	23.594	23.594	23.594	23.594
45	21.111	21.111	21.111	21.111	21.111	21.111
50	19.100	19.100	19.100	19.100	19.100	19.100
60	16.042	16.042	16.042	16.042	16.042	16.042
70	16.531	15.007	13.827	13.827	13.827	13.827
80	15.781	14.615	12.148	12.148	12.148	12.148
90	14.938	14.017	12.788	11.093	10.833	10.833
100	14.100	13.354	12.358	10.965	9.775	9.775

附录15 三角形影响线等代荷载表（$\mu=1$）

续表

跨径或荷载长度(m)	挂车-100					挂车-120				
	支点	1/8处	1/4处	3/8处	跨中	支点	1/8处	1/4处	3/8处	跨中
1	500.000	500.000	500.000	500.000	500.000	600.000	600.000	600.000	600.000	600.000
2	350.000	328.571	300.000	260.000	250.000	420.000	394.286	360.000	312.000	300.000
3	266.667	257.143	244.445	226.667	200.000	320.000	308.571	293.334	272.000	240.000
4	212.500	207.143	200.000	190.000	175.000	255.000	248.571	240.000	228.000	210.000
5	176.000	172.571	168.000	161.600	152.000	211.200	207.086	201.600	193.920	182.400
6	161.231	148.416	144.446	140.001	133.333	193.478	178.100	173.336	168.001	160.000
7	155.136	139.479	127.213	123.211	118.368	186.164	167.375	152.655	147.854	142.041
8	150.063	135.716	120.834	112.500	106.250	180.075	162.860	145.001	135.000	127.500
9	143.281	131.783	116.873	111.540	102.470	171.938	158.139	140.247	133.848	122.964
10	136.073	126.859	114.668	110.400	98.000	163.287	152.231	137.601	132.480	117.600
11	128.995	121.276	111.295	107.725	95.868	154.794	145.532	133.554	129.270	115.041
12	122.288	115.874	107.408	104.445	94.445	146.745	139.049	128.889	125.334	113.334
13	116.036	110.500	103.354	100.798	92.308	139.244	132.600	124.025	120.957	110.769
14	110.260	105.540	99.320	97.143	89.796	132.312	126.648	119.184	116.571	107.756
15	104.940	100.775	95.408	93.488	97.111	125.928	120.930	114.489	112.185	104.534
16	100.048	96.429	91.666	90.000	84.375	120.057	115.715	109.999	108.000	101.250
17	95.545	92.299	88.120	86.625	81.661	114.654	110.759	105.744	103.950	97.994
18	91.398	88.536	84.774	84.458	79.013	109.677	106.244	101.729	100.149	94.815
19	87.571	84.970	81.625	80.429	76.454	105.086	101.964	97.950	96.515	91.745
20	84.034	81.715	78.666	77.600	74.000	100.841	98.058	94.400	93.120	88.800
22	77.745	75.750	73.279	72.375	69.421	93.294	90.900	87.935	86.850	83.306
24	72.274	70.635	68.519	67.778	65.278	86.729	84.762	82.223	81.333	73.333
26	67.500	66.070	64.300	63.653	61.539	81.000	79.284	77.160	76.383	73.847
28	63.305	62.100	60.544	60.000	58.164	75.966	14.520	72.653	72.000	69.797
30	59.590	58.515	57.185	56.699	55.111	71.508	70.218	68.622	68.039	66.134
32	56.281	55.358	54.166	53.750	52.344	67.538	66.429	65.000	64.500	62.813
35	51.945	51.163	50.178	49.824	48.653	62.334	61.395	60.213	59.789	58.383
37	49.404	48.703	47.821	47.505	46.458	59.285	58.443	57.386	57.006	55.749
40	46.021	45.429	44.666	44.400	43.500	55.226	54.515	53.600	53.280	52.200
45	41.301	40.828	40.230	40.018	39.309	49.562	48.993	48.276	48.021	47.171
50	37.454	37.065	36.586	36.411	35.840	44.945	44.478	43.904	43.694	43.008

附录15 三角形影响线等代荷载表（$\mu=1$）

续表

跨径或荷载长度(m)	挂车-100					挂车-120				
	支点	1/8处	1/4处	3/8处	跨中	支点	1/8处	1/4处	3/8处	跨中
60	31.580	31.301	30.963	30.845	30.445	37.896	37.562	37.155	37.014	36.534
70	27.284	27.079	26.830	26.743	26.449	32.741	32.495	32.196	32.091	31.739
80	24.015	23.858	23.666	23.600	23.375	28.818	28.629	28.400	28.320	28.050
90	21.444	21.319	21.169	21.116	20.938	25.733	25.583	25.403	25.340	25.125
100	19.369	19.269	19.146	19.104	18.960	23.243	23.123	22.976	22.925	22.752

注：1. 表列数值均系一行汽车车队的等代荷载数值。当桥面为多车道时，表列数值应乘以相应的车道数，并按《公路桥涵设计通用规范》的有关规定予以折减。
2. 桥涵内力计算须考虑车辆荷载的横向分布。表列数值应乘以横向分布系数。
3. 跨径或荷载长度大于5m且在表列数值之间或三角形影响线顶点位置不在表列各点之上时，可用相邻两点表列数值按直线内插法求得。
4. 在一跨度或荷载长度以内出现同号而不连续的影响线，可用汽车车队等代荷载值乘以较大的影响线面积加上不计加重车的汽车车队等代荷载值乘以较小的影响线面积。
5. 表列等代荷载数值均以 kN/m 为单位。

附录 16 等截面悬链线无铰拱计算用表

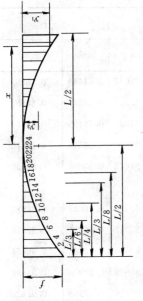

拱轴线坐标 $\dfrac{y_1}{f}$ 值；$y_1 = [\text{表值}] \times f$

附表 16-1

截面号 m	1.167	1.347	1.543	1.756	1.988	2.240	2.514	2.814	3.142	3.500	3.893	4.324
0	1.000000	1.000000	1.000000	1.000000	1.000000	1.000000	1.000000	1.000000	1.000000	1.000000	1.000000	1.000000
1	0.916390	0.914348	0.912274	0.910169	0.908031	0.905858	0.903649	0.901402	0.899115	0.896787	0.894417	0.892000
2	0.836676	0.833028	0.829330	0.825583	0.821783	0.817929	0.814018	0.810048	0.806017	0.801921	0.797757	0.793524
3	0.760813	0.755947	0.751024	0.746043	0.741001	0.735895	0.730724	0.725485	0.720174	0.714789	0.709327	0.703784
4	0.688759	0.683018	0.677219	0.671361	0.665442	0.659458	0.653408	0.647289	0.641098	0.634833	0.628489	0.622064
5	0.620472	0.614157	0.607788	0.601363	0.594882	0.588340	0.581738	0.575071	0.568338	0.561536	0.554662	0.547713
6	0.555915	0.549286	0.542609	0.535885	0.529110	0.522284	0.515405	0.508471	0.501479	0.494427	0.487314	0.480136
7	0.495051	0.488330	0.481570	0.474771	0.467932	0.461050	0.454125	0.447156	0.440139	0.433075	0.425960	0.418794
8	0.437846	0.431220	0.424565	0.417880	0.411164	0.404416	0.397635	0.390820	0.383971	0.377034	0.370160	0.363197
9	0.384268	0.377891	0.371494	0.365076	0.358637	0.352176	0.345691	0.339184	0.332652	0.326095	0.319512	0.312902
10	0.334286	0.328282	0.322265	0.316337	0.310195	0.304140	0.298071	0.291988	0.285891	0.279778	0.273650	0.267506
11	0.287872	0.282335	0.2767294	0.271246	0.265693	0.260135	0.254570	0.248998	0.243421	0.237837	0.232245	0.226647
12	0.245000	0.240000	0.235000	0.230000	0.225000	0.220000	0.215000	0.210000	0.205000	0.200000	0.195000	0.190000
13	0.205646	0.201227	0.196812	0.192400	0.187993	0.183590	0.179192	0.174798	0.170409	0.166025	0.161646	0.157271
14	0.169788	0.165972	0.162162	0.158359	0.154563	0.150774	0.146992	0.143218	0.139451	0.135693	0.131942	0.123200
15	0.137406	0.134195	0.130992	0.127797	0.124610	0.121431	0.118262	0.115101	0.111950	0.108808	0.105676	0.102554
16	0.108481	0.105859	0.103246	0.100641	0.098044	0.095456	0.092877	0.090308	0.087748	0.085198	0.082658	0.080128
17	0.082998	0.080933	0.078877	0.076828	0.074787	0.072754	0.070730	0.068714	0.066708	0.064710	0.062722	0.060744
18	0.060941	0.059388	0.057841	0.056302	0.054769	0.053243	0.051724	0.050213	0.048709	0.047214	0.045726	0.041246
19	0.042298	0.041198	0.040104	0.039014	0.037930	0.036852	0.035779	0.034712	0.033650	0.032595	0.031546	0.030504
20	0.027059	0.026344	0.025633	0.024925	0.024221	0.023521	0.022825	0.022133	0.021445	0.020761	0.020081	0.019406
21	0.015216	0.014809	0.014404	0.014001	0.013601	0.013203	0.012807	0.012414	0.012023	0.011634	0.011248	0.010865
22	0.006761	0.006579	0.006397	0.006217	0.006037	0.005859	0.005682	0.005506	0.005331	0.005157	0.004984	0.004813
23	0.001690	0.001644	0.001599	0.001553	0.001508	0.001463	0.001419	0.001375	0.001331	0.001287	0.001244	0.001201
24	0	0	0	0	0	0	0	0	0	0	0	0

悬链线拱各点倾角的正弦及余弦函数表

$m = 2.240$ 附表 16-2（1）

截面号	f/L 项目	$\frac{1}{3}$		$\frac{1}{4}$		$\frac{1}{5}$		$\frac{1}{6}$	
		$\sin\varphi$	$\cos\varphi$	$\sin\varphi$	$\cos\varphi$	$\sin\varphi$	$\cos\varphi$	$\sin\varphi$	$\cos\varphi$
0		0.84153	0.54021	0.75971	0.65026	0.68284	0.73057	0.61449	0.78893
1		0.82425	0.56623	0.73742	0.67544	0.65783	0.75317	0.58847	0.80852
2		0.80542	0.59271	0.71378	0.70037	0.63191	0.77504	0.56199	0.82714
3		0.78496	0.61954	0.68885	0.72491	0.60519	0.79608	0.53515	0.84475
4		0.76282	0.64661	0.66265	0.74893	0.57775	0.81622	0.50806	0.86132
5		0.73894	0.67377	0.63525	0.77230	0.54970	0.83536	0.48082	0.87682
6		0.71328	0.70087	0.60673	0.79490	0.52115	0.85347	0.45351	0.89125
7		0.68583	0.72776	0.57717	0.81662	0.49220	0.87048	0.42624	0.90461
8		0.65657	0.75427	0.54667	0.83735	0.46295	0.88639	0.39908	0.91692
9		0.62551	0.78021	0.51531	0.85700	0.43349	0.90116	0.37208	0.92820
10		0.59270	0.80542	0.48320	0.87551	0.40391	0.91480	0.34531	0.93849
11		0.55817	0.82973	0.45045	0.89280	0.37429	0.92731	0.31881	0.94782
12		0.52199	0.85295	0.41715	0.90884	0.34469	0.93872	0.29260	0.95624
13		0.48425	0.87493	0.38339	0.92359	0.31516	0.94904	0.26671	0.96378
14		0.44504	0.89551	0.34926	0.93703	0.28575	0.95830	0.24115	0.97049
15		0.40448	0.91455	0.31484	0.94915	0.25649	0.96655	0.21592	0.97641
16		0.36268	0.93191	0.28019	0.95994	0.22739	0.97380	0.19101	0.98159
17		0.31978	0.94749	0.24539	0.96943	0.19847	0.98011	0.16647	0.98606
18		0.27590	0.96119	0.21046	0.97760	0.16973	0.98549	0.14207	0.98986
19		0.23119	0.97291	0.17546	0.98449	0.14115	0.98999	0.11799	0.99302
20		0.18579	0.98259	0.14040	0.99009	0.11272	0.99363	0.9412	0.99556
21		0.13982	0.99018	0.10532	0.99444	0.08442	0.99643	0.07043	0.99752
22		0.09345	0.99562	0.07022	0.99753	0.05623	0.99842	0.04688	0.99890
23		0.04679	0.99890	0.03511	0.99938	0.02810	0.99961	0.02342	0.99973
24		0	1.00000	0	1.00000	0	1.00000	0	1.00000

续表

f/L 项目 截面号	$\frac{1}{7}$		$\frac{1}{8}$		$\frac{1}{9}$		$\frac{1}{10}$	
	$\sin\varphi$	$\cos\varphi$	$\sin\varphi$	$\cos\varphi$	$\sin\varphi$	$\cos\varphi$	$\sin\varphi$	$\cos\varphi$
0	0.55525	0.83169	0.50441	0.86347	0.46083	0.88749	0.42338	0.90595
1	0.52931	0.84843	0.47914	0.87774	0.43655	0.89968	0.40021	0.91642
2	0.50325	0.86414	0.45403	0.89099	0.41261	0.91091	0.37750	0.92601
3	0.47719	0.87880	0.42915	0.90323	0.38906	0.92121	0.35530	0.93475
4	0.45120	0.89242	0.40457	0.91451	0.36596	0.93063	0.33364	0.94270
5	0.42538	0.90501	0.38036	0.92484	0.34335	0.93921	0.31254	0.94991
6	0.39979	0.91661	0.35656	0.93427	0.32125	0.94699	0.29201	0.95642
7	0.37449	0.92723	0.33520	0.94286	0.29969	0.95404	0.27205	0.96228
8	0.34953	0.93693	0.31031	0.95063	0.27866	0.96039	0.25267	0.96755
9	0.32495	0.94573	0.28792	0.95766	0.25818	0.96610	0.23385	0.97227
10	0.30077	0.95370	0.26601	0.96397	0.23823	0.97121	0.21557	0.97649
11	0.27702	0.96086	0.24460	0.96962	0.21880	0.97577	0.19783	0.98024
12	0.25370	0.89728	0.22368	0.97466	0.19988	0.97982	0.18058	0.98356
13	0.23080	0.97300	0.20322	0.97913	0.18143	0.98340	0.16380	0.98649
14	0.20832	0.97806	0.18321	0.98307	0.16343	0.98655	0.14746	0.98907
15	0.18623	0.98251	0.16362	0.98652	0.14585	0.98931	0.13153	0.99131
16	0.16452	0.98637	0.14441	0.98952	0.12865	0.99169	0.11597	0.99325
17	0.14315	0.98970	0.12556	0.99209	0.11180	0.99373	0.10074	0.99491
18	0.12210	0.99252	0.10702	0.99426	0.09525	0.99545	0.08598	0.99631
19	0.10132	0.99485	0.08876	0.99605	0.07896	0.99688	0.07111	0.99747
20	0.08077	0.99673	0.07073	0.99750	0.06290	0.99802	0.05663	0.99840
21	0.06041	0.99817	0.05288	0.99860	0.04702	0.99889	0.04233	0.99910
22	0.04019	0.99919	0.03518	0.99938	0.03127	0.99951	0.02815	0.99960
23	0.02007	0.99980	0.01756	0.99985	0.01561	0.99988	0.01405	0.99990
24	0	1.00000	0	1.00000	0	1.00000	0	1.00000

悬链线拱各点倾角的正弦及余弦函数表

$m = 2.514$

附表 16-2（2）

截面号	f/L $\frac{1}{3}$ $\sin\varphi$	$\cos\varphi$	$\frac{1}{4}$ $\sin\varphi$	$\cos\varphi$	$\frac{1}{5}$ $\sin\varphi$	$\cos\varphi$	$\frac{1}{6}$ $\sin\varphi$	$\cos\varphi$
0	0.84763	0.53058	0.76774	0.64076	0.69198	0.72191	0.62411	0.78133
1	0.82977	0.55810	0.74448	0.66764	0.66569	0.74623	0.59660	0.80254
2	0.81023	0.58611	0.71977	0.69422	0.63842	0.76969	0.56860	0.82262
3	0.78895	0.61446	0.69365	0.72032	0.61028	0.79218	0.54024	0.84151
4	0.76585	0.64301	0.66619	0.74578	0.58142	0.81360	0.51166	0.85919
5	0.74092	0.67159	0.63749	0.77046	0.55197	0.83387	0.48300	0.87562
6	0.71413	0.70001	0.60766	0.79420	0.52206	0.85291	0.45439	0.89081
7	0.68548	0.72809	0.57681	0.81688	0.49184	0.87068	0.42591	0.90476
8	0.65501	0.75562	0.54507	0.83839	0.46143	0.88718	0.39768	0.91752
9	0.62276	0.78242	0.51257	0.85864	0.43094	0.90238	0.36976	0.92913
10	0.58880	0.80828	0.47945	0.87757	0.40049	0.91630	0.34223	0.93962
11	0.55322	0.83304	0.44583	0.89512	0.37015	0.92897	0.31513	0.94905
12	0.51613	0.85651	0.41184	0.91126	0.34001	0.94042	0.28848	0.95748
13	0.47765	0.87855	0.37757	0.92598	0.31012	0.95070	0.26232	0.96498
14	0.43791	0.89902	0.34314	0.93928	0.28052	0.95985	0.23663	0.97160
15	0.39705	0.91780	0.30862	0.95119	0.25124	0.96792	0.21142	0.97740
16	0.35520	0.93479	0.27407	0.96171	0.22229	0.97498	0.18665	0.98243
17	0.31251	0.94991	0.23956	0.97088	0.19366	0.98107	0.16231	0.98674
18	0.26910	0.96311	0.20510	0.97874	0.16534	0.98624	0.13836	0.99038
19	0.22510	0.97434	0.17073	0.98532	0.13731	0.99053	0.11475	0.99339
20	0.18062	0.98355	0.13644	0.99065	0.10952	0.99398	0.09144	0.99581
21	0.13578	0.99074	0.10225	0.99476	0.08195	0.99664	0.06836	0.99766
22	0.09066	0.99588	0.06812	0.99768	0.05454	0.99851	0.04547	0.99897
23	0.04538	0.99897	0.03405	0.99942	0.02724	0.99963	0.02271	0.99974
24	0	1.00000	0	1.00000	0	1.00000	0	1.00000

续表

截面号	f/L 项目	$\frac{1}{7}$		$\frac{1}{8}$		$\frac{1}{9}$		$\frac{1}{10}$	
		$\sin\varphi$	$\cos\varphi$	$\sin\varphi$	$\cos\varphi$	$\sin\varphi$	$\cos\varphi$	$\sin\varphi$	$\cos\varphi$
0		0.56494	0.82513	0.51392	0.85784	0.47003	0.88265	0.43219	0.90178
1		0.53737	0.84334	0.48697	0.87342	0.44405	0.89600	0.40735	0.91327
2		0.50972	0.86034	0.46024	0.88780	0.41851	0.90821	0.38308	0.92371
3		0.48210	0.87612	0.43382	0.90100	0.39347	0.91934	0.35945	0.93317
4		0.45464	0.89067	0.40781	0.91307	0.36900	0.92943	0.33648	0.94169
5		0.42744	0.90404	0.38229	0.92404	0.34515	0.93855	0.31421	0.91935
6		0.40060	0.91625	0.35731	0.93399	0.32195	0.94676	0.29265	0.95622
7		0.37418	0.92736	0.33292	0.94296	0.29943	0.95412	0.27181	0.96235
8		0.34825	0.93740	0.30915	0.95101	0.27759	0.96070	0.25168	0.96781
9		0.32285	0.94645	0.28601	0.95823	0.25644	0.96656	0.23225	0.97266
10		0.29801	0.95456	0.26351	0.96466	0.23596	0.97176	0.21350	0.97694
11		0.27374	0.96180	0.24165	0.97036	0.21613	0.97636	0.19539	0.98073
12		0.25005	0.96823	0.22041	0.97541	0.19693	0.98042	0.17789	0.98405
13		0.22692	0.97391	0.19977	0.97984	0.17832	0.98397	0.16097	0.98696
14		0.20435	0.97890	0.17969	0.98372	0.16027	0.98707	0.14459	0.98949
15		0.18230	0.98324	0.16013	0.98710	0.14273	0.98976	0.12870	0.99168
16		0.16073	0.98700	0.14107	0.99000	0.12566	0.99207	0.11326	0.99357
17		0.13961	0.99021	0.12244	0.99248	0.10901	0.99404	0.09822	0.99516
18		0.11890	0.99291	0.10421	0.99456	0.09274	0.99569	0.08353	0.99651
19		0.09853	0.99513	0.08631	0.99627	0.07628	0.99705	0.06914	0.99761
20		0.07846	0.99692	0.06870	0.99764	0.06110	0.99813	0.05501	0.99849
21		0.05863	0.99828	0.05133	0.99868	0.04564	0.99896	0.04108	0.99916
22		0.03899	0.99924	0.03412	0.99942	0.03033	0.99954	0.02730	0.99963
23		0.01946	0.99981	0.01703	0.99985	0.01514	0.99989	0.01363	0.99991
24		0	1.00000	0	1.00000	0	1.00000	0	1.00000

悬链线拱各点倾角的正弦及余弦函数表

$m = 2.814$ 附表 16-2（3）

截面号	f/L	$\frac{1}{3}$		$\frac{1}{4}$		$\frac{1}{5}$		$\frac{1}{6}$	
	项目	$\sin\varphi$	$\cos\varphi$	$\sin\varphi$	$\cos\varphi$	$\sin\varphi$	$\cos\varphi$	$\sin\varphi$	$\cos\varphi$
0		0.85353	0.52105	0.77556	0.63127	0.70097	0.71319	0.63364	0.77363
1		0.83514	0.55003	0.75140	0.65984	0.67345	0.73923	0.60467	0.79648
2		0.81494	0.57955	0.72565	0.68806	0.64485	0.76431	0.57515	0.81805
3		0.79285	0.60942	0.69837	0.71573	0.61532	0.78827	0.54528	0.83825
4		0.76883	0.63946	0.66968	0.74265	0.58505	0.81100	0.51522	0.85706
5		0.74285	0.66946	0.63968	0.765864	0.55419	0.83239	0.48515	0.87443
6		0.71492	0.69921	0.60853	0.79353	0.52292	0.85238	0.45520	0.89039
7		0.68507	0.72847	0.57637	0.81719	0.59142	0.87092	0.42552	0.90495
8		0.65337	0.75704	0.54339	0.83948	0.45984	0.88800	0.39621	0.91816
9		0.61990	0.78468	0.50974	0.86033	0.42832	0.90363	0.36738	0.93007
10		0.58478	0.81119	0.47560	0.87965	0.39699	0.91782	0.33909	0.94075
11		0.54814	0.83639	0.44112	0.89745	0.36594	0.93064	0.31139	0.95028
12		0.51013	0.86010	0.40643	0.91368	0.33527	0.94212	0.28432	0.95873
13		0.47092	0.88218	0.37168	0.92836	0.30502	0.95234	0.25788	0.96618
14		0.43066	0.90251	0.33696	0.94152	0.27525	0.96137	0.23208	0.97270
15		0.38952	0.92102	0.30235	0.95320	0.24596	0.96928	0.20689	0.97836
16		0.34766	0.93762	0.26792	0.96344	0.21716	0.97614	0.18229	0.98325
17		0.30520	0.95229	0.23371	0.97231	0.18884	0.98201	0.15823	0.98740
18		0.26228	0.96499	0.19974	0.97985	0.16095	0.98696	0.13466	0.99089
19		0.21901	0.97572	0.16601	0.98612	0.13347	0.99105	0.11153	0.99376
20		0.17547	0.98448	0.13250	0.99118	0.10634	0.99433	0.08877	0.99605
21		0.13175	0.99128	0.09919	0.99507	0.07949	0.99684	0.06631	0.99780
22		0.08790	0.99613	0.06603	0.99782	0.05287	0.99860	0.04408	0.99903
23		0.04397	0.99903	0.03299	0.99946	0.02640	0.99965	0.02200	0.99976
24		0	1.00000	0	1.00000	0	1.00000	0	1.00000

续表

截面号	f/L 项目	$\dfrac{1}{7}$		$\dfrac{1}{8}$		$\dfrac{1}{9}$		$\dfrac{1}{10}$	
		$\sin\varphi$	$\cos\varphi$	$\sin\varphi$	$\cos\varphi$	$\sin\varphi$	$\cos\varphi$	$\sin\varphi$	$\cos\varphi$
0		0.57459	0.81844	0.52342	0.85207	0.47925	0.87768	0.44105	0.89748
1		0.54541	0.83817	0.49480	0.86901	0.45157	0.89223	0.41453	0.91004
2		0.51616	0.85649	0.46644	0.88455	0.42441	0.90547	0.38868	0.92137
3		0.48699	0.83741	0.43847	0.89874	0.39786	0.91744	0.36359	0.93156
4		0.45804	0.88893	0.41102	0.91163	0.37201	0.92823	0.33930	0.94068
5		0.42946	0.90308	0.38418	0.92326	0.34691	0.93790	0.31585	0.94881
6		0.40136	0.91592	0.35801	0.93372	0.32260	0.94653	0.29326	0.95603
7		0.37382	0.92750	0.33258	0.94307	0.29912	0.95422	0.27153	0.96243
8		0.34691	0.93790	0.30792	0.95141	0.27647	0.96102	0.25065	0.96808
9		0.32069	0.94718	0.28405	0.95881	0.25465	0.96703	0.23061	0.97305
10		0.29518	0.95544	0.26096	0.96535	0.23364	0.97232	0.21138	0.97740
11		0.27041	0.96275	0.23866	0.97110	0.21342	0.97696	0.19292	0.98122
12		0.24636	0.96918	0.21711	0.97615	0.19395	0.98101	0.17518	0.98454
13		0.22302	0.97481	0.19629	0.98055	0.17519	0.98454	0.15813	0.98742
14		0.20036	0.97972	0.17615	0.98436	0.15709	0.98758	0.14171	0.98991
15		0.17835	0.98397	0.15664	0.98766	0.13960	0.99021	0.12587	0.99205
16		0.15694	0.98761	0.13772	0.99047	0.12266	0.99245	0.11055	0.99387
17		0.13608	0.99070	0.11933	0.99286	0.10623	0.99434	0.09571	0.99541
18		0.11570	0.99328	0.10140	0.99485	0.09023	0.99592	0.08127	0.99669
19		0.09575	0.99541	0.08388	0.99648	0.07461	0.99721	0.06719	0.99774
20		0.07617	0.99710	0.06669	0.99777	0.05931	0.99824	0.05340	0.99857
21		0.05687	0.99838	0.04978	0.99876	0.04426	0.99902	0.03984	0.99921
22		0.03779	0.99929	0.03307	0.99945	0.02940	0.99957	0.02646	0.99965
23		0.01886	0.99982	0.01650	0.99986	0.01467	0.99989	0.01320	0.99991
23		0	1.00000	0	1.00000	0	1.00000	0	1.00000

悬链线拱各点倾角的正弦及余弦函数表

$m = 3.142$ 附表 16-2（4）

截面号	f/L $\frac{1}{3}$ sinφ	cosφ	$\frac{1}{4}$ sinφ	cosφ	$\frac{1}{5}$ sinφ	cosφ	$\frac{1}{6}$ sinφ	cosφ
0	0.85922	0.51161	0.78319	0.62178	0.70980	0.70440	0.64307	0.76581
1	0.84036	0.54203	0.75819	0.65204	0.68111	0.73219	0.61267	0.79034
2	0.81953	0.57303	0.73144	0.68191	0.65121	0.75890	0.58167	0.81343
3	0.79667	0.60441	0.70303	0.71116	0.62031	0.78435	0.55029	0.83497
4	0.77174	0.63594	0.67310	0.73955	0.58862	0.80841	0.51874	0.85493
5	0.74472	0.66738	0.64181	0.76687	0.55635	0.83095	0.48724	0.87327
6	0.71565	0.69846	0.60933	0.79292	0.52372	0.85189	0.45595	0.89000
7	0.68454	0.72893	0.57586	0.81755	0.49093	0.87120	0.42505	0.90517
8	0.63164	0.75853	0.54162	0.84062	0.45817	0.88887	0.39467	0.91882
9	0.61694	0.78701	0.50682	0.86205	0.42561	0.90491	0.36492	0.93104
10	0.58064	0.81461	0.47165	0.88179	0.39340	0.91937	0.33587	0.94191
11	0.54293	0.83978	0.43630	0.89980	0.36165	0.93231	0.30758	0.95152
12	0.50400	0.86370	0.40094	0.91611	0.33045	0.94382	0.28009	0.95997
13	0.46406	0.88580	0.36570	0.93073	0.29987	0.95398	0.25340	0.96736
14	0.42331	0.90599	0.33071	0.94373	0.26993	0.96288	0.22749	0.97378
15	0.38191	0.92420	0.29603	0.95518	0.24065	0.97061	0.20234	0.97931
16	0.34004	0.94041	0.26174	0.96514	0.21202	0.97726	0.17791	0.98405
17	0.29785	0.95461	0.22785	0.97370	0.18401	0.98292	0.15414	0.98805
18	0.25544	0.96682	0.19438	0.98093	0.15657	0.98767	0.13097	0.99139
19	0.21292	0.97707	0.16129	0.98691	0.12964	0.99156	0.10832	0.99412
20	0.17033	0.98539	0.12857	0.99170	0.10316	0.99466	0.08611	0.99629
21	0.12773	0.99181	0.09614	0.99537	0.07704	0.99703	0.06426	0.99793
22	0.08514	0.99637	0.06396	0.99795	0.05121	0.99869	0.04269	0.99909
23	0.04257	0.99909	0.03194	0.99949	0.02556	0.99967	0.02130	0.99977
24	0	1.00000	0	1.00000	0	1.00000	0	1.00000

附录 16　等截面悬链线无铰拱计算用表　221

续表

截面号	f/L 项目	$\frac{1}{7}$		$\frac{1}{8}$		$\frac{1}{9}$		$\frac{1}{10}$	
		$\sin\varphi$	$\cos\varphi$	$\sin\varphi$	$\cos\varphi$	$\sin\varphi$	$\cos\varphi$	$\sin\varphi$	$\cos\varphi$
0		0.58418	0.81162	0.53291	0.84617	0.48848	0.87257	0.44995	0.89305
1		0.55342	0.83290	0.50262	0.86451	0.45911	0.88838	0.42173	0.90672
2		0.52258	0.85259	0.47263	0.88126	0.43033	0.90267	0.39429	0.91899
3		0.49185	0.87068	0.44311	0.89647	0.40225	0.91553	0.36772	0.92994
4		0.46141	0.88718	0.41420	0.91018	0.37499	0.92703	0.34210	0.93967
5		0.43144	0.90214	0.33603	0.92249	0.34863	0.93726	0.31745	0.94827
6		0.40206	0.91561	0.35867	0.93347	0.32321	0.94633	0.29382	0.95586
7		0.37339	0.92767	0.33219	0.94321	0.29876	0.95433	0.27119	0.96252
8		0.34551	0.93842	0.30664	0.95183	0.27530	0.96136	0.24957	0.96836
9		0.31846	0.94794	0.28203	0.95941	0.25281	0.96752	0.22893	0.97344
10		0.29230	0.95633	0.25836	0.96605	0.23128	0.97289	0.20922	0.97787
11		0.26702	0.96369	0.23562	0.97185	0.21067	0.97756	0.19041	0.98171
12		0.24262	0.97012	0.21377	0.97688	0.19093	0.98160	0.17244	0.98502
13		0.21907	0.97571	0.19277	0.98124	0.17203	0.98509	0.15526	0.98787
14		0.19634	0.98053	0.17258	0.98499	0.15389	0.98809	0.13881	0.99032
15		0.17439	0.98468	0.15314	0.98821	0.13646	0.99065	0.12303	0.99240
16		0.15314	0.98820	0.13437	0.99093	0.11966	0.99281	0.10785	0.99417
17		0.13254	0.99118	0.11621	0.99322	0.10345	0.99464	0.09320	0.99565
18		0.11251	0.99365	0.09860	0.99513	0.08773	0.99614	0.07902	0.99687
19		0.09299	0.99567	0.08145	0.99668	0.07245	0.99737	0.06523	0.99787
20		0.07388	0.99727	0.06469	0.99791	0.05752	0.99834	0.05179	0.99866
21		0.05511	0.99848	0.04824	0.99884	0.04289	0.99908	0.03861	0.99925
22		0.03660	0.99933	0.03203	0.99949	0.02847	0.99959	0.02563	0.99967
23		0.01826	0.99983	0.01598	0.99987	0.01420	0.99990	0.01278	0.99992
24		0	1.00000	0	1.00000	0	1.00000	0	1.00000

悬链线拱各点倾角的正弦及余弦函数表

$m = 3.500$

附表 16-2（5）

截面号	f/L 项目	$\frac{1}{3}$		$\frac{1}{4}$		$\frac{1}{5}$		$\frac{1}{6}$	
		$\sin\varphi$	$\cos\varphi$	$\sin\varphi$	$\cos\varphi$	$\sin\varphi$	$\cos\varphi$	$\sin\varphi$	$\cos\varphi$
0		0.86471	0.50226	0.79062	0.61230	0.71848	0.69554	0.65240	0.75788
1		0.84543	0.53409	0.76483	0.64423	0.68866	0.72509	0.62061	0.78412
2		0.82402	0.56656	0.73713	0.67576	0.65750	0.75345	0.58814	0.80876
3		0.80042	0.59944	0.70762	0.70659	0.62525	0.78043	0.55526	0.83168
4		0.77459	0.63246	0.67647	0.73647	0.59215	0.80583	0.52222	0.85281
5		0.74654	0.66534	0.64388	0.76513	0.55846	0.82953	0.48928	0.87213
6		0.71632	0.69777	0.61006	0.79235	0.52445	0.85144	0.45665	0.88965
7		0.68403	0.72945	0.57527	0.81796	0.49036	0.87152	0.42452	0.90542
8		0.64982	0.76009	0.53977	0.84181	0.45641	0.88977	0.39306	0.91951
9		0.61386	0.78941	0.50379	0.86382	0.42281	0.90622	0.36238	0.93203
10		0.57637	0.81719	0.46759	0.88395	0.38972	0.92093	0.33258	0.94308
11		0.53758	0.84321	0.43138	0.90217	0.35728	0.93400	0.30371	0.95276
12		0.49774	0.86733	0.39534	0.91853	0.32557	0.94552	0.27581	0.96121
13		0.45708	0.88942	0.35964	0.93309	0.29466	0.95560	0.24887	0.96854
14		0.41584	0.90944	0.32439	0.94592	0.26457	0.96437	0.22287	0.87485
15		0.37421	0.92734	0.28967	0.95713	0.23532	0.97192	0.19778	0.98025
16		0.33237	0.94315	0.25553	0.96680	0.20687	0.97837	0.17353	0.98483
17		0.29046	0.95689	0.22198	0.97505	0.17918	0.98382	0.15006	0.98868
18		0.24859	0.96861	0.18902	0.98197	0.15219	0.98835	0.12728	0.99187
19		0.20683	0.97838	0.15659	0.98766	0.12583	0.99205	0.10511	0.99446
20		0.16521	0.98626	0.12465	0.99220	0.10000	0.99499	0.08346	0.99651
21		0.12374	0.99231	0.09312	0.99566	0.07461	0.99721	0.06223	0.99806
22		0.08241	0.99660	0.06190	0.99808	0.04955	0.99877	0.04131	0.99915
23		0.04118	0.99915	0.03089	0.99952	0.02472	0.99969	0.02060	0.99979
24		0	1.00000	0	1.00000	0	1.00000	0	1.00000

附录16 等截面悬链线无铰拱计算用表　223

续表

截面号	f/L	$\frac{1}{7}$		$\frac{1}{8}$		$\frac{1}{9}$		$\frac{1}{10}$	
	项目	$\sin\varphi$	$\cos\varphi$	$\sin\varphi$	$\cos\varphi$	$\sin\varphi$	$\cos\varphi$	$\sin\varphi$	$\cos\varphi$
0		0.59372	0.80467	0.54240	0.84012	0.49774	0.86733	0.45890	0.38849
1		0.56141	0.82754	0.51044	0.85991	0.46667	0.88443	0.42897	0.90332
2		0.52898	0.84864	0.47882	0.87791	0.43624	0.89983	0.39992	0.91655
3		0.49668	0.86793	0.44773	0.89417	0.40663	0.91359	0.37186	0.92829
4		0.46475	0.88544	0.41736	0.90874	0.37796	0.92582	0.34487	0.93865
5		0.43337	0.90122	0.38783	0.92173	0.35031	0.93663	0.31902	0.94775
6		0.40271	0.91533	0.35927	0.93323	0.32376	0.94614	0.29433	0.95570
7		0.37290	0.92787	0.33174	0.94337	0.29834	0.95446	0.27081	0.96263
8		0.34403	0.93896	0.30529	0.95226	0.27406	0.96171	0.24844	0.96855
9		0.31617	0.94870	0.27995	0.96002	0.25091	0.96801	0.22718	0.97385
10		0.28935	0.95722	0.25570	0.96676	0.22886	0.97346	0.20701	0.97834
11		0.26357	0.96464	0.23253	0.97259	0.20787	0.97816	0.18786	0.98220
12		0.23883	0.97106	0.21039	0.97762	0.18789	0.98219	0.16967	0.98550
13		0.21509	0.97659	0.18923	0.98193	0.16884	0.98564	0.15237	0.98832
14		0.19230	0.98134	0.16900	0.98562	0.15068	0.98858	0.13590	0.99072
15		0.17041	0.98537	0.14962	0.98874	0.13331	0.99107	0.12018	0.99275
16		0.14934	0.98879	0.13101	0.99138	0.11667	0.99317	0.10513	0.99445
17		0.12900	0.99164	0.11310	0.99358	0.10067	0.99492	0.09069	0.99588
18		0.10933	0.99401	0.09580	0.99540	0.08524	0.99636	0.07677	0.99705
19		0.09023	0.99592	0.07903	0.99687	0.07029	0.99753	0.06329	0.99800
20		0.07161	0.99743	0.06269	0.99803	0.05575	0.99844	0.05019	0.99874
21		0.05337	0.99858	0.04671	0.99891	0.04153	0.99914	0.03738	0.99930
22		0.03542	0.99937	0.03099	0.99952	0.02755	0.99962	0.02480	0.99969
23		0.01766	0.99984	0.01545	0.99988	0.01374	0.99991	0.01236	0.99992
24		0	1.00000	0	1.00000	0	1.00000	0	1.00000

由于半拱悬臂自重对各截面产生的竖向剪力和弯矩

附表 16-3

$m = 2.240$

$\dfrac{f}{L}$	截面号 力	24（拱顶）	18	12	6	0（拱脚）
$\dfrac{1}{3}$	P_K	0	0.12667	0.26389	0.42484	0.62764
	M_K	0	0.03146	0.12841	0.29927	0.56019
$\dfrac{1}{4}$	P_K	0	0.12594	0.25797	0.40434	0.57755
	M_K	0	0.03137	0.12695	0.29171	0.53573
$\dfrac{1}{5}$	P_K	0	0.12560	0.25516	0.39423	0.55184
	M_K	0	0.03133	0.12625	0.28805	0.52354
$\dfrac{1}{6}$	P_K	0	0.12542	0.25360	0.38854	0.53697
	M_K	0	0.03130	0.12587	0.28601	0.51664
$\dfrac{1}{7}$	P_K	0	0.12531	0.25265	0.38504	0.52764
	M_K	0	0.03129	0.12564	0.28477	0.51236
$\dfrac{1}{8}$	P_K	0	0.12524	0.25204	0.38273	0.52142
	M_K	0	0.03128	0.12549	0.28396	0.50954
$\dfrac{1}{9}$	P_K	0	0.12519	0.25161	0.38113	0.51706
	M_K	0	0.03127	0.12539	0.28339	0.50758
$\dfrac{1}{10}$	P_K	0	0.12515	0.25131	0.37998	0.51391
	M_K	0	0.03127	0.12532	0.28299	0.50616

$m = 2.514$

$\dfrac{f}{L}$	截面号 力	24（拱顶）	18	12	6	0（拱脚）
$\dfrac{1}{3}$	P_K	0	0.12658	0.26333	0.42392	0.62856
	M_K	0	0.03145	0.12825	0.29871	0.55946
$\dfrac{1}{4}$	P_K	0	0.12589	0.25765	0.40379	0.57823
	M_K	0	0.03136	0.12685	0.29138	0.53532
$\dfrac{1}{5}$	P_K	0	0.12557	0.25494	0.39387	0.55235
	M_K	0	0.03132	0.12619	0.28783	0.52328
$\dfrac{1}{6}$	P_K	0	0.12540	0.25345	0.38829	0.53736
	M_K	0	0.03130	0.12583	0.28586	0.51646
$\dfrac{1}{7}$	P_K	0	0.12529	0.25254	0.38485	0.52795
	M_K	0	0.03129	0.12561	0.28466	0.51223
$\dfrac{1}{8}$	P_K	0	0.12522	0.25195	0.38258	0.52166
	M_K	0	0.03128	0.12547	0.28387	0.50944
$\dfrac{1}{9}$	P_K	0	0.12518	0.25154	0.38102	0.51727
	M_K	0	0.03127	0.12537	0.28332	0.50750
$\dfrac{1}{10}$	P_K	0	0.12514	0.25125	0.37989	0.51408
	M_K	0	0.03127	0.12530	0.28293	0.50610

附录16 等截面悬链线无铰拱计算用表

由于半拱悬臂自重对各截面产生的竖向剪力和弯矩

$m = 2.814$

附表 16-3

$\dfrac{f}{L}$	力	24（拱顶）	18	12	6	0（拱脚）
$\dfrac{1}{3}$	P_K	0	0.12649	0.26278	0.42299	0.62951
	M_K	0	0.03143	0.12810	0.29815	0.55874
$\dfrac{1}{4}$	P_K	0	0.12584	0.25733	0.40324	0.57893
	M_K	0	0.03135	0.12676	0.29105	0.53491
$\dfrac{1}{5}$	P_K	0	0.12554	0.25473	0.39351	0.55288
	M_K	0	0.03132	0.12614	0.28762	0.52303
$\dfrac{1}{6}$	P_K	0	0.12537	0.25331	0.38803	0.53777
	M_K	0	0.03130	0.12579	0.28571	0.51629
$\dfrac{1}{7}$	P_K	0	0.12528	0.25244	0.38466	0.52827
	M_K	0	0.03128	0.12558	0.28455	0.51211
$\dfrac{1}{8}$	P_K	0	0.12521	0.25187	0.38244	0.52192
	M_K	0	0.03128	0.12545	0.28378	0.50934
$\dfrac{1}{9}$	P_K	0	0.12517	0.25148	0.38090	0.51748
	M_K	0	0.03127	0.12535	0.28326	0.50742
$\dfrac{1}{10}$	P_K	0	0.12514	0.25120	0.37979	0.51425
	M_K	0	0.03127	0.12529	0.28288	0.50604

$m = 3.142$

$\dfrac{f}{L}$	力	24（拱顶）	18	12	6	0（拱脚）
$\dfrac{1}{3}$	P_K	0	0.12640	0.26224	0.42207	0.63049
	M_K	0	0.03142	0.12795	0.29760	0.55803
$\dfrac{1}{4}$	P_K	0	0.12579	0.25701	0.40270	0.57965
	M_K	0	0.03135	0.12668	0.29073	0.53452
$\dfrac{1}{5}$	P_K	0	0.12551	0.25453	0.39315	0.55342
	M_K	0	0.03131	0.12608	0.28741	0.52278
$\dfrac{1}{6}$	P_K	0	0.12535	0.25316	0.38778	0.53819
	M_K	0	0.03129	0.12575	0.28556	0.51611
$\dfrac{1}{7}$	P_K	0	0.12526	0.25233	0.38447	0.52860
	M_K	0	0.03128	0.12555	0.28444	0.51198
$\dfrac{1}{8}$	P_K	0	0.12520	0.25179	0.38229	0.52219
	M_K	0	0.03128	0.12542	0.28370	0.50925
$\dfrac{1}{9}$	P_K	0	0.12516	0.25141	0.38078	0.51769
	M_K	0	0.03127	0.12534	0.28319	0.50735
$\dfrac{1}{10}$	P_K	0	0.12513	0.25115	0.37970	0.51443
	M_K	0	0.03127	0.12527	0.28282	0.50598

由于半拱悬臂自重对各截面产生的竖向剪力和弯矩

$m = 3.500$

附表 16-3

$\dfrac{f}{L}$	截面号 力	24（拱顶）	18	12	6	0（拱脚）
$\dfrac{1}{3}$	P_K	0	0.12632	0.26171	0.42115	0.63150
	M_K	0	0.03141	0.12780	0.29706	0.55733
$\dfrac{1}{4}$	P_K	0	0.12574	0.25671	0.40215	0.58040
	M_K	0	0.03134	0.12659	0.29041	0.53413
$\dfrac{1}{5}$	P_K	0	0.12548	0.25433	0.39279	0.55399
	M_K	0	0.03131	0.12603	0.28720	0.52253
$\dfrac{1}{6}$	P_K	0	0.12533	0.25302	0.38752	0.53863
	M_K	0	0.03129	0.12571	0.28542	0.51595
$\dfrac{1}{7}$	P_K	0	0.12524	0.25223	0.38428	0.52894
	M_K	0	0.03128	0.12553	0.28433	0.51186
$\dfrac{1}{8}$	P_K	0	0.12519	0.25171	0.38215	0.52246
	M_K	0	0.03127	0.12540	0.28362	0.50916
$\dfrac{1}{9}$	P_K	0	0.12515	0.25135	0.38067	0.51792
	M_K	0	0.03127	0.12532	0.28312	0.50728
$\dfrac{1}{10}$	P_K	0	0.12512	0.25110	0.37960	0.51462
	M_K	0	0.03127	0.12526	0.28277	0.50592

拱轴斜度 $1000\dfrac{L}{f}\mathrm{tg}\varphi$ 值；$\mathrm{tg}\varphi = [\text{表值}] \times \dfrac{f}{1000L}$

附表 16-4

截面号 \ m	1.167	1.347	1.543	1.756	1.988	2.240	2.514
0	4107.53	4216.84	4327.99	4441.07	4556.15	4673.32	4792.68
1	3919.41	4006.58	4094.88	4184.37	4275.08	4367.06	4460.37
2	3733.49	3800.89	3868.89	3937.50	4006.74	4076.64	4147.22
3	3549.68	3599.55	3649.61	3699.87	3750.34	3801.01	3851.89
4	3367.86	3402.31	3436.67	3470.94	3505.11	3539.17	3573.12
5	3187.94	3208.96	3229.71	3250.17	3270.33	3290.18	3309.70
6	3009.82	3019.28	3028.35	3037.02	3045.29	3053.12	3060.50
7	2833.39	2833.04	2832.25	2831.01	2829.32	2827.14	2824.46
8	2658.56	2650.03	2641.07	2631.66	2621.78	2611.42	2600.55
9	2485.22	2470.05	2454.48	2438.48	2422.05	2405.17	2387.83
10	2313.29	2292.89	2272.15	2251.03	2229.53	2207.65	2185.36
11	2142.65	2118.35	2093.76	2068.87	2043.66	2018.14	1992.28
12	1973.23	1946.23	1919.01	1891.57	1863.88	1835.95	1807.77
13	1804.91	1776.33	1747.60	1718.71	1689.65	1660.42	1631.02
14	1637.61	1608.46	1579.61	1549.89	1520.45	1490.92	1461.28
15	1471.23	1442.43	1413.58	1384.70	1355.79	1326.83	1297.83
16	1305.68	1278.04	1250.40	1222.78	1295.16	1167.55	1139.95
17	1140.87	1115.11	1089.39	1063.72	1038.09	1012.50	986.966
18	976.697	953.455	930.277	907.163	884.115	861.136	838.227
19	813.075	792.889	772.775	752.737	732.775	712.892	693.090
20	649.911	633.227	616.616	600.078	583.617	567.234	550.931
21	487.114	474.289	461.527	448.830	436.198	423.634	411.140
22	324.590	315.892	307.240	298.635	290.079	281.572	273.116
23	162.249	157.856	153.487	149.143	144.824	140.531	136.265
24	0	0	0	0	0	0	0

附录16 等截面悬链线无铰拱计算用表

续表

m 截面号	2.814	3.142	3.500	3.893	4.324
0	4914.33	5038.36	5164.91	5294.08	5426.01
1	4555.05	4651.18	4748.81	4848.01	4948.85
2	4218.50	4290.51	4363.27	4436.83	4511.19
3	3902.98	3954.29	4005.82	4057.57	4109.55
4	3606.93	3640.61	3674.15	3707.52	3740.72
5	3328.87	3347.69	3366.12	3384.15	3401.76
6	3067.42	3073.84	3079.76	3085.13	3089.95
7	2821.26	2817.52	2813.21	2808.32	2802.81
8	2589.17	2577.25	2564.78	2551.71	2538.04
9	2370.00	2351.68	2332.84	2313.47	2293.54
10	2162.65	2139.51	2115.93	2091.88	2067.35
11	1966.08	1939.54	1912.93	1885.34	1857.67
12	1779.33	1750.62	1721.64	1692.37	1662.81
13	1601.44	1571.68	1541.73	1511.58	1481.23
14	1431.54	1401.70	1371.74	1341.67	1311.48
15	1268.79	1239.70	1210.58	1181.41	1152.19
16	1112.36	1084.78	1057.21	1029.65	1002.11
17	961.475	936.034	910.643	885.305	860.022
18	815.389	792.626	769.939	747.330	724.802
19	673.370	653.736	634.190	614.733	595.370
20	534.710	518.573	502.522	486.561	470.690
21	398.716	386.365	374.089	361.889	349.768
22	264.711	256.360	248.063	239.822	231.639
23	132.026	127.816	123.634	119.481	115.359
24	0	0	0	0	0

弹性中心位置 $\frac{y_s}{f}$ 值；$y_s = [表值] \times f$ 附表 16-5

$\frac{f}{L}$ / m	$\frac{1}{3}$	$\frac{1}{4}$	$\frac{1}{5}$	$\frac{1}{6}$	$\frac{1}{7}$	$\frac{1}{8}$	$\frac{1}{9}$	$\frac{1}{10}$	$\frac{y_{1/4}}{f}$
1.167	0.379927	0.363445	0.353535	0.347276	0.343429	0.340265	0.338215	0.336702	0.245
1.347	0.377684	0.360831	0.350673	0.344243	0.339977	0.337028	0.334915	0.333355	0.24
1.543	0.375438	0.358216	0.347807	0.341206	0.336820	0.333783	0.331606	0.329998	0.235
1.756	0.373191	0.355599	0.344939	0.338165	0.333657	0.330532	0.328290	0.326632	0.23
1.988	0.370940	0.352980	0.342068	0.335119	0.330487	0.327273	0.324964	0.323256	0.225
2.240	0.368686	0.350358	0.339493	0.332068	0.327311	0.324006	0.321629	0.319870	0.22
2.514	0.366427	0.347733	0.336314	0.329011	0.324127	0.320730	0.318285	0.316474	0.215
2.814	0.364165	0.345104	0.333431	0.325949	0.320937	0.317446	0.314931	0.313066	0.21
3.142	0.361897	0.342472	0.330543	0.322880	0.317738	0.314152	0.311566	0.309647	0.205
3.500	0.359624	0.339835	0.327650	0.319805	0.314531	0.310848	0.308190	0.306215	0.20
3.893	0.357345	0.337193	0.324751	0.316722	0.311316	0.307535	0.304802	0.302771	0.195
4.324	0.355060	0.334546	0.321846	0.313632	0.308091	0.304210	0.301403	0.299314	0.19

附录16 等截面悬链线无铰拱计算用表

不考虑弹性压缩时由于恒载产生的水平推力及垂直反力　　附表16-6

m	水平推力 Hg	垂直反力 Vg	$\dfrac{y_{1/4}}{f}$
1.167	0.12842	0.52747	0.245
1.347	0.13200	0.55663	0.24
1.543	0.13577	0.58762	0.235
1.756	0.13974	0.62060	0.23
1.988	0.14392	0.65574	0.225
2.240	0.14834	0.69323	0.22
2.514	0.15300	0.73327	0.215
2.814	0.15793	0.77611	0.21
3.142	0.16315	0.82201	0.205
3.500	0.16869	0.87126	0.20
3.893	0.17457	0.92421	0.195
4.324	0.18084	0.98122	0.19

$$\int_s \frac{y^2 ds}{EI} = [\text{表值}] \times \frac{Lf^2}{EI} \qquad \text{附表 16-7}$$

m \ $\dfrac{f}{L}$	$\dfrac{1}{3}$	$\dfrac{1}{4}$	$\dfrac{1}{5}$	$\dfrac{1}{6}$	$\dfrac{1}{7}$	$\dfrac{1}{8}$	$\dfrac{1}{9}$	$\dfrac{1}{10}$	$\dfrac{y_{1/4}}{f}$
1.167	0.118276	0.107324	0.101332	0.097725	0.095401	0.093823	0.092707	0.091889	0.245
1.347	0.118275	0.107139	0.101020	0.097326	0.094941	0.093320	0.092171	0.091330	0.24
1.543	0.118289	0.106966	0.100719	0.096936	0.094489	0.092822	0.091640	0.090774	0.235
1.756	0.118318	0.106806	0.100428	0.096555	0.094043	0.092330	0.091114	0.090221	0.23
1.988	0.118364	0.106660	0.100148	0.096182	0.093605	0.091844	0.090593	0.089673	0.225
2.240	0.118425	0.106526	0.099879	0.095818	0.093173	0.091364	0.090076	0.089129	0.22
2.514	0.118502	0.106406	0.099621	0.095463	0.092749	0.090889	0.089563	0.088588	0.215
2.814	0.118594	0.106299	0.099373	0.095116	0.092331	0.090420	0.089056	0.088051	0.21
3.142	0.118703	0.106205	0.099137	0.094779	0.091921	0.089956	0.088552	0.087517	0.205
3.500	0.118827	0.106125	0.098911	0.094449	0.091518	0.089498	0.088053	0.086987	0.20
3.893	0.118967	0.106057	0.098696	0.094129	0.091121	0.089045	0.087559	0.086460	0.195
4.324	0.119123	0.106003	0.098492	0.093817	0.090731	0.088598	0.087068	0.085936	0.19

附录16 等截面悬链线无铰拱计算用表

$\dfrac{1}{v_r}$ 值   附表 16-8

$\dfrac{f}{L}$ m	$\dfrac{1}{3}$	$\dfrac{1}{4}$	$\dfrac{1}{5}$	$\dfrac{1}{6}$	$\dfrac{1}{7}$	$\dfrac{1}{8}$	$\dfrac{1}{9}$	$\dfrac{1}{10}$	$\dfrac{y_{1/4}}{f}$
1.167	1.24684	1.14891	1.09906	1.07041	1.05252	1.04062	1.03233	1.02632	0.245
1.347	1.24843	1.15006	1.09992	1.07107	1.05303	1.04103	1.032	1.02660	0.24
1.543	1.25006	1.15126	1.10081	1.07175	1.05356	1.04145	1.03301	1.02689	0.235
1.756	1.25175	1.15250	1.10173	1.07245	1.05411	1.04189	1.03337	1.02718	0.23
1.988	1.25349	1.15377	1.10268	1.07318	1.05468	1.04235	1.03374	1.02750	0.225
2.240	1.25528	1.15509	1.10367	1.07394	1.05528	0.04283	1.03413	1.02782	0.22
2.514	1.25713	1.15646	1.10470	1.07473	1.05590	1.04333	1.03453	1.02815	0.215
2.814	1.25903	1.15786	1.10575	1.07554	1.05654	1.04384	1.03495	1.02850	0.21
3.142	1.26098	1.15931	1.10684	1.07638	1.05720	1.04437	1.03539	1.02887	0.205
3.500	1.26300	1.16080	1.10797	1.07725	1.05788	1.04492	1.03584	1.02924	0.20
3.893	1.26506	1.16234	1.10913	1.07815	1.05859	1.04549	1.03631	1.02963	0.195
4.324	1.26719	1.16392	1.11033	1.07908	1.05933	1.04609	1.03680	1.03004	0.19

$\dfrac{1}{v}$ 值   附表 16-9

$\dfrac{f}{L}$ m	$\dfrac{1}{3}$	$\dfrac{1}{4}$	$\dfrac{1}{5}$	$\dfrac{1}{6}$	$\dfrac{1}{7}$	$\dfrac{1}{8}$	$\dfrac{1}{9}$	$\dfrac{1}{10}$	$\dfrac{y_{1/4}}{f}$
1.167	0.824016	0.881106	0.915479	0.937363	0.951977	0.962140	0.969454	0.974874	0.245
1.347	0.824086	0.880839	0.915117	0.937000	0.951645	0.961846	0.969198	0.974651	0.24
1.543	0.824170	0.880573	0.914749	0.936628	0.951303	0.961544	0.968933	0.974421	0.235
1.756	0.824268	0.880309	0.914375	0.936247	0.950952	0.961232	0.968660	0.974182	0.23
1.988	0.824379	0.880046	0.913997	0.935859	0.950592	0.960910	0.968378	0.973935	0.225
2.240	0.824504	0.879786	0.913615	0.935463	0.950222	0.960580	0.968086	0.973680	0.22
2.514	0.824644	0.879529	0.913228	0.935059	0.949844	0.960240	0.967786	0.973416	0.215
2.814	0.824799	0.879275	0.912838	0.934648	0.949457	0.959891	0.967477	0.973145	0.21
3.142	0.824968	0.879025	0.912444	0.934230	0.949061	0.959533	0.967159	0.972864	0.205
3.500	0.825152	0.878779	0.912048	0.933805	0.948656	0.959165	0.966833	0.972576	0.20
3.893	0.825352	0.878537	0.911649	0.933373	0.948243	0.958789	0.966497	0.972278	0.195
4.324	0.825567	0.878301	0.911247	0.932935	0.947822	0.958403	0.966152	0.971972	0.19

附录16 等截面悬链线无铰拱计算用表

μ_1 值　$\mu_1 = [表值] \times \left(\dfrac{r}{f}\right)^2$　　　　附表 16-10

m ＼ $\dfrac{f}{L}$	$\dfrac{1}{3}$	$\dfrac{1}{4}$	$\dfrac{1}{5}$	$\dfrac{1}{6}$	$\dfrac{1}{7}$	$\dfrac{1}{8}$	$\dfrac{1}{9}$	$\dfrac{1}{10}$
1.167	10.5418	10.7050	10.8461	10.9533	11.0326	11.0913	11.1354	11.1691
1.347	10.5553	10.7344	10.8881	11.0049	11.0914	11.1555	11.2037	11.2406
1.543	10.5679	10.7629	10.9295	11.0562	11.1501	11.2199	11.2724	11.3126
1.756	10.5795	10.7905	10.9703	11.1072	11.2088	11.2844	11.3415	11.3851
1.988	10.5901	10.8173	11.0105	11.1578	11.2674	11.3492	11.4109	11.4582
2.240	10.5998	10.8433	11.0501	11.2081	11.3260	11.4141	11.4807	11.5318
2.514	10.6085	10.8683	11.0890	11.2581	11.3845	11.4791	11.5509	11.6060
2.814	10.6163	10.8925	11.1272	11.3076	11.4429	11.5444	11.6214	11.6808
3.142	10.6230	10.9157	11.1648	11.3568	11.5012	11.6098	11.6924	11.7562
3.500	10.6289	10.9381	11.2017	11.4056	11.5594	11.6754	11.7638	11.8321
3.893	10.6337	10.9596	11.2379	11.4540	11.6174	11.7411	11.8356	11.9088
4.324	10.6377	10.9801	11.2734	11.5019	11.6754	11.8071	11.9079	11.9860

$r^2 = \dfrac{I}{A}$ -截面回转半径；I-截面惯性矩；A-截面面积。

μ 值　$\mu = [表值] \times \left(\dfrac{r}{f}\right)^2$　　　　附表 16-11

m ＼ $\dfrac{f}{L}$	$\dfrac{1}{3}$	$\dfrac{1}{4}$	$\dfrac{1}{5}$	$\dfrac{1}{6}$	$\dfrac{1}{7}$	$\dfrac{1}{8}$	$\dfrac{1}{9}$	$\dfrac{1}{10}$
1.167	6.96687	8.20975	9.03447	9.59186	9.97872	10.2548	10.4572	10.6092
1.347	6.96756	8.22149	9.05878	9.62742	10.0235	10.3070	10.5152	10.6718
1.543	6.96744	8.23228	9.08221	9.66232	10.0679	10.3590	10.5732	10.7346
1.756	6.96652	8.24211	9.10477	9.69654	10.1119	10.4108	10.6313	10.7977
1.988	6.96479	8.25097	9.12644	9.73007	10.1554	10.4624	10.6894	10.8609
2.240	6.96225	8.25886	9.14719	9.76290	10.1984	10.5138	10.7475	10.9244
2.514	6.95892	8.26578	9.16703	9.79500	10.2410	10.5650	10.8056	10.9881
2.814	6.95479	8.27171	9.18594	9.82636	10.2831	10.6160	10.8638	11.0521
3.142	6.94987	8.27667	9.20390	9.85697	10.3247	10.6667	10.9219	11.1163
3.500	6.94415	8.28064	9.22091	9.88682	10.3658	10.7172	10.9801	11.1807
3.893	6.93765	8.28362	9.23697	9.91589	10.4064	10.7674	11.0383	11.2454
4.324	6.93037	8.28562	9.25204	9.94416	10.4465	10.8174	11.0965	11.3104

$r^2 = \dfrac{I}{A}$ -截面回转半径；I-截面惯性矩；A-截面面积。

附录16 等截面悬链线无铰拱计算用表　231

不考虑弹性压缩时水平推力 H_1 影响线坐标 $H_1 =$ [表值] $\times \dfrac{L}{f}$　$m = 2.240$　$\dfrac{y_{\frac{1}{4}}}{f} = 0.22$

附表 16-12（1）

截面号 \ $\dfrac{f}{L}$	$\dfrac{1}{3}$	$\dfrac{1}{4}$	$\dfrac{1}{5}$	$\dfrac{1}{6}$	$\dfrac{1}{7}$	$\dfrac{1}{8}$	$\dfrac{1}{9}$	$\dfrac{1}{10}$
0	0	0	0	0	0	0	0	0
1	0.00200	0.00191	0.00135	0.00181	0.00178	0.00176	0.00175	0.00174
2	0.00749	0.00718	0.00698	0.00684	0.00675	0.00668	0.00663	0.00659
3	0.01577	0.01518	0.01480	0.01454	0.01436	0.01423	0.01414	0.01407
4	0.02622	0.02535	0.02478	0.02441	0.02414	0.02396	0.02382	0.02371
5	0.03833	0.03720	0.03648	0.03600	0.03566	0.03542	0.03525	0.03512
6	0.05163	0.05032	0.04948	0.04892	0.04853	0.04825	0.04305	0.04790
7	0.06575	0.06432	0.06341	0.06281	0.06239	0.06209	0.06188	0.06171
8	0.08033	0.07887	0.07795	0.07735	0.07593	0.07663	0.07641	0.07625
9	0.09509	0.09369	0.09282	0.09224	0.09185	0.09157	0.09136	0.09121
10	0.10978	0.10853	0.10775	0.10724	0.10689	0.10664	0.10646	0.10633
11	0.12417	0.12315	0.12252	0.12211	0.12183	0.12163	0.12148	0.12138
12	0.13809	0.13736	0.13691	0.13663	0.13644	0.13630	0.13620	0.13613
13	0.15137	0.15098	0.15076	0.15062	0.15053	0.15047	0.15042	0.15039
14	0.16388	0.16388	0.16390	0.16392	0.16394	0.16395	0.16400	0.16398
15	0.17549	0.17590	0.17613	0.17637	0.17651	0.17661	0.17668	0.17673
16	0.18612	0.18695	0.18749	0.18785	0.18810	0.18828	0.18842	0.18852
17	0.19567	0.19692	0.19771	0.19824	0.19860	0.19887	0.19906	0.19920
18	0.20408	0.20572	0.20675	0.20743	0.20791	0.20825	0.20849	0.20868
19	0.21129	0.21328	0.21453	0.21536	0.21593	0.21633	0.21663	0.21685
20	0.21725	0.21954	0.22098	0.22193	0.22259	0.22305	0.22339	0.22365
21	0.22192	0.22446	0.22606	0.22711	0.22783	0.22834	0.22872	0.22900
22	0.22528	0.22801	0.22971	0.23083	0.23160	0.23215	0.23255	0.23285
23	0.22730	0.23014	0.23191	0.23308	0.23388	0.23445	0.23487	0.23518
24	0.22798	0.23085	0.23265	0.23383	0.23464	0.23522	0.23564	0.23596

不考虑弹性压缩时水平推力 H_1 影响线坐标 $H_1 = [表值] \times \dfrac{L}{f}$ $m = 2.514$ $\dfrac{y_{\frac{1}{4}}}{f} = 0.215$

附表 16-12（2）

截面号 \ $\dfrac{f}{L}$	$\dfrac{1}{3}$	$\dfrac{1}{4}$	$\dfrac{1}{5}$	$\dfrac{1}{6}$	$\dfrac{1}{7}$	$\dfrac{1}{8}$	$\dfrac{1}{9}$	$\dfrac{1}{10}$
0	0	0	0	0	0	0	0	0
1	0.00204	0.00195	0.00188	0.00184	0.00181	0.00179	0.00177	0.00176
2	0.00762	0.00730	0.00709	0.00694	0.00684	0.00677	0.00672	0.00668
3	0.01600	0.01539	0.01500	0.01473	0.01454	0.01441	0.01431	0.01423
4	0.02656	0.02567	0.02509	0.02470	0.02442	0.02423	0.02408	0.02397
5	0.03876	0.03762	0.03688	0.03638	0.03603	0.03578	0.03560	0.03546
6	0.05214	0.05081	0.04995	0.04938	0.04898	0.04870	0.04849	0.04833
7	0.06630	0.06487	0.06395	0.06333	0.06291	0.06260	0.06238	0.06221
8	0.08091	0.07946	0.07853	0.07792	0.07750	0.07719	0.07697	0.07680
9	0.09568	0.09430	0.09343	0.09285	0.09245	0.09217	0.09196	0.09180
10	0.11035	0.10913	0.10836	0.10786	0.10752	0.10727	0.10709	0.10696
11	0.12471	0.12373	0.12312	0.13273	0.12245	0.12226	0.12212	0.12202
12	0.13859	0.13791	0.13750	0.13724	0.13706	0.13693	0.13684	0.13677
13	0.15182	0.15150	0.15132	0.15124	0.15113	0.15108	0.15105	0.15102
14	0.16427	0.16435	0.16442	0.16447	0.16451	0.16455	0.16457	0.16459
15	0.17582	0.17632	0.17666	0.17689	0.17705	0.17717	0.17726	0.17732
16	0.18639	0.18732	0.18792	0.18832	0.18861	0.18881	0.18896	0.18908
17	0.19509	0.19723	0.19809	0.19867	0.19907	0.19936	0.19957	0.19973
18	0.20425	0.20598	0.20709	0.20783	0.20834	0.20870	0.20897	0.20918
19	0.21141	0.21350	0.21483	0.21571	0.21632	0.21676	0.21708	0.21732
20	0.21733	0.21973	0.22125	0.22225	0.22295	0.22345	0.22381	0.22409
21	0.22197	0.22462	0.22629	0.22740	0.22817	0.22871	0.22911	0.22941
22	0.22530	0.22814	0.22992	0.23111	0.23192	0.23251	0.23293	0.23325
23	0.22731	0.23026	0.23212	0.23334	0.23419	0.23480	0.23524	0.23557
24	0.22798	0.23097	0.23285	0.23409	0.23495	0.23556	0.23601	0.28635

不考虑弹性压缩时水平推力 H_1 影响线坐标 $H_1 = [表值] \times \dfrac{L}{f}$ $m = 2.814$ $\dfrac{y_{\frac{1}{4}}}{f} = 0.21$

附表 16-12（3）

$\dfrac{f}{L}$ 截面号	$\dfrac{1}{3}$	$\dfrac{1}{4}$	$\dfrac{1}{5}$	$\dfrac{1}{6}$	$\dfrac{1}{7}$	$\dfrac{1}{8}$	$\dfrac{1}{9}$	$\dfrac{1}{10}$
0	0	0	0	0	0	0	0	0
1	0.00208	0.00198	0.00192	0.00187	0.00184	0.00182	0.00180	0.00179
2	0.00774	0.00741	0.00720	0.00705	0.00694	0.00686	0.00681	0.00676
3	0.01623	0.01561	0.01521	0.01493	0.01473	0.01459	0.01448	0.01441
4	0.02690	0.02599	0.02539	0.02499	0.02470	0.02450	0.02435	0.02423
5	0.03919	0.03803	0.03728	0.03676	0.03641	0.03615	0.03596	0.03581
6	0.05265	0.05130	0.05043	0.04984	0.04944	0.04914	0.04892	0.04876
7	0.06686	0.06541	0.06449	0.06386	0.06343	0.06312	0.06289	0.06272
8	0.08149	0.08004	0.07912	0.07850	0.07807	0.07776	0.07753	0.07736
9	0.09626	0.09490	0.09403	0.09345	0.09306	0.09277	0.09256	0.09241
10	0.11091	0.10972	0.10897	0.10848	0.10814	0.10790	0.10772	0.10758
11	0.12524	0.12431	0.12372	0.12334	0.12308	0.12289	0.12276	0.12266
12	0.13907	0.13845	0.13808	0.13784	0.13767	0.13756	0.13747	0.13741
13	0.15225	0.15200	0.15186	0.15178	0.15173	0.15169	0.15167	0.15165
14	0.16464	0.16480	0.16492	0.16501	0.16508	0.16513	0.16517	0.16520
15	0.17613	0.17672	0.17712	0.17739	0.17758	0.17772	0.17783	0.17791
16	0.18664	0.18766	0.18833	0.18879	0.18910	0.18933	0.18950	0.18963
17	0.19608	0.19753	0.19846	0.19909	0.19953	0.19984	0.20007	0.20025
18	0.20439	0.20623	0.20741	0.20820	0.20876	0.20915	0.20944	0.20966
19	0.21150	0.21370	0.21511	0.21605	0.21670	0.21717	0.21752	0.21778
20	0.21738	0.21989	0.22149	0.22256	0.22330	0.22383	0.22422	0.22451
21	0.22199	0.22475	0.22651	0.22768	0.22849	0.22907	0.22950	0.22982
22	0.22530	0.22825	0.23012	0.23136	0.23223	0.23284	0.23330	0.23364
23	0.22730	0.23036	0.23230	0.23559	0.23448	0.23512	0.23559	0.23595
24	0.22796	0.23106	0.23302	0.23433	0.23524	0.23588	0.23636	0.23672

不考虑弹性压缩时水平推力 H_1 影响线坐标 $H_1 = [表值] \times \dfrac{L}{f}$ $m = 3.142$ $\dfrac{y_{\frac{1}{4}}}{f} = 0.205$

附表 16-12（4）

$\dfrac{f}{L}$ 截面号	$\dfrac{1}{3}$	$\dfrac{1}{4}$	$\dfrac{1}{5}$	$\dfrac{1}{6}$	$\dfrac{1}{7}$	$\dfrac{1}{8}$	$\dfrac{1}{9}$	$\dfrac{1}{10}$
0	0	0	0	0	0	0	0	0
1	0.00212	0.00202	0.00195	0.00190	0.00187	0.00184	0.00183	0.00181
2	0.00787	0.00753	0.00731	0.00715	0.00704	0.00696	0.00690	0.00685
3	0.01647	0.01583	0.01541	0.01513	0.01492	0.01477	0.01466	0.01458
4	0.02724	0.02631	0.02570	0.02529	0.02499	0.02478	0.02462	0.02450
5	0.03963	0.03845	0.03768	0.03715	0.03678	0.03652	0.03632	0.03617
6	0.05315	0.05180	0.05091	0.05031	0.04989	0.04959	0.04937	0.04920
7	0.06741	0.06596	0.06503	0.06440	0.06395	0.06364	0.06340	0.06322
8	0.08207	0.08962	0.07970	0.07907	0.07864	0.07833	0.07810	0.07792
9	0.09684	0.09549	0.09463	0.09406	0.09366	0.09338	0.09317	0.09301
10	0.11147	0.11031	0.10958	0.10910	0.10876	0.10852	0.10834	0.10821
11	0.12576	0.12487	0.12432	0.12395	0.12370	0.12353	0.12339	0.12330
12	0.13955	0.13899	0.13865	0.13843	0.13828	0.13818	0.13810	0.13805
13	0.15266	0.15249	0.15240	0.15235	0.15232	0.15230	0.15228	0.15227
14	0.16499	0.16524	0.16542	0.16555	0.16564	0.16571	0.16576	0.16580
15	0.17643	0.17711	0.17757	0.17788	0.17811	0.17827	0.17839	0.17848
16	0.18687	0.18800	0.18873	0.18923	0.18959	0.18984	0.19003	0.19017
17	0.19625	0.19780	0.19881	0.19949	0.19997	0.20031	0.20057	0.20076
18	0.20451	0.20646	0.20771	0.20856	0.20916	0.20958	0.20990	0.21014
19	0.21157	0.21389	0.21537	0.21637	0.21707	0.21757	0.21794	0.21822
20	0.21741	0.22044	0.22172	0.22285	0.22363	0.22420	0.22461	0.22493
21	0.22199	0.22487	0.22670	0.22794	0.22880	0.22941	0.22987	0.23021
22	0.22528	0.22834	0.23029	0.23160	0.23251	0.23317	0.23365	0.23401
23	0.22726	0.23043	0.23246	0.23381	0.23476	0.23543	0.23593	0.23631
24	0.22792	0.23113	0.23318	0.23455	0.23551	0.23619	0.23670	0.23708

附录16 等截面悬链线无铰拱计算用表　235

不考虑弹性压缩时水平推力 H_1 影响线坐标 $H_1 = $ [表值] $\times \dfrac{L}{f}$　$m = 3.500$　$\dfrac{y_{\frac{1}{4}}}{f} = 0.20$

附表 16-12（5）

截面号 \ $\dfrac{f}{L}$	$\dfrac{1}{3}$	$\dfrac{1}{4}$	$\dfrac{1}{5}$	$\dfrac{1}{6}$	$\dfrac{1}{7}$	$\dfrac{1}{8}$	$\dfrac{1}{9}$	$\dfrac{1}{10}$
0	0	0	0	0	0	0	0	0
1	0.00216	0.00205	0.00198	0.00193	0.00190	0.00187	0.00185	0.00184
2	0.00800	0.00765	0.00742	0.00726	0.00714	0.00706	0.00699	0.00695
3	0.01671	0.01606	0.01563	0.01533	0.01512	0.01496	0.01485	0.01476
4	0.02759	0.02664	0.02602	0.02559	0.02528	0.02506	0.02489	0.02477
5	0.04007	0.03887	0.03809	0.03755	0.03717	0.03689	0.03669	0.03653
6	0.05366	0.05229	0.05140	0.05079	0.05036	0.05005	0.04982	0.04964
7	0.06796	0.06651	0.06557	0.06493	0.06448	0.06416	0.06392	0.06374
8	0.08264	0.08121	0.08028	0.07965	0.07922	0.07890	0.07867	0.07849
9	0.09740	0.09608	0.09523	0.09467	0.09427	0.09398	0.09377	0.09361
10	0.11201	0.11089	0.11018	0.10971	0.10938	0.10915	0.10897	0.10884
11	0.12627	0.12543	0.12491	0.12456	0.12432	0.12415	0.12403	0.12394
12	0.14000	0.13951	0.13921	0.13902	0.13889	0.13880	0.13873	0.13868
13	0.15306	0.15297	0.15293	0.15291	0.15290	0.15290	0.15290	0.15290
14	0.16533	0.16566	0.16590	0.16607	0.16619	0.16628	0.16635	0.16640
15	0.17670	0.17748	0.17800	0.17836	0.17862	0.17881	0.17895	0.17905
16	0.18709	0.18831	0.18912	0.18967	0.19006	0.19034	0.19055	0.19071
17	0.19641	0.19806	0.19914	0.19988	0.20040	0.20077	0.20105	0.20126
18	0.20460	0.20666	0.20800	0.20891	0.20955	0.21001	0.21035	0.21060
19	0.21162	0.21405	0.21561	0.21667	0.21742	0.21795	0.21835	0.21865
20	0.21742	0.22016	0.22192	0.22311	0.22395	0.22455	0.22499	0.22533
21	0.22197	0.22495	0.22688	0.22818	0.22908	0.22974	0.23022	0.23059
22	0.22523	0.22840	0.23044	0.23182	0.23278	0.23347	0.23398	0.23437
23	0.22720	0.23048	0.23259	0.23402	0.23501	0.23573	0.23626	0.23666
24	0.22785	0.23118	0.23331	0.23475	0.23576	0.23648	0.23701	0.23742

不考虑弹性压缩的弯矩 $\dfrac{M'}{L}$ 影响线坐标 M_{L24}（拱顶） $m=2.240$ $\dfrac{y_{\frac{l}{4}}}{f}=0.22$

附表 16-13（1）

截面号	$\dfrac{f}{L}$ $\dfrac{1}{3}$	$\dfrac{1}{4}$	$\dfrac{1}{5}$	$\dfrac{1}{6}$	$\dfrac{1}{7}$	$\dfrac{1}{8}$	$\dfrac{1}{9}$	$\dfrac{1}{10}$
0	0	0	0	0	0	0	0	0
1	−0.00042	−0.00038	−0.00036	−0.00035	−0.00034	−0.00033	−0.00033	−0.00032
2	−0.00152	−0.00139	−0.00131	−0.00126	−0.00123	−0.00121	−0.00119	−0.00118
3	−0.00306	−0.00281	−0.00267	−0.00258	−0.00252	−0.00248	−0.00245	−0.00242
4	−0.00485	−0.00448	−0.00427	−0.00413	−0.00405	−0.00398	−0.00394	−0.00391
5	−0.00671	−0.00623	−0.00596	−0.00579	−0.00568	−0.00560	−0.00555	−0.00551
6	−0.00850	−0.00794	−0.00763	−0.00743	−0.00730	−0.00721	−0.00715	−0.00710
7	−0.01009	−0.00994	−0.00915	−0.00894	−0.00880	−0.00871	−0.00864	−0.00859
8	−0.01139	−0.01077	−0.01043	−0.01021	−0.01008	−0.00998	−0.00991	−0.00986
9	−0.01229	−0.01170	−0.01137	−0.01117	−0.01104	−0.01095	−0.01088	−0.01084
10	−0.01271	−0.01219	−0.01190	−0.01172	−0.01161	−0.01153	−0.01147	−0.01143
11	−0.01261	−0.01218	−0.01194	−0.01180	−0.01171	−0.01164	−0.01160	−0.01157
12	−0.01190	−0.01160	−0.01143	−0.01134	−0.01127	−0.01123	−0.01120	−0.01118
13	−0.01056	−0.01040	−0.01032	−0.01027	−0.01025	−0.01023	−0.01021	−0.01020
14	−0.00854	−0.00854	−0.00855	−0.00856	−0.00857	−0.00858	−0.00858	−0.00858
	−0.00580	−0.00598	−0.00609	−0.00615	−0.00620	−0.00623	−0.00625	−0.00627
	−0.00232	−0.00268	−0.00288	−0.00301	−0.00309	−0.00315	−0.00319	−0.00322
17	0.00192	0.00140	0.00110	0.00091	0.00079	0.00071	0.00065	0.00060
18	0.00696	0.00627	0.00588	0.00564	0.00548	0.00537	0.00530	0.00524
19	0.01279	0.01195	0.01148	0.01120	0.01101	0.01088	0.01079	0.01072
20	0.01944	0.01848	0.01794	0.01761	0.01739	0.01724	0.01714	0.01706
21	0.02692	0.02585	0.02525	0.02489	0.02465	0.02449	0.02437	0.02429
22	0.03524	0.03409	0.03345	0.03306	0.03280	0.03263	0.03250	0.03241
23	0.04439	0.04319	0.04253	0.04212	0.04186	0.04168	0.04155	0.04145
24	0.05438	0.05317	0.05250	0.05209	0.05182	0.05164	0.05150	0.05141

不考虑弹性压缩的 $\dfrac{M}{L}$ 影响线坐标 M_{L18} (3/8L) $m=2.240$ $\dfrac{y_{\frac{l}{4}}}{f}=0.22$

附表 16-13（2）

截面号 \ $\dfrac{f}{L}$	$\dfrac{1}{3}$	$\dfrac{1}{4}$	$\dfrac{1}{5}$	$\dfrac{1}{6}$	$\dfrac{1}{7}$	$\dfrac{1}{8}$	$\dfrac{1}{9}$	$\dfrac{1}{10}$
0	0	0	0	0	0	0	0	0
1	−0.00012	−0.00009	−0.00008	−0.00007	−0.00007	−0.00007	−0.00006	−0.00006
2	−0.00035	−0.00027	−0.00023	−0.00021	−0.00019	−0.00018	−0.00018	−0.00017
3	−0.00054	−0.00039	−0.00032	−0.00028	−0.00026	−0.00024	−0.00023	−0.00022
4	−0.00054	−0.00034	−0.00024	−0.00018	−0.00015	−0.00013	−0.00012	−0.00011
5	−0.00025	0.00001	0.00012	0.00018	0.00021	0.00024	0.00025	0.00026
6	0.00044	0.00071	0.00083	0.00089	0.00092	0.00094	0.00096	0.00096
7	0.00160	0.00187	0.00197	0.00202	0.00205	0.00206	0.00207	0.00207
8	0.00331	0.00354	0.00362	0.00365	0.00366	0.00366	0.00366	0.00366
9	0.00561	0.00578	0.00582	0.00582	0.00581	0.00580	0.00579	0.00578
10	0.00856	0.00864	0.00862	0.00859	0.00856	0.00853	0.00851	0.00849
11	0.01219	0.01216	0.01208	0.01201	0.01195	0.01190	0.01187	0.01184
12	0.01653	0.01637	0.01622	0.01611	0.01602	0.01595	0.01591	0.01587
13	0.02161	0.02131	0.02109	0.02093	0.02081	0.02073	0.02066	0.02061
14	0.02744	0.02700	0.02670	0.02650	0.02635	0.02625	0.02617	0.02611
15	0.03404	0.03347	0.03309	0.03284	0.03267	0.03254	0.03245	0.03239
16	0.04142	0.04072	0.04027	0.03998	0.03978	0.03964	0.03954	0.03946
17	0.04959	0.04876	0.04826	0.04793	0.04771	0.04756	0.04745	0.04736
18	0.05856	0.05762	0.05707	0.05671	0.05647	0.05631	0.05619	0.05610
19	0.04749	0.04647	0.04587	0.04549	0.04524	0.04507	0.04495	0.04485
20	0.03721	0.03613	0.03550	0.03512	0.03486	0.03468	0.03456	0.03446
21	0.02773	0.02661	0.02598	0.02558	0.02533	0.02515	0.02502	0.02493
22	0.01904	0.01791	0.01728	0.01690	0.01664	0.01647	0.01635	0.01626
23	0.01114	0.01003	0.00942	0.00905	0.00881	0.00864	0.00853	0.00844
24	0.00402	0.00296	0.00238	0.00203	0.00181	0.00166	0.00155	0.00147

M_{R18} (3/8L) $m=2.240$ 附表 16-13 (3)

截面号 \ $\dfrac{f}{L}$	$\dfrac{1}{3}$	$\dfrac{1}{4}$	$\dfrac{1}{5}$	$\dfrac{1}{6}$	$\dfrac{1}{7}$	$\dfrac{1}{8}$	$\dfrac{1}{9}$	$\dfrac{1}{10}$
24′	0.00402	0.00296	0.00238	0.00203	0.00181	0.00166	0.00155	0.00147
23′	−0.00233	−0.00331	−0.00384	−0.00416	−0.00436	−0.00449	−0.00459	−0.00466
22′	−0.00792	−0.00880	−0.00926	−0.00954	−0.00971	−0.00983	−0.00991	−0.00997
21′	−0.01275	−0.01351	−0.01390	−0.01412	−0.01427	−0.01436	−0.01443	−0.01447
20′	−0.01686	−0.01746	−0.01777	−0.01794	−0.01804	−0.01811	−0.01816	−0.01820
19′	−0.02024	−0.02068	−0.02089	−0.02100	−0.02107	−0.02111	−0.02114	−0.02116
18′	−0.02291	−0.02319	−0.02330	−0.02335	−0.02337	−0.02339	−0.02339	−0.02340
17′	−0.02491	−0.02500	−0.02501	−0.02500	−0.02498	−0.02497	−0.02496	−0.02494
16′	−0.02625	−0.02616	−0.02607	−0.02599	−0.02593	−0.02589	−0.02586	−0.02583
15′	−0.02696	−0.02670	−0.02650	−0.02637	−0.02627	−0.02620	−0.02615	−0.02611
14′	−0.02707	−0.02664	−0.02636	−0.02617	−0.02603	−0.02594	−0.02587	−0.02582
13′	−0.02661	−0.02604	−0.02568	−0.02544	−0.02527	−0.02515	−0.02507	−0.02500
12′	−0.02563	−0.02494	−0.02451	−0.02423	−0.02404	−0.02390	−0.02380	−0.02373
11′	−0.02418	−0.02339	−0.02291	−0.02260	−0.02239	−0.02224	−0.02213	−0.02205
10′	−0.02230	−0.02146	−0.02094	−0.02061	−0.02039	−0.02023	−0.02012	−0.02003
9′	−0.02006	−0.01919	−0.01867	−0.01333	−0.01810	−0.01795	−0.01783	−0.01774
8′	−0.01753	−0.01668	−0.01617	−0.01584	−0.01562	−0.01546	−0.01535	−0.01527
7′	−0.01479	−0.01400	−0.01352	−0.01321	−0.01300	−0.01286	−0.01276	−0.01268
6′	−0.01194	−0.01124	−0.01081	−0.01054	−0.01036	−0.01023	−0.01014	−0.01007
5′	−0.00909	−0.00851	−0.00815	−0.00793	−0.00778	−0.00767	−0.00760	−0.00754
4′	−0.00636	−0.00592	−0.00565	−0.00548	−0.00537	−0.00529	−0.00523	−0.00519
3′	−0.00391	−0.00362	−0.00344	−0.00333	−0.00325	−0.00320	−0.00316	−0.00313
2′	−0.00189	−0.00174	−0.00165	−0.00159	−0.00155	−0.00152	−0.00150	−0.00149
1′	−0.00051	−0.00047	−0.00044	−0.00043	−0.00042	−0.00041	−0.00040	−0.00040
0′	0	0	0	0	0	0	0	0

附录16　等截面悬链线无铰拱计算用表

不考虑弹性压缩的 $\dfrac{M'}{L}$ 影响线坐标 M_{L12}（1/4L）　$m=2.240$　$\dfrac{y_{\frac{1}{4}}}{f}=0.22$

附表 16-13（4）

截面号 \ $\dfrac{f}{L}$	$\dfrac{1}{3}$	$\dfrac{1}{4}$	$\dfrac{1}{5}$	$\dfrac{1}{6}$	$\dfrac{1}{7}$	$\dfrac{1}{8}$	$\dfrac{1}{9}$	$\dfrac{1}{10}$
0	0	0	0	0	0	0	0	0
1	0.00041	0.00041	0.00041	0.00040	0.00040	0.00040	0.00040	0.00039
2	0.00167	0.00166	0.00164	0.00163	0.00161	0.00160	0.00159	0.00158
3	0.00378	0.00375	0.00371	0.00367	0.00364	0.00361	0.00359	0.00358
4	0.00674	0.00668	0.00661	0.00654	0.00649	0.00645	0.00641	0.00639
5	0.01057	0.01046	0.01034	0.01024	0.01016	0.01010	0.01005	0.01002
6	0.01524	0.01507	0.01490	0.01476	0.01466	0.01458	0.01452	0.01447
7	0.02077	0.02052	0.02029	0.02011	0.01998	0.01988	0.01980	0.01974
8	0.02713	0.02680	0.02651	0.02629	0.02612	0.02600	0.02591	0.02584
9	0.03431	0.03389	0.03354	0.03327	0.03308	0.03294	0.03283	0.03275
10	0.04230	0.04178	0.04137	0.04107	0.04085	0.04069	0.04057	0.04048
11	0.05108	0.05047	0.05000	0.04967	0.04943	0.04925	0.04912	0.04902
12	0.06064	0.05993	0.05942	0.05906	0.05880	0.05861	0.05847	0.05837
13	0.05013	0.04934	0.04878	0.04839	0.04812	0.04792	0.04778	0.04767
14	0.04035	0.03949	0.03890	0.03850	0.03812	0.03801	0.03786	0.03775
15	0.03131	0.03038	0.02977	0.02936	0.02907	0.02887	0.02872	0.02861
16	0.02296	0.02200	0.02137	0.02096	0.02067	0.02047	0.02033	0.02022
17	0.01531	0.01432	0.01370	0.01329	0.01301	0.01282	0.01268	0.01257
18	0.00833	0.00733	0.00672	0.00633	0.00607	0.00588	0.00575	0.00565
19	0.00200	0.00102	0.00044	0.00007	−0.00018	−0.00005	−0.00047	−0.00056
20	−0.00370	−0.00463	−0.00518	−0.00552	−0.00574	−0.00589	−0.00600	−0.00608
21	−0.00877	−0.00965	−0.01014	−0.01044	−0.01064	−0.01077	−0.01086	−0.01093
22	−0.01325	−0.01404	−0.01447	−0.01473	−0.01489	−0.01500	−0.01508	−0.01513
23	−0.01714	−0.01783	−0.01819	−0.01840	−0.01853	−0.01861	−0.01867	−0.01871
24	−0.02046	−0.02104	−0.02132	−0.02147	−0.02156	−0.02162	−0.02165	−0.02168

M_{R12} (1/4L) $m=2.240$

附表 16-13（5）

截面号 \ $\dfrac{f}{L}$	$\dfrac{1}{3}$	$\dfrac{1}{4}$	$\dfrac{1}{5}$	$\dfrac{1}{6}$	$\dfrac{1}{7}$	$\dfrac{1}{8}$	$\dfrac{1}{9}$	$\dfrac{1}{10}$
24′	−0.02046	−0.02104	−0.02132	−0.02147	−0.02156	−0.02162	−0.02165	−0.02168
23′	−0.02324	−0.02369	−0.02388	−0.02397	−0.02402	−0.02405	−0.02406	−0.02408
22′	−0.02550	−0.02580	−0.02590	−0.02593	−0.02593	−0.02593	−0.02592	−0.02592
21′	−0.02724	−0.02739	−0.02739	−0.02736	−0.02732	−0.02729	−0.02726	−0.02724
20′	−0.02849	−0.02848	−0.02838	−0.02829	−0.02821	−0.02815	−0.02810	−0.02806
19′	−0.02928	−0.02910	−0.02891	−0.02876	−0.02864	−0.02854	−0.02848	−0.02842
18′	−0.02962	−0.02929	−0.02900	−0.02878	−0.02863	−0.02851	−0.02842	−0.02835
17′	−0.02953	−0.02905	−0.02868	−0.02841	−0.02821	−0.02807	−0.02796	−0.02788
16′	−0.02905	−0.02842	−0.02797	−0.02765	−0.02743	−0.02726	−0.02714	−0.02705
15′	−0.02820	−0.02744	−0.02692	−0.02656	−0.02630	−0.02612	−0.02599	−0.02589
14′	−0.02700	−0.02614	−0.02556	−0.02516	−0.02489	−0.02469	−0.02454	−0.02443
13′	−0.02548	−0.02454	−0.02392	−0.02350	−0.02321	−0.02300	−0.02285	−0.02273
12′	−0.02369	−0.02269	−0.02204	−0.02161	−0.02131	−0.02110	−0.02094	−0.02083
11′	−0.02166	−0.02063	−0.01997	−0.01954	−0.01924	−0.01902	−0.01887	−0.01875
10′	−0.01942	−0.01840	−0.01775	−0.01733	−0.01703	−0.01682	−0.01667	−0.01656
9′	−0.01704	−0.01605	−0.01543	−0.01502	−0.01474	−0.01455	−0.01441	−0.01430
8′	−0.01455	−0.01363	−0.01306	−0.01268	−0.01243	−0.01224	−0.01211	−0.01202
7′	−0.01203	−0.01120	−0.01069	−0.01035	−0.01013	−0.00997	−0.00985	−0.00976
6′	−0.00952	−0.00882	−0.00838	−0.00810	−0.00791	−0.00777	−0.00767	−0.00760
5′	−0.00712	−0.00656	−0.00621	−0.00598	−0.00583	−0.00572	−0.00564	−0.00558
4′	−0.00490	−0.00449	−0.00423	−0.00407	−0.00395	−0.00387	−0.00382	−0.00378
3′	−0.00296	−0.00270	−0.00253	−0.00243	−0.00235	−0.00230	−0.00227	−0.00224
2′	−0.00141	−0.00128	−0.00120	−0.00114	−0.00111	−0.00108	−0.00106	−0.00105
1′	−0.00038	−0.00034	−0.00032	−0.00030	−0.00029	−0.00029	−0.00028	−0.00028
0′	0	0	0	0	0	0	0	0

不考虑弹性压缩的 $\dfrac{M'}{L}$ 影响线坐标 M_{L6} (1/8L) $m=2.240$ $\dfrac{y_{\frac{l}{4}}}{f}=0.22$

附表 16-13（6）

截面号 \ $\dfrac{f}{L}$	$\dfrac{1}{3}$	$\dfrac{1}{4}$	$\dfrac{1}{5}$	$\dfrac{1}{6}$	$\dfrac{1}{7}$	$\dfrac{1}{8}$	$\dfrac{1}{9}$	$\dfrac{1}{10}$
0	0	0	0	0	0	0	0	0
1	0.00122	0.00118	0.00115	0.00113	0.00111	0.00110	0.00109	0.00109
2	0.00470	0.00457	0.00446	0.00439	0.00433	0.00429	0.00426	0.00423
3	0.01023	0.00995	0.00974	0.00959	0.00948	0.00939	0.00933	0.00929
4	0.01758	0.01714	0.01681	0.01657	0.01639	0.01627	0.01617	0.01610
5	0.02657	0.02596	0.02550	0.02517	0.02494	0.02476	0.02463	0.02453
6	0.03704	0.03626	0.03568	0.03527	0.03497	0.03475	0.03459	0.03446
7	0.02801	0.02706	0.02637	0.02588	0.02553	0.02528	0.02508	0.02494
8	0.02016	0.01908	0.01830	0.01774	0.01735	0.01706	0.01684	0.01668
9	0.01339	0.01219	0.01134	0.01073	0.01030	0.00999	0.00976	0.00959
10	0.00758	0.00630	0.00539	0.00475	0.00430	0.00398	0.00374	0.00355
11	0.00264	0.00130	0.00036	−0.00029	−0.00075	−0.00108	−0.00132	−0.00151
12	−0.00153	−0.00289	−0.00383	−0.00448	−0.00493	−0.00526	−0.00550	−0.00569
13	−0.00501	−0.00635	−0.00727	−0.00790	−0.00834	−0.00866	−0.00889	−0.00906
14	−0.00785	−0.00915	−0.01003	−0.01062	−0.01104	−0.01134	−0.01156	−0.01172
15	−0.01015	−0.01137	−0.01218	−0.01273	−0.01311	−0.01338	−0.01358	−0.01372
16	−0.01194	−0.01305	−0.01379	−0.01427	−0.01461	−0.01485	−0.01502	−0.01515
17	−0.01329	−0.01427	−0.01491	−0.01532	−0.01561	−0.01581	−0.01595	−0.01606
18	−0.01425	−0.01508	−0.01560	−0.01594	−0.01616	−0.01632	−0.01644	−0.01652
19	−0.01485	−0.01552	−0.01592	−0.01617	−0.01633	−0.01645	−0.01653	−0.01659
20	−0.01516	−0.01564	−0.01591	−0.01607	−0.01617	−0.01624	−0.01628	−0.01632
21	−0.01520	−0.01549	−0.01562	−0.01569	−0.01572	−0.01574	−0.01575	−0.01576
22	−0.01500	−0.01510	−0.01510	−0.01507	−0.01504	−0.01501	−0.01499	−0.01497
23	−0.01461	−0.01451	−0.01438	−0.01426	−0.01416	−0.01409	−0.01403	−0.01398
24	−0.01405	−0.01376	−0.01350	−0.01329	−0.01313	−0.01301	−0.01292	−0.01285

M_{R6} (1/8L) $m=2.240$ 附表 16-13（7）

截面号 \ $\dfrac{f}{L}$	$\dfrac{1}{3}$	$\dfrac{1}{4}$	$\dfrac{1}{5}$	$\dfrac{1}{6}$	$\dfrac{1}{7}$	$\dfrac{1}{8}$	$\dfrac{1}{9}$	$\dfrac{1}{10}$
24′	−0.01405	−0.01376	−0.01350	−0.01329	−0.01313	−0.01301	−0.01292	−0.01285
23′	−0.01335	−0.01288	−0.01249	−0.01220	−0.01199	−0.01183	−0.01171	−0.01162
22′	−0.01254	−0.01190	−0.01140	−0.01103	−0.01076	−0.01057	−0.01042	−0.01031
21′	−0.01165	−0.01084	−0.01024	−0.00981	−0.00949	−0.00927	−0.00910	−0.00897
20′	−0.01069	−0.00974	−0.00905	−0.00856	−0.00821	−0.00795	−0.00776	−0.00762
19′	−0.00969	−0.00862	−0.00786	−0.00732	−0.00694	−0.00666	−0.00645	−0.00629
18′	−0.00866	−0.00750	−0.00668	−0.00611	−0.00570	−0.00540	−0.00519	−0.00502
17′	−0.00764	−0.00641	−0.00555	−0.00495	−0.00452	−0.00422	−0.00399	−0.00382
16′	−0.00663	−0.00535	−0.00447	−0.00385	−0.00342	−0.00311	−0.00288	−0.00271
15′	−0.00565	−0.00435	−0.00346	−0.00285	−0.00242	−0.00211	−0.00188	−0.00171
14′	−0.00471	−0.00342	−0.00254	−0.00194	−0.00152	−0.00122	−0.00100	−0.00083
13′	−0.00384	−0.00258	−0.00173	−0.00115	−0.00074	−0.00045	−0.00024	−0.00008
12′	−0.00303	−0.00183	−0.00102	−0.00047	−0.00009	0.00018	0.00038	0.00053
11′	−0.00231	−0.00118	−0.00043	0.00007	0.00042	0.00067	0.00086	0.00099
10′	−0.00167	−0.00064	0.00004	0.00049	0.00081	0.00103	0.00120	0.00132
9′	−0.00113	−0.00022	0.00038	0.00079	0.00106	0.00126	0.00140	0.00151
8′	−0.00069	0.00010	0.00061	0.00096	0.00119	0.00136	0.00148	0.00157
7′	−0.00035	0.00031	0.00073	0.00101	0.00121	0.00134	0.00144	0.00151
6′	−0.00011	0.00042	0.00075	0.00097	0.00112	0.00123	0.00130	0.00136
5′	0.00004	0.00044	0.00068	0.00085	0.00096	0.00103	0.00109	0.00113
4′	0.00011	0.00038	0.00055	0.00066	0.00074	0.00079	0.00082	0.00085
3′	0.00012	0.00028	0.00038	0.00045	0.00049	0.00052	0.00054	0.00056
2′	0.00008	0.00016	0.00020	0.00023	0.00025	0.00027	0.00028	0.00028
1′	0.00003	0.00005	0.00006	0.00007	0.00007	0.00008	0.00008	0.00008
0′	0	0	0	0	0	0	0	0

附录16 等截面悬链线无铰拱计算用表　243

不考虑弹性压缩的 $\dfrac{M'}{L}$ 影响线坐标 M_{L0}（拱脚）$m=2.240$　$\dfrac{y_{\frac{l}{4}}}{f}=0.22$

附表 16-13（8）

截面号 \ $\dfrac{f}{L}$	$\dfrac{1}{3}$	$\dfrac{1}{4}$	$\dfrac{1}{5}$	$\dfrac{1}{6}$	$\dfrac{1}{7}$	$\dfrac{1}{8}$	$\dfrac{1}{9}$	$\dfrac{1}{10}$
0	0	0	0	0	0	0	0	0
1	−0.01846	−0.01855	−0.01862	−0.01866	−0.01870	−0.01872	−0.01874	−0.01875
2	−0.03261	−0.03293	−0.03316	−0.03332	−0.03343	−0.03352	−0.03358	−0.03365
3	−0.04306	−0.04369	−0.04413	−0.04444	−0.04467	−0.04483	−0.04495	−0.04504
4	−0.05032	−0.05130	−0.05198	−0.05246	−0.05280	−0.05304	−0.05323	−0.05337
5	−0.05487	−0.05618	−0.05710	−0.05774	−0.05820	−0.05853	−0.05877	−0.05896
6	−0.05710	−0.05873	−0.05986	−0.06065	−0.06121	−0.06161	−0.06191	−0.06214
7	−0.05739	−0.05928	−0.06059	−0.06150	−0.06214	−0.06260	−0.06294	−0.06320
8	−0.05604	−0.05814	−0.05957	−0.06057	−0.06127	−0.06178	−0.06215	−0.06243
9	−0.05335	−0.05556	−0.05708	−0.05813	−0.05886	−0.05939	−0.05979	−0.06008
10	−0.04955	−0.05181	−0.05336	−0.05442	−0.05516	−0.05570	−0.05609	−0.05639
11	−0.04436	−0.04710	−0.04816	−0.04965	−0.05038	−0.05091	−0.05129	−0.05158
12	−0.03948	−0.04162	−0.04306	−0.04404	−0.04473	−0.04522	−0.04559	−0.04580
13	−0.03358	−0.03554	−0.03686	−0.03776	−0.03839	−0.03884	−0.03917	−0.03941
14	−0.02732	−0.02904	−0.03020	−0.03099	−0.03153	−0.03192	−0.03221	−0.03242
15	−0.02081	−0.02225	−0.02322	−0.02387	−0.02432	−0.02464	−0.02487	−0.02505
16	−0.01419	−0.01531	−0.01605	−0.01655	−0.01689	−0.01713	−0.01731	−0.01744
17	−0.00756	−0.00832	−0.00882	−0.00916	−0.00938	−0.00954	−0.00966	−0.00974
18	−0.00102	−0.00140	−0.00165	−0.00181	−0.00192	−0.00199	−0.00204	−0.00268
19	0.00536	0.00535	0.00536	0.00537	0.00539	0.00541	0.00542	0.00543
20	0.01149	0.01187	0.01212	0.01231	0.01245	0.01255	0.01263	0.01269
21	0.01731	0.01805	0.01855	0.01891	0.01916	0.01934	0.01948	0.01959
22	0.02276	0.02385	0.02458	0.02509	0.02545	0.02571	0.02590	0.02695
23	0.02780	0.02919	0.03013	0.03078	0.03123	0.03157	0.03181	0.03200
24	0.03236	0.03402	0.03515	0.03592	0.03646	0.03686	0.03715	0.03737

附录16 等截面悬链线无铰拱计算用表

M_{R0}（拱脚） $m=2.240$　　附表 16-13（9）

截面号 $\dfrac{f}{L}$	$\dfrac{1}{3}$	$\dfrac{1}{4}$	$\dfrac{1}{5}$	$\dfrac{1}{6}$	$\dfrac{1}{7}$	$\dfrac{1}{8}$	$\dfrac{1}{9}$	$\dfrac{1}{10}$
24'	0.03236	0.03402	0.03515	0.03592	0.03646	0.03686	0.03715	0.03737
23'	0.03641	0.03831	0.03958	0.04046	0.04108	0.04152	0.04185	0.04210
22'	0.03993	0.04200	0.04340	0.04436	0.04503	0.04552	0.04588	0.04615
21'	0.04288	0.04508	0.04656	0.04758	0.04830	0.04881	0.04919	0.04948
20'	0.04523	0.04751	0.04905	0.05010	0.05084	0.05137	0.05176	0.05206
19'	0.04697	0.04927	0.05083	0.05189	0.05264	0.05318	0.05358	0.05388
18'	0.04809	0.05037	0.05190	0.05296	0.05370	0.05423	0.05462	0.05492
17'	0.04859	0.05078	0.05227	0.05329	0.05401	0.05452	0.05490	0.05519
16'	0.04845	0.05052	0.05193	0.05290	0.05358	0.05407	0.05443	0.05470
15'	0.04769	0.04960	0.05091	0.05181	0.05244	0.05289	0.05322	0.05347
14'	0.04632	0.04804	0.04922	0.05004	0.05061	0.05101	0.05132	0.05154
13'	0.04437	0.04587	0.04691	0.04763	0.04813	0.04849	0.04875	0.04895
12'	0.04185	0.04313	0.04402	0.04463	0.04506	0.04536	0.04559	0.04576
11'	0.03883	0.03987	0.04060	0.04110	0.04146	0.04171	0.04190	0.04203
10'	0.03534	0.03616	0.03673	0.03713	0.03740	0.03760	0.03775	0.03786
9'	0.03146	0.03206	0.03248	0.03278	0.03298	0.03313	0.03324	0.03382
8'	0.02726	0.02767	0.02796	0.02816	0.02830	0.02840	0.02848	0.02853
7'	0.02286	0.02310	0.02328	0.02340	0.02349	0.02355	0.02359	0.02362
6'	0.01837	0.01848	0.01857	0.01863	0.01867	0.01869	0.01871	0.01873
5'	0.01393	0.01395	0.01398	0.01399	0.01400	0.01400	0.01400	0.01401
4'	0.00973	0.00970	0.00968	0.00967	0.00966	0.00965	0.00964	0.00964
3'	0.00596	0.00592	0.00589	0.00587	0.00585	0.00584	0.00583	0.00582
2'	0.00289	0.00285	0.00283	0.00281	0.00280	0.00279	0.00278	0.00277
1'	0.00079	0.00077	0.00076	0.00076	0.00075	0.00075	0.00074	0.00074
0'	0	0	0	0	0	0	0	0

不考虑弹性压缩的 $\frac{M'}{L}$ 影响线坐标 M_{L24}（拱顶） $m=2.514$ $\frac{y_{\frac{l}{4}}}{f}=0.215$

附表 16-13（10）

截面号 \ $\frac{f}{L}$	$\frac{1}{3}$	$\frac{1}{4}$	$\frac{1}{5}$	$\frac{1}{6}$	$\frac{1}{7}$	$\frac{1}{8}$	$\frac{1}{9}$	$\frac{1}{10}$
0	0	0	0	0	0	0	0	0
1	−0.00043	−0.00039	−0.00036	−0.00035	−0.00034	−0.00033	−0.00033	−0.00032
2	−0.00153	−0.00140	−0.00132	−0.00127	−0.00124	−0.00121	−0.00120	−0.00118
3	−0.00308	−0.00282	−0.00267	−0.00258	−0.00252	−0.00248	−0.00245	−0.00242
4	−0.00485	−0.00448	−0.00426	−0.00413	−0.00404	−0.00398	−0.00393	−0.00390
5	−0.00670	−0.00622	−0.00594	−0.00577	−0.00566	−0.00558	−0.00553	−0.00548
6	−0.00846	−0.00790	−0.00758	−0.00739	−0.00726	−0.00717	−0.00710	−0.00706
7	−0.01002	−0.00941	−0.00907	−0.00886	−0.00873	−0.00863	−0.00856	−0.00851
8	−0.01126	−0.01065	−0.01031	−0.01010	−0.00996	−0.00986	−0.00980	−0.00975
9	−0.01210	−0.01153	−0.01121	−0.01101	−0.01088	−0.01079	−0.01073	−0.01069
10	−0.01247	−0.01197	−0.01168	−0.01151	−0.01140	−0.01133	−0.01127	−0.01123
11	−0.01230	−0.01189	−0.01167	−0.01154	−0.01145	−0.01139	−0.01135	−0.01132
12	−0.01154	−0.01126	−0.01111	−0.01102	−0.01096	−0.01092	−0.01090	−0.01088
13	−0.01013	−0.01000	−0.00994	−0.00990	−0.00988	−0.00986	−0.00985	−0.00985
14	−0.00805	−0.00808	−0.00811	−0.00813	−0.00815	−0.00816	−0.00817	−0.00817
15	−0.00525	−0.00546	−0.00559	−0.00567	−0.00572	−0.00576	−0.00579	−0.00581
16	−0.00172	−0.00211	−0.00233	−0.00247	−0.00256	−0.00263	−0.00267	−0.00271
17	0.00258	0.00202	0.00170	0.00150	0.00137	0.00128	0.00121	0.00116
18	0.00765	0.00693	0.00652	0.00627	0.00610	0.00599	0.00590	0.00584
19	0.01353	0.01266	0.01216	0.01175	0.01166	0.01153	0.01143	0.01136
20	0.02021	0.01921	0.01865	0.01831	0.01808	0.01793	0.01782	0.01773
21	0.02771	0.02661	0.02599	0.02561	0.02537	0.02520	0.02508	0.02499
22	0.03604	0.03486	0.03420	0.03380	0.03354	0.03336	0.03323	0.03313
23	0.04521	0.04398	0.04329	0.04288	0.04260	0.04242	0.04228	0.04218
24	0.05520	0.05396	0.05327	0.05284	0.05257	0.05238	0.05224	0.05214

不考虑弹性压缩的 $\dfrac{M'}{L}$ 影响线坐标 H_{L18} (3/8L) $m=2.514$ $\dfrac{y\frac{l}{4}}{f}=0.215$

附表 16-13（11）

截面号 $\dfrac{f}{L}$	$\dfrac{1}{3}$	$\dfrac{1}{4}$	$\dfrac{1}{5}$	$\dfrac{1}{6}$	$\dfrac{1}{7}$	$\dfrac{1}{8}$	$\dfrac{1}{9}$	$\dfrac{1}{10}$
0	0	0	0	0	0	0	0	0
1	−0.00012	−0.00010	−0.00008	−0.00008	−0.00007	−0.00007	−0.00007	−0.00007
2	−0.00036	−0.00028	−0.00024	−0.00021	−0.00020	−0.00019	−0.00018	−0.00018
3	−0.00055	−0.00040	−0.00033	−0.00029	−0.00026	−0.00025	−0.00024	−0.00023
4	−0.00055	−0.00034	−0.00024	−0.00019	−0.00016	−0.00014	−0.00012	−0.00011
5	−0.00024	0.00001	0.00012	0.00018	0.00021	0.00023	0.00025	0.00026
6	0.00047	0.00073	0.00085	0.00090	0.00093	0.00095	0.00096	0.00097
7	0.00166	0.00191	0.00201	0.00205	0.00207	0.00208	0.00209	0.00209
8	0.00340	0.00361	0.00368	0.00370	0.00370	0.00370	0.00370	0.00370
9	0.00574	0.00588	0.00590	0.00589	0.00588	0.00586	0.00585	0.00584
10	0.00873	0.00877	0.00874	0.00869	0.00865	0.00862	0.00859	0.00857
11	0.01240	0.01233	0.01223	0.01214	0.01207	0.01202	0.01198	0.01195
12	0.01678	0.01658	0.01641	0.01628	0.01618	0.01611	0.01605	0.01601
13	0.02189	0.02156	0.02131	0.02113	0.02100	0.02091	0.02084	0.02079
14	0.02776	0.02728	0.02696	0.02673	0.02657	0.02646	0.02638	0.02632
15	0.03440	0.03378	0.03338	0.03311	0.03292	0.03279	0.03270	0.03262
16	0.04181	0.04106	0.04059	0.04028	0.04007	0.03992	0.03981	0.03973
17	0.05001	0.04914	0.04860	0.04826	0.04803	0.04787	0.04775	0.04766
18	0.05899	0.05802	0.05743	0.05706	0.05681	0.05664	0.05652	0.05642
19	0.04794	0.04688	0.04626	0.04587	0.04561	0.04542	0.04529	0.04520
20	0.03768	0.03656	0.03591	0.03551	0.03524	0.03506	0.03492	0.03483
21	0.02821	0.02705	0.02640	0.02599	0.02572	0.02554	0.02541	0.02531
22	0.01952	0.01836	0.01771	0.01731	0.01705	0.01687	0.01674	0.01665
23	0.01162	0.01048	0.00985	0.00947	0.00922	0.00905	0.00892	0.00884
24	0.00450	0.00341	0.00281	0.00245	0.00222	0.00206	0.00195	0.00187

M_{R18} (3/8L) $m=2.514$ 附表 16-13（12）

截面号 \ $\frac{f}{L}$	$\frac{1}{3}$	$\frac{1}{4}$	$\frac{1}{5}$	$\frac{1}{6}$	$\frac{1}{7}$	$\frac{1}{8}$	$\frac{1}{9}$	$\frac{1}{10}$
24′	0.00450	0.00341	−0.00281	0.00245	0.00222	0.00206	0.00195	0.00187
23′	−0.00186	−0.00287	−0.00342	−0.00374	−0.00395	−0.00409	−0.00419	−0.00427
22′	−0.00746	−0.00837	−0.00885	−0.00914	−0.00932	−0.00944	−0.00952	−0.00958
21′	−0.01232	−0.01310	−0.01350	−0.01374	−0.01389	−0.01398	−0.01405	−0.01410
20′	−0.01644	−0.01707	−0.01739	−0.01757	−0.01768	−0.01776	−0.01781	−0.01784
19′	−0.01985	−0.02032	−0.02054	−0.02066	−0.02073	−0.02078	−0.02081	−0.02083
18′	−0.02256	−0.02285	−0.02297	−0.02303	−0.02306	−0.02308	−0.02309	−0.02310
17′	−0.02459	−0.02470	−0.02472	−0.02471	−0.02470	−0.02469	−0.02468	−0.02467
16′	−0.02596	−0.02590	−0.02581	−0.02574	−0.02569	−0.02565	−0.02561	−0.02559
15′	−0.02671	−0.02647	−0.02628	−0.02615	−0.02606	−0.02599	−0.02594	−0.02590
14′	−0.02686	−0.02645	−0.02617	−0.02599	−0.02585	−0.02576	−0.02569	−0.02564
13′	−0.02645	−0.02589	−0.02553	−0.02529	−0.02512	−0.02501	−0.02492	−0.02486
12′	−0.02551	−0.02483	−0.02440	−0.02412	−0.02392	−0.02379	−0.02369	−0.02361
11′	−0.02410	−0.02332	−0.02283	−0.02252	−0.02231	−0.02216	−0.02205	−0.02196
10′	−0.02226	−0.02141	−0.02090	−0.02056	−0.02034	−0.02018	−0.02006	−0.01997
9′	−0.02005	−0.01918	−0.01865	−0.01831	−0.01808	−0.01792	−0.01780	−0.01771
8′	−0.01755	−0.01669	−0.01617	−0.01584	−0.01561	−0.01545	−0.01534	−0.01525
7′	−0.01483	−0.01403	−0.01354	−0.01323	−0.01302	−0.01287	−0.01276	−0.01268
6′	−0.01200	−0.01128	−0.01085	−0.01057	−0.01038	−0.01025	−0.01016	−0.01008
5′	−0.00915	−0.00855	−0.00819	−0.00796	−0.00780	−0.00770	−0.00762	−0.00756
4′	−0.00642	−0.00596	−0.00569	−0.00551	−0.00540	−0.00531	−0.00525	−0.00521
3′	−0.00395	−0.00365	−0.00347	−0.00335	−0.00327	−0.00322	−0.00318	−0.00315
2′	−0.00192	−0.00176	−0.00167	−0.00161	−0.00156	−0.00154	−0.00151	−0.00150
1′	−0.00052	−0.00048	−0.00045	−0.00043	−0.00042	−0.00041	−0.00041	−0.00040
0′	0	0	0	0	0	0	0	0

附录16 等截面悬链线无铰拱计算用表

不考虑弹性压缩的 $\dfrac{M'}{L}$ 影响线坐标 M_{L12} (1/4L) $m=2.514$ $\dfrac{y\frac{l}{4}}{f}=0.215$

附表 16-13 (13)

截面号 \ $\dfrac{f}{L}$	$\dfrac{1}{3}$	$\dfrac{1}{4}$	$\dfrac{1}{5}$	$\dfrac{1}{6}$	$\dfrac{1}{7}$	$\dfrac{1}{8}$	$\dfrac{1}{9}$	$\dfrac{1}{10}$
0	0	0	0	0	0	0	0	0
1	0.00041	0.00041	0.00041	0.00040	0.00040	0.00040	0.00039	0.00039
2	0.00166	0.00165	0.00163	0.00162	0.00160	0.00159	0.00158	0.00157
3	0.00376	0.00374	0.00369	0.00365	0.00362	0.00359	0.00357	0.00355
4	0.00672	0.00666	0.00658	0.00651	0.00645	0.00641	0.00637	0.00635
5	0.01054	0.01043	0.01030	0.01019	0.01011	0.01004	0.00999	0.00996
6	0.01521	0.01503	0.01485	0.01470	0.01459	0.01450	0.01444	0.01439
7	0.02073	0.02047	0.02022	0.02003	0.01989	0.01978	0.01970	0.01964
8	0.02708	0.02673	0.02642	0.02619	0.02601	0.02588	0.02578	0.02571
9	0.03425	0.03380	0.03343	0.03316	0.03295	0.03280	0.03269	0.03260
10	0.04223	0.04168	0.04125	0.04093	0.04070	0.04053	0.04041	0.04031
11	0.05100	0.05035	0.04986	0.04951	0.04926	0.04907	0.04893	0.04883
12	0.06055	0.05980	0.05926	0.05888	0.05861	0.05841	0.05826	0.05815
13	0.05002	0.04918	0.04860	0.04819	0.04791	0.04770	0.04755	0.04743
14	0.04023	0.03932	0.03870	0.03828	0.03798	0.03777	0.03761	0.03750
15	0.03116	0.03019	0.02955	0.02912	0.02882	0.02861	0.02845	0.02833
16	0.02280	0.02179	0.02114	0.02070	0.02041	0.02020	0.02004	0.01993
17	0.01512	0.01409	0.01344	0.01302	0.01273	0.01253	0.01238	0.01227
18	0.00812	0.00708	0.00645	0.00604	0.00577	0.00558	0.00544	0.00533
19	0.00177	0.00075	0.00015	−0.00023	−0.00049	−0.00067	−0.00079	−0.00089
20	−0.00395	−0.00492	−0.00548	−0.00583	−0.00606	−0.00622	−0.00634	−0.00642
21	−0.00904	−0.00995	−0.01046	−0.01077	−0.01097	−0.01111	−0.01121	−0.01128
22	−0.01353	−0.01436	−0.01480	−0.01507	−0.01524	−0.01535	−0.01543	−0.01549
23	−0.01744	−0.01816	−0.01853	−0.01875	−0.01888	−0.01896	−0.01902	−0.01907
24	−0.02078	−0.02138	−0.02167	−0.02183	−0.02192	−0.02198	−0.02202	−0.02204

附录16 等截面悬链线无铰拱计算用表　249

M_{R12} (1/4L) $m=2.514$　　　　附表16-13（14）

截面号 \ $\frac{f}{L}$	$\frac{1}{3}$	$\frac{1}{4}$	$\frac{1}{5}$	$\frac{1}{6}$	$\frac{1}{7}$	$\frac{1}{8}$	$\frac{1}{9}$	$\frac{1}{10}$
24′	−0.02078	−0.02138	−0.02167	−0.02183	−0.02192	−0.02198	−0.02202	−0.02204
23′	−0.02357	−0.02404	−0.02424	−0.02433	−0.02438	−0.02441	−0.02443	−0.02444
22′	−0.02584	−0.02615	−0.02626	−0.02629	−0.02630	−0.02629	−0.02629	−0.02628
21′	−0.02759	−0.02775	−0.02775	−0.02772	−0.02769	−0.02765	−0.02762	−0.02760
20′	−0.02885	−0.02885	−0.02875	−0.02866	−0.02858	−0.02851	−0.02846	−0.02842
19′	−0.02964	−0.02947	−0.02928	−0.02912	−0.02900	−0.02891	−0.02883	−0.02878
18′	−0.02998	−0.02965	−0.02936	−0.02915	−0.02898	−0.02886	−0.02877	−0.02870
17′	−0.02990	−0.02942	−0.02904	−0.02876	−0.02856	−0.02842	−0.02831	−0.02822
16′	−0.02942	−0.02879	−0.02833	−0.02800	−0.02777	−0.02760	−0.02747	−0.02738
15′	−0.02856	−0.02780	−0.02727	−0.02690	−0.02664	−0.02645	−0.02631	−0.02620
14′	−0.02735	−0.02648	−0.02589	−0.02549	−0.02520	−0.02500	−0.02485	−0.02474
13′	−0.02583	−0.02488	−0.02424	−0.02381	−0.02351	−0.02330	−0.02314	−0.02302
12′	−0.02403	−0.02301	−0.02235	−0.02190	−0.02160	−0.02138	−0.02121	−0.02109
11′	−0.02198	−0.02094	−0.02026	−0.01981	−0.01950	−0.01928	−0.01912	−0.01900
10′	−0.01973	−0.01869	−0.04802	−0.01758	−0.01727	−0.01706	−0.01690	−0.01678
9′	−0.01732	−0.01631	−0.01567	−0.01525	−0.01496	−0.01476	−0.01461	−0.01450
8′	−0.01481	−0.01387	−0.01327	−0.01288	−0.01262	−0.01243	−0.01229	−0.01219
7′	−0.01225	−0.01140	−0.01087	−0.01053	−0.01029	−0.01012	−0.01000	−0.00991
6′	−0.00971	−0.00899	−0.00854	−0.00824	−0.00804	−0.00790	−0.00780	−0.00772
5′	−0.00727	−0.00669	−0.00633	−0.00609	−0.00593	−0.00582	−0.00574	−0.00567
4′	−0.00501	−0.00458	−0.00432	−0.00414	−0.00403	−0.00394	−0.00388	−0.00384
3′	−0.00304	−0.00276	−0.00259	−0.00248	−0.00240	−0.00235	−0.00231	−0.00228
2′	−0.00145	−0.00131	−0.00122	−0.00117	−0.00113	−0.00110	−0.00108	−0.00107
1′	−0.00039	−0.00035	−0.00033	−0.00031	−0.00030	−0.00029	−0.00029	−0.00028
0′	0	0	0	0	0	0	0	0

不考虑弹性压缩的 $\dfrac{M'}{L}$ 影响线坐标 M_{L_6}（1/8L） $m=2.514$ $\dfrac{y_{\frac{l}{4}}}{f}=0.215$

附表 16-13（15）

截面号	$\dfrac{f}{L}$ $\dfrac{1}{3}$	$\dfrac{1}{4}$	$\dfrac{1}{5}$	$\dfrac{1}{6}$	$\dfrac{1}{7}$	$\dfrac{1}{8}$	$\dfrac{1}{9}$	$\dfrac{1}{10}$
0	0	0	0	0	0	0	0	0
1	0.00123	0.00119	0.00116	0.00113	0.00112	0.00110	0.00109	0.00109
2	0.00473	0.00459	0.00448	0.00440	0.00434	0.00429	0.00426	0.00424
3	0.01027	0.00998	0.00977	0.00961	0.00949	0.00940	0.00934	0.00929
4	0.01764	0.01718	0.01684	0.01659	0.01641	0.01627	0.01617	0.01609
5	0.02664	0.02601	0.02553	0.02519	0.02494	0.02476	0.02462	0.02452
6	0.03711	0.03630	0.03570	0.03527	0.03496	0.03473	0.03456	0.03443
7	0.02806	0.02709	0.02638	0.02587	0.02550	0.02523	0.02503	0.02488
8	0.02020	0.01908	0.01827	0.01770	0.01728	0.01698	0.01676	0.01659
9	0.01339	0.01216	0.01127	0.01065	0.01020	0.00988	0.00964	0.00946
10	0.00754	0.00622	0.00529	0.00463	0.00416	0.00382	0.00357	0.00338
11	0.00255	0.00118	0.00021	−0.00046	−0.00094	−0.00128	−0.00153	−0.00173
12	−0.00168	−0.00307	−0.00403	−0.00470	−0.00517	−0.00551	−0.00576	−0.00595
13	−0.00521	−0.00658	−0.00753	−0.00818	−0.00863	−0.00896	−0.00920	−0.00938
14	−0.00812	−0.00944	−0.01034	−0.01096	−0.01138	−0.01169	−0.01192	−0.01208
15	−0.01047	−0.01172	−0.01255	−0.01311	−0.01350	−0.01378	−0.01399	−0.01414
16	−0.01233	−0.01347	−0.01421	−0.01471	−0.01506	−0.01530	−0.01548	−0.01561
17	−0.01374	−0.01474	−0.01539	−0.01582	−0.01611	−0.01631	−0.01646	−0.01657
18	−0.01475	−0.01560	−0.01613	−0.01648	−0.01671	−0.01687	−0.01698	−0.01707
19	−0.01541	−0.01609	−0.01650	−0.01675	−0.01692	−0.01703	−0.01711	−0.01717
20	−0.01577	−0.01626	−0.01653	−0.01669	−0.01679	−0.01686	−0.01690	−0.01694
21	−0.01585	−0.01615	−0.01628	−0.01634	−0.01638	−0.01639	−0.01640	−0.01641
22	−0.01569	−0.01579	−0.01579	−0.01575	−0.01572	−0.01568	−0.01566	−0.01563
23	−0.01533	−0.01523	−0.01509	−0.01496	−0.01486	−0.01478	−0.01472	−0.01467
24	−0.01479	−0.01450	−0.01422	−0.01400	−0.01384	−0.01371	−0.01362	−0.01354

附录16 等截面悬链线无铰拱计算用表 251

M_{R6} (1/8L) $m=2.514$ 附表 16-13（16）

截面号 \ $\dfrac{f}{L}$	$\dfrac{1}{3}$	$\dfrac{1}{4}$	$\dfrac{1}{5}$	$\dfrac{1}{6}$	$\dfrac{1}{7}$	$\dfrac{1}{8}$	$\dfrac{1}{9}$	$\dfrac{1}{10}$
24′	−0.01479	−0.01450	−0.01422	−0.01400	−0.01384	−0.01371	−0.01362	−0.01354
23′	−0.01411	−0.01563	−0.01323	−0.01292	−0.01270	−0.01253	−0.01240	−0.01231
22′	−0.01331	−0.01265	−0.01213	−0.01175	−0.01147	−0.01127	−0.01111	−0.01099
21′	−0.01242	−0.01160	−0.01097	−0.01052	−0.01020	−0.00996	−0.00978	−0.00964
20′	−0.01146	−0.01049	−0.00977	−0.00926	−0.00889	−0.00863	−0.00843	−0.00827
19′	−0.01044	−0.00935	−0.00856	−0.00800	−0.00760	−0.00731	−0.00709	−0.00693
18′	−0.00940	−0.00821	−0.00736	−0.00676	−0.00633	−0.00603	−0.00580	−0.00562
17′	−0.00835	−0.00708	−0.00619	−0.00557	−0.00512	−0.00480	−0.00457	−0.00439
16′	−0.00731	−0.00599	−0.00508	−0.00444	−0.00399	−0.00366	−0.00342	−0.00324
15′	−0.00629	−0.00495	−0.00403	−0.00339	−0.00294	−0.00261	−0.00237	−0.00219
14′	−0.00532	−0.00398	−0.00307	−0.00244	−0.00200	−0.00168	−0.00144	−0.00127
13′	−0.00439	−0.00309	−0.00220	−0.00160	−0.00117	−0.00087	−0.00064	−0.00047
12′	−0.00354	−0.00229	−0.00245	−0.00087	−0.00047	−0.00019	0.00002	0.00018
11′	−0.00276	−0.00159	−0.00081	−0.00027	0.00019	0.00036	0.00055	0.00070
10′	−0.00207	−0.00100	−0.00028	0.00020	0.00053	0.00077	0.00094	0.00107
9′	−0.00147	−0.00051	0.00012	0.00054	0.00083	0.00104	0.00119	0.00131
8′	−0.00097	−0.00015	0.00040	0.00076	0.00101	0.00118	0.00131	0.00141
7′	−0.00058	0.00011	0.00056	0.00086	0.00106	0.00121	0.00131	0.00139
6′	−0.00028	0.00027	0.00062	0.00086	0.00102	0.00113	0.00121	0.00127
5′	−0.00008	0.00033	0.00059	0.00077	0.00088	0.00097	0.00103	0.00107
4′	0.00003	0.00032	0.00049	0.00061	0.00069	0.00075	0.00079	0.00081
3′	0.00007	0.00024	0.00035	0.00042	0.00046	0.00050	0.00052	0.00054
2′	0.00006	0.00014	0.00019	0.00022	0.00024	0.00026	0.00027	0.00028
1′	0.00002	0.00004	0.00006	0.00007	0.00007	0.00007	0.00008	0.00008
0′	0	0	0	0	0	0	0	0

不考虑弹性压缩的 $\dfrac{M'}{L}$ 影响线坐标 M_{L0}（拱脚） $m=2.514$ $\dfrac{y_{\frac{l}{4}}}{f}=0.215$

附表 16-13（17）

截面号 \ $\dfrac{f}{L}$	$\dfrac{1}{3}$	$\dfrac{1}{4}$	$\dfrac{1}{5}$	$\dfrac{1}{6}$	$\dfrac{1}{7}$	$\dfrac{1}{8}$	$\dfrac{1}{9}$	$\dfrac{1}{10}$
0	0	0	0	0	0	0	0	0
1	−0.01842	−0.01851	−0.01858	−0.01863	−0.01867	−0.01869	−0.01871	−0.01873
2	−0.03247	−0.03280	−0.03304	−0.03321	−0.03333	−0.03342	−0.03349	−0.03354
3	−0.04278	−0.04343	−0.04390	−0.04422	−0.04446	−0.04463	−0.04476	−0.04486
4	−0.04989	−0.05090	−0.05162	−0.05212	−0.05248	−0.05274	−0.05293	−0.05308
5	−0.05429	−0.05565	−0.05661	−0.05728	−0.05776	−0.05810	−0.05836	−0.05856
6	−0.05639	−0.05808	−0.05925	−0.06007	−0.06065	−0.06108	−0.06139	−0.06163
7	−0.05656	−0.05851	−0.05986	−0.06080	−0.06147	−0.06196	−0.06232	−0.06259
8	−0.05512	−0.05727	−0.05875	−0.05978	−0.06051	−0.06103	−0.06142	−0.06172
9	−0.05235	−0.05462	−0.05618	−0.05726	−0.05802	−0.05857	−0.05897	−0.05928
10	−0.04849	−0.05080	−0.05238	−0.05348	−0.05424	−0.05480	−0.05521	−0.05552
11	−0.04377	−0.04604	−0.04759	−0.04866	−0.04941	−0.04994	−0.05034	−0.05064
12	−0.03837	−0.04053	−0.04200	−0.04300	−0.04371	−0.04421	−0.04458	−0.04486
13	−0.03247	−0.03444	−0.03578	−0.03669	−0.03733	−0.03779	−0.03812	−0.03837
14	−0.02620	−0.02794	−0.02910	−0.02990	−0.03045	−0.03084	−0.03113	−0.03135
15	−0.01971	−0.02115	−0.02211	−0.02277	−0.02322	−0.02354	−0.02377	−0.02395
16	−0.01312	−0.01422	−0.01495	−0.01544	−0.01578	−0.01602	−0.01620	−0.01633
17	−0.00651	−0.00725	−0.00773	−0.00805	−0.00827	−0.00842	−0.00853	−0.00862
18	0.00000	−0.00035	−0.00058	−0.00072	−0.00081	−0.00087	−0.00091	−0.00095
19	0.00634	0.00638	0.00642	0.00646	0.00650	0.00652	0.00655	0.00657
20	0.01244	0.01287	0.01317	0.01338	0.01354	0.01366	0.01375	0.01382
21	0.01823	0.01903	0.01958	0.01997	0.02025	0.02045	0.02061	0.02072
22	0.02365	0.02480	0.02558	0.02613	0.02652	0.02681	0.02702	0.02718
23	0.02865	0.03012	0.03111	0.03181	0.03230	0.03266	0.03292	0.03313
24	0.03319	0.03493	0.03612	0.03694	0.03752	0.03794	0.03825	0.03849

M_{R0}（拱脚） $m=2.514$ 附表 16-13（18）

截面号 $\dfrac{f}{L}$	$\dfrac{1}{3}$	$\dfrac{1}{4}$	$\dfrac{1}{5}$	$\dfrac{1}{6}$	$\dfrac{1}{7}$	$\dfrac{1}{8}$	$\dfrac{1}{9}$	$\dfrac{1}{10}$
24′	0.03319	0.03493	0.03612	0.03694	0.03752	0.03794	0.03825	0.03849
23′	0.03722	0.03920	0.04054	0.04147	0.04212	0.04260	0.04295	0.04322
22′	0.04071	0.04287	0.04434	0.04535	0.04607	0.04659	0.04697	0.04726
21′	0.04363	0.04593	0.04749	0.04856	0.04932	0.04987	0.05027	0.05058
20′	0.04597	0.04834	0.04996	0.05107	0.05185	0.05242	0.05284	0.05315
19′	0.04769	0.05010	0.05173	0.05285	0.05364	0.05422	0.05464	0.05496
18′	0.04880	0.05117	0.05279	0.05390	0.05469	0.05525	0.05567	0.05599
17′	0.04928	0.05157	0.05314	0.05422	0.05498	0.05553	0.05593	0.05624
16′	0.04913	0.05130	0.05279	0.05382	0.05454	0.05506	0.05544	0.05573
15′	0.04836	0.05037	0.05175	0.05270	0.05337	0.05385	0.05421	0.05448
14′	0.04698	0.04879	0.05004	0.05091	0.05151	0.05195	0.05227	0.05252
13′	0.04501	0.04660	0.04771	0.04847	0.04900	0.04939	0.04967	0.04989
12′	0.04248	0.04384	0.04478	0.04544	0.04590	0.04622	0.04647	0.04665
11′	0.03943	0.04055	0.04133	0.04187	0.04225	0.04252	0.04272	0.04287
10′	0.03592	0.03680	0.03741	0.03784	0.03814	0.03835	0.03851	0.03863
9′	0.03200	0.03265	0.03311	0.03343	0.03366	0.03381	0.03393	0.03402
8′	0.02776	0.02821	0.02853	0.02875	0.02890	0.02901	0.02909	0.02915
7′	0.02331	0.02358	0.02378	0.02391	0.02401	0.02407	0.02412	0.02415
6′	0.01875	0.01889	0.01899	0.01905	0.01910	0.01913	0.01915	0.01917
5′	0.01425	0.01428	0.01431	0.01433	0.01434	0.01434	0.01435	0.01435
4′	0.00996	0.00994	0.00993	0.00992	0.00991	0.00990	0.00989	0.00988
3′	0.00612	0.00608	0.00605	0.00603	0.00601	0.00599	0.00598	0.00598
2′	0.00297	0.00293	0.00291	0.00289	0.00288	0.00287	0.00286	0.00285
1′	0.00081	0.00080	0.00079	0.00078	0.00077	0.00077	0.00077	0.00076
0′	0	0	0	0	0	0	0	0

不考虑弹性压缩的 $\dfrac{M'}{L}$ 影响线坐标 M_{L24}（拱顶） $m=2.814$ $\dfrac{y_{\frac{l}{4}}}{f}=0.21$

附表 16-13（19）

截面号 \ $\dfrac{f}{L}$	$\dfrac{1}{3}$	$\dfrac{1}{4}$	$\dfrac{1}{5}$	$\dfrac{1}{6}$	$\dfrac{1}{7}$	$\dfrac{1}{8}$	$\dfrac{1}{9}$	$\dfrac{1}{10}$
0	0	0	0	0	0	0	0	0
1	−0.00043	−0.00039	−0.00037	−0.00035	−0.00034	−0.00033	−0.00033	−0.00038
2	−0.00154	−0.00140	−0.00132	−0.00127	−0.00124	−0.00122	−0.00120	−0.00119
3	−0.00309	−0.00283	−0.00268	−0.00258	−0.00252	−0.00248	−0.00245	−0.00242
4	−0.00486	−0.00448	−0.00426	−0.00412	−0.00403	−0.00397	−0.00392	−0.00389
5	−0.00668	−0.00620	−0.00592	−0.00575	−0.00564	−0.00556	−0.00550	−0.00546
6	−0.00842	−0.00786	−0.00754	−0.00534	−0.00721	−0.00712	−0.00706	−0.00701
7	−0.00993	−0.00933	−0.00899	−0.00879	−0.00865	−0.00855	−0.00848	−0.00843
8	−0.01113	−0.01053	−0.01019	−0.00998	−0.00985	−0.00975	−0.00969	−0.00964
9	−0.01192	−0.01135	−0.01104	−0.01085	−0.01072	−0.01064	−0.01057	−0.01053
10	−0.01222	−0.01174	−0.01146	−0.01130	−0.01119	−0.01112	−0.01107	−0.01103
11	−0.01199	−0.01161	−0.01140	−0.01127	−0.01119	−0.01113	−0.01109	−0.01106
12	−0.01116	−0.01091	−0.01077	−0.01070	−0.01064	−0.01061	−0.01059	−0.01057
13	−0.00969	−0.00959	−0.00955	−0.00952	−0.00950	−0.00950	−0.00949	−0.00948
14	−0.00754	−0.00761	−0.00766	−0.00770	−0.09772	−0.00773	−0.00775	−0.00776
15	−0.00469	−0.00494	−0.00508	−0.00518	−0.00524	−0.00528	−0.00531	−0.00534
16	−0.00110	−0.00153	−0.00177	−0.00193	−0.00203	−0.00210	−0.00215	−0.00219
17	0.00324	0.00265	0.00230	0.00209	0.00195	0.00186	0.00179	0.00174
18	0.00836	0.00760	0.00717	0.00690	0.00673	0.00661	0.00652	0.00646
19	0.01428	0.01337	0.01285	0.01254	0.01233	0.01219	0.01209	0.01201
20	0.02099	0.01995	0.01957	0.01902	0.01878	0.01862	0.01850	0.01842
21	0.02852	0.02738	0.02674	0.02635	0.02609	0.02592	0.02579	0.02570
22	0.03686	0.03565	0.03497	0.03456	0.03428	0.03410	0.03396	0.03386
23	0.04604	0.04478	0.04407	0.04364	0.04336	0.04317	0.04303	0.04292
24	0.05604	0.05476	0.05405	0.05361	0.05333	0.05313	0.05299	0.05289

不考虑弹性压缩的 $\dfrac{M'}{L}$ 影响线坐标 M_{L18} (3/8L) $m=2.814$ $\dfrac{y_{\frac{l}{4}}}{f}=0.21$

附表 16-13 (20)

截面号 \ $\dfrac{f}{L}$	$\dfrac{1}{3}$	$\dfrac{1}{4}$	$\dfrac{1}{5}$	$\dfrac{1}{6}$	$\dfrac{1}{7}$	$\dfrac{1}{8}$	$\dfrac{1}{9}$	$\dfrac{1}{10}$
0	0	0	0	0	0	0	0	0
1	−0.00012	−0.00010	−0.00009	−0.00008	−0.00007	−0.00007	−0.00007	−0.00007
2	−0.00037	−0.00029	−0.00024	−0.00022	−0.00020	−0.00020	−0.00019	−0.00018
3	−0.00056	−0.00041	−0.00034	−0.00029	−0.00027	−0.00025	−0.00024	−0.00024
4	−0.00055	−0.00034	−0.00025	−0.00019	−0.00016	−0.00014	−0.00013	−0.00012
5	−0.00023	0.00001	0.00012	0.00018	0.00021	0.00023	0.00025	0.00026
6	0.00050	0.00075	0.00086	0.00092	0.00094	0.00096	0.00097	0.00097
7	0.00172	0.00196	0.00205	0.00208	0.00210	0.00211	0.00211	0.00211
8	0.00349	0.00368	0.00374	0.00375	0.00375	0.00375	0.00374	0.00273
9	0.00587	0.00599	0.00599	0.00598	0.00595	0.00593	0.00591	0.00590
10	0.00890	0.00891	0.00886	0.00880	0.00876	0.00872	0.00869	0.00866
11	0.01261	0.01251	0.01239	0.01228	0.01221	0.01215	0.01210	0.01207
12	0.01703	0.01680	0.01660	0.01645	0.01634	0.01626	0.01620	0.01616
13	0.02219	0.02181	0.02154	0.02134	0.02130	0.02110	0.02102	0.02097
14	0.02809	0.02751	0.02722	0.02698	0.02681	0.02668	0.02660	0.02653
15	0.03476	0.03410	0.03367	0.03339	0.03319	0.03305	0.03294	0.03287
16	0.04221	0.04141	0.04091	0.04059	0.04036	0.04021	0.04009	0.04001
17	0.05043	0.04952	0.04896	0.04860	0.04835	0.04818	0.04806	0.04796
18	0.05944	0.05842	0.05781	0.05743	0.05717	0.05698	0.05685	0.05675
19	0.04841	0.04731	0.04666	0.04625	0.04598	0.04579	0.04565	0.04555
20	0.03816	0.03700	0.03633	0.03591	0.03563	0.03544	0.03530	0.03520
21	0.02870	0.02751	0.02683	0.02640	0.02613	0.02594	0.02580	0.02570
22	0.02002	0.01852	0.01815	0.01773	0.01747	0.01728	0.01714	0.01705
23	0.01211	0.01094	0.01029	0.00990	0.00964	0.00946	0.00933	0.00924
24	0.00498	0.00387	0.00325	0.00288	0.00264	0.00248	0.00236	0.00227

M_{R18} (3/8L) $m=2.814$ 附录16-13(21)

截面号 $\dfrac{f}{L}$	$\dfrac{1}{3}$	$\dfrac{1}{4}$	$\dfrac{1}{5}$	$\dfrac{1}{6}$	$\dfrac{1}{7}$	$\dfrac{1}{8}$	$\dfrac{1}{9}$	$\dfrac{1}{10}$
24′	0.00498	0.00387	0.00325	0.00288	0.00264	0.00248	0.00236	0.00227
23′	−0.00138	−0.00242	−0.00299	−0.00332	−0.00354	−0.00368	−0.00379	−0.00386
22′	−0.00700	−0.00793	−0.00843	−0.00872	−0.00891	−0.00904	−0.00913	−0.00919
21′	−0.01187	−0.01268	−0.01310	−0.01334	−0.01350	−0.01360	−0.01367	−0.01372
20′	−0.01602	−0.01668	−0.01701	−0.01720	−0.01731	−0.01739	−0.01744	−0.01748
19′	−0.01945	−0.01994	−0.02018	−0.02031	−0.02039	−0.02043	−0.02047	−0.02049
18′	−0.02219	−0.02251	−0.02264	−0.02271	−0.02274	−0.02276	−0.02277	−0.02278
17′	−0.02425	−0.02439	−0.02442	−0.02442	−0.02441	−0.02440	−0.02439	−0.02438
16′	−0.02566	−0.02562	−0.02555	−0.02548	−0.02543	−0.02539	−0.02536	−0.02534
15′	−0.02645	−0.02623	−0.02605	−0.02593	−0.02583	−0.02577	−0.02571	−0.02568
14′	−0.02664	−0.02625	−0.02598	−0.02580	−0.02567	−0.02557	−0.02550	−0.02545
13′	−0.02627	−0.02573	−0.02538	−0.02514	−0.02497	−0.02485	−0.02477	−0.02470
12′	−0.02538	−0.02471	−0.02428	−0.02400	−0.02381	−0.02367	−0.02357	−0.02349
11′	−0.02401	−0.02323	−0.02275	−0.02244	−0.02222	−0.02207	−0.02196	−0.02188
10′	−0.02220	−0.02136	−0.02085	−0.02051	−0.02028	−0.02012	−0.02000	−0.01991
9′	−0.02003	−0.01916	−0.01863	−0.01828	−0.01805	−0.01789	−0.01777	−0.01768
8′	−0.01756	−0.01670	−0.01617	−0.01583	−0.01561	−0.01544	−0.01533	−0.01524
7′	−0.01487	−0.01406	−0.01356	−0.01324	−0.01303	−0.01287	−0.01276	−0.01268
6′	−0.01205	−0.01132	−0.01088	−0.01059	−0.01040	−0.01027	−0.01017	−0.01010
5′	−0.00920	−0.00860	−0.00823	−0.00799	−0.00783	−0.00772	−0.00764	−0.00757
4′	−0.00647	−0.00601	−0.00572	−0.00554	−0.00542	−0.00533	−0.00527	−0.00522
3′	−0.00399	−0.00368	−0.00349	−0.00357	−0.00329	−0.00323	−0.00319	−0.00316
2′	−0.00194	−0.00178	−0.00168	−0.00162	−0.00158	−0.00155	−0.00152	−0.00151
1′	−0.00053	−0.00048	−0.00046	−0.00044	−0.00042	−0.00042	−0.00041	−0.00040
0′	0	0	0	0	0	0	0	0

不考虑弹性压缩的 $\dfrac{M'}{L}$ 影响线坐标 M_{L12} (1/4L) $m=2.814$ $\dfrac{y\frac{l}{4}}{f}=0.21$

附表 16-13 (22)

$\dfrac{f}{L}$ 截面号	$\dfrac{1}{3}$	$\dfrac{1}{4}$	$\dfrac{1}{5}$	$\dfrac{1}{6}$	$\dfrac{1}{7}$	$\dfrac{1}{8}$	$\dfrac{1}{9}$	$\dfrac{1}{10}$
0	0	0	0	0	0	0	0	0
1	0.00041	0.00041	0.00040	0.00040	0.00040	0.00039	0.00039	0.00039
2	0.00166	0.00165	0.00163	0.00161	0.00159	0.00158	0.00157	0.00156
3	0.00375	0.00372	0.00367	0.00363	0.00359	0.00357	0.00354	0.00353
4	0.00671	0.00664	0.00655	0.00647	0.00641	0.00637	0.00633	0.00630
5	0.01052	0.01040	0.01026	0.01014	0.01005	0.00999	0.00993	0.00989
6	0.01519	0.01499	0.01479	0.01464	0.01452	0.01442	0.01436	0.01430
7	0.02070	0.02041	0.02016	0.01995	0.01980	0.01969	0.01960	0.01953
8	0.02704	0.02666	0.02634	0.02609	0.02590	0.02577	0.02566	0.04558
9	0.03420	0.03372	0.03335	0.03304	0.03282	0.03266	0.03254	0.03245
10	0.04217	0.04159	0.04113	0.04080	0.04055	0.04037	0.04024	0.04014
11	0.05093	0.05024	0.04972	0.04935	0.04909	0.04889	0.04875	0.04864
12	0.06046	0.05967	0.05910	0.05870	0.05842	0.05821	0.05805	0.05794
13	0.04991	0.04904	0.04842	0.04800	0.04770	0.04748	0.04732	0.04720
14	0.04010	0.03915	0.03851	0.03866	0.03775	0.03753	0.03737	0.03725
15	0.03102	0.03001	0.02934	0.02889	0.02857	0.02835	0.02819	0.02807
16	0.02263	0.02158	0.02090	0.02045	0.02014	0.01992	0.01976	0.01964
17	0.01494	0.01387	0.01349	0.01275	0.01245	0.01224	0.01208	0.01197
18	0.00791	0.00684	0.00618	0.00576	0.00547	0.00527	0.00513	0.00502
19	0.00154	0.00049	−0.00013	−0.00053	−0.00080	−0.00098	−0.00111	−0.00121
20	−0.00419	−0.00520	−0.00578	−0.00614	−0.00638	−0.00655	−0.00667	−0.00675
21	−0.00930	−0.01024	−0.01077	−0.01109	−0.01130	−0.01145	−0.01155	−0.01162
22	−0.01381	−0.01466	−0.01513	−0.01540	−0.01558	−0.01569	−0.01578	−0.01584
23	−0.01774	−0.01848	−0.01887	−0.01909	−0.01923	−0.01932	−0.01938	−0.01942
24	−0.02109	−0.02171	−0.02202	−0.02218	−0.02227	−0.02233	−0.02237	−0.02240

附录16 等截面悬链线无铰拱计算用表

M_{R12}（1/4L） $m=2.814$　　附表 16-13 (23)

截面号 \ $\dfrac{f}{L}$	$\dfrac{1}{3}$	$\dfrac{1}{4}$	$\dfrac{1}{5}$	$\dfrac{1}{6}$	$\dfrac{1}{7}$	$\dfrac{1}{8}$	$\dfrac{1}{9}$	$\dfrac{1}{10}$
24′	−0.02109	−0.02171	−0.02202	−0.02218	−0.02227	−0.02233	−0.02237	−0.02240
23′	−0.02390	−0.02438	−0.02459	−0.02469	−0.02474	−0.02477	−0.02479	−0.02480
22′	−0.02617	−0.02650	−0.02662	−0.02665	−0.02666	−0.02666	−0.02665	−0.02664
21′	−0.02793	−0.02811	−0.02812	−0.02809	−0.02805	−0.02801	−0.02798	−0.02796
20′	−0.02920	−0.02921	−0.02912	−0.02902	−0.02894	−0.02887	−0.02882	−0.02878
19′	−0.03000	−0.02984	−0.02965	−0.02948	−0.02936	−0.02926	−0.02919	−0.02913
18′	−0.03034	−0.03002	−0.02973	−0.02951	−0.02934	−0.02921	−0.02912	−0.02905
17′	−0.03026	−0.02978	−0.02940	−0.02912	−0.02891	−0.02876	−0.02865	−0.02856
16′	−0.02978	−0.02915	−0.02868	−0.02835	−0.02811	−0.02793	−0.02780	−0.02771
15′	−0.02892	−0.02815	−0.02761	−0.02724	−0.02697	−0.02677	−0.02663	−0.02652
14′	−0.02770	−0.02683	−0.02623	−0.02581	−0.02552	−0.02531	−0.02516	−0.02504
13′	−0.02618	−0.02521	−0.02456	−0.02412	−0.02381	−0.02359	−0.02343	−0.02331
12′	−0.02436	−0.02334	−0.02266	−0.02220	−0.02188	−0.02165	−0.02149	−0.02136
11′	−0.02230	−0.02124	−0.02055	−0.02009	−0.01977	−0.01954	−0.01937	−0.01925
10′	−0.02003	−0.01897	−0.01829	−0.01783	−0.01752	−0.01730	−0.01713	−0.01701
9′	−0.01760	−0.01657	−0.01592	−0.01548	−0.01518	−0.01497	−0.01481	−0.01470
8′	−0.01561	−0.01410	−0.01349	−0.01309	−0.01281	−0.01261	−0.01247	−0.01236
7′	−0.01248	−0.01161	−0.01106	−0.01070	−0.01045	−0.01028	−0.01015	−0.01006
6′	−0.00991	−0.00916	−0.00869	−0.00838	−0.00817	−0.00803	−0.00792	−0.00784
5′	−0.00743	−0.00682	−0.00645	−0.00620	−0.00604	−0.00592	−0.00583	−0.00577
4′	−0.00513	−0.00468	−0.00441	−0.00422	−0.00410	−0.00401	−0.00395	−0.00390
3′	−0.00311	−0.00282	−0.00264	−0.00253	−0.00245	−0.00239	−0.00235	−0.00232
2′	−0.00149	−0.00134	−0.00125	−0.00119	−0.00115	−0.00113	−0.00110	−0.00109
1′	−0.00040	−0.00036	−0.00033	−0.00032	−0.00031	−0.00030	−0.00029	−0.00029
0′	0	0	0	0	0	0	0	0

附录16 等截面悬链线无铰拱计算用表

不考虑弹性压缩的 $\frac{M'}{L}$ 影响线坐标 M_{L6}（1/8L） $m=2.814$ $\frac{y_{\frac{l}{4}}}{f}=0.21$

附表 16-13（24）

截面号 \ $\frac{f}{L}$	$\frac{1}{3}$	$\frac{1}{4}$	$\frac{1}{5}$	$\frac{1}{6}$	$\frac{1}{7}$	$\frac{1}{8}$	$\frac{1}{9}$	$\frac{1}{10}$
0	0	0	0	0	0	0	0	0
1	0.00123	0.00119	0.00116	0.00114	0.00112	0.00111	0.00110	0.00109
2	0.00475	0.00461	0.00449	0.00441	0.00435	0.00430	0.00427	0.00424
3	0.01031	0.01002	0.00979	0.00962	0.00950	0.00941	0.00934	0.00929
4	0.01769	0.01723	0.01687	0.01661	0.01642	0.01627	0.01617	0.01609
5	0.02670	0.02605	0.02556	0.02520	0.02494	0.02475	0.02461	0.02450
6	0.03717	0.03634	0.03572	0.03527	0.03494	0.03470	0.03453	0.03439
7	0.02811	0.02711	0.02637	0.02584	0.02546	0.02518	0.02497	0.02481
8	0.02022	0.01908	0.01824	0.01764	0.01721	0.01690	0.01667	0.01649
9	0.01338	0.01212	0.01121	0.01056	0.01010	0.00976	0.00951	0.00932
10	0.00749	0.00614	0.00518	0.00450	0.00401	0.00366	0.00340	0.00320
11	0.00245	0.00104	−0.00005	−0.00064	−0.00113	−0.00149	−0.00175	−0.00195
12	−0.00183	−0.00325	−0.00424	−0.00493	−0.00542	−0.00577	−0.00603	−0.00623
13	−0.00542	−0.00683	−0.00788	−0.00846	−0.00893	−0.00927	−0.00952	−0.00970
14	−0.00839	−0.00975	−0.01067	−0.01130	−0.01174	−0.01205	−0.01229	−0.01246
15	−0.01031	−0.01208	−0.01294	−0.01351	−0.01391	−0.01420	−0.01441	−0.01456
16	−0.01273	−0.01389	−0.01466	−0.01517	−0.01552	−0.01577	−0.01595	0.01609
17	−0.01420	−0.01523	−0.01589	−0.01632	−0.01662	−0.01683	−0.01698	−0.01709
18	−0.01527	−0.01614	−0.01668	−0.01703	−0.01727	−0.01743	−0.01755	−0.01763
19	−0.01599	−0.01668	−0.01709	−0.01735	−0.01752	−0.01763	−0.01772	−0.01777
20	−0.01639	−0.01689	−0.01717	−0.01733	−0.01743	−0.01749	−0.01754	−0.01757
21	−0.01651	−0.01682	−0.01695	−0.01701	−0.01704	−0.01706	−0.01706	−0.01707
22	−0.01639	−0.01650	−0.01649	−0.01645	−0.01641	−0.01637	−0.01634	−0.01632
23	−0.01606	−0.01596	−0.01581	−0.01568	−0.01557	−0.01548	−0.01542	−0.01536
24	−0.01555	−0.01525	−0.01496	−0.01474	−0.01456	−0.01443	−0.01433	−0.01425

附录16 等截面悬链线无铰拱计算用表

M_{R6} (1/8L) $m=2.814$ 附录16-13(25)

截面号 $\dfrac{f}{L}$	$\dfrac{1}{3}$	$\dfrac{1}{4}$	$\dfrac{1}{5}$	$\dfrac{1}{6}$	$\dfrac{1}{7}$	$\dfrac{1}{8}$	$\dfrac{1}{9}$	$\dfrac{1}{10}$
24′	−0.01555	−0.01525	−0.01496	−0.01474	−0.01456	−0.01443	−0.01433	−0.01425
23′	−0.01489	−0.01439	−0.01398	−0.01366	−0.01343	−0.01325	−0.01312	−0.01301
22′	−0.01410	−0.01342	−0.01289	−0.01249	−0.01220	−0.01198	−0.01182	−0.01169
21′	−0.01321	−0.01236	−0.01172	−0.01125	−0.01091	−0.01066	−0.01047	−0.01033
20′	−0.01224	−0.01125	−0.01051	−0.00998	−0.00959	−0.00931	−0.00910	−0.00894
19′	−0.01121	−0.01010	−0.00928	−0.00870	−0.00828	−0.00797	−0.00774	−0.00757
18′	−0.01015	−0.00893	−0.00805	−0.00743	−0.00698	−0.00666	−0.00642	−0.00624
17′	−0.00908	−0.00778	−0.00685	−0.00620	−0.00574	−0.00540	−0.00515	−0.00497
16′	−0.00801	−0.00665	−0.00570	−0.00503	−0.00456	−0.00422	−0.00397	−0.00378
15′	−0.00695	−0.00557	−0.00461	−0.00594	−0.00347	−0.00313	−0.00288	−0.00269
14′	−0.00593	−0.00455	−0.00360	−0.00295	−0.00249	−0.00215	−0.00191	−0.00172
13′	−0.00496	−0.00361	−0.00269	−0.00206	−0.00161	−0.00129	−0.00106	−0.00088
12′	−0.00406	−0.00276	−0.00188	−0.00128	−0.00086	−0.00056	−0.00034	−0.00017
11′	−0.00322	−0.00201	−0.00119	−0.00063	−0.00024	0.00003	0.00024	0.00039
10′	−0.00248	−0.00136	−0.00062	−0.00011	0.00024	0.00049	0.00068	0.00081
9′	−0.00182	−0.00082	−0.00016	0.00028	0.00059	0.00081	0.00097	0.00109
8′	−0.00127	−0.00040	0.00017	0.00055	0.00081	0.00100	0.00114	0.000124
7′	−0.00081	−0.00009	0.00038	0.00070	0.00092	0.00107	0.00118	0.00126
6′	−0.00046	0.00012	0.00049	0.00074	0.00091	0.00103	0.00111	0.00118
5′	−0.00021	0.00022	0.00050	0.00068	0.00081	0.00090	0.00096	0.00101
4′	−0.00006	0.00024	0.00043	0.00056	0.00064	0.00070	0.00074	0.00078
3′	0.00002	0.00020	0.00032	0.00039	0.00044	0.00047	0.00050	0.00052
2′	0.00003	0.00012	0.00017	0.00021	0.00023	0.00025	0.00026	0.00027
1′	0.00002	0.00004	0.00005	0.00006	0.00007	0.00007	0.00008	0.00008
0′	0	0	0	0	0	0	0	0

不考虑弹性压缩的 $\frac{M'}{L}$ 影响线坐标 M_{L0}（拱脚） $m=2.814$ $\frac{y_{\frac{l}{4}}}{f}=0.21$

附表 16-13 (26)

截面号 \ $\frac{f}{L}$	$\frac{1}{3}$	$\frac{1}{4}$	$\frac{1}{5}$	$\frac{1}{6}$	$\frac{1}{7}$	$\frac{1}{8}$	$\frac{1}{9}$	$\frac{1}{10}$
0	0	0	0	0	0	0	0	0
1	−0.01838	−0.01848	−0.01855	−0.01860	−0.01863	−0.01866	−0.01868	−0.01870
2	−0.03232	−0.03267	−0.03292	−0.03309	−0.03322	−0.03332	−0.03339	−0.03344
3	−0.04249	−0.04317	−0.04366	−0.04400	−0.04425	−0.04443	−0.04457	−0.04467
4	−0.04946	−0.05050	−0.05125	−0.05177	−0.05215	−0.05242	−0.05263	−0.05278
5	−0.05371	−0.05512	−0.05611	−0.05681	−0.05731	−0.05767	−0.05795	−0.05815
6	−0.05568	−0.05741	−0.05862	−0.05948	−0.06009	−0.06053	−0.06086	−0.06111
7	−0.05573	−0.05773	−0.05913	−0.06010	−0.06080	−0.06130	−0.06168	−0.06196
8	−0.05420	−0.05639	−0.05792	−0.05898	−0.05974	−0.06028	−0.06069	−0.06100
9	−0.05135	−0.05366	−0.05526	−0.05638	−0.05716	−0.05773	−0.05815	−0.05847
10	−0.04744	−0.04979	−0.05141	−0.05253	−0.05332	−0.05389	−0.05431	−0.05463
11	−0.04268	−0.04499	−0.04657	−0.04765	−0.04842	−0.04897	−0.04938	−0.04969
12	−0.03727	−0.03945	−0.04094	−0.04196	−0.04268	−0.04319	−0.04357	−0.04386
13	−0.03136	−0.03334	−0.03469	−0.03562	−0.03627	−0.03673	−0.03707	−0.03733
14	−0.02510	−0.02685	−0.02801	−0.02880	−0.02936	−0.02976	−0.03005	−0.03027
15	−0.01863	−0.02005	−0.02101	−0.02166	−0.02212	−0.02244	−0.02267	−0.02285
16	−0.01205	−0.01313	−0.01386	−0.01434	−0.01467	−0.01491	−0.01508	−0.01521
17	−0.00548	−0.00618	−0.00665	−0.00695	−0.00716	−0.00731	−0.00741	−0.00749
18	0.00101	0.00069	0.00050	0.00037	0.00030	0.00025	0.00021	0.00019
19	0.00732	0.00740	0.00748	0.00754	0.00760	0.00764	0.00768	0.00771
20	0.01338	0.01386	0.01420	0.01445	0.01464	0.01477	0.01488	0.01496
21	0.01914	0.02000	0.02059	0.02102	0.02133	0.02156	0.02173	0.02186
22	0.02452	0.02574	0.02658	0.02717	0.02759	0.02790	0.02813	0.02831
23	0.02949	0.03103	0.03209	0.03283	0.03336	0.03374	0.03403	0.03425
24	0.03400	0.03583	0.03708	0.03795	0.03857	0.03902	0.03935	0.03961

M_{R0}（拱脚） $m=2.814$ 附表 16-13 (27)

截面号 \ $\dfrac{f}{L}$	$\dfrac{1}{3}$	$\dfrac{1}{4}$	$\dfrac{1}{5}$	$\dfrac{1}{6}$	$\dfrac{1}{7}$	$\dfrac{1}{8}$	$\dfrac{1}{9}$	$\dfrac{1}{10}$
24′	0.03400	0.03583	0.03708	0.03795	0.03857	0.03902	0.03935	0.03961
23′	0.03800	0.04007	0.04148	0.04246	0.04316	0.04367	0.04404	0.04433
22′	0.04147	0.04373	0.04527	0.04634	0.04710	0.04764	0.04805	0.04836
21′	0.04438	0.04677	0.04840	0.04954	0.05034	0.05092	0.05135	0.05168
20′	0.04669	0.04917	0.05086	0.05203	0.05286	0.05346	0.05390	0.05424
19′	0.04840	0.05091	0.05262	0.05380	0.05464	0.05525	0.05570	0.05604
18′	0.04949	0.05197	0.05367	0.05484	0.05567	0.05627	0.05672	0.05705
17′	0.04996	0.05236	0.05401	0.05515	0.05595	0.05653	0.05696	0.05729
16′	0.04980	0.05208	0.05364	0.05473	0.05549	0.05604	0.05645	0.05676
15′	0.04902	0.05113	0.05259	0.05359	0.05430	0.05482	0.05520	0.05548
14′	0.04762	0.05954	0.05086	0.05178	0.05242	0.05289	0.05323	0.05349
13′	0.04564	0.04733	0.04850	0.04931	0.04988	0.05029	0.05060	0.05083
12′	0.04310	0.04454	0.04555	0.04624	0.04673	0.04709	0.04735	0.04755
11′	0.04003	0.04122	0.04206	0.04263	0.04304	0.04333	0.04355	0.04371
10′	0.03649	0.03743	0.03810	0.03855	0.03888	0.03911	0.03928	0.03941
9′	0.03254	0.03325	0.03375	0.03409	0.03433	0.03450	0.03463	0.03473
8′	0.02826	0.02875	0.02910	0.02934	0.02951	0.02963	0.02972	0.02978
7′	0.02376	0.02406	0.02428	0.02443	0.02453	0.02460	0.02465	0.02469
6′	0.01914	0.01930	0.01941	0.01948	0.01953	0.01957	0.01956	0.01961
5′	0.01456	0.01461	0.01465	0.01467	0.01468	0.01469	0.01469	0.01470
4′	0.01021	0.01019	0.01018	0.01017	0.01016	0.01015	0.01014	0.01014
3′	0.00628	0.00624	0.00621	0.00619	0.00617	0.00616	0.00614	0.00613
2′	0.00305	0.00302	0.00299	0.00297	0.00296	0.00295	0.00294	0.00293
1′	0.00983	0.00082	0.00081	0.00080	0.00080	0.00079	0.00079	0.00079
0′	0	0	0	0	0	0	0	0

不考虑弹性压缩的 $\frac{M'}{L}$ 影响线坐标 M_{L24}（拱顶） $m=3.142$ $\frac{y\frac{l}{4}}{f}=0.205$

附表 16-13（28）

截面号 \ $\frac{f}{L}$	$\frac{1}{3}$	$\frac{1}{4}$	$\frac{1}{5}$	$\frac{1}{6}$	$\frac{1}{7}$	$\frac{1}{8}$	$\frac{1}{9}$	$\frac{1}{10}$
0	0	0	0	0	0	0	0	0
1	−0.00044	−0.00039	−0.00037	−0.00035	−0.00034	−0.00034	−0.00033	−0.00033
2	−0.00155	−0.00141	−0.00133	−0.00128	−0.00124	−0.00122	−0.00120	−0.00119
3	−0.00310	−0.00284	−0.00268	−0.00259	−0.00252	−0.00248	−0.00244	−0.00242
4	−0.00486	−0.00448	−0.00426	−0.00412	−0.00402	−0.00396	−0.00391	−0.00388
5	−0.00667	−0.00618	−0.00590	−0.00573	−0.00561	−0.00553	−0.00547	−0.00543
6	−0.00837	−0.00781	−0.00749	−0.00729	−0.00716	−0.00707	−0.00701	−0.00696
7	−0.00984	−0.00925	−0.00891	−0.00870	−0.00857	−0.00847	−0.00840	−0.00835
8	−0.01099	−0.01040	−0.01007	−0.00986	−0.00973	−0.00963	−0.00957	−0.00952
9	−0.01172	−0.01117	−0.01087	−0.01068	−0.01056	−0.01047	−0.01041	−0.01037
10	−0.01197	−0.01150	−0.01124	−0.01108	−0.01098	−0.01091	−0.01086	−0.01082
11	−0.01167	−0.01131	−0.01111	−0.01099	−0.01092	−0.01087	−0.01083	−0.01080
12	−0.01077	−0.01055	−0.01043	−0.01036	−0.01032	−0.01029	−0.01027	−0.01025
13	−0.00924	−0.00917	−0.00914	−0.00913	−0.00912	−0.00912	−0.00911	−0.00911
14	−0.00703	−0.00713	−0.00720	−0.00725	−0.00728	−0.00730	−0.00732	−0.00733
15	−0.00411	−0.00440	−0.00457	−0.00467	−0.00475	−0.00479	−0.00483	−0.00486
16	−0.00047	−0.00094	−0.00120	−0.00137	−0.00148	−0.00156	−0.00161	−0.00165
17	0.00392	0.00329	0.00292	0.00270	0.00255	0.00244	0.00237	0.00232
18	0.00909	0.00829	0.00783	0.00755	0.00737	0.00724	0.00715	0.00708
19	0.01503	0.01409	0.01356	0.01323	0.01301	0.01286	0.01275	0.01268
20	0.02178	0.02071	0.02011	0.01974	0.01949	0.01932	0.01920	0.01912
21	0.02933	0.02816	0.02750	0.02710	0.02683	0.02665	0.02652	0.02642
22	0.03769	0.03645	0.03575	0.03532	0.03504	0.03485	0.03471	0.03460
23	0.04688	0.04559	0.04486	0.04442	0.04413	0.04393	0.04378	0.04368
24	0.05688	0.05558	0.05485	0.05440	0.05410	0.05390	0.05375	0.05365

附录16 等截面悬链线无铰拱计算用表

附表 16-13 (29)

不考虑弹性压缩的 $\dfrac{M'}{L}$ 影响线坐标 M_{L18} (3/8L) $m=3.142$ $\dfrac{y_{\frac{L}{4}}}{f}=0.205$

截面号	$\dfrac{f}{L}$	$\dfrac{1}{3}$	$\dfrac{1}{4}$	$\dfrac{1}{5}$	$\dfrac{1}{6}$	$\dfrac{1}{7}$	$\dfrac{1}{8}$	$\dfrac{1}{9}$	$\dfrac{1}{10}$
0		0	0	0	0	0	0	0	0
1		−0.00013	−0.00000	−0.00009	−0.00008	−0.00008	−0.00007	−0.00007	−0.00007
2		−0.00038	−0.00029	−0.00025	−0.00023	−0.00021	−0.00020	−0.00019	−0.00019
3		−0.00056	−0.00042	−0.00034	−0.00030	−0.00028	−0.00026	−0.00025	−0.00024
4		−0.00055	−0.00035	−0.00025	−0.00020	−0.00017	−0.00015	−0.00014	−0.00013
5		−0.00022	0.00002	0.00013	0.00019	0.00022	0.00023	0.00025	0.00025
6		0.00053	0.00078	0.00089	0.00093	0.00096	0.00097	0.00098	0.00098
7		0.00178	0.00201	0.00209	0.00212	0.00213	0.00214	0.00214	0.00214
8		0.00359	0.00376	0.00381	0.00381	0.00380	0.00379	0.00378	0.00378
9		0.00601	0.00610	0.00609	0.00606	0.00603	0.00600	0.00598	0.00597
10		0.00908	0.00906	0.00899	0.00892	0.00886	0.00882	0.00878	0.00876
11		0.01283	0.01269	0.01255	0.01243	0.01235	0.01228	0.01223	0.01219
12		0.01729	0.01702	0.01680	0.01664	0.01652	0.01643	0.01636	0.01631
13		0.02249	0.02207	0.02177	0.02156	0.02141	0.02130	0.02122	0.02115
14		0.02844	0.02787	0.02749	0.02723	0.02705	0.02692	0.02682	0.02675
15		0.03514	0.03444	0.03398	0.03367	0.03346	0.03331	0.03320	0.03312
16		0.04262	0.04178	0.04125	0.04091	0.04067	0.04050	0.04038	0.04029
17		0.05087	0.04991	0.04932	0.04894	0.04869	0.04851	0.04838	0.04828
18		0.05990	0.05884	0.05821	0.05780	0.05753	0.05734	0.05720	0.05710
19		0.04888	0.04774	0.04707	0.04665	0.04636	0.04617	0.04602	0.04592
20		0.03865	0.03745	0.03676	0.03632	0.03604	0.03584	0.03569	0.03558
21		0.02920	0.02797	0.02727	0.02683	0.02654	0.02635	0.02620	0.02610
22		0.02052	0.01929	0.01860	0.01817	0.01789	0.01770	0.01756	0.01746
23		0.01262	0.01142	0.01075	0.01034	0.01007	0.00989	0.00975	0.00966
24		0.00548	0.00434	0.00370	0.00332	0.00307	0.00290	0.00278	0.00269

附录16 等截面悬链线无铰拱计算用表　265

附表 16-13 (30)

$M_{R18}(3/8L)$
$m = 3.142$

截面号	$\frac{f}{L}$ $\frac{1}{3}$	$\frac{1}{4}$	$\frac{1}{5}$	$\frac{1}{6}$	$\frac{1}{7}$	$\frac{1}{8}$	$\frac{1}{9}$	$\frac{1}{10}$
24'	0.00548	0.00434	0.00370	0.00332	0.00307	0.00290	0.00278	0.00269
23'	−0.00089	−0.00196	−0.00254	−0.00289	−0.00311	−0.00326	−0.00337	−0.00345
22'	−0.00652	−0.00748	−0.00800	−0.00830	−0.00849	−0.00863	−0.00872	−0.00879
21'	−0.00114	−0.01225	−0.01268	−0.01293	−0.01310	−0.01320	−0.01328	−0.01333
20'	−0.01558	−0.01626	−0.01661	−0.01681	−0.01693	−0.01701	−0.01707	−0.01711
19'	−0.01904	−0.01956	−0.01981	−0.01995	−0.02003	−0.02008	−0.02012	−0.02014
18'	−0.02181	−0.02215	−0.02230	−0.02237	−0.02241	−0.02243	−0.02245	−0.02246
17'	−0.02390	−0.02407	−0.02411	−0.02412	−0.02411	−0.02410	−0.02410	−0.02409
16'	−0.02535	−0.02533	−0.02527	−0.02521	−0.02516	−0.02513	−0.02510	−0.02507
15'	−0.02618	−0.02598	−0.02581	−0.02569	−0.02560	−0.02554	−0.02549	−0.02545
14'	−0.02642	−0.02604	−0.02578	−0.02560	−0.02547	−0.02538	−0.02531	−0.02525
13'	−0.02609	−0.02556	−0.02521	−0.02498	−0.02481	−0.02470	−0.02461	−0.02454
12'	−0.02524	−0.02458	−0.02416	−0.02388	−0.02368	−0.02354	−0.02344	−0.02337
11'	−0.02391	−0.02314	−0.02266	−0.02235	−0.02213	−0.02198	−0.02186	−0.02178
10'	−0.02215	−0.02131	−0.02079	−0.02045	−0.02022	−0.02006	−0.01994	−0.01985
9'	−0.02001	−0.01914	−0.01860	−0.01825	−0.01802	−0.01785	−0.01773	−0.01764
8'	−0.01757	−0.01670	−0.01617	−0.01583	−0.01559	−0.01543	−0.01531	−0.01522
7'	−0.01490	−0.01408	−0.01358	−0.01325	−0.01303	−0.01288	−0.01276	−0.01268
6'	−0.01209	−0.01136	−0.01091	−0.01062	−0.01042	−0.01028	−0.01018	−0.01011
5'	−0.00926	−0.00864	−0.00826	−0.00802	−0.00785	−0.00774	−0.00765	−0.00759
4'	−0.00652	−0.00605	−0.00576	−0.00557	−0.00544	−0.00536	−0.00529	−0.00524
3'	−0.00403	−0.00371	−0.00352	−0.00340	−0.00331	−0.00325	−0.00321	−0.00318
2'	−0.00196	−0.00180	−0.00170	−0.00163	−0.00159	−0.00156	−0.00153	−0.00152
1'	−0.00054	−0.00049	−0.00046	−0.00044	−0.00043	−0.00042	−0.00041	−0.00041
0'	0	0	0	0	0	0	0	0

附录16　等截面悬链线无铰拱计算用表

附表 16-13 (31)

不考虑弹性压缩的 $\dfrac{M'}{L}$ 影响线坐标　M_{L12} (1/4L)　$m=3.142$　$y\dfrac{L}{f}=0.205$

截面号	$\dfrac{f}{L}$	$\dfrac{1}{3}$	$\dfrac{1}{4}$	$\dfrac{1}{5}$	$\dfrac{1}{6}$	$\dfrac{1}{7}$	$\dfrac{1}{8}$	$\dfrac{1}{9}$	$\dfrac{1}{10}$
0		0	0	0	0	0	0	0	0
1		0.00041	0.00041	0.00040	0.00040	0.00039	0.00039	0.00039	0.00038
2		0.00165	0.00164	0.00162	0.00160	0.00158	0.00157	0.00155	0.00155
3		0.00374	0.00371	0.00366	0.00361	0.00357	0.00354	0.00352	0.00350
4		0.00669	0.00662	0.00652	0.00644	0.00638	0.00633	0.00629	0.00626
5		0.01050	0.01036	0.01022	0.01010	0.01000	0.00993	0.00987	0.00983
6		0.01516	0.01495	0.01474	0.01457	0.01445	0.01435	0.01427	0.01422
7		0.02066	0.02036	0.02009	0.01987	0.01971	0.01959	0.01950	0.01943
8		0.02700	0.02659	0.02625	0.02599	0.02579	0.02565	0.02554	0.02545
9		0.03415	0.03364	0.03323	0.03292	0.03269	0.03253	0.03240	0.03230
10		0.04211	0.04149	0.04101	0.04066	0.04040	0.04022	0.04007	0.03997
11		0.05085	0.05013	0.04959	0.04920	0.04892	0.04871	0.04856	0.04844
12		0.06037	0.05954	0.05895	0.05853	0.05823	0.05801	0.05785	0.05772
13		0.04981	0.04889	0.04825	0.04780	0.04749	0.04726	0.04709	0.04697
14		0.03998	0.03899	0.03831	0.03785	0.03753	0.03730	0.03712	0.03700
15		0.03088	0.02982	0.02913	0.02866	0.02833	0.02810	0.02793	0.02780
16		0.02247	0.02138	0.02068	0.02021	0.01988	0.01965	0.01949	0.01936
17		0.01476	0.01365	0.01295	0.01249	0.01217	0.01195	0.01179	0.01167
18		0.00772	0.00660	0.00592	0.00548	0.00518	0.00498	0.00483	0.00471
19		0.00133	0.00024	−0.00041	−0.00082	−0.00110	−0.00129	−0.00143	−0.00153
20		−0.00443	−0.00547	−0.00607	−0.00645	−0.00670	−0.00687	−0.00699	−0.00708
21		−0.00956	−0.01053	−0.01108	−0.01141	−0.01163	−0.01178	−0.01188	−0.01196
22		−0.01408	−0.01497	−0.01545	−0.01573	−0.01591	−0.01603	−0.01612	−0.01618
23		−0.01802	−0.01880	−0.01920	−0.01943	−0.01957	−0.01966	−0.01973	−0.01977
24		−0.02139	−0.02204	−0.02235	−0.02252	−0.02262	−0.02268	−0.02273	−0.02276

附录16 等截面悬链线无铰拱计算用表　267

附表 16-13 (32)

M_{R12} (1/4L)
$m=3.142$

截面号 \ $\frac{f}{L}$	$\frac{1}{3}$	$\frac{1}{4}$	$\frac{1}{5}$	$\frac{1}{6}$	$\frac{1}{7}$	$\frac{1}{8}$	$\frac{1}{9}$	$\frac{1}{10}$
24'	-0.02139	-0.02204	-0.02235	-0.02252	-0.02262	-0.02268	-0.02273	-0.02276
23'	-0.02421	-0.02472	-0.02494	-0.02504	-0.02510	-0.02513	-0.02514	-0.02516
22'	-0.02650	-0.02685	-0.02697	-0.02701	-0.02701	-0.02701	-0.02701	-0.02700
21'	-0.02827	-0.02846	-0.02847	-0.02844	-0.02841	-0.02837	-0.02834	-0.02832
20'	-0.02955	-0.02957	-0.02948	-0.02938	-0.02930	-0.02923	-0.02918	-0.02913
19'	-0.03035	-0.03020	-0.03001	-0.02984	-0.02971	-0.02962	-0.02954	-0.02948
18'	-0.03070	-0.03038	-0.03009	-0.02986	-0.02969	-0.02956	-0.02947	-0.02939
17'	-0.03062	-0.03014	-0.02975	-0.02947	-0.02926	-0.02910	-0.02899	-0.02890
16'	-0.03013	-0.02951	-0.02993	-0.02869	-0.02845	-0.02827	-0.02813	-0.02803
15'	-0.02927	-0.02851	-0.02796	-0.02757	-0.02730	-0.02710	-0.02695	-0.02684
14'	-0.02805	-0.02717	-0.02656	-0.02614	-0.02584	-0.02562	-0.02546	-0.02534
13'	-0.02652	-0.02555	-0.02489	-0.02443	-0.02412	-0.02389	-0.02372	-0.02359
12'	-0.02469	-0.02366	-0.02296	-0.02249	-0.02217	-0.02193	-0.02176	-0.02163
11'	-0.02262	-0.02154	-0.02084	-0.02036	-0.02003	-0.01980	-0.01962	-0.01949
10'	-0.02034	-0.01926	-0.01856	-0.01809	-0.01776	-0.01753	-0.01736	-0.01724
9'	-0.01789	-0.01684	-0.01616	-0.01571	-0.01540	-0.01518	-0.01502	-0.01490
8'	-0.01532	-0.01434	-0.01371	-0.01329	-0.01300	-0.01280	-0.01265	-0.01254
7'	-0.01270	-0.01181	-0.01125	-0.01088	-0.01062	-0.01044	-0.01031	-0.01021
6'	-0.01010	-0.00933	-0.00885	-0.00853	-0.00831	-0.00816	-0.00804	-0.00796
5'	-0.00758	-0.00696	-0.00657	-0.00632	-0.00614	-0.00602	-0.00593	-0.00586
4'	-0.00524	-0.00478	-0.00450	-0.00431	-0.00418	-0.00409	-0.00402	-0.00397
3'	-0.00319	-0.00289	-0.00270	-0.00258	-0.00250	-0.00244	-0.00239	-0.00236
2'	-0.00153	-0.00138	-0.00123	-0.00122	-0.00118	-0.00115	-0.00113	-0.00111
1'	-0.00041	-0.00037	-0.00034	-0.00032	-0.00031	-0.00030	-0.00030	-0.00025
0'	0	0	0	0	0	0	0	0

附录16 等截面悬链线无铰拱计算用表

附表 16-13 (33)

不考虑弹性压缩的 $\dfrac{M'}{L}$ 影响线坐标 M_{L6} (1/8L) $m=3.142$ $\dfrac{y_{\frac{L}{4}}}{f}=0.205$

截面号	$\dfrac{f}{L}$	$\dfrac{1}{3}$	$\dfrac{1}{4}$	$\dfrac{1}{5}$	$\dfrac{1}{6}$	$\dfrac{1}{7}$	$\dfrac{1}{8}$	$\dfrac{1}{9}$	$\dfrac{1}{10}$
0		0	0	0	0	0	0	0	0
1		0.00124	0.00120	0.00117	0.00114	0.00112	0.00111	0.00110	0.00109
2		0.00478	0.00463	0.00451	0.00442	0.00436	0.00431	0.00427	0.00424
3		0.01036	0.01005	0.00982	0.00964	0.00951	0.00942	0.00943	0.00929
4		0.01775	0.01727	0.01690	0.01662	0.01642	0.01628	0.01617	0.01608
5		0.02677	0.02609	0.02559	0.02521	0.02494	0.02474	0.02459	0.02448
6		0.03722	0.03637	0.03573	0.03526	0.03493	0.03468	0.03449	0.03435
7		0.02815	0.02713	0.02637	0.02582	0.02542	0.02513	0.02491	0.02474
8		0.02024	0.01906	0.01820	0.01759	0.01714	0.01682	0.01657	0.01639
9		0.01337	0.01207	0.01113	0.01046	0.00999	0.00964	0.00938	0.00918
10		0.00743	0.00605	0.00506	0.00436	0.00386	0.00349	0.00322	0.00302
11		0.00234	0.00090	−0.00012	−0.00083	−0.00134	−0.00171	−0.00198	−0.00218
12		−0.00199	−0.00345	−0.00447	−0.00518	−0.00568	−0.00604	−0.00631	−0.00651
13		−0.00564	−0.00708	−0.00803	−0.00876	−0.00924	−0.00959	−0.00985	−0.01004
14		−0.00868	−0.01007	−0.01101	−0.01165	−0.01211	−0.01243	−0.01267	−0.01285
15		−0.01116	−0.01246	−0.01333	−0.01392	−0.01433	−0.01463	−0.01484	−0.01500
16		−0.01314	−0.01433	−0.01511	−0.01563	−0.01599	−0.01625	−0.01643	−0.01657
17		−0.01467	−0.01572	−0.01640	−0.01684	−0.01714	−0.01735	−0.01751	−0.01762
18		−0.01580	−0.01669	−0.01724	−0.01760	−0.01784	−0.01800	−0.01812	−0.01821
19		−0.01657	−0.01728	−0.01770	−0.01796	−0.01813	−0.01825	−0.01833	−0.01839
20		−0.01702	−0.01754	−0.01782	−0.01798	−0.01808	−0.01814	−0.01819	−0.01822
21		−0.01719	−0.01750	−0.01764	−0.01770	−0.01773	−0.01774	−0.01774	−0.01774
22		−0.01711	−0.01721	−0.01720	−0.01716	−0.01712	−0.01708	−0.01704	−0.01701
23		−0.01681	−0.01671	−0.01655	−0.01641	−0.01629	−0.01620	−0.01613	−0.01607
24		−0.01632	−0.01602	−0.01572	−0.01548	−0.01530	−0.01516	−0.01505	−0.01497

附录 16 等截面悬链线无铰拱计算用表　269

$$M_{R6}\ (1/8L)$$
$$m = 3.142$$

附表 16-13 (34)

截面号 \ $\dfrac{f}{L}$	$\dfrac{1}{3}$	$\dfrac{1}{4}$	$\dfrac{1}{5}$	$\dfrac{1}{6}$	$\dfrac{1}{7}$	$\dfrac{1}{8}$	$\dfrac{1}{9}$	$\dfrac{1}{10}$
24'	-0.01632	-0.01602	-0.01572	-0.01548	-0.01530	-0.01516	-0.01505	-0.01497
23'	-0.01567	-0.01517	-0.01474	-0.01442	-0.01417	-0.01398	-0.01384	-0.01373
22'	-0.01490	-0.01421	-0.01366	-0.01324	-0.01294	-0.01271	-0.01254	-0.01241
21'	-0.01401	-0.01315	-0.01248	-0.01200	-0.01164	-0.01138	-0.01118	-0.01103
20'	-0.01303	-0.01202	-0.01126	-0.01071	-0.01031	-0.01002	-0.00980	-0.00963
19'	-0.01200	-0.01085	-0.01001	-0.00941	-0.00897	-0.00865	-0.00841	-0.00823
18'	-0.01092	-0.00967	-0.00876	-0.00811	-0.00765	-0.00731	-0.00706	-0.00687
17'	-0.00982	-0.00848	-0.00753	-0.00685	-0.00637	-0.00602	-0.00576	-0.00556
16'	-0.00871	-0.00732	-0.00634	-0.00565	-0.00516	-0.00480	-0.00453	-0.00433
15'	-0.00762	-0.00620	-0.00521	-0.00452	-0.00402	-0.00367	-0.00340	-0.00320
14'	-0.00656	-0.00514	-0.00416	-0.00347	-0.00299	-0.00264	-0.00238	-0.00218
13'	-0.00555	-0.00415	-0.00319	-0.00253	-0.00207	-0.00173	-0.00148	-0.00129
12'	-0.00459	-0.00325	-0.00233	-0.00171	-0.00127	-0.00095	-0.00071	-0.00054
11'	-0.00370	-0.00244	-0.00159	-0.00100	-0.00060	-0.00030	-0.00009	-0.00008
10'	-0.00290	-0.00174	-0.00096	-0.00043	-0.00006	0.00021	0.00040	0.00055
9'	-0.00218	-0.00114	-0.00045	0.00002	0.00034	0.00058	0.00075	0.00087
8'	-0.00157	-0.00066	-0.00007	0.00034	0.00061	0.00081	0.00096	0.00107
7'	-0.00106	-0.00030	0.00020	0.00053	0.00076	0.00092	0.00104	0.00113
6'	-0.00065	-0.00004	0.00035	0.00061	0.00079	0.00092	0.00101	0.00108
5'	-0.00035	0.00011	0.00040	0.00060	0.00073	0.00082	0.00089	0.00094
4'	-0.00015	0.00017	0.00037	0.00050	0.00059	0.00066	0.00070	0.00073
3'	-0.00003	0.00016	0.00028	0.00036	0.00041	0.00045	0.00047	0.00049
2'	0.00001	0.00010	0.00016	0.00020	0.00022	0.00024	0.00025	0.00026
1'	0.00001	0.00003	0.00005	0.00006	0.00007	0.00007	0.00007	0.00008
0'	0	0	0	0	0	0	0	0

附表 16-13 (35)

不考虑弹性压缩的 $\dfrac{M'}{L}$ 影响线坐标 M_{L0}（拱脚） $m=3.142$ $\dfrac{y_{L/4}}{f}=0.205$

截面号	$\dfrac{f}{L}$	$\dfrac{1}{3}$	$\dfrac{1}{4}$	$\dfrac{1}{5}$	$\dfrac{1}{6}$	$\dfrac{1}{7}$	$\dfrac{1}{8}$	$\dfrac{1}{9}$	$\dfrac{1}{10}$
0		0	0	0	0	0	0	0	0
1		−0.01833	−0.01844	−0.01851	−0.01856	−0.01860	−0.01863	−0.01865	−0.01867
2		−0.03217	−0.03253	−0.03279	−0.03298	−0.03311	−0.03321	−0.03329	−0.03334
3		−0.04420	−0.04291	−0.04341	−0.04377	−0.04403	−0.04422	−0.04437	−0.04448
4		−0.04902	−0.05010	−0.05087	−0.05142	−0.05181	−0.05210	−0.05232	−0.05248
5		−0.05313	−0.05458	−0.05560	−0.05633	−0.05685	−0.05724	−0.05752	−0.05774
6		−0.05496	−0.05674	−0.05739	−0.05888	−0.05951	−0.05998	−0.06032	−0.06058
7		−0.05490	−0.05695	−0.05838	−0.05940	−0.06012	−0.06064	−0.06103	−0.06133
8		−0.05327	−0.05551	−0.05708	−0.05818	−0.05896	−0.05952	−0.05995	−0.06027
9		−0.05035	−0.05271	−0.05434	−0.05549	−0.05630	−0.05689	−0.05732	−0.05766
10		−0.04639	−0.04877	−0.05042	−0.05157	−0.05238	−0.05297	−0.05341	−0.05374
11		−0.04160	−0.04393	−0.04553	−0.04665	−0.04743	−0.04800	−0.04842	−0.04874
12		−0.03616	−0.03836	−0.03987	−0.04091	−0.04164	−0.04217	−0.04256	−0.04285
13		−0.03025	−0.03225	−0.03361	−0.03454	−0.03520	−0.03567	−0.03602	−0.03628
14		−0.02400	−0.02573	−0.02691	−0.02771	−0.02827	−0.02867	−0.02897	−0.02919
15		−0.01754	−0.01896	−0.01992	−0.02056	−0.02101	−0.02133	−0.02157	−0.02174
16		−0.01099	−0.01205	−0.01276	−0.01324	−0.01356	−0.01379	−0.01396	−0.01409
17		−0.00445	−0.00512	−0.00557	−0.00586	−0.00605	−0.00619	−0.00628	−0.00635
18		0.00200	0.00173	0.00156	0.00146	0.00140	0.00137	0.00134	0.00133
19		0.00828	0.00841	0.00852	0.00862	0.00869	0.00876	0.00880	0.00884
20		0.01431	0.01485	0.01523	0.01551	0.01572	0.01588	0.01600	0.01610
21		0.02003	0.02095	0.02160	0.02207	0.02240	0.02265	0.02284	0.02299
22		0.02539	0.02667	0.02757	0.02820	0.02866	0.02899	0.02924	0.02944
23		0.03033	0.03194	0.03306	0.03385	0.03441	0.03483	0.03513	0.03537
24		0.03480	0.03671	0.03803	0.03895	0.03961	0.04009	0.04045	0.04072

附表 16-13 (36) M_{R0}（拱脚） $m=3.142$

截面号	$\frac{f}{L}$ $\frac{1}{3}$	$\frac{1}{4}$	$\frac{1}{5}$	$\frac{1}{6}$	$\frac{1}{7}$	$\frac{1}{8}$	$\frac{1}{9}$	$\frac{1}{10}$
24'	0.03480	0.03671	0.03803	0.03895	0.03961	0.04009	0.04045	0.04072
23'	0.03878	0.04093	0.04241	0.04345	0.04419	0.04473	0.04513	0.04543
22'	0.04223	0.04457	0.04619	0.04731	0.04812	0.04870	0.04913	0.04946
21'	0.04511	0.04760	0.04931	0.05050	0.05135	0.05196	0.05242	0.05277
20'	0.04741	0.04998	0.05175	0.05298	0.05386	0.05450	0.05497	0.05533
19'	0.04910	0.05171	0.05350	0.05475	0.05563	0.05627	0.05675	0.05711
18'	0.05018	0.05276	0.05454	0.05578	0.05665	0.05729	0.05776	0.05812
17'	0.05063	0.05314	0.05487	0.05607	0.05692	0.05754	0.05799	0.05834
16'	0.05046	0.05284	0.05449	0.05563	0.05644	0.05703	0.05746	0.05779
15'	0.04967	0.05188	0.05342	0.05448	0.05524	0.05578	0.05619	0.05649
14'	0.04827	0.05028	0.05167	0.05264	0.05333	0.05383	0.05419	0.05447
13'	0.04627	0.04805	0.04929	0.05015	0.05076	0.05120	0.05153	0.05177
12'	0.04371	0.04524	0.04631	0.04705	0.04758	0.04795	0.04823	0.04844
11'	0.04063	0.04189	0.04278	0.04340	0.04384	0.04415	0.04438	0.04456
10'	0.03706	0.03807	0.03878	0.03927	0.03962	0.03987	0.04005	0.04019
9'	0.03308	0.03384	0.03438	0.03475	0.03501	0.03520	0.03534	0.03544
8'	0.02876	0.02930	0.02968	0.02994	0.03012	0.03025	0.03034	0.03041
7'	0.02421	0.02454	0.02478	0.02495	0.02506	0.02514	0.02520	0.02524
6'	0.01953	0.01971	0.01983	0.01992	0.01998	0.02002	0.02004	0.02006
5'	0.01488	0.01494	0.01499	0.01502	0.01503	0.01504	0.01505	0.01505
4'	0.01045	0.01044	0.01043	0.01042	0.01041	0.01040	0.01040	0.01039
3'	0.00644	0.00640	0.00637	0.00635	0.00633	0.00632	0.00631	0.00630
2'	0.00314	0.00310	0.00308	0.00306	0.00304	0.00303	0.00302	0.00301
1'	0.00086	0.00085	0.00084	0.00083	0.00082	0.00082	0.00081	0.00081
0'	0	0	0	0	0	0	0	0

附录16　等截面悬链线无铰拱计算用表

附表 16-13 (37)

不考虑弹性压缩的弯矩 $\frac{M'}{L}$ 影响线坐标 M_{L24}（拱顶）　$m=3.500$　$\frac{y_4^i}{f}=0.20$

截面号	$\frac{f}{L}$	$\frac{1}{3}$	$\frac{1}{4}$	$\frac{1}{5}$	$\frac{1}{6}$	$\frac{1}{7}$	$\frac{1}{8}$	$\frac{1}{9}$	$\frac{1}{10}$
0		0	0	0	0	0	0	0	0
1		−0.00044	−0.00040	−0.00037	−0.00036	−0.00034	−0.00034	−0.00033	−0.00033
2		−0.00156	−0.00142	−0.00134	−0.00128	−0.00125	−0.00122	−0.00120	−0.00119
3		−0.00311	−0.00284	−0.00269	−0.00259	−0.00252	−0.00248	−0.00244	−0.00242
4		−0.00486	−0.00448	−0.00425	−0.00411	−0.00401	−0.00395	−0.00390	−0.00387
5		−0.00665	−0.00616	−0.00588	−0.00570	−0.00558	−0.00550	−0.00544	−0.00540
6		−0.00832	−0.00776	−0.00744	−0.00724	−0.00711	−0.00702	−0.00695	−0.00690
7		−0.00975	−0.00916	−0.00882	−0.00862	−0.00848	−0.00838	−0.00832	−0.00827
8		−0.01084	−0.01026	−0.00994	−0.00973	−0.00960	−0.00951	−0.00944	−0.00939
9		−0.01152	−0.01098	−0.01069	−0.01050	−0.01038	−0.01030	−0.01024	−0.01020
10		−0.01170	−0.01125	−0.01100	−0.01085	−0.01075	−0.01069	−0.01064	−0.01060
11		−0.01133	−0.01100	−0.01082	−0.01071	−0.01064	−0.01059	−0.01056	−0.01053
12		−0.01037	−0.01018	−0.01003	−0.01002	−0.00993	−0.00996	−0.00994	−0.00993
13		−0.00877	−0.00874	−0.00873	−0.00873	−0.00873	−0.00873	−0.00873	−0.00873
14		−0.00650	−0.00664	−0.00673	−0.00679	−0.00683	−0.00686	−0.00688	−0.00689
15		−0.00353	−0.00385	−0.00404	−0.00416	−0.00424	−0.00430	−0.00434	−0.00437
16		0.00017	−0.00033	−0.00062	−0.00080	−0.00092	−0.00101	−0.00107	−0.00111
17		0.00461	0.00394	0.00355	0.00331	0.00315	0.00304	0.00296	0.00291
18		0.00982	0.00898	0.00851	0.00821	0.00802	0.00789	0.00779	0.00772
19		0.01580	0.01483	0.01427	0.01393	0.01370	0.01354	0.01343	0.01335
20		0.02258	0.02148	0.02085	0.02047	0.02022	0.02004	0.01991	0.01982
21		0.03016	0.02895	0.02827	0.02786	0.02758	0.02739	0.02725	0.02715
22		0.03854	0.03726	0.03654	0.03610	0.03581	0.03561	0.03546	0.03536
23		0.04773	0.04641	0.04567	0.04521	0.04491	0.04470	0.04455	0.04444
24		0.05774	0.05640	0.05565	0.05519	0.05488	0.05467	0.05452	0.05441

附录16 等截面悬链线无铰拱计算用表 273

附表 16-13 (38)

不考虑弹性压缩的弯矩 $\dfrac{M'}{L}$ 影响线坐标　$M_{L18}(3/8L)$　$m=3.500$　$\dfrac{y_{\frac{L}{4}}}{f}=0.20$

截面号	$\dfrac{f}{L}$	$\dfrac{1}{3}$	$\dfrac{1}{4}$	$\dfrac{1}{5}$	$\dfrac{1}{6}$	$\dfrac{1}{7}$	$\dfrac{1}{8}$	$\dfrac{1}{9}$	$\dfrac{1}{10}$
0		0	0	0	0	0	0	0	0
1		−0.00013	−0.00010	−0.00009	−0.00008	−0.00008	−0.00007	−0.00007	−0.00007
2		−0.00038	−0.00030	−0.00025	−0.00023	−0.00022	−0.00021	−0.00020	−0.00019
3		−0.00057	−0.00042	−0.00035	−0.00031	−0.00028	−0.00027	−0.00026	−0.00025
4		−0.00055	−0.00035	−0.00025	−0.00020	−0.00017	−0.00015	−0.00014	−0.00013
5		0.00020	0.00003	0.00014	0.00019	0.00022	0.00024	0.00025	0.00025
6		0.00057	0.00081	0.00091	0.00095	0.00097	0.00099	0.00099	0.00099
7		0.00185	0.00206	0.00213	0.00216	0.00217	0.00217	0.00216	0.00216
8		0.00369	0.00385	0.00388	0.00387	0.00386	0.00385	0.00383	0.00382
9		0.00615	0.00622	0.00619	0.00615	0.00611	0.00608	0.00606	0.00604
10		0.00926	0.00922	0.00913	0.00904	0.00898	0.00892	0.00888	0.00885
11		0.01306	0.01289	0.01272	0.01259	0.01249	0.01242	0.01236	0.01232
12		0.01757	0.01725	0.01701	0.01683	0.01670	0.01660	0.01653	0.01647
13		0.02280	0.02234	0.02202	0.02179	0.02162	0.02150	0.02141	0.02135
14		0.02879	0.02818	0.02777	0.02748	0.02730	0.02716	0.02705	0.02698
15		0.03553	0.03478	0.03429	0.03397	0.03375	0.03359	0.03347	0.03338
16		0.04304	0.04215	0.04160	0.04123	0.04099	0.04081	0.04068	0.04059
17		0.05131	0.05031	0.04970	0.04930	0.04903	0.04884	0.04871	0.04860
18		0.06037	0.05927	0.05861	0.05818	0.05790	0.05770	0.05755	0.05745
19		0.04937	0.04819	0.04750	0.04705	0.04676	0.04655	0.04640	0.04629
20		0.03915	0.03792	0.03720	0.03675	0.03645	0.03624	0.03609	0.03598
21		0.02971	0.02845	0.02772	0.02727	0.02697	0.02677	0.02662	0.02651
22		0.02104	0.01978	0.01906	0.01862	0.01833	0.01813	0.01799	0.01788
23		0.01314	0.01190	0.01121	0.01079	0.01051	0.01032	0.01019	0.01009
24		0.00600	0.00482	0.00417	0.00377	0.00352	0.00334	0.00321	0.00312

附录16 等截面悬链线无铰拱计算用表

附表 16-13 (39)

M_{R18} (3/8L)
$m = 3.500$

截面号	$\dfrac{f}{L}$ $\dfrac{1}{3}$	$\dfrac{1}{4}$	$\dfrac{1}{5}$	$\dfrac{1}{6}$	$\dfrac{1}{7}$	$\dfrac{1}{8}$	$\dfrac{1}{9}$	$\dfrac{1}{10}$
24'	0.00600	0.00482	0.00417	0.00377	0.00351	0.00334	0.00321	0.00312
23'	−0.00039	−0.00149	−0.00208	−0.00244	−0.00267	−0.00283	−0.00294	−0.00303
22'	−0.00603	−0.00702	−0.00755	−0.00787	−0.00807	−0.00820	−0.00830	−0.00837
21'	−0.01094	−0.01180	−0.01225	−0.01252	−0.01268	−0.01279	−0.01237	−0.01293
20'	−0.01513	−0.01584	−0.01620	−0.01641	−0.01654	−0.01662	−0.01668	−0.01673
19'	−0.01862	−0.01916	−0.01943	−0.01957	−0.01966	−0.01972	−0.01975	−0.01978
18'	−0.02141	−0.02179	−0.02195	−0.02203	−0.02207	−0.02210	−0.02211	−0.02213
17'	−0.02355	−0.02373	−0.02379	−0.02380	−0.02380	−0.02380	−0.02379	−0.02379
16'	−0.02503	−0.02504	−0.02499	−0.02493	−0.02489	−0.02485	−0.02482	−0.02480
15'	−0.02590	−0.02572	−0.02557	−0.02545	−0.02536	−0.02530	−0.02525	−0.02521
14'	−0.02618	−0.02583	−0.02557	−0.02539	−0.02527	−0.02517	−0.02510	−0.02505
13'	−0.02590	−0.02539	−0.02504	−0.02481	−0.02465	−0.02453	−0.02444	−0.02438
12'	−0.02509	−0.02444	−0.02402	−0.02374	−0.02355	−0.02341	−0.02331	−0.02323
11'	−0.02380	−0.02305	−0.02257	−0.02225	−0.02203	−0.02188	−0.02177	−0.02168
10'	−0.02208	−0.02125	−0.02073	−0.02089	−0.02015	−0.01999	−0.01987	−0.01978
9'	−0.01998	−0.01911	−0.01857	−0.01822	−0.01798	−0.01781	−0.01769	−0.01759
8'	−0.01757	−0.01670	−0.01617	−0.01582	−0.01558	−0.01541	−0.01529	−0.01520
7'	−0.01493	−0.01410	−0.01359	−0.01326	−0.01304	−0.01288	−0.01276	−0.01268
6'	−0.01214	−0.01139	−0.01094	−0.01064	−0.01044	−0.01030	−0.01019	−0.01011
5'	−0.00931	−0.00868	−0.00830	−0.00805	−0.00788	−0.00776	−0.00767	−0.00761
4'	−0.00657	−0.00609	−0.00579	−0.00560	−0.00547	−0.00538	−0.00531	−0.00526
3'	−0.00407	−0.00375	−0.00355	−0.00342	−0.00333	−0.00327	−0.00322	−0.00319
2'	−0.00199	−0.00182	−0.00172	−0.00165	−0.00160	−0.00157	−0.00154	−0.00153
1'	−0.00055	−0.00050	−0.00047	−0.00045	−0.00043	−0.00042	−0.00042	−0.00041
0'	0	0	0	0	0	0	0	0

附录16 等截面悬链线无铰拱计算用表   275

不考虑弹性压缩的弯矩 $\frac{M'}{L}$ 影响线坐标 M_{L12} (1/4L) $m=3.500$ $\frac{y_{\frac{L}{4}}}{f}=0.20$

附表 16-13 (40)

截面号	$\frac{f}{L}$	$\frac{1}{3}$	$\frac{1}{4}$	$\frac{1}{5}$	$\frac{1}{6}$	$\frac{1}{7}$	$\frac{1}{8}$	$\frac{1}{9}$	$\frac{1}{10}$
0		0	0	0	0	0	0	0	0
1		0.00041	0.00041	0.00040	0.00039	0.00039	0.00039	0.00038	0.00038
2		0.00164	0.00163	0.00161	0.00159	0.00157	0.00155	0.00154	0.00153
3		0.00373	0.00369	0.00364	0.00359	0.00355	0.00352	0.00349	0.00347
4		0.00667	0.00659	0.00649	0.00641	0.00634	0.00629	0.00625	0.00622
5		0.01047	0.01033	0.01018	0.01005	0.00995	0.00987	0.00981	0.00977
6		0.01513	0.01490	0.01469	0.01451	0.01437	0.01427	0.01419	0.01413
7		0.02062	0.02031	0.02002	0.01979	0.01962	0.01949	0.01939	0.01932
8		0.02695	0.02653	0.02617	0.02589	0.02569	0.02553	0.02542	0.02533
9		0.03410	0.03356	0.03313	0.03280	0.03256	0.03239	0.03225	0.03215
10		0.04205	0.04140	0.04089	0.04052	0.04025	0.04006	0.03991	0.03980
11		0.05078	0.05002	0.04945	0.04904	0.04875	0.04853	0.04837	0.04825
12		0.06028	0.05942	0.05879	0.05835	0.05804	0.05781	0.05764	0.05751
13		0.04971	0.04875	0.04808	0.04761	0.04728	0.04705	0.04687	0.04674
14		0.03986	0.03883	0.03812	0.03764	0.03730	0.03706	0.03688	0.03675
15		0.03074	0.02964	0.02892	0.02843	0.02809	0.02785	0.02767	0.02753
16		0.02232	0.02118	0.02045	0.01996	0.01963	0.01939	0.01921	0.01908
17		0.01459	0.01343	0.01270	0.01223	0.01190	0.01167	0.01151	0.01138
18		0.00752	0.00637	0.00566	0.00521	0.00490	0.00468	0.00453	0.00441
19		0.00111	−0.00001	−0.00068	−0.00111	−0.00140	−0.00160	−0.00174	−0.00185
20		−0.00466	−0.00573	−0.00636	−0.00675	−0.00701	−0.00719	−0.00731	−0.00741
21		−0.00981	−0.01081	−0.01138	−0.01172	−0.01195	−0.01210	−0.01221	−0.01229
22		−0.01435	−0.01526	−0.01576	−0.01605	−0.01624	−0.01637	−0.01646	−0.01652
23		−0.01831	−0.01911	−0.01952	−0.01976	−0.01991	−0.02000	−0.02007	−0.02012
24		−0.02169	−0.02236	−0.02269	−0.02286	−0.02297	−0.02303	−0.02307	−0.02310

附表 16-13 (41)

M_{R12} (1/4L)

$m=3.500$

截面号 \ $\frac{f}{L}$	$\frac{1}{3}$	$\frac{1}{4}$	$\frac{1}{5}$	$\frac{1}{6}$	$\frac{1}{7}$	$\frac{1}{8}$	$\frac{1}{9}$	$\frac{1}{10}$
24′	−0.02169	−0.02236	−0.02269	−0.02286	−0.02297	−0.02303	−0.02307	−0.02310
23′	−0.02452	−0.02505	−0.02528	−0.02539	−0.02544	−0.02548	−0.02550	−0.02551
22′	−0.02682	−0.02719	−0.02732	−0.02736	−0.02737	−0.02737	−0.02736	−0.02735
21′	−0.02860	−0.02880	−0.02883	−0.02880	−0.02876	−0.02872	−0.02869	−0.02867
20′	−0.02988	−0.02992	−0.02983	−0.02974	−0.02950	−0.02958	−0.02953	−0.02948
19′	−0.03069	−0.03055	−0.03036	−0.03020	−0.03007	−0.02997	−0.02989	−0.02983
18′	−0.03105	−0.03074	−0.03045	−0.03022	−0.03004	−0.02991	−0.02981	−0.02973
17′	−0.03097	−0.03050	−0.03011	−0.02982	−0.02960	−0.02944	−0.02932	−0.02923
16′	−0.03049	−0.02986	−0.02938	−0.02904	−0.02879	−0.02860	−0.02846	−0.02836
15′	−0.02962	−0.02886	−0.02830	−0.02791	−0.02762	−0.02742	−0.02727	−0.02715
14′	−0.02840	−0.02752	−0.02690	−0.02646	−0.02616	−0.02593	−0.02577	−0.02564
13′	−0.02686	−0.02588	−0.02521	−0.02474	−0.02442	−0.02418	−0.02401	−0.02388
12′	−0.02503	−0.02398	−0.02327	−0.02279	−0.02245	−0.02221	−0.02203	−0.02190
11′	−0.02294	−0.02185	−0.02113	−0.02064	−0.02030	−0.02006	−0.01988	−0.01974
10′	−0.02064	−0.01954	−0.01882	−0.01834	−0.01801	−0.01777	−0.01759	−0.01746
9′	−0.01817	−0.01710	−0.01641	−0.01594	−0.01562	−0.01540	−0.01523	−0.01510
8′	−0.01558	−0.01457	−0.01393	−0.01350	−0.01320	−0.01299	−0.01283	−0.01272
7′	−0.01293	−0.01202	−0.01144	−0.01105	−0.01079	−0.01060	−0.01046	−0.01036
6′	−0.01029	−0.00951	−0.00901	−0.00868	−0.00845	−0.00829	−0.00817	−0.00808
5′	−0.00774	−0.00710	−0.00670	−0.00643	−0.00625	−0.00612	−0.00603	−0.00595
4′	−0.00536	−0.00489	−0.00459	−0.00439	−0.00426	−0.00416	−0.00409	−0.00404
3′	−0.00326	−0.00295	−0.00276	−0.00263	−0.00255	−0.00243	−0.00244	−0.00240
2′	−0.00157	−0.00141	−0.00131	−0.00125	−0.00120	−0.00117	−0.00115	−0.00113
1′	−0.00042	−0.00038	−0.00035	−0.00033	−0.00032	−0.00031	−0.00030	−0.00030
0′	0	0	0	0	0	0	0	0

附录16 等截面悬链线无铰拱计算用表 277

不考虑弹性压缩的弯矩 $\frac{M'}{L}$ 影响线坐标 M_{L6} (1/8L) $m=3.500$ $\frac{y_L^1}{f}=0.20$

附表16-13 (42)

截面号	$\frac{f}{L}$	$\frac{1}{3}$	$\frac{1}{4}$	$\frac{1}{5}$	$\frac{1}{6}$	$\frac{1}{7}$	$\frac{1}{8}$	$\frac{1}{9}$	$\frac{1}{10}$
0		0	0	0	0	0	0	0	0
1		0.00125	0.00121	0.00117	0.00115	0.00113	0.00111	0.00110	0.00109
2		0.00480	0.00465	0.00452	0.00443	0.00436	0.00431	0.00427	0.00424
3		0.01040	0.01008	0.00984	0.00966	0.00952	0.00942	0.00935	0.00929
4		0.01780	0.01731	0.01692	0.01664	0.01643	0.01628	0.01616	0.01607
5		0.02682	0.02613	0.02561	0.02522	0.02494	0.02473	0.02457	0.02445
6		0.03728	0.03640	0.03574	0.03526	0.03491	0.03465	0.03445	0.03430
7		0.02819	0.02714	0.02635	0.02579	0.02537	0.02507	0.02484	0.02467
8		0.02025	0.01905	0.01816	0.01752	0.01706	0.01672	0.01647	0.01628
9		0.01334	0.01202	0.01105	0.01036	0.00987	0.00950	0.00923	0.00903
10		0.00737	0.00595	0.00493	0.00421	0.00369	0.00332	0.00304	0.00282
11		0.00222	0.00075	−0.00029	−0.00103	−0.00155	−0.00193	−0.00221	−0.00243
12		−0.00217	−0.00366	−0.00470	−0.00543	−0.00594	−0.00632	−0.00659	−0.00680
13		−0.00588	−0.00735	−0.00837	−0.00907	−0.00957	−0.00992	−0.01019	−0.01039
14		−0.00898	−0.01039	−0.01136	−0.01202	−0.01248	−0.01282	−0.01306	−0.01325
15		−0.01152	−0.01285	−0.01374	−0.01435	−0.01477	−0.01507	−0.01529	−0.01545
16		−0.01356	−0.01478	−0.01558	−0.01611	−0.01648	−0.01674	−0.01693	−0.01707
17		−0.01516	−0.01623	−0.01692	−0.01737	−0.01768	−0.01789	−0.01805	−0.01817
18		−0.01634	−0.01726	−0.01782	−0.01818	−0.01842	−0.01859	−0.01871	−0.01880
19		−0.01717	−0.01790	−0.01832	−0.01859	−0.01876	−0.01888	−0.01896	−0.01902
20		−0.01767	−0.01820	−0.01848	−0.01865	−0.01874	−0.01881	−0.01885	−0.01888
21		−0.01788	−0.01820	−0.01834	−0.01840	−0.01842	−0.01843	−0.01843	−0.01843
22		−0.01784	−0.01795	−0.01794	−0.01789	−0.01784	−0.01779	−0.01776	−0.01772
23		−0.01757	−0.01747	−0.01731	−0.01716	−0.01704	−0.01694	−0.01686	−0.01680
24		−0.01710	−0.01680	−0.01649	−0.01624	−0.01605	−0.01590	−0.01579	−0.01570

附录16　等截面悬链线无铰拱计算用表

附表 16-13 (43)

M_{R6} (1/8L)
$m=3.500$

截面号	$\dfrac{f}{L}$ $\dfrac{1}{3}$	$\dfrac{1}{4}$	$\dfrac{1}{5}$	$\dfrac{1}{6}$	$\dfrac{1}{7}$	$\dfrac{1}{8}$	$\dfrac{1}{9}$	$\dfrac{1}{10}$
24'	−0.01710	−0.01680	−0.01649	−0.01624	−0.01605	−0.01590	−0.01579	−0.01570
23'	−0.01648	−0.01597	−0.01553	−0.01513	−0.01493	−0.01473	−0.01458	−0.01447
22'	−0.01571	−0.01501	−0.01444	−0.01401	−0.01369	−0.01346	−0.01328	−0.01314
21'	−0.01482	−0.01394	−0.01326	−0.01276	−0.01239	−0.01211	−0.01191	−0.01175
20	−0.01384	−0.01281	−0.01203	−0.01146	−0.01104	−0.01073	−0.01050	−0.01033
19'	−0.01279	−0.01163	−0.01076	−0.01013	−0.00968	−0.00935	−0.00910	−0.00890
18'	−0.01170	−0.01042	−0.00948	−0.00881	−0.00833	−0.00798	−0.00771	−0.00751
17'	−0.01057	−0.00920	−0.00822	−0.00752	−0.00702	−0.00665	−0.00638	−0.00617
16'	−0.00944	−0.00801	−0.00699	−0.00627	−0.00576	−0.00539	−0.00511	−0.00490
15'	−0.00831	−0.00685	−0.00582	−0.00510	−0.00459	−0.00421	−0.00394	−0.00373
14'	−0.00720	−0.00574	−0.00472	−0.00401	−0.00350	−0.00314	−0.00287	−0.00266
13'	−0.00614	−0.00470	−0.00371	−0.00302	−0.00253	−0.00218	−0.00192	−0.00172
12'	−0.00513	−0.00375	−0.00280	−0.00214	−0.00168	−0.00135	−0.00110	−0.00092
11'	−0.00419	−0.00288	−0.00200	−0.00139	−0.00096	−0.00065	−0.00042	−0.00025
10'	−0.00333	−0.00212	−0.00131	−0.00076	−0.00037	−0.00009	0.00012	0.00027
9'	−0.00256	−0.00147	−0.00075	−0.00026	0.00008	0.00033	0.00051	0.00065
8'	−0.00188	−0.00094	−0.00031	0.00011	0.00040	0.00061	0.00077	0.00088
7'	−0.00131	−0.00052	0.00004	0.00035	0.00060	0.00077	0.00089	0.00099
6'	−0.00085	−0.00021	0.00020	0.00048	0.00067	0.00081	0.00091	0.00098
5'	−0.00050	−0.00001	0.00030	0.00050	0.00065	0.00074	0.00082	0.00087
4'	−0.00025	0.00009	0.00030	0.00044	0.00054	0.00061	0.00065	0.00069
3'	−0.00009	0.00011	0.00024	0.00033	0.00038	0.00042	0.00045	0.00047
2'	−0.00002	0.00008	0.00014	0.00018	0.00021	0.00023	0.00024	0.00025
1'	0.00000	0.00003	0.00005	0.00006	0.00006	0.00007	0.00007	0.00007
0'	0	0	0	0	0	0	0	0

附录 16　等截面悬链线无铰拱计算用表

附表 16-13 (44)

不考虑弹性压缩的等矩 $\frac{M'}{L}$ 影响线坐标　M_{L0}（拱脚）　$m=3.500$　$\frac{y^l_{\frac{1}{4}}}{f}=0.20$

截面号	$\frac{f}{L}$	$\frac{1}{3}$	$\frac{1}{4}$	$\frac{1}{5}$	$\frac{1}{6}$	$\frac{1}{7}$	$\frac{1}{8}$	$\frac{1}{9}$	$\frac{1}{10}$
0		0	0	0	0	0	0	0	0
1		−0.01829	−0.01839	−0.01847	−0.01853	−0.01857	−0.01860	−0.01863	−0.01864
2		−0.03202	−0.03239	−0.03266	−0.03286	−0.03300	−0.03311	−0.03319	−0.03325
3		−0.04191	−0.04264	−0.04316	−0.04354	−0.04381	−0.04401	−0.04417	−0.04428
4		−0.04858	−0.04969	−0.05049	−0.05106	−0.05147	−0.05178	−0.05200	−0.05218
5		−0.05254	−0.05402	−0.05509	−0.05584	−0.05639	−0.05679	−0.05709	−0.05732
6		−0.05424	−0.05606	−0.05735	−0.05827	−0.05893	−0.05941	−0.05977	−0.06005
7		−0.05406	−0.05616	−0.05763	−0.05868	−0.05942	−0.05997	−0.06038	−0.06069
8		−0.05234	−0.05463	−0.05623	−0.05736	−0.05817	−0.05876	−0.05919	−0.05953
9		−0.04935	−0.05174	−0.05342	−0.05459	−0.05543	−0.05603	−0.05649	−0.05683
10		−0.04533	−0.04775	−0.04944	−0.05061	−0.05144	−0.05205	−0.05250	−0.05284
11		−0.04051	−0.04287	−0.04450	−0.04563	−0.04643	−0.04702	−0.04745	−0.04777
12		−0.03506	−0.03728	−0.03880	−0.03986	−0.04060	−0.04114	−0.04154	−0.04184
13		−0.02914	−0.03115	−0.03252	−0.03347	−0.03413	−0.03461	−0.03496	−0.03522
14		−0.02291	−0.02464	−0.02581	−0.02662	−0.02718	−0.02758	−0.02788	−0.02810
15		−0.01647	−0.01787	−0.01882	−0.01946	−0.01991	−0.02023	−0.02046	−0.02063
16		−0.00994	−0.01098	−0.01167	−0.01214	−0.01245	−0.01268	−0.01284	−0.01296
17		−0.00343	−0.00407	−0.00449	−0.00476	−0.00494	−0.00507	−0.00516	−0.00522
18		0.00299	0.00276	0.00262	0.00255	0.00251	0.00248	0.00247	0.00246
19		0.00923	0.00941	0.00956	0.00969	0.00979	0.00987	0.00993	0.00998
20		0.01523	0.01582	0.01625	0.01657	0.01680	0.01699	0.01712	0.01723
21		0.02091	0.02190	0.02260	0.02311	0.02347	0.02375	0.02396	0.02412
22		0.02624	0.02759	0.02854	0.02922	0.02971	0.03008	0.03035	0.03056
23		0.03114	0.03284	0.03402	0.03485	0.03546	0.03590	0.03623	0.03649
24		0.03559	0.03758	0.03896	0.03994	0.04064	0.04115	0.04154	0.04183

附表 16-13 (45) M_{R0} (拱脚) $m=3.500$

截面号 \ $\frac{f}{L}$	$\frac{1}{3}$	$\frac{1}{4}$	$\frac{1}{5}$	$\frac{1}{6}$	$\frac{1}{7}$	$\frac{1}{8}$	$\frac{1}{9}$	$\frac{1}{10}$
24′	0.03559	0.03758	0.03896	0.03994	0.04064	0.04112	0.04154	0.04183
23′	0.03954	0.04178	0.04334	0.04443	0.04521	0.04579	0.04621	0.04654
22′	0.04297	0.04541	0.04710	0.04828	0.04913	0.04975	0.05021	0.05056
21′	0.04583	0.04841	0.05020	0.05146	0.05235	0.05300	0.05349	0.05386
20′	0.04811	0.05078	0.05264	0.05393	0.05485	0.05553	0.05603	0.05641
19′	0.04979	0.05250	0.05437	0.05568	0.05662	0.05730	0.05780	0.05819
18′	0.05085	0.05354	0.05540	0.05670	0.05763	0.05830	0.05880	0.05918
17′	0.05130	0.05391	0.05572	0.05698	0.05788	0.05854	0.05902	0.05939
16′	0.05112	0.05360	0.05533	0.05653	0.05739	0.05801	0.05847	0.05883
15′	0.05031	0.05263	0.05424	0.05537	0.05617	0.05675	0.05718	0.05750
14′	0.04890	0.05101	0.05248	0.05351	0.05424	0.05477	0.05516	0.05545
13′	0.04690	0.04877	0.05008	0.05099	0.05164	0.05211	0.05245	0.05272
12′	0.04432	0.04594	0.04707	0.04785	0.04842	0.04882	0.04912	0.04935
11′	0.04122	0.04256	0.04351	0.04417	0.04464	0.04497	0.04522	0.04541
10′	0.03763	0.03871	0.03947	0.03999	0.04037	0.04064	0.04083	0.04098
9′	0.03362	0.03444	0.03502	0.03542	0.03570	0.03590	0.03605	0.03616
8′	0.02927	0.02984	0.03025	0.03054	0.03073	0.03088	0.03098	0.03106
7′	0.02466	0.02503	0.02529	0.02547	0.02560	0.02568	0.02575	0.02579
6′	0.01992	0.02012	0.02027	0.02036	0.02042	0.02047	0.02050	0.02052
5′	0.01521	0.01528	0.01534	0.01537	0.01539	0.01540	0.01541	0.01541
4′	0.01069	0.01069	0.01069	0.01068	0.01067	0.01066	0.01066	0.01065
3′	0.00661	0.00657	0.00654	0.00652	0.00650	0.00648	0.00647	0.00646

附录16 等截面悬链线无铰拱计算用表

续表

截面号 \ f/L	1/3	1/4	1/5	1/6	1/7	1/8	1/9	1/10
2'	0.00323	0.00319	0.00316	0.00314	0.00313	0.00311	0.00310	0.00310
1'	0.00089	0.00087	0.00086	0.00085	0.00085	0.00084	0.00084	0.00083
0'	0	0	0	0	0	0	0	0

注：l_1、l_2、l_3 = (表值) $\times L$
　　M = (表值) $\times L^2$
　　H = (表值) $\times \dfrac{L^2}{f}$
　　V = (表值) $\times L$
　　N = (表值) $\times L$

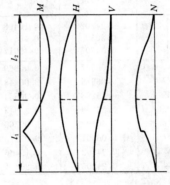

附表图 16-2 拱顶（截面 24）内力影响线面积

附表图 16-3 拱跨 1/4 点（截面 12）内力影响线面积

附表图 16-4 拱脚（截面 0）内力影响线面积

M 及相应的 H、V、N 影响线面积

$m=2.240$　　$\dfrac{f}{L}=\dfrac{1}{3}$　　附表 16-14（1）

项目	截面	24（拱顶）	$18\left(\dfrac{3}{8}L\right)$	$12\left(\dfrac{1}{4}L\right)$	$6\left(\dfrac{1}{8}L\right)$	0（拱脚）
M 影响线	l_1	0.34473	0.11166	0.40315	0.24234	0.37832
反弯点	l_2	0.31054	0.40154	0.59685	0.64755	0.62168
位置	l_3	0.34473	0.48681		0.11011	
$M_{\max}$		0.00726	0.00889	0.00926	0.00352	0.01793
相应的 H		0.06694	0.06473	0.04190	0.01496	0.09031
相应的 V		0.15527	0.29892	0.34749	0.22982	0.16871
相应的 N		0.20082	0.19648	0.15812	0.10621	0.28833
$M_{\min}$		−0.00512	−0.00779	−0.01042	−0.00535	−0.01377
相应的 H		0.06007	0.06228	0.08511	0.11206	0.03670
相应的 V		0.34473	0.20108	0.15251	0.27018	0.33129
相应的 N		0.18021	0.20425	0.29738	0.42833	0.33827

M 及相应的 H、V、N 影响线面积

$m=2.240$　　$\dfrac{f}{L}=\dfrac{1}{4}$　　续表

项目	截面	24（拱顶）	$18\left(\dfrac{3}{8}L\right)$	$12\left(\dfrac{1}{4}L\right)$	$6\left(\dfrac{1}{8}L\right)$	0（拱脚）
M 影响线	l_1	0.34702	0.10408	0.39959	0.23563	0.37932
反弯点	l_2	0.30595	0.40576	0.60041	0.59110	0.62068
位置	l_3	0.34702	0.49017		0.17327	
$M_{\max}$		0.00697	0.00869	0.00906	0.00339	0.01860
相应的 H		0.06675	0.06448	0.04101	0.01770	0.09052
相应的 V		0.15298	0.30554	0.34612	0.22833	0.16720
相应的 N		0.26699	0.25943	0.18919	0.11898	0.36247
$M_{\min}$		−0.00493	−0.00769	−0.01027	−0.00519	−0.01430
相应的 H		0.06051	0.06278	0.08625	0.10956	0.03674
相应的 V		0.34702	0.19446	0.15388	0.27167	0.33280
相应的 N		0.24205	0.26451	0.37773	0.51310	0.34839

M 及相应的 H、V、N 影响线面积

$m=2.240$　　$\dfrac{f}{L}=\dfrac{1}{5}$　　续表

项目	截面	24（拱顶）	$18\left(\dfrac{3}{8}L\right)$	$12\left(\dfrac{1}{4}L\right)$	$6\left(\dfrac{1}{8}L\right)$	0（拱脚）
M 影响线	l_1	0.34842	0.09722	0.39745	0.23097	0.37991
反弯点	l_2	0.30316	0.41075	0.60255	0.55907	0.62009
位置	l_3	0.34842	0.49202		0.20995	
$M_{\max}$		0.00681	0.00857	0.00892	0.00332	0.01905
相应的 H		0.06664	0.06442	0.04047	0.02040	0.09067
相应的 V		0.15158	0.31193	0.34535	0.22822	0.16622
相应的 N		0.33318	0.32320	0.22281	0.14084	0.44469
$M_{\min}$		−0.00483	−0.00762	−0.01016	−0.00510	−0.01465
相应的 H		0.06078	0.06300	0.08695	0.10702	0.03675
相应的 V		0.34842	0.18807	0.15465	0.27178	0.33378
相应的 N		0.30391	0.32587	0.46141	0.59833	0.36216

附录 16 等截面悬链线无铰拱计算用表　283

M 及相应的 H、V、N 影响线面积

$m = 2.240 \quad \dfrac{f}{L} = \dfrac{1}{6}$　　　　　续表

项目		截面	24（拱顶）	18$\left(\dfrac{3}{8}L\right)$	12$\left(\dfrac{1}{4}L\right)$	6$\left(\dfrac{1}{8}L\right)$	0（拱脚）
M 影响线		l_1	0.34932	0.09383	0.39600	0.22798	0.38026
反 弯 点		l_2	0.30136	0.41302	0.60391	0.54006	0.61974
位　置		l_3	0.34932	0.49315		0.23196	
$M_{\max}$			0.00671	0.00849	0.00882	0.00328	0.01937
相应的 H			0.06657	0.06434	0.04012	0.02242	0.09077
相应的 V			0.15068	0.31513	0.34488	0.22853	0.16559
相应的 N			0.39941	0.38694	0.25793	0.16682	0.53141
$M_{\min}$			−0.00477	−0.00757	−0.01007	−0.00505	−0.01490
相应的 H			0.06096	0.06319	0.08741	0.10511	0.03675
相应的 V			0.34932	0.18487	0.15512	0.27147	0.33441
相应的 N			0.36573	0.38820	0.54687	0.68517	0.37947

M 及相应的 H、V、N 影响线面积

$m = 2.240 \quad \dfrac{f}{L} = \dfrac{1}{7}$　　　　　续表

项目		截面	24（拱顶）	18$\left(\dfrac{3}{8}L\right)$	12$\left(\dfrac{1}{4}L\right)$	6$\left(\dfrac{1}{8}L\right)$	0（拱脚）
M 影响线		l_1	0.34992	0.09190	0.39524	0.22609	0.38047
反 弯 点		l_2	0.30016	0.41422	0.60476	0.52769	0.61953
位　置		l_3	0.34992	0.49388		0.24623	
$M_{\max}$			0.00665	0.00844	0.00876	0.00326	0.01959
相应的 H			0.06653	0.06428	0.03990	0.02390	0.09088
相应的 V			0.15008	0.31696	0.34461	0.22901	0.16517
相应的 N			0.46568	0.45071	0.29413	0.19493	0.62059
$M_{\min}$			−0.00473	−0.00753	−0.01001	−0.00501	−0.01507
相应的 H			0.06107	0.06332	0.08770	0.10370	0.03675
相应的 V			0.34992	0.18304	0.15539	0.27099	0.33483
相应的 N			0.42749	0.45104	0.63324	0.77367	0.39987

M 及相应的 H、V、N 影响线面积

$m = 2.240 \quad \dfrac{f}{L} = \dfrac{1}{8}$　　　　　续表

项目		截面	24（拱顶）	18$\left(\dfrac{3}{8}L\right)$	12$\left(\dfrac{1}{4}L\right)$	6$\left(\dfrac{1}{8}L\right)$	0（拱脚）
M 影响线		l_1	0.35034	0.09070	0.39467	0.22472	0.38061
反 弯 点		l_2	0.29931	0.41492	0.60533	0.51941	0.61939
位　置		l_3	0.35034	0.49438		0.25587	
$M_{\max}$			0.00661	0.00840	0.00871	0.00325	0.01975
相应的 H			0.06650	0.06423	0.03974	0.02497	0.09090
相应的 V			0.14966	0.31811	0.34445	0.22936	0.16488
相应的 N			0.53197	0.51451	0.33102	0.22382	0.71108
$M_{\min}$			−0.00470	−0.00751	−0.00997	−0.00499	−0.01519
相应的 H			0.06115	0.06342	0.08790	0.10268	0.03675
相应的 V			0.35034	0.18189	0.15555	0.27064	0.33512
相应的 N			0.48920	0.51417	0.72020	0.86395	0.42287

M 及相应的 H、V、N 影响线面积

$m = 2.240 \quad \dfrac{f}{L} = \dfrac{1}{9}$ 续表

项目	截面		24（拱顶）	18$\left(\dfrac{3}{8}L\right)$	12$\left(\dfrac{1}{4}L\right)$	6$\left(\dfrac{1}{8}L\right)$	0（拱脚）
M 影响线		l_1	0.35065	0.08990	0.39426	0.22372	0.38070
反弯点		l_2	0.29870	0.41536	0.60574	0.51358	0.61930
位 置		l_3	0.35065	0.49474		0.26271	
M_{max}			0.00657	0.00837	0.00867	0.00325	0.01986
相应的 H			0.06648	0.06420	0.03963	0.02576	0.09094
相应的 V			0.14935	0.31889	0.34433	0.22962	0.16467
相应的 N			0.59829	0.57836	0.36836	0.25312	0.80228
M_{min}			−0.00468	−0.00749	−0.00993	−0.00498	−0.01528
相应的 H			0.06121	0.06349	0.08805	0.10193	0.03674
相应的 V			0.35065	0.18111	0.15567	0.27038	0.33533
相应的 N			0.55087	0.57748	0.80759	0.95560	0.44800

M 及相应的 H、V、N 影响线面积

$m = 2.240 \quad \dfrac{f}{L} = \dfrac{1}{10}$ 续表

项目	截面		24（拱顶）	18$\left(\dfrac{3}{8}L\right)$	12$\left(\dfrac{1}{4}L\right)$	6$\left(\dfrac{1}{8}L\right)$	0（拱脚）
M 影响线		l_1	0.35088	0.08934	0.39395	0.22296	0.38077
反弯点		l_2	0.29824	0.41566	0.60605	0.50900	0.61923
位 置		l_3	0.35088	0.49500		0.26304	
M_{max}			0.00655	0.00835	0.00864	0.00324	0.01995
相应的 H			0.06646	0.06417	0.03955	0.02640	0.09098
相应的 V			0.14912	0.31943	0.34425	0.22989	0.16451
相应的 N			0.66462	0.64223	0.40603	0.28310	0.89385
M_{min}			−0.00466	−0.00748	−0.00991	−0.00496	−0.01535
相应的 H			0.06125	0.06354	0.08816	0.10132	0.03674
相应的 V			0.35088	0.18057	0.15575	0.27011	0.33549
相应的 N			0.61251	0.64091	0.89525	1.04788	0.47486

M 及相应的 H、V、N 影响线面积

$m = 2.514 \quad \dfrac{f}{L} = \dfrac{1}{3}$ 附表 16-14（2）

项目	截面		24（拱顶）	18$\left(\dfrac{3}{8}L\right)$	12$\left(\dfrac{1}{4}L\right)$	6$\left(\dfrac{1}{8}L\right)$	0（拱脚）
M 影响线		l_1	0.34166	0.11122	0.40228	0.24173	0.37500
反弯点		l_2	0.31668	0.40351	0.59772	0.66945	0.62500
位 置		l_3	0.34166	0.48527		0.08881	
M_{max}			0.00750	0.00902	0.00922	0.00352	0.01831
相应的 H			0.06814	0.06523	0.04187	0.01423	0.09114
相应的 V			0.15834	0.29995	0.34681	0.22855	0.17107
相应的 N			0.20442	0.19820	0.15754	0.10382	0.29008
M_{min}			−0.00497	−0.00772	−0.01058	−0.00569	−0.01348
相应的 H			0.05917	0.06208	0.08544	0.11308	0.03617
相应的 V			0.34166	0.20005	0.15319	0.27145	0.32893
相应的 N			0.17750	0.20327	0.29861	0.43133	0.33638

M 及相应的 H、V、N 影响线面积

$m = 2.514 \qquad \dfrac{f}{L} = \dfrac{1}{4}$ 续表

项目	截面	24（拱顶）	$18\left(\dfrac{3}{8}L\right)$	$12\left(\dfrac{1}{4}L\right)$	$6\left(\dfrac{1}{8}L\right)$	0（拱脚）
M 影响线 反弯点 位 置	l_1	0.34398	0.10379	0.39860	0.23495	0.37609
	l_2	0.31204	0.40752	0.60140	0.61006	0.62391
	l_3	0.34398	0.48870		0.15499	
$M_{\max}$		0.00720	0.00880	0.00902	0.00337	0.01902
相应的 H		0.06798	0.06499	0.04096	0.01634	0.09139
相应的 V		0.15602	0.30643	0.34538	0.22628	0.16947
相应的 N		0.27193	0.26164	0.18857	0.11345	0.36435
$M_{\min}$		−0.00479	−0.00761	−0.01043	−0.00552	−0.01401
相应的 H		0.05962	0.06262	0.08665	0.11127	0.03622
相应的 V		0.34398	0.19357	0.15462	0.27372	0.33053
相应的 N		0.23849	0.26357	0.37951	0.51980	0.34659

M 及相应的 H、V、N 影响线面积

$m = 2.514 \qquad \dfrac{f}{L} = \dfrac{1}{5}$ 续表

项目	截面	24（拱顶）	$18\left(\dfrac{3}{8}L\right)$	$12\left(\dfrac{1}{4}L\right)$	$6\left(\dfrac{1}{8}L\right)$	0（拱脚）
M 影响线 反弯点 位 置	l_1	0.34540	0.09724	0.39639	0.23021	0.37672
	l_2	0.30921	0.41216	0.60361	0.57625	0.62328
	l_3	0.34540	0.49060		0.19354	
$M_{\max}$		0.00703	0.00867	0.00887	0.00329	0.01950
相应的 H		0.06789	0.06492	0.04040	0.01877	0.09155
相应的 V		0.15460	0.31252	0.34458	0.22572	0.16845
相应的 N		0.33947	0.32589	0.22214	0.13261	0.44702
$M_{\min}$		−0.00470	−0.00754	−0.01031	−0.00541	−0.01437
相应的 H		0.05990	0.06288	0.08739	0.10903	0.03625
相应的 V		0.34540	0.18748	0.15542	0.27428	0.33155
相应的 N		0.29951	0.32497	0.46377	0.60816	0.36027

M 及相应的 H、V、N 影响线面积

$m = 2.514 \qquad \dfrac{f}{L} = \dfrac{1}{6}$ 续表

项目	截面	24（拱顶）	$18\left(\dfrac{3}{8}L\right)$	$12\left(\dfrac{1}{4}L\right)$	$6\left(\dfrac{1}{8}L\right)$	0（拱脚）
M 影响线 反弯点 位 置	l_1	0.34631	0.09400	0.39506	0.22728	0.37708
	l_2	0.30738	0.41425	0.60494	0.55568	0.62292
	l_3	0.34631	0.49176		0.21704	
$M_{\max}$		0.00692	0.00859	0.00877	0.00325	0.01983
相应的 H		0.06784	0.06485	0.04007	0.02072	0.09167
相应的 V		0.15369	0.31558	0.34414	0.22594	0.16779
相应的 N		0.40705	0.39013	0.25733	0.15662	0.53447
$M_{\min}$		−0.00464	−0.00749	−0.01023	−0.00534	−0.01462
相应的 H		0.06008	0.06308	0.08786	0.10720	0.03625
相应的 V		0.34631	0.18442	0.15586	0.27406	0.33221
相应的 N		0.36048	0.38732	0.54970	0.69750	0.37729

M 及相应的 H、V、N 影响线面积

$m = 2.514$ $\quad \dfrac{f}{L} = \dfrac{1}{7}$ $\quad\quad$ 续表

项目		截面	24（拱顶）	$18\left(\dfrac{3}{8}L\right)$	$12\left(\dfrac{1}{4}L\right)$	$6\left(\dfrac{1}{8}L\right)$	0（拱脚）
M 影响线		l_1	0.34693	0.09215	0.39421	0.22534	0.37731
反 弯 点		l_2	0.30615	0.41534	0.60580	0.54199	0.62269
位　　置		l_3	0.34693	0.49251		0.23267	
$M_{\max}$			0.00686	0.00853	0.00870	0.00323	0.02007
相应的 H			0.06781	0.06479	0.03984	0.02223	0.09176
相应的 V			0.15307	0.31733	0.34389	0.22635	0.16735
相应的 N			0.47468	0.45441	0.29352	0.18318	0.62452
$M_{\min}$			−0.00460	−0.00746	−0.01017	−0.00530	−0.01430
相应的 H			0.06020	0.06322	0.08817	0.10578	0.03625
相应的 V			0.34693	0.18267	0.15611	0.27365	0.33265
相应的 N			0.42140	0.45017	0.63660	0.78808	0.39733

M 及相应的 H、V、N 影响线面积

$m = 2.514$ $\quad \dfrac{f}{L} = \dfrac{1}{8}$ $\quad\quad$ 续表

项目		截面	24（拱顶）	$18\left(\dfrac{3}{8}L\right)$	$12\left(\dfrac{1}{4}L\right)$	$6\left(\dfrac{1}{8}L\right)$	0（拱脚）
M 影响线		l_1	0.34736	0.09101	0.39361	0.22394	0.37746
反 弯 点		l_2	0.30529	0.41597	0.60639	0.53316	0.62254
位　　置		l_3	0.34736	0.49302		0.24290	
$M_{\max}$			0.00681	0.00849	0.00865	0.00321	0.02024
相应的 H			0.06779	0.09023	0.03969	0.02329	0.09182
相应的 V			0.15264	0.31843	0.34372	0.22662	0.16705
相应的 N			0.54233	0.51874	0.33036	0.21029	0.71600
$M_{\min}$			−0.00457	−0.00744	−0.01012	−0.00527	−0.01492
相应的 H			0.06028	0.06333	0.08839	0.10479	0.03625
相应的 V			0.34736	0.18157	0.15628	0.27338	0.33295
相应的 N			0.48226	0.51380	0.72414	0.88065	0.41989

M 及相应的 H、V、N 影响线面积

$m = 2.514$ $\quad \dfrac{f}{L} = \dfrac{1}{9}$ $\quad\quad$ 续表

项目		截面	24（拱顶）	$18\left(\dfrac{3}{8}L\right)$	$12\left(\dfrac{1}{4}L\right)$	$6\left(\dfrac{1}{8}L\right)$	0（拱脚）
M 影响线		l_1	0.34767	0.09025	0.39318	0.22291	0.37755
反 弯 点		l_2	0.30466	0.41636	0.60682	0.52632	0.62245
位　　置		l_3	0.34767	0.49339		0.25077	
$M_{\max}$			0.00678	0.00846	0.00861	0.00320	0.02036
相应的 H			0.06778	0.06471	0.03958	0.02416	0.09187
相应的 V			0.15233	0.31917	0.34359	0.22694	0.16683
相应的 N			0.61000	0.58311	0.36764	0.23864	0.80824
$M_{\min}$			−0.00455	−0.00742	−0.01009	−0.00525	−0.01502
相应的 H			0.06034	0.06341	0.08854	0.10397	0.03625
相应的 V			0.34767	0.18083	0.15641	0.27306	0.33317
相应的 N			0.54308	0.57659	0.81209	0.97378	0.44455

附录 16 等截面悬链线无铰拱计算用表

M 及相应的 H、V、N 影响线面积

$m = 2.514$　　$\dfrac{f}{L} = \dfrac{1}{10}$　　续表

项目	截面		24（拱顶）	18 $\left(\dfrac{3}{8}L\right)$	12 $\left(\dfrac{1}{4}L\right)$	6 $\left(\dfrac{1}{8}L\right)$	0（拱脚）
M 影响线 反弯点 位 置		l_1	0.34790	0.08973	0.39286	0.22213	0.37762
		l_2	0.30419	0.41662	0.60714	0.52206	0.62238
		l_3	0.34790	0.49366		0.25581	
$M_{\max}$			0.00675	0.00844	0.00858	0.00320	0.02046
相应的 H			0.06777	0.06469	0.03949	0.02471	0.09191
相应的 V			0.15210	0.31968	0.34350	0.22706	0.16667
相应的 N			0.67768	0.64751	0.40526	0.26616	0.90087
$M_{\min}$			−0.00454	−0.00740	−0.01006	−0.00524	−0.01509
相应的 H			0.06039	0.06347	0.08866	0.10344	0.03624
相应的 V			0.34790	0.18032	0.15650	0.27294	0.33333
相应的 N			0.60387	0.64001	0.90033	1.06903	0.47090

M 及相应的 H、V、N 影响线面积

$m = 2.814$　　$\dfrac{f}{L} = \dfrac{1}{3}$　　附表 16-14（3）

项目	截面		24（拱顶）	18 $\left(\dfrac{3}{8}L\right)$	12 $\left(\dfrac{1}{4}L\right)$	6 $\left(\dfrac{1}{8}L\right)$	0（拱脚）
M 影响线 反弯点 位 置		l_1	0.33861	0.11073	0.40144	0.24110	0.37176
		l_2	0.32278	0.40558	0.59856	0.69131	0.62824
		l_3	0.33861	0.48369		0.06759	
$M_{\max}$			0.00775	0.00915	0.00919	0.00352	0.01869
相应的 H			0.06932	0.06573	0.04183	0.01373	0.09195
相应的 V			0.16139	0.30104	0.34615	0.22750	0.17338
相应的 N			0.20796	0.19992	0.15697	0.10209	0.29171
$M_{\min}$			−0.00483	−0.00764	−0.01073	−0.00604	−0.01319
相应的 H			0.05827	0.06187	0.08577	0.11386	0.03564
相应的 V			0.33861	0.19896	0.15385	0.27250	0.32662
相应的 N			0.17482	0.20224	0.29979	0.43365	0.33450

M 及相应的 H、V、N 影响线面积

$m = 2.814$　　$\dfrac{f}{L} = \dfrac{1}{4}$　　续表

项目	截面		24（拱顶）	18 $\left(\dfrac{3}{8}L\right)$	12 $\left(\dfrac{1}{4}L\right)$	6 $\left(\dfrac{1}{8}L\right)$	0（拱脚）
M 影响线 反弯点 位 置		l_1	0.34096	0.10340	0.39764	0.23423	0.37290
		l_2	0.31809	0.40941	0.60236	0.62894	0.62710
		l_3	0.34096	0.48719		0.13683	
$M_{\max}$			0.00743	0.00892	0.00898	0.00336	0.01943
相应的 H			0.06920	0.06550	0.04091	0.01519	0.09223
相应的 V			0.15904	0.30743	0.34466	0.22447	0.17173
相应的 N			0.27679	0.26387	0.18797	0.10875	0.36607
$M_{\min}$			−0.00466	−0.00754	−0.01059	−0.00585	−0.01372
相应的 H			0.05874	0.06102	0.08704	0.11275	0.03571
相应的 V			0.34096	0.19257	0.15534	0.27553	0.32827
相应的 N			0.23497	0.26255	0.38123	0.52555	0.34478

M 及相应的 H、V、N 影响线面积

$$m = 2.814 \qquad \frac{f}{L} = \frac{1}{5} \qquad \text{续表}$$

项目	截面	24（拱顶）	18$\left(\frac{3}{8}L\right)$	12$\left(\frac{1}{4}L\right)$	6$\left(\frac{1}{8}L\right)$	0（拱脚）
M 影响线反弯点位置	l_1	0.34239	0.09717	0.39539	0.22942	0.37356
	l_2	0.31521	0.41369	0.60461	0.59328	0.62644
	l_3	0.34239	0.48914		0.17730	
M_{max}		0.00725	0.00878	0.00882	0.00327	0.01994
相应的 H		0.06913	0.06544	0.04035	0.01732	0.09242
相应的 V		0.15761	0.31322	0.34385	0.22346	0.17067
相应的 N		0.34567	0.32860	0.22155	0.12529	0.44919
M_{min}		−0.00456	−0.00747	−0.01047	−0.00573	−0.01409
相应的 H		0.05903	0.06273	0.08781	0.11085	0.03575
相应的 V		0.34239	0.18678	0.15615	0.27654	0.32933
相应的 N		0.29516	0.32399	0.46600	0.61704	0.35832

M 及相应的 H、V、N 影响线面积

$$m = 2.814 \qquad \frac{f}{L} = \frac{1}{6} \qquad \text{续表}$$

项目	截面	24（拱顶）	18$\left(\frac{3}{8}L\right)$	12$\left(\frac{1}{4}L\right)$	6$\left(\frac{1}{8}L\right)$	0（拱脚）
M 影响线反弯点位置	l_1	0.34332	0.09408	0.39407	0.22657	0.37394
	l_2	0.31336	0.41560	0.60593	0.57093	0.62606
	l_3	0.34332	0.49032		0.20250	
M_{max}		0.00714	0.00869	0.00872	0.00322	0.02030
相应的 H		0.06910	0.06537	0.04002	0.01921	0.09256
相应的 V		0.15668	0.31613	0.34344	0.22359	0.16999
相应的 N		0.41460	0.39336	0.25678	0.14748	0.53734
M_{min}		−0.00451	−0.00742	−0.01039	−0.00565	−0.01435
相应的 H		0.05922	0.06295	0.08830	0.10911	0.03576
相应的 V		0.34332	0.18387	0.15656	0.27641	0.33001
相应的 N		0.35530	0.38636	0.55242	0.70873	0.37509

M 及相应的 H、V、N 影响线面积

$$m = 2.814 \qquad \frac{f}{L} = \frac{1}{7} \qquad \text{续表}$$

项目	截面	24（拱顶）	18$\left(\frac{3}{8}L\right)$	12$\left(\frac{1}{4}L\right)$	6$\left(\frac{1}{8}L\right)$	0（拱脚）
M 影响线反弯点位置	l_1	0.34395	0.09233	0.39319	0.22458	0.37417
	l_2	0.31210	0.41657	0.60681	0.55674	0.62583
	l_3	0.34395	0.49110		0.21868	
M_{max}		0.00707	0.00863	0.00864	0.00319	0.02055
相应的 H		0.06908	0.06531	0.03980	0.02062	0.09266
相应的 V		0.15605	0.31780	0.34317	0.22381	0.16954
相应的 N		0.48357	0.45817	0.29294	0.17186	0.62827
M_{min}		−0.00447	−0.00739	−0.01032	−0.00560	−0.01453
相应的 H		0.05934	0.06311	0.08863	0.10780	0.03576
相应的 V		0.34395	0.18220	0.15683	0.27619	0.33046
相应的 N		0.41538	0.44920	0.63989	0.80201	0.39476

附录16 等截面悬链线无铰拱计算用表　289

M 及相应的 H、V、N 影响线面积

$m=2.814 \qquad \dfrac{f}{L}=\dfrac{1}{8} \qquad$ 续表

项目	截面		24（拱顶）	$18\left(\dfrac{3}{8}L\right)$	$12\left(\dfrac{1}{4}L\right)$	$6\left(\dfrac{1}{8}L\right)$	0（拱脚）
M 影响线 反弯点 位置		l_1	0.34439	0.09125	0.39257	0.22315	0.37432
		l_2	0.31122	0.41712	0.60743	0.54649	0.62568
		l_3	0.34439	0.49163		0.23036	
$M_{\max}$			0.00702	0.00858	0.00859	0.00317	0.02073
相应的 H			0.06907	0.06527	0.03964	0.02176	0.09274
相应的 V			0.15561	0.31884	0.34299	0.22412	0.16922
相应的 N			0.55256	0.52303	0.32972	0.19800	0.72072
$M_{\min}$			−0.00444	−0.00736	−0.01028	−0.00557	−0.01466
相应的 H			0.05943	0.06323	0.08886	0.10674	0.03576
相应的 V			0.34439	0.18116	0.15701	0.27588	0.33078
相应的 N			0.47541	0.51231	0.72801	0.89609	0.41690

M 及相应的 H、V、N 影响线面积

$m=2.814 \qquad \dfrac{f}{L}=\dfrac{1}{9} \qquad$ 续表

项目	截面		24（拱顶）	$18\left(\dfrac{3}{8}L\right)$	$12\left(\dfrac{1}{4}L\right)$	$6\left(\dfrac{1}{8}L\right)$	0（拱脚）
M 影响线 反弯点 位置		l_1	0.34471	0.09054	0.39212	0.22208	0.37441
		l_2	0.31058	0.41746	0.60788	0.54014	0.62559
		l_3	0.34471	0.49200		0.23777	
$M_{\max}$			0.00699	0.00855	0.00855	0.00316	0.02087
相应的 H			0.06906	0.06524	0.03952	0.02250	0.09280
相应的 V			0.15529	0.31953	0.34286	0.22424	0.16900
相应的 N			0.62157	0.58793	0.36695	0.22367	0.81399
$M_{\min}$			−0.00442	−0.00734	−0.01024	−0.00555	−0.01475
相应的 H			0.05949	0.06331	0.08903	0.10605	0.03576
相应的 V			0.34471	0.18047	0.15714	0.27576	0.33100
相应的 N			0.53540	0.57559	0.81653	0.99241	0.44108

M 及相应的 H、V、N 影响线面积

$m=2.814 \qquad \dfrac{f}{L}=\dfrac{1}{10} \qquad$ 续表

项目	截面		24（拱顶）	$18\left(\dfrac{3}{8}L\right)$	$12\left(\dfrac{1}{4}L\right)$	$6\left(\dfrac{1}{8}L\right)$	0（拱脚）
M 影响线 反弯点 位置		l_1	0.34495	0.09004	0.39178	0.22128	0.37448
		l_2	0.31010	0.41768	0.60822	0.53506	0.62552
		l_3	0.34495	0.49228		0.24366	
$M_{\max}$			0.00696	0.00853	0.00852	0.00315	0.002097
相应的 H			0.06906	0.06522	0.03944	0.02312	0.09284
相应的 V			0.15505	0.32002	0.34277	0.22440	0.16883
相应的 N			0.69058	0.65286	0.40451	0.25020	0.90709
$M_{\min}$			−0.00441	−0.00733	−0.01021	−0.00553	−0.01482
相应的 H			0.05954	0.06338	0.08916	0.10547	0.03575
相应的 V			0.34495	0.17998	0.15723	0.27560	0.33117
相应的 N			0.59535	0.63898	0.90534	1.08916	0.46694

M 及相应的 H、V、N 影响线面积

$m=3.142$　　$\dfrac{f}{L}=\dfrac{1}{3}$　　　　附表 16-14（4）

项目	截面		24（拱顶）	18$\left(\dfrac{3}{8}L\right)$	12$\left(\dfrac{1}{4}L\right)$	6$\left(\dfrac{1}{8}L\right)$	0（拱脚）
M 影响线		l_1	0.33557	0.11019	0.40064	0.24042	0.36853
反弯点		l_2	0.32886	0.40773	0.59936	0.71331	0.63147
位　置		l_3	0.33557	0.48208		0.04627	
$M_{\max}$			0.00800	0.00928	0.00916	0.00352	0.019070
相应的 H			0.07048	0.06623	0.04179	0.01344	0.09274
相应的 V			0.16443	0.30219	0.34550	0.22662	0.17570
相应的 N			0.21144	0.20165	0.15642	0.10088	0.29331
$M_{\min}$			−0.00469	−0.00756	−0.01089	−0.00641	−0.01290
相应的 H			0.05738	0.06164	0.08607	0.11443	0.03512
相应的 V			0.33557	0.19784	0.15450	0.27338	0.32430
相应的 N			0.17215	0.20116	0.30090	0.43541	0.33255

M 及相应的 H、V、N 影响线面积

$m=3.142$　　$\dfrac{f}{L}=\dfrac{1}{4}$　　　　续表

项目	截面		24（拱顶）	18$\left(\dfrac{3}{8}L\right)$	12$\left(\dfrac{1}{4}L\right)$	6$\left(\dfrac{1}{8}L\right)$	0（拱脚）
M 影响线		l_1	0.33795	0.10291	0.39670	0.23348	0.36975
反弯点		l_2	0.32410	0.41144	0.60330	0.64760	0.63025
位　置		l_3	0.33795	0.48565		0.11892	
$M_{\max}$			0.00767	0.00904	0.00894	0.00335	0.001985
相应的 H			0.07040	0.06602	0.04086	0.01426	0.09305
相应的 V			0.16205	0.30853	0.34395	0.22289	0.17397
相应的 N			0.28158	0.26611	0.18739	0.10487	0.36769
$M_{\min}$			−0.00452	−0.00746	−0.01075	−0.00620	−0.01344
相应的 H			0.05787	0.06225	0.08741	0.11401	0.03521
相应的 V			0.33795	0.19147	0.15605	0.27711	0.32603
相应的 N			0.23149	0.26147	0.38287	0.53045	0.34292

M 及相应的 H、V、N 影响线面积

$m=3.142$　　$\dfrac{f}{L}=\dfrac{1}{5}$　　　　续表

项目	截面		24（拱顶）	18$\left(\dfrac{3}{8}L\right)$	12$\left(\dfrac{1}{4}L\right)$	6$\left(\dfrac{1}{8}L\right)$	0（拱脚）
M 影响线		l_1	0.33941	0.09701	0.39448	0.22870	0.37044
反弯点		l_2	0.32118	0.41535	0.60552	0.60989	0.62956
位　置		l_3	0.33941	0.48764		0.16141	
$M_{\max}$			0.00748	0.00889	0.00878	0.00325	0.02039
相应的 H			0.07036	0.06596	0.04032	0.01607	0.09327
相应的 V			0.16059	0.31401	0.34317	0.22152	0.17288
相应的 N			0.35178	0.33135	0.22105	0.11901	0.45120
$M_{\min}$			−0.00443	−0.00739	−0.01063	−0.00606	−0.00138
相应的 H			0.05817	0.06257	0.08821	0.11245	0.03526
相应的 V			0.33941	0.18599	0.15683	0.27848	0.32712
相应的 N			0.29085	0.32293	0.46810	0.62484	0.35637

附录 16 等截面悬链线无铰拱计算用表

M 及相应的 H、V、N 影响线面积

$m = 3.142$ $\quad \dfrac{f}{L} = \dfrac{1}{6}$ 续表

项目	截面		24（拱顶）	$18\left(\dfrac{3}{8}L\right)$	$12\left(\dfrac{1}{4}L\right)$	$6\left(\dfrac{1}{8}L\right)$	0（拱脚）
M 影响线 反弯点 位　　置		l_1	0.34035	0.09408	0.39311	0.22583	0.37084
		l_2	0.31930	0.41706	0.60689	0.58584	0.62916
		l_3	0.34035	0.48886		0.18833	
$M_{\max}$			0.00737	0.00873	0.00867	0.00320	0.00208
相应的 H			0.07034	0.06589	0.03998	0.01786	0.09343
相应的 V			0.15965	0.31677	0.34274	0.22146	0.17217
相应的 N			0.42204	0.39663	0.25625	0.13933	0.54000
$M_{\min}$			−0.00437	−0.00734	−0.01054	−0.00597	−0.01407
相应的 H			0.05836	0.06281	0.08872	0.11085	0.03528
相应的 V			0.34035	0.18323	0.15726	0.27854	0.32783
相应的 N			0.35017	0.38530	0.55508	0.71893	0.37291

M 及相应的 H、V、N 影响线面积

$m = 3.142$ $\quad \dfrac{f}{L} = \dfrac{1}{7}$ 续表

项目	截面		24（拱顶）	$18\left(\dfrac{3}{8}L\right)$	$12\left(\dfrac{1}{4}L\right)$	$6\left(\dfrac{1}{8}L\right)$	0（拱脚）
M 影响线 反弯点 位　　置		l_1	0.34099	0.09243	0.39219	0.22380	0.37108
		l_2	0.31801	0.41792	0.60781	0.57090	0.62892
		l_3	0.34099	0.48965		0.20530	
$M_{\max}$			0.00729	0.00828	0.00859	0.00316	0.02103
相应的 H			0.07034	0.06584	0.03975	0.01920	0.09354
相应的 V			0.15901	0.31835	0.34246	0.22153	0.17170
相应的 N			0.49234	0.46198	0.29236	0.16185	0.63176
$M_{\min}$			−0.00434	−0.00731	−0.01043	−0.00592	−0.01426
相应的 H			0.05849	0.06299	0.08908	0.10963	0.03528
相应的 V			0.34099	0.18165	0.15754	0.27847	0.32830
相应的 N			0.40943	0.44813	0.64312	0.81460	0.39223

M 及相应的 H、V、N 影响线面积

$m = 3.142$ $\quad \dfrac{f}{L} = \dfrac{1}{8}$ 续表

项目	截面		24（拱顶）	$18\left(\dfrac{3}{8}L\right)$	$12\left(\dfrac{1}{4}L\right)$	$6\left(\dfrac{1}{8}L\right)$	0（拱脚）
M 影响线 反弯点 位　　置		l_1	0.34144	0.09142	0.39154	0.22233	0.37123
		l_2	0.31711	0.41839	0.60846	0.56089	0.62877
		l_3	0.34144	0.49019		0.21678	
$M_{\max}$			0.00724	0.00868	0.00853	0.00314	0.02123
相应的 H			0.07033	0.06580	0.03959	0.02020	0.09363
相应的 V			0.15856	0.31933	0.34227	0.22163	0.17137
相应的 N			0.56267	0.52738	0.32910	0.18552	0.72516
$M_{\min}$			−0.00431	−0.00728	−0.01043	−0.00588	−0.01439
相应的 H			0.05858	0.06311	0.08933	0.10871	0.03528
相应的 V			0.34144	0.18067	0.15773	0.27837	0.32863
相应的 N			0.46864	0.51122	0.73181	0.91167	0.41396

M 及相应的 H、V、N 影响线面积

$m=3.142 \quad \dfrac{f}{L}=\dfrac{1}{9}$ 续表

项目	截面	24（拱顶）	$18\left(\dfrac{3}{8}L\right)$	$12\left(\dfrac{1}{4}L\right)$	$6\left(\dfrac{1}{8}L\right)$	0（拱脚）
M 影响线 反弯点 位 置	l_1	0.34177	0.09075	0.39107	0.22124	0.37133
	l_2	0.31646	0.41867	0.60893	0.55328	0.62867
	l_3	0.34177	0.49058		0.22548	
$M_{\max}$		0.00720	0.00864	0.00849	0.00312	0.02137
相应的 H		0.07033	0.06578	0.03947	0.02103	0.09370
相应的 V		0.15823	0.31998	0.34214	0.22179	0.17114
相应的 N		0.63300	0.59283	0.36628	0.21038	0.81944
$M_{\min}$		−0.00430	−0.00727	−0.00104	−0.00585	−0.01449
相应的 H		0.05865	0.06320	0.08951	0.10795	0.03528
相应的 V		0.34177	0.18002	0.15786	0.27821	0.32886
相应的 N		0.52781	0.57447	0.82091	1.00933	0.43769

M 及相应的 H、V、N 影响线面积

$m=3.142 \quad \dfrac{f}{L}=\dfrac{1}{10}$ 续表

项目	截面	24（拱顶）	$18\left(\dfrac{3}{8}L\right)$	$12\left(\dfrac{1}{4}L\right)$	$6\left(\dfrac{1}{8}L\right)$	0（拱脚）
M 影响线 反弯点 位 置	l_1	0.34202	0.09029	0.39072	0.22042	0.37140
	l_2	0.31597	0.41884	0.60928	0.54783	0.62860
	l_3	0.34202	0.49087		0.23176	
$M_{\max}$		0.00718	0.00862	0.00846	0.00311	0.02148
相应的 H		0.07033	0.06575	0.03938	0.02165	0.09375
相应的 V		0.15798	0.32043	0.34204	0.22192	0.17097
相应的 N		0.70334	0.65831	0.40378	0.23543	0.91419
$M_{\min}$		−0.00428	−0.00725	−0.01036	−0.00583	−0.01456
相应的 H		0.05869	0.06327	0.08965	0.10738	0.03528
相应的 V		0.34202	0.17957	0.15796	0.27808	0.32903
相应的 N		0.58694	0.63782	0.91028	0.11081	0.46308

M 及相应的 H、V、N 影响线面积

$m=3.500 \quad \dfrac{f}{L}=\dfrac{1}{3}$ 附表 16-14（5）

项目	截面	24（拱顶）	$18\left(\dfrac{3}{8}L\right)$	$12\left(\dfrac{1}{4}L\right)$	$6\left(\dfrac{1}{8}L\right)$	0（拱脚）
M 影响线 反弯点 位 置	l_1	0.33239	0.10960	0.39986	0.23972	0.36529
	l_2	0.33522	0.40996	0.60014	0.73610	0.63471
	l_3	0.33239	0.48043		0.02418	
$M_{\max}$		0.00826	0.00942	0.00913	0.00352	0.01945
相应的 H		0.07168	0.06674	0.04176	0.01330	0.09352
相应的 V		0.16761	0.30340	0.34487	0.22584	0.17804
相应的 N		0.21505	0.20337	0.15588	0.10008	0.29487
$M_{\min}$		−0.00455	−0.00747	−0.01105	−0.00678	−0.01261
相应的 H		0.05644	0.06139	0.08637	0.11482	0.03460
相应的 V		0.33239	0.19660	0.15513	0.27416	0.32196
相应的 N		0.16933	0.20002	0.30194	0.43675	0.33054

M 及相应的 H、V、N 影响线面积

$m = 3.500 \qquad \dfrac{f}{L} = \dfrac{1}{4} \qquad$ 续表

项目		截面	24（拱顶）	$18\left(\dfrac{3}{8}L\right)$	$12\left(\dfrac{1}{4}L\right)$	$6\left(\dfrac{1}{8}L\right)$	0（拱脚）
M 影响线		l_1	0.33496	0.10233	0.39580	0.23271	0.36659
反弯点		l_2	0.33008	0.41359	0.60420	0.66574	0.63341
位置		l_3	0.33496	0.48408		0.10155	
	$M_{\max}$		0.00791	0.00916	0.00890	0.00335	0.02026
	相应的 H		0.07158	0.06654	0.04081	0.01353	0.09387
	相应的 V		0.16504	0.30974	0.34325	0.22152	0.17623
	相应的 N		0.28630	0.26838	0.18682	0.10177	0.36924
	$M_{\min}$		-0.00439	-0.00738	-0.01091	-0.00656	-0.01316
	相应的 H		0.05701	0.06204	0.08777	0.11505	0.03472
	相应的 V		0.33496	0.19026	0.15675	0.27848	0.32377
	相应的 N		0.22803	0.26031	0.38445	0.53453	0.34100

M 及相应的 H、V、N 影响线面积

$m = 3.500 \qquad \dfrac{f}{L} = \dfrac{1}{5} \qquad$ 续表

项目		截面	24（拱顶）	$18\left(\dfrac{3}{8}L\right)$	$12\left(\dfrac{1}{4}L\right)$	$6\left(\dfrac{1}{8}L\right)$	0（拱脚）
M 影响线		l_1	0.33644	0.09676	0.39359	0.22799	0.36732
反弯点		l_2	0.32712	0.41713	0.60641	0.62591	0.63268
位置		l_3	0.33644	0.48611		0.14609	
	$M_{\max}$		0.00772	0.00900	0.00873	0.00324	0.02084
	相应的 H		0.07156	0.06648	0.04028	0.01503	0.09411
	相应的 V		0.16356	0.31491	0.34251	0.21982	0.17509
	相应的 N		0.35781	0.33413	0.22056	0.11371	0.45309
	$M_{\min}$		-0.00430	-0.00731	-0.01079	-0.00641	-0.01354
	相应的 H		0.05732	0.06240	0.08860	0.11385	0.03477
	相应的 V		0.33644	0.18509	0.15749	0.28018	0.32491
	相应的 N		0.28659	0.32179	0.47012	0.63163	0.35436

M 及相应的 H、V、N 影响线面积

$m = 3.500 \qquad \dfrac{f}{L} = \dfrac{1}{6} \qquad$ 续表

项目		截面	24（拱顶）	$18\left(\dfrac{3}{8}L\right)$	$12\left(\dfrac{1}{4}L\right)$	$6\left(\dfrac{1}{8}L\right)$	0（拱脚）
M 影响线		l_1	0.33740	0.09400	0.39217	0.22507	0.36774
反弯点		l_2	0.32520	0.41864	0.60783	0.60199	0.63226
位置		l_3	0.33740	0.48735		0.17294	
	$M_{\max}$		0.00760	0.00890	0.00862	0.00317	0.02124
	相应的 H		0.07157	0.06642	0.03994	0.01653	0.09429
	相应的 V		0.16260	0.31751	0.34206	0.21939	0.17436
	相应的 N		0.42939	0.39995	0.25574	0.13133	0.54250
	$M_{\min}$		-0.00424	-0.00727	-0.01070	-0.00631	-0.01380
	相应的 H		0.05752	0.06266	0.08914	0.11255	0.03479
	相应的 V		0.33740	0.18249	0.15794	0.28061	0.32564
	相应的 N		0.34510	0.38415	0.55767	0.72894	0.37067

M 及相应的 H、V、N 影响线面积

$m = 3.500 \qquad \dfrac{f}{L} = \dfrac{1}{7}$ 续表

项目	截面	24（拱顶）	18$\left(\dfrac{3}{8}L\right)$	12$\left(\dfrac{1}{4}L\right)$	6$\left(\dfrac{1}{8}L\right)$	0（拱脚）
M 影响线	l_1	0.33806	0.09246	0.39121	0.22300	0.36799
反弯点	l_2	0.32389	0.41938	0.60879	0.58559	0.63201
位 置	l_3	0.33806	0.48817		0.19140	
M_{max}		0.00752	0.00883	0.00853	0.00313	0.00215
相应的 H		0.07157	0.06638	0.03971	0.01784	0.09442
相应的 V		0.16194	0.31899	0.34177	0.21935	0.17387
相应的 N		0.50101	0.46584	0.29181	0.15227	0.63508
M_{min}		−0.00421	−0.00723	−0.01063	−0.00624	−0.01399
相应的 H		0.05765	0.06285	0.08952	0.11139	0.03480
相应的 V		0.33806	0.18101	0.15823	0.28065	0.32613
相应的 N		0.40355	0.44696	0.64628	0.82672	0.38966

M 及相应的 H、V、N 影响线面积

$m = 3.500 \qquad \dfrac{f}{L} = \dfrac{1}{8}$ 续表

项目	截面	24（拱顶）	18$\left(\dfrac{3}{8}L\right)$	12$\left(\dfrac{1}{4}L\right)$	6$\left(\dfrac{1}{8}L\right)$	0（拱脚）
M 影响线	l_1	0.33852	0.09151	0.39053	0.22150	0.36815
反弯点	l_2	0.32297	0.41976	0.60947	0.57462	0.63185
位 置	l_3	0.33852	0.48873		0.20389	
M_{max}		0.00747	0.00878	0.00848	0.00311	0.02173
相应的 H		0.07158	0.06634	0.03954	0.01883	0.09452
相应的 V		0.16148	0.31990	0.34157	0.21938	0.17353
相应的 N		0.57265	0.53180	0.32851	0.17452	0.72940
M_{min}		−0.00419	−0.00721	−0.01058	−0.00620	−0.01413
相应的 H		0.05774	0.06298	0.08979	0.11049	0.03480
相应的 V		0.33852	0.18010	0.15843	0.28062	0.32647
相应的 N		0.46195	0.51002	0.73554	0.92574	0.41099

M 及相应的 H、V、N 影响线面积

$m = 3.500 \qquad \dfrac{f}{L} = \dfrac{1}{9} \qquad$ 续表

项目	截面		24（拱顶）	$18\left(\dfrac{3}{8}L\right)$	$12\left(\dfrac{1}{4}L\right)$	$6\left(\dfrac{1}{8}L\right)$	0（拱脚）
M 影响线 反弯点 位置		l_1	0.33885	0.09089	0.39005	0.22038	0.36825
		l_2	0.32230	0.41998	0.60995	0.56681	0.63175
		l_3	0.33885	0.48913		0.21281	
$M_{\max}$			0.00743	0.00874	0.00843	0.00309	0.02189
相应的 H			0.07159	0.06632	0.03942	0.01961	0.09460
相应的 V			0.16115	0.32051	0.34143	0.21945	0.17329
相应的 N			0.64431	0.59780	0.36564	0.19754	0.82469
$M_{\min}$			-0.00417	-0.00719	-0.01054	-0.00616	-0.01423
相应的 H			0.05781	0.06308	0.08998	0.10979	0.03480
相应的 V			0.33885	0.17949	0.15857	0.28055	0.32671
相应的 N			0.52031	0.57323	0.82521	1.02576	0.43428

M 及相应的 H、V、N 影响线面积

$m = 3.500 \qquad \dfrac{f}{L} = \dfrac{1}{10} \qquad$ 续表

项目	截面		24（拱顶）	$18\left(\dfrac{3}{8}L\right)$	$12\left(\dfrac{1}{4}L\right)$	$6\left(\dfrac{1}{8}L\right)$	0（拱脚）
M 影响线 反弯点 位置		l_1	0.33910	0.09047	0.38968	0.21953	0.36832
		l_2	0.32179	0.42011	0.61032	0.56132	0.63168
		l_3	0.33910	0.48942		0.21914	
$M_{\max}$			0.00740	0.00872	0.00840	0.00308	0.02200
相应的 H			0.07160	0.06630	0.03933	0.02018	0.09466
相应的 V			0.16090	0.32093	0.34132	0.21949	0.17312
相应的 N			0.71596	0.66383	0.40309	0.22068	0.92048
$M_{\min}$			-0.00416	-0.00717	-0.01051	-0.00614	-0.01430
相应的 H			0.05786	0.06316	0.09013	0.10928	0.03480
相应的 V			0.33910	0.17907	0.15868	0.28051	0.32668
相应的 N			0.57863	0.63654	0.91515	1.12694	0.45920

悬链线无铰拱影响线等代荷载表

附表 16-15 (1)

拱跨 $\frac{1}{4}$ 点 M_{max} 及相应的 H

$\mu = \frac{\omega \Delta}{\omega} = 1.32$

跨径 L		λ	汽车-20级		汽车-15级		汽车-10级		履带-50		挂车-80	
			M_{max}	H	M_{max}	H	M_{max}	H	M_{max}	H	M_{max}	H
m		m	kN/m	kN/m	kN/m	kN/m	kN/m	kN/m	kN/m	kN/m	kN/m	kN/m
20		79.2	58.0	48.2	44.1	23.0	33.9	17.6	99.2	78.4	105.0	57.6
25		99.0	51.2	38.4	37.0	19.7	28.3	15.0	88.8	63.4	93.2	67.9
30		118.9	45.7	32.5	32.2	17.3	24.6	13.2	79.2	53.7	87.8	60.6
35		138.7	41.3	28.0	28.7	15.5	21.8	11.7	71.6	46.3	82.6	54.9
40		158.5	37.6	24.6	26.7	21.3	20.1	15.6	64.9	41.1	77.6	50.5
45		178.3	34.3	22.0	24.7	18.6	18.1	13.6	60.1	36.9	73.8	46.6
50		198.1	31.7	19.8	24.2	17.8	17.9	13.0	54.9	32.7	69.1	43.3
60		237.7	27.8	17.7	22.3	15.6	16.4	11.3	47.6	28.3	62.0	37.5
70		277.3	25.1	15.6	20.6	13.9	15.1	10.1	41.6	23.7	55.6	33.1
80		316.9	23.2	14.2	19.1	12.5	14.0	09.0	36.4	20.9	50.8	4.31
90		356.6	21.7	13.2	17.8	11.3	12.9	08.2	32.8	18.5	46.5	26.8
100		396.2	20.5	13.5	16.8	10.3	12.1	07.5	28.7	18.2	43.1	24.5
110		435.8	19.4	11.6	15.7	09.6	11.3	06.9	26.7	14.9	40.0	22.6
120		475.4	18.4	11.8	15.0	11.6	10.9	08.2	25.5	14.3	37.2	20.8

附录16 等截面悬链线无铰拱计算用表　297

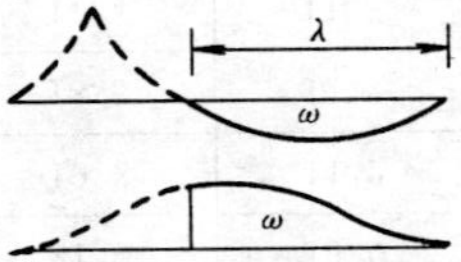

附表 16-15（2）

拱跨 $\frac{1}{4}$ 点 M_{min} 及相应的 H　　　$\mu = \frac{\omega_\triangle}{\omega} = 0.86$

跨径	λ	汽车-20级		汽车-15级		汽车-10级		履带-50		挂车-80	
L		M_{min}	H	M_{min}	H	M_{min}	H	M_{min}	H	M_{min}	H
m	m	kN/m	kN/m	kN/m	kN/m	kN/m	kN/m	kN/m	kN/m	kN/m	kN/m
20	120.8	36.9	32.8	24.7	22.7	18.5	17.3	66.1	64.7	83.0	78.1
25	151.0	30.9	26.9	22.4	20.3	16.6	15.0	53.9	46.7	74.7	70.1
30	181.1	26.5	22.7	21.1	20.2	15.2	15.6	45.9	39.6	66.1	60.0
35	211.3	23.4	22.4	20.4	19.2	14.7	14.2	39.2	33.9	58.6	52.2
40	241.5	21.6	20.5	19.3	17.7	13.9	12.5	34.2	29.7	52.5	46.1
45	271.7	20.7	19.9	17.8	15.9	12.9	11.4	30.8	26.7	47.4	41.3
50	301.9	20.0	19.1	17.0	15.5	12.2	11.0	27.9	24.1	43.1	37.2
60	362.3	19.6	17.0	14.9	13.7	10.6	9.5	23.6	19.8	36.5	31.3
70	422.7	17.0	15.6	13.8	12.8	9.9	9.1	20.2	17.5	31.6	26.9
80	483.1	16.1	15.3	13.0	12.1	9.3	7.1	17.7	15.4	27.8	23.5
90	543.4	15.3	15.4	12.3	11.3	8.7	8.2	15.5	13.8	24.8	21.0
100	603.8	14.7	14.7	11.6	10.9	8.2	7.8	14.0	12.3	22.4	18.9
110	664.2	14.4	15.0	11.4	10.6	8.0	7.7	12.9	11.6	20.4	17.2
120	724.6	14.0	13.6	11.1	10.6	7.8	7.2	11.8	10.3	18.7	15.8

附表 16-15 (3) 拱顶 M_{max} 及相应的 H $\mu = \dfrac{\omega_\triangle}{\omega} = 1.16$

跨径 L	λ	汽车-20 级		汽车-15 级		汽车-10 级		履带-50		挂车-80	
		M_{max}	H	M_{max}	H	M_{max}	H	M_{max}	H	M_{max}	H
m	m	kN/m	kN/m	kN/m	kN/m	kN/m	kN/m	kN/m	kN/m	kN/m	kN/m
20	63.8	60.7	46.8	44.1	30.3	34.1	22.8	104.0	80.4	87.1	108.9
25	79.7	53.0	38.4	37.7	25.1	29.0	18.9	94.3	65.9	85.6	94.6
30	95.6	48.6	32.4	33.2	21.3	25.5	16.0	85.0	55.7	83.5	81.5
35	111.6	44.1	28.0	29.9	18.5	22.8	13.9	76.7	47.0	80.7	71.6
40	127.5	40.2	24.7	27.0	16.3	20.6	12.3	69.7	41.1	77.6	63.6
45	143.5	37.0	22.0	24.7	14.6	18.8	10.9	64.2	37.1	74.1	57.2
50	159.4	34.1	19.9	23.8	21.4	17.8	15.4	59.4	33.1	70.5	51.9
60	191.3	29.6	16.6	22.4	18.4	16.6	13.1	51.0	27.5	64.2	43.9
70	223.2	26.1	14.3	21.0	16.0	15.5	11.4	44.7	23.7	58.3	37.6
80	255.0	23.4	12.5	19.8	14.2	14.5	10.1	38.8	22.5	53.7	33.1
90	286.9	21.9	17.5	18.5	12.7	13.5	9.1	35.6	18.8	49.4	29.5
100	318.8	21.0	15.9	17.4	11.5	12.7	8.2	32.3	16.1	45.9	26.5
110	350.7	20.0	14.6	16.4	10.5	11.9	7.5	29.8	15.1	42.5	24.2
120	382.6	18.9	13.5	15.4	9.6	11.2	6.9	27.4	13.2	39.8	22.2

附表 16-15 (4)

拱顶 M_{max} 及相应的 H

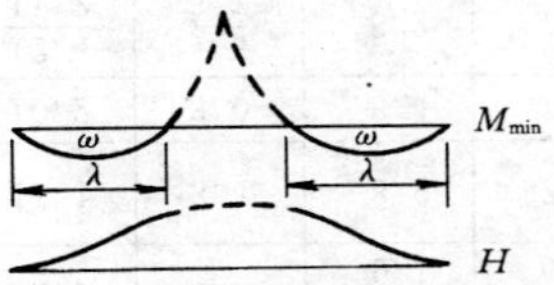

$$\mu = \frac{\omega_\triangle}{\omega} = 0.87$$

跨径 L	λ	汽车-20级		汽车-15级		汽车-10级		履带-50		挂车-80	
		M_{min}	H	M_{min}	H	M_{min}	H	M_{min}	H	M_{min}	H
m	m	kN/m	kN/m	kN/m	kN/m	kN/m	kN/m	kN/m	kN/m	kN/m	kN/m
20	68.1	41.4	38.7	26.8	29.6	19.7	21.4	50.0	44.8	48.9	38.3
25	85.2	38.0	35.5	26.1	23.0	18.9	16.7	43.4	37.4	42.8	40.0
30	102.2	34.6	30.5	23.9	20.4	17.3	14.5	37.9	31.8	43.0	41.9
35	119.2	31.3	25.7	21.9	18.9	15.8	12.8	33.3	27.0	41.9	38.2
40	136.2	28.4	22.3	20.0	19.3	14.3	11.7	29.6	23.9	39.7	34.9
45	153.3	25.9	20.1	18.9	16.3	13.5	11.7	26.7	21.1	37.5	32.3
50	170.3	23.8	18.2	18.0	15.1	12.8	10.8	24.2	19.5	35.0	29.9
60	204.3	20.3	15.2	16.6	14.5	11.6	10.3	20.3	15.7	30.6	24.7
70	238.4	18.0	14.4	15.2	13.3	10.7	9.4	17.7	14.2	27.6	21.4
80	272.5	16.7	14.3	13.9	11.9	9.7	8.4	15.1	11.5	24.2	18.8
90	306.5	16.0	14.4	12.9	10.8	9.0	7.6	13.9	10.5	21.8	17.2
100	340.6	15.6	14.5	12.4	10.3	8.7	7.2	12.2	8.6	19.8	15.0
110	374.7	14.9	14.0	11.8	10.5	8.2	7.3	11.2	8.6	18.1	13.9
120	408.7	14.7	12.9	11.5	10.2	8.0	7.4	10.3	7.7	16.7	12.9

附表 16-15 (5)

拱脚 M_{max} 及相应的 H 及 V，$\mu = \dfrac{\omega_\Delta}{\omega} = 0.85$

跨径 L	λ	汽车-20级 M_{max}	H	V	汽车-15级 M_{max}	H	V	汽车-10级 M_{max}	H	V	履带-50 M_{max}	H	V	挂车-80 M_{max}	H	V
m	m	kN·m	kN/m	kN/m	kN·m	kN/m	kN/m	kN·m	kN/m	kN/m	kN·m	kN/m	kN/m	kN·m	kN/m	kN/m
20	12.50	35.5	30.1	8.8	24.1	22.0	6.9	18.1	16.4	5.1	63.7	51.7	14.9	81.2	75.8	24.2
25	15.63	29.8	24.6	7.0	21.7	19.3	5.9	16.0	14.2	4.4	52.3	42.2	12.0	72.7	63.7	19.3
30	18.75	25.6	21.2	6.0	20.7	20.0	6.6	15.0	14.5	4.8	43.6	35.3	10.0	64.2	54.4	15.9
35	21.88	$\dfrac{22.3}{22.5}$	$\dfrac{18.0}{19.4}$	$\dfrac{5.0}{5.8}$	19.9	18.3	5.7	14.3	13.3	4.2	38.1	31.1	8.4	56.9	46.1	13.6
40	25.00	20.6	18.1	5.5	18.8	16.8	5.1	13.5	12.2	3.7	33.3	27.1	7.3	50.9	41.8	11.8
45	28.13	19.9	19.2	6.3	17.6	15.5	4.7	12.6	11.2	3.4	29.4	24.2	6.7	46.0	37.4	10.5
50	31.25	19.4	18.5	6.0	16.4	13.8	4.0	11.8	9.9	2.9	26.7	21.8	6.0	41.8	33.9	9.5
60	37.50	18.0	16.2	5.0	14.4	12.2	3.5	10.3	8.6	2.5	22.5	18.5	5.1	35.3	28.4	7.9
70	43.75	16.5	13.9	4.1	13.2	$\dfrac{12.4}{11.2}$	3.8	$\dfrac{9.5}{9.1}$	$\dfrac{8.7}{6.9}$	$\dfrac{2.7}{1.8}$	19.6	16.0	4.2	30.5	24.5	6.7
80	50.00	$\dfrac{15.2}{15.6}$	$\dfrac{13.4}{14.6}$	$\dfrac{4.1}{4.6}$	12.6	11.1	3.4	8.9	7.9	2.4	16.9	13.9	3.6	26.9	21.5	5.9
90	56.25	15.2	14.2	4.5	11.9	10.2	3.0	8.4	7.2	2.1	15.0	12.3	3.3	24.0	19.1	5.2
100	62.50	14.5	12.9	3.9	$\dfrac{11.0}{11.6}$	$\dfrac{12.4}{11.2}$	$\dfrac{4.6}{3.7}$	8.2	7.8	2.6	13.6	10.9	2.9	21.6	17.3	4.8
110	68.75	$\dfrac{1.39}{14.2}$	$\dfrac{13.0}{13.6}$	$\dfrac{4.2}{4.5}$	11.3	10.8	3.5	8.0	7.5	2.4	12.5	10.2	2.7	19.7	15.7	4.3
120	75.00	13.9	13.1	4.2	11.0	10.3	3.3	7.7	7.2	2.3	12.2	9.4	2.5	18.1	14.4	3.9

附录16 等截面悬链线无铰拱计算用表

附表 16-15 (6)

拱脚 M_{min} 及相应的 H 及 V

$$\mu = \frac{M_{min}}{\omega} = \frac{\omega \triangle}{\omega} = 0.79$$

跨径 L	λ	汽车-20级			汽车-15级			汽车-10级			履带-50			挂车-80		
		M_{min}	H	V	M_{min}	H	V	M_{min}	H	V	M_{min}	H	V	M_{min}	H	V
m	m	kN/m	kN/m	kN/m	kN/m	kN/m	kN/m	kN/m	kN/m	kN/m	kN/m	kN/m	kN/m	kN/m	kN/m	kN/m
20	7.50	48.7	35.4	26.9	32.0	24.1	17.9	24.3	17.6	13.5	88.8	52.7	45.8	84.1	123.0	67.7
25	9.38	42.3	24.4	22.0	28.2	17.3	15.0	21.3	12.7	11.0	75.6	39.0	37.2	90.6	84.9	56.4
30	11.25	37.1	21.8	18.3	24.8	14.2	12.1	18.7	10.5	9.1	64.8	31.3	32.5	84.6	63.5	48.1
35	13.13	32.8	17.1	15.8	21.9	10.6	10.6	16.5	7.8	8.0	56.8	26.0	26.5	78.4	49.8	41.8
40	15.00	29.3	13.7	14.0	21.6	22.0	15.5	15.7	19.2	10.8	50.4	22.3	23.3	72.1	43.5	36.6
45	16.88	26.4	12.1	12.5	21.4	20.6	13.7	14.4	15.0	9.7	45.7	20.4	21.0	66.5	36.5	32.8
50	18.75	24.0	10.8	11.2	21.1	17.7	12.5	15.2	12.3	8.9	40.9	17.4	18.7	61.2	31.8	29.6
60	22.50	20.3/21.6	8.9/22.3	9.4/14.5	19.5	12.2	10.7	14.0	9.7	7.5	34.9	14.6	15.6	52.6	24.7	24.9
70	26.25	21.1	17.5	12.8	17.8	9.8	9.2	12.8	6.9	6.6	29.8	13.0	13.5	45.9	20.9	21.4
80*	30.00	20.1	14.2	11.3	16.3	9.4	8.0	11.7	6.6	5.7	25.9	11.5	11.5	40.5	17.6	18.8
90	33.75	19.0	11.8	10.2	14.8	7.6	7.2	10.6	5.3	5.2	23.7	10.2	10.7	36.3	15.6	17.6
100	37.50	17.7	10.0	9.2	14.0/13.4	13.3/8.2	8.8/6.4	9.8/10.0	6.3/9.2	5.1/6.2	20.6	8.4	9.5	32.9	14.0	15.0
110	41.25	16.6	9.9	8.3	13.6	11.3	8.1	9.7	7.8	5.7	18.9	8.1	8.6	30.0	12.7	13.7
120	45.00	15.4/16.0	9.5/14.8	7.6/10.4	13.2	10.1	7.5	9.4	6.9	5.2	17.5	7.7	8.6	27.6	11.5	12.5

附表 16-15 (7)

拱脚 H_{max} 及其相应的 M 及 V

$$\mu = \frac{\omega_\triangle}{\omega} = 0.91$$

跨径 L	λ	汽车-20级			汽车-15级			汽车-10级			履带-50			挂车-80		
		H_{max}	M	V	H_{max}	M	V	H_{max}	M	V	H_{max}	M	V	H_{max}	M	V
m	m	kN/m	kN/m	kN/m	kN/m	kN/m	kN/m	kN/m	kN/m	kN/m	kN/m	kN/m	kN/m	kN/m	kN/m	kN/m
20	20	25.5	80.6	14.9	20.2	24.8	16.4	14.6	15.4	12.0	44.4	150.9	24.9	63.9	181.0	40.0
25	25	21.2	60.1	16.4	19.1	36.3	14.5	13.7	28.8	10.2	35.8	123.8	20.0	53.7	167.2	32.0
30	30	19.3	28.9	17.8	17.5	42.4	11.9	12.5	32.3	8.4	30.2	104.5	16.7	46.0	149.9	26.6
35	35	18.8	35.6	14.7	15.8	43.4	10.1	11.3	32.5	7.1	25.8	90.9	14.4	40.0	133.7	22.9
40	40	17.7	37.4	13.0	14.3	41.9	8.8	10.2	31.0	6.2	22.5	79.3	12.4	35.3	120.4	20.0
45	45	16.6	46.0	10.7	13.1	26.7	9.1	9.4	20.1	6.4	20.2	71.6	11.3	31.6	109.2	17.8
50	50	15.6	33.0	11.1	12.6	22.2	9.1	9.0	16.5	6.4	18.0	63.9	10.1	28.6	99.1	16.0
60	60	14.8	28.7	10.7	11.8	20.7	12.2	8.4	15.8	8.4	15.2	52.2	8.2	24.0	84.0	13.3
70	70	14.1	20.4	13.6	11.4	19.2	9.4	8.0	13.2	6.7	12.9	46.4	7.1	20.6	72.8	11.4
80	80	13.8	21.7	11.6	10.9	22.3	10.3	7.6	16.0	7.1	11.3	38.7	6.2	18.1	64.0	10.0
90	90	13.4	24.1	10.4	10.5	17.9	9.6	7.4	13.2	6.6	10.4	36.8	5.6	16.1	56.9	8.9
100	100	13.1	18.8	10.8	10.3	33.9	10.1	7.1	24.4	6.9	8.9	32.9	5.1	14.5	51.3	8.0
110	110	13.3	18.6	12.4	10.1	14.8	8.8	7.0	11.0	6.0	8.3	29.0	4.6	13.2	46.6	7.2
120	120	12.6	18.4	10.9	9.9	16.1	9.1	6.8	11.6	6.3	7.3	27.0	4.2	12.1	42.8	6.7

附表 16-15 (8)

位置	m	f/L	影响线面积							
			正弯矩			负弯矩			推力		
			λ_1	$M_{\max}$	相应 H	λ_2	$M_{\min}$	相应 H	λ	$H_{\max}$	相应 M
1/4 点	2.814	1/6	$0.396183L$	$0.00885L^2$	$0.04032L^2/f$	$0.603828L$	$-0.01032L^2$	$0.08745L^2/f$			
拱顶			$0.3188L$	$0.00730L^2$	$0.06978L^2/f$	$0.3406L$	$-0.00433L^2$	$0.05799L^2/f$			
拱脚			$0.6250L$	$0.02005L^2$	$0.09191L^2/f$	$0.3750L$	$-0.01432L^2$	$0.3586L^2/f$	$1.0000L$	$0.12777L^2/f$	$0.00573L^2$

注：1. 表列等代荷载数值是根据拱轴系数 $m=2.814$，矢跨比 $\frac{f}{L}=\frac{1}{6}$ 的等截面悬链线无铰拱影响线编制的。基本上可用于常用的无铰拱，如遇情况相差很大时，可另行直接布载计算。

2. 计算支点反力时，可以表列相当于弯矩影响线荷载长度的等代荷载值乘以 $\frac{1}{2}L$。

3. 凡同一跨径列有两个数值时，上数为向上直线内插计算的用数，下数为向下直线内插计算的用数。

4. 拱顶 $M_{\min}$ 的等代荷载面积是按负影响线面积的一边加带重车行列，另一边不带加重车行列，适用于两边带布载的情况。

5. 对于相应于最大推力时的弯矩，在使用等代车队时应乘以跨径长度内正负弯矩影响线面积之和。

6. 表列汽车等代荷载值为一行汽车多辆车队的折减规定和横向分布。使用时应考虑规范关于多车道的折减规定和横向分布。

7. 在表列跨径范围内不存在多辆履带-50 的荷载情况。挂车-100 的等代荷载值为表列挂车-80 相应数值的 1.25 倍。

参 考 文 献

1. 姚玲森主编. 高等学校教材 桥梁工程（公路与城市道路工程专业用）. 北京：人民交通出版社，1996
2. 顾安邦主编. 桥梁工程. 北京：人民交通出版社，2000
3. 中华人民共和国交通部部颁标准. 公路钢筋混凝土及预应力混凝土桥涵设计规范（JTJ 023—85）. 北京：人民交通出版社，1985
4. 罗娜主编. 桥梁工程概论. 北京：人民交通出版社，1998
5. 中华人民共和国交通部标准，公路工程技术标准（JTJ 01—88）(1995年版). 北京：人民交通出版社，1995
6. 范立础主编. 桥梁工程. 北京：人民交通出版社，1985年
7. 姚玲森，程翔云. 钢筋混凝土梁桥. 北京：人民交通出版社. 1982年
8. 徐光辉，胡明义主编. 梁桥（上册）（公路桥涵设计手册）. 北京：人民交通出版社. 1996年